개정판

임베디드 소프트웨어 개론

윤희병 지음

홍릉과학출판사

추천의 글

과거 컴퓨터는 인간의 반복적인 업무들을 자동화시켜주면서 그 진가를 발휘했습니다. 그 이후 컴퓨터는 인터넷으로 연결됨으로써 업무 자동화뿐 아니라 사람 간 커뮤니케이션과 이들 간 정보교환 수단으로 발전했습니다. 2000년대 들어서면서 컴퓨터는 무선전화기 속으로 들어가 스마트폰으로 탈바꿈했으며, 인간으로 하여금 언제 어디서나 업무를 처리하고 정보를 공유할 수 있도록 해주기에 이르렀습니다.

최근 나타나는 현상은 컴퓨터가 점차 인류의 전통적인 기계들 속으로 들어가고 있다는 것입니다. 이제까지는 컴퓨터가 인간의 자료처리 업무를 대신하고 정보 전달 역할을 해주는 정보화 시대의 주체였던데 비해 미래에는 컴퓨터가 기계 속으로 들어가면서 인간이 수행해왔던 기계 조작을 대신해주는 무인화 시대를 열어가고 있습니다. 무인화 기술(Unmanned Technology)은 우리 일상생활에서 인간이 직접 해야 하는 일들을 자동으로 대신해주는 IT와 기계들간 융합 기술이며 이의 핵심은 바로 임베디드 소프트웨어 기술입니다.

이러한 시기에 이 분야의 전문가인 윤희병 교수께서 저술한 "임베디드 소프트웨어 개론"은 임베디드 소프트웨어 분야의 개념으로부터 구성, 개발, 관리, 그리고 응용 사례에 이르기까지 전 분야를 일목요연하게 설명하고 있습니다. 이 책을 통하여 임베디드 소프트웨어 분야를 입문하고자 하는 학생들과 임베디드 소프트웨어를 기반으로 하는 시스템 분야의 엔지니어나 연구자들이 이 분야의 발전에 더욱 기여할 수 있는 계기가 만들어지길 기원합니다.

박수용 교수
서강대학교 정보통신대학원 원장
소프트웨어 공학 소사이어티 회장
소프트웨어 정책연구회 위원장

머리말

본서는 저자가 2006년부터 현재까지 국방대학교와 서강대학교에서 강의했던 임베디드 소프트웨어에 대한 강의자료와 그동안의 연구결과 및 관련 보고서 등을 참고하여 작성한 것임을 밝힌다.

최근 애플 및 구글로부터 촉발되어 시작된 소프트웨어 분야에 대한 전 세계의 관심과 도전이 뜨거울 뿐만 아니라 그 변화조차도 상상할 수 없을 정도로 매우 빠르게 진행되고 있다. 이러한 소프트웨어 중심 기업의 비약적인 발전은 그동안 하드웨어 인프라 중심으로 발전해왔던 우리에게 주는 시사점이 매우 크다고 하겠다. 우리나라도 지난 정부부터 임베디드 소프트웨어를 9대 신성장동력 가운데 하나로 선정하였고, 현 정부에서도 뉴IT 전략, IT·소프트웨어 뉴딜 전략, 소프트웨어 강국도약 전략 등 소프트웨어 분야 발전을 위해 지속적인 노력을 추진하였다. 그러나 국내 소프트웨어 분야의 기술수준이나 시장규모를 선진국과 비교해보면, 아직도 더 많이 발전해야 한다는 것이 사실이다. 이러한 상황 하에서 경쟁력을 가지고 선진국에 도전할 수 있는 분야가 바로 임베디드 소프트웨어 분야라고 생각한다. 따라서 본서에서는 향후 우리나라의 핵심 성장동력으로 발전해 나갈 임베디드 소프트웨어에 대한 기본적인 개념과 구성요소를 살펴본 후, 소프트웨어 공학 관점에서의 개발방법과 관리방안을 제시하고, 마지막으로 임베디드 소프트웨어의 주요 사례를 제시하여 독자들의 이해를 돕고자 한다.

본서는 독자들의 이해를 좀 더 쉽게 해주고자 1부 소개부터 5부 사례까지 총 19개 장으로 구성하였다. 1부 소개에서는 임베디드 소프트웨어의 기초, 발전동향, 그리고 연구동향의 3개 장, 2부 구성에서는 임베디드 운영체제, 임베디드 소프트웨어 플랫폼, 그리고 임베디드 소프트웨어 개발도구의 3개 장, 3부 개발에서는 임베디드 소프트웨어 개발방법론, 임베디드 소프트웨어 요구사항, 임베디드 소프트웨어 아키텍처, 그리고 임베디드 소프트웨어 테스트의 4개 장, 4부 관리에서는 임베디드 소프트웨어 획득, 임베디드 소프트웨어 유지보수, 그리고 임베디드 소프트웨어 재사용의 3개 장, 5부 사례에서는 스마트폰, 스마트카, 스마트 TV, 홈오토메이션 시스템, 지능형 로봇, 그리고 무인항공기(UAV)의 6개 장으로 각각 구성하였다.

본서는 향후 우리가 도전해야 될 핵심 분야가 무엇이고(소개), 어떻게 구성되어 있고(구성), 어떤 방법으로 개발해야 하고(개발), 어떻게 획득해서 유지보수 및 재사용해야 하는지(관리)에 대한 이론적인 토대와 함께 최근에 이슈가 되고 있는 주요 사례까지도 같이 제공함으로써 이 책자를 읽는 독자들에게 쉬운 이해를 제공해 줄 것이다. 또한 본서는 미래 신성장동력의 핵심 분야로 자리매김할 것으로 생각되는 임베디드 소프트웨어에 대한 기초 개념부터 소프트웨어 공학적 관점의 개발방법론까지 제공함으로써 이 분야에 관심있는 관리자 및 개발자뿐만 아니라 대학의 전공 학생들에게도 매우 유익한 교재가 될 것으로 확신한다.

끝으로, 지금의 제가 될 수 있게 해준 해군과 국방대학교에 진심으로 감사드린다. 또한 본서의 교정을 도와준 임베디드 소프트웨어 연구실의 모든 연구원에게 고마움을 전하며, 본서가 출판될 수 있도록 도와준 홍릉과학출판사에게 깊은 감사를 드린다. 마지막으로 항상 곁에서 인내하며 격려해준 나의 사랑하는 아내와 아들, 딸에게 이 책을 바친다.

2014년 2월

저자 윤희병

차례

제2부 구성

제3부 개발

제4부 관리

제1부

소개

제 1 장

기 초

본 장에서는 임베디드 소프트웨어의 기초가 되는 기본 개념 및 특성을 임베디드 시스템과 비교하여 설명한다. 또한, 임베디드 소프트웨어의 특성을 일반 소프트웨어 및 패키지 소프트웨어의 특성과 비교하여 설명한다. 그런 다음 임베디드 소프트웨어 분류에 대해 고찰한다. 본 장은 다음과 같이 구성된다.

1.1 임베디드 소프트웨어 개념
1.2 임베디드 소프트웨어 특성
1.3 임베디드 소프트웨어 분류

1.1 임베디드 소프트웨어 개념

1.1.1 임베디드 시스템 개념

임베드(Embed)의 사전적 의미는 다양하게 정의되고 있다. 롱맨 사전(Longman Dictionary)에서는 "무엇인가를 견고하게 깊숙이 넣는 것"으로 정의하고 있으며, 캠브릿지 사전(Cambridge Advanced Learner)에서는 "무엇인가의 표면 위에 고정시키는 것"으로 정의하고 있다. 구글 사전, 네이버 사전 및 다음 영한사전에서도 "물건을 깊숙이 박다, 파묻다, 깊이 간직하다, 끼워 넣다." 등의 용어로 공통적으로 정의하고 있다. 이러한 사전적 의미를 종합하여 보면 임베드는 "무엇인가가 내장되고 고정되어 있다."라는 용어라고 볼 수 있다.

임베드라는 용어를 기반으로 임베디드 시스템(Embedded System)은 다음과 같은 사전적 의미로 정의되고 있다. 두피디아(Doopedia) 백과사전과 네이버 백과사전에서는 "특정한 제품이나 솔루션에서 주어진 작업을 수행할 수 있도록 추가로 탑재되는 솔루션이나 시스템"으로 같이 정의하고 있으며, 네이버 지식사전에서는 "기계 또는 전자장치에 두뇌 역할을 하는 마이크로프로세서를 장착해 설계함으로써 효과적인 제어를 할 수 있도록 하는 시스템"으로 정의하고 있다. 위키피디아(Wikipedia) 백과사전에서는 "시스템을 동작시키는 소프트웨어를 하드웨어에 내장하여 특수한 기능만을 수행하게 되는 컴퓨터 시스템"으로 정의하고 있다.

우리나라 각 기관에서 정의하고 있는 임베디드 시스템에 대한 정의를 살펴보면 다음과 같다. 먼저 정보통신산업진흥원(NIPA)에서는 "자신을 포함하고 있는 기기에 부과된 특정 목적의 컴퓨팅 작업만을 수행하며 다른 시스템의 일부로 내장된 마이크로프로세서 기반의 디지털 시스템"으로 정의하면서 "특정 목적을 위해 동작하는 컴퓨팅 시스템으로 범용 컴퓨터를 제외하고 컴퓨팅 시스템이 내장된 모든 시스템"이라고 정의하고 있다. 한국전자통신연구원(ETRI)에서는 "휴대폰, 디지털 TV, 게임기, 항공기 등의 다양한 제품에 내장되어 여러 가지 기능을 제공하는 시스템"으로서 "일반적인 컴퓨터가 아닌 각종 전자제품이나 정보기기 등에 설치된 마이크로프로세서에 미리 정해진 특정한 기능을 수행하는 소프트웨어를 내장시킨 시스템"으로 정의하고 있다.

지금까지 살펴본 임베디드 시스템의 정의와 각 기관에서 제시하고 있는 임베디드 시스템의 정의를 종합하여 보면 임베디드 시스템이란 일반적으로 "어떤 제품이나 솔루션에 추가로 탑재되어 그 제품 안에서 특정한 작업을 수행하도록 하는 솔루션"

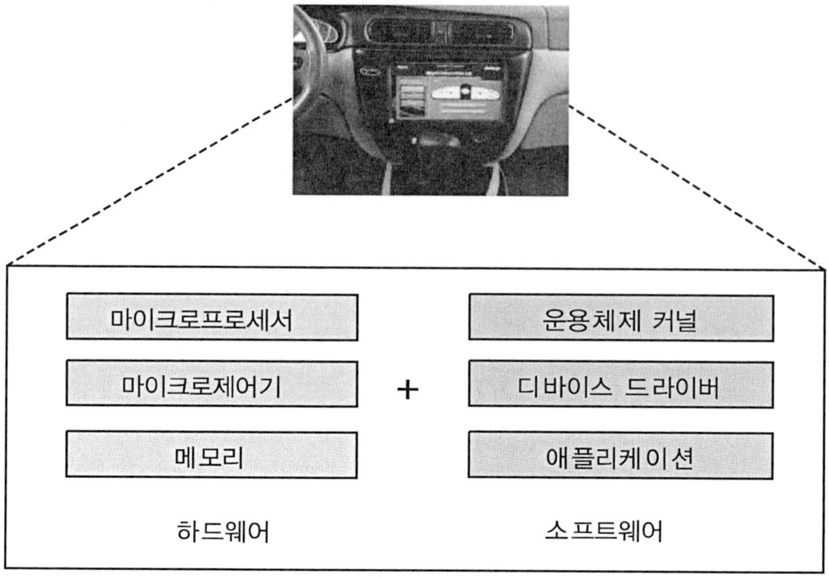

그림 1-1 임베디드 시스템의 구성도

혹은 "일반적으로 사람의 간섭이 없이 독자적인 기능을 수행할 수 있는 하드웨어와 소프트웨어로 구성된 시스템"으로 정의할 수 있다. 이와 같은 임베디드 시스템은 일반적으로 그림 1-1과 같이 구성된다.

1.1.2 임베디드 소프트웨어 개념

임베디드 시스템은 하드웨어와 소프트웨어로 구성된다. 이러한 임베디드 시스템이 수행하는 기능의 핵심 역할을 담당하고 있는 임베디드 소프트웨어의 정의는 시기적으로 그리고 각 기관이나 혹은 연구소별로 조금씩 달리 기술되고 있다. 그러나 임베디드 시스템의 근본적인 의미인 제품의 부가가치 제공 측면, 다양한 서비스 기능 제공 측면 그리고 제품의 핵심기술이라는 측면에서는 그 의미가 동일하다고 할 수 있다. 이와 같은 임베디드 소프트웨어의 정의를 시기별로 기관별로 살펴보면 다음과 같다.

먼저 2005년 1월에 발간된 한국정보통신기술협회(TTA) 저널에서는 임베디드 소프트웨어를 "휴대폰, 디지털TV, 게임기, 자동차, 항공기 등의 다양한 제품에 내장되어 여러 가지 기능을 제공하기 위한 소프트웨어로 여러 기술적 특성을 가지며 최종 제품의 부가가치를 높이는 핵심 소프트웨어"라 정의했으며, 그 이후 2010년 12월 22

일 발표한 '임베디드 소프트웨어 정의 및 분류 지침'에서는 임베디드 소프트웨어를 "미리 정의된 목적을 위해 물리적 입력 및 그 가공된 데이터를 이용해 적절한 반응을 제공하기 위해 설계된 소프트웨어"라고 정의하고 있다.

정보산업 민간백서 2005년호에서는 "정보기술(IT) 차세대 성장동력 분야와 다양한 산업분야의 디지털 제품에 내장되어 하드웨어 제어 등 다양한 부가기능을 제공함으로써 제품의 경쟁력과 부가가치를 높여주는 중간재적인 성격을 지니는 소프트웨어"로 정의하고 있다. 그리고 2005년에 발표된 IT839전략 표준화 로드맵에서는 "휴대폰, 첨단로봇 등 차세대 성장동력 제품에 내장되어 멀티미디어, 인공지능, 유비쿼터스 통신 등의 기능을 제공하여 스마트한 제품을 만들어 주는 핵심 소프트웨어"라고 정의하고 있다.

소프트웨어 산업백서 2006년호에서는 임베디드 소프트웨어를 "특수 목적의 장치 및 제품을 구동하기 위한 소프트웨어와 소프트웨어를 개발하기 위한 환경"이라고 정의했으나, 그 이후 2010년호에서는 임베디드 소프트웨어를 "모바일 단말, 니시털 가전기기, 자동차, 첨단무기, 산업용 기기 및 로봇 등의 제품에 내장되어 하드웨어를 제어하고 사용자에게 향상된 서비스 기능을 제공하기 위한 소프트웨어"로 정의하면서 임베디드 소프트웨어가 산업 제품에 내장되어 새로운 서비스 기능을 제공함으로써 제품의 부가가치를 높이는 기반재나 산업의 성장 동력을 확보하기 위한 촉매제 역할을 수행하고 있다고 분석했다. 2007년에 발간된 ETRI의 「생활 속의 임베디드 소프트웨어」에서는 "마이크로프로세스 위에 내장되어 산업 및 군사용 제어기기, 디지털정보 가전기기, 자동센서장비 등의 기능을 다양화하고 부가가치를 높이는 핵심 소프트웨어로서 임베디드 시스템 소프트웨어, 임베디드 미들웨어, 임베디드 기본 응용, 임베디드 소프트웨어 개발도구로 구성된다."라고 정의하고 있다.

2009년에 발표한 임베디드 소프트웨어 기술의 표준화 동향 보고서에 의하면 임베디드 소프트웨어는 "미리 정의된 목적을 위해 물리적 입력 및 그 가공된 데이터를 이용하여 적절한 반응을 제공하기 위해 설계된 소프트웨어로서 항공기, 통신장비, 휴대폰, 의료기기, 자동차, 조선에 이르기까지 다양한 산업에 필수적인 요소"라고 정의하고 있다. 지식경제부에서 발간된 소프트웨어 산업백서 2010년호에서는 "모바일 단말, 디지털 가전기기, 자동차, 첨단무기, 산업용 기기 및 로봇 등의 제품에 내장되어 하드웨어를 제어하고 사용자에게 향상된 서비스 기능을 제공하기 위한 소프트웨어"라고 정의하면서 또한 임베디드 소프트웨어를 "산업제품에 내장되어 새로운 서비스 기능을 제공함으로써 제품의 부가가치를 높이는 기반재 및 산업 성장동력 확보를 위한 촉매제 역할을 수행하는 소프트웨어"라고 정의하고 있다. 그리고 2011년

12월에 발표한 한국정보산업연합회의 임베디드 소프트웨어 산업현황 및 실태분석 연구에 의하면 임베디드 소프트웨어는 "미리 정의된 목적을 위해 물리적 입력 및 그 가공된 데이터를 이용하여 적절한 반응을 제공하기 위해 설계된 소프트웨어로서 대부분의 IT 융합산업에서 해당 산업의 기업 경쟁력을 좌우하는 요소로 작용하며, 휴대폰, 자동차, 항공기, 조선에 이르기까지 대부분의 첨단제품에 필수적으로 사용되고 있는 소프트웨어"라고 정의하고 있다.

앞서 살펴본 바와 같이 여러 기관이나 연구소에서 내린 정의를 고려하여 요약해 보면, 임베디드 소프트웨어는 산업분야의 다양한 제품에 내장되어 여러 가지 부가기능을 제공함으로써 제품의 부가가치를 높이는 핵심 소프트웨어라고 정의할 수 있다.

1.2 임베디드 소프트웨어 특성

1.2.1 임베디드 시스템 특성

바르트 브로크만(Bart Broekman)이 저술한 'Testing Embedded Software'라는 책에서는 임베디드 시스템을 크게 10가지로 분류하고 있다. 안전성 우선 시스템, 기술적-과학적 알고리즘 시스템, 자율 시스템, 유일 시스템(단발 개발), 아날로그 입·출력(일반적으로 혼합신호) 시스템, 하드웨어 제약사항 보유 시스템, 상태 기반 동작 시스템, 하드 실시간 동작 시스템, 제어 시스템, 극도 환경조건 동작 시스템이다. 이렇듯 임베디드 시스템은 다양한 유형의 종류가 있고, 또한 각 임베디드 시스템마다 가지고 있는 특성은 각 시스템별로 매우 다르다고 할 수 있다.

그동안 학계나 연구계 혹은 산업계에서 제시했던 임베디드 시스템의 일반적인 특성들을 주요 특성별로 그룹핑해서 나열해보면, 소규모와 경량, 낮은 소비전력과 제한된 에너지, 안전-필수 동작 및 확실성, 높은 비용 민감도, 실시간 처리, 열악한 개발환경 그리고 높은 서비스 품질(QoS)이라는 특성으로 구분할 수 있다. 다시 설명하자면, 모든 임베디드 시스템들이 소규모와 경량 혹은 낮은 소비전력과 제한된 에너지라는 특성을 갖는다는 것이 아니라 이러한 특성들을 가지고 있는 임베디드 시스템들이 있다는 의미이다.

또한, 임베디드 시스템의 여러 특성 중 실시간성, 입·출력의 다양성, 그래픽 사용자 인터페이스(GUI : Graphic User Interface) 필요성, CPU 처리능력, 낮은 소비전력 요구를 제어, 가전, 단말, 통신장비, 국방/항공이라는 적용사례별로 비교해 보면 표

표 1-1 임베디드 시스템 특성의 분야별 비교

구분	실시간성	입·출력 다양성	GUI 필요성	CPU 처리능력	소비전력 요구
제어	높다	다양	불필요	보통	보통
가전	낮다	단순	대형 LCD	보통	높다
단말	낮다	단순	중소형 LCD	보통	낮다
통신장비	보통	다양	불필요	보통	보통
국방/항공	높다	다양	중소형 LCD	높다	낮다

1-1에서 보는 것과 같다. 먼저 실시간성은 제어와 국방/항공 분야에서는 높은 실시간성을 요구하며, 가전 및 단말 분야에서는 비교적 낮은 실시간성을 요구한다. 입·출력의 다양성 측면에서는 제어, 통신장비, 국방/항공 분야에서는 다양한 입·출력이 필요한 반면, 가전 및 단말 분야는 상대적으로 단순한 입·출력이 필요하다. GUI 필요성은 가전이 대형 LCD 규모를, 단말과 국방/항공이 중소형 LCD 규모를 요구하는 반면 제어와 통신장비는 불필요하며, CPU 처리능력은 국방/항공 분야가 다른 분야에 비해 높은 처리능력을 요구하고 있으며 기타 분야는 보통 수준의 처리능력이 필요하다. 마지막으로 소비전력 요구라는 특성은 단말과 국방/항공이 낮은 소비전력을 요구하고 있으며, 제어와 통신장비는 보통 수준의 소비전력을 요구하고 있고, 가전은 높은 소비전력을 요구하는 특성이 있다.

1.2.2 임베디드 소프트웨어 특성

1.2.2.1 임베디드 소프트웨어 특성

임베디드 소프트웨어는 임베디드 시스템을 구성하는 핵심 부분으로 임베디드 시스템이 가지는 특성들의 대부분을 상속받는다고 할 수 있다. 임베디드 소프트웨어의 일반적인 특성을 요약해보면 대략 다음과 같이 6가지 특성으로 분류된다. 이러한 특성 분류는 지금까지 발표된 학계 및 연구기관들의 자료를 종합하여 공통적으로 많이 언급한 특성들을 순서대로 나열한 것이다.

- **실시간성** : 무인항공기 비행제어시스템과 각종 항법시스템에서 많이 요구되는 특성으로서 사용되는 제품이나 시스템의 용도에 따라 처리 및 응답시간에 엄격한 제한을 받는 경성 실시간(Hard Real-time)과 시간 제한의 엄격함이 약한 연

성 실시간(Soft Real-time)으로 구분된다.

- **신뢰성** : 소프트웨어의 오동작이나 작동 중지가 허용되지 않는 고도의 신뢰성으로서 임무가 긴요(Mission Critical)한 원자력 발전 분야와 항공기 및 미사일 제어 분야에서 실시간 처리와 함께 크게 요구되는 특성이다.
- **최적화 기술 지원** : 임베디드 시스템은 크기, 가격 및 발열 등에서 제한된 하드웨어 자원으로 구성된다. 그리고 임베디드 소프트웨어 또한 경량화, 저전력, 그리고 효율적인 시스템 자원관리가 이루어져야 한다. 따라서 최적화 기술 지원은 특정 시스템에 최적화 되도록 기술 지원이 이루어져야 한다는 것을 의미한다.
- **특정 시스템 전용** : 임베디드 소프트웨어는 일반 시스템이 아닌 특정 시스템의 특정 목적을 실행하기 위한 목적으로 개발된다는 특성이다.
- **네트워크/멀티미디어 처리기능 지원** : 임베디드 시스템이 지원하는 기능이 다양해짐에 따라 임베디드 소프트웨어도 이러한 기능을 지원하기 위해 유·무선 네트워크에 연결되고 텍스트 처리 위주에서 멀티미디어 정보 처리 위주로 변화함에 따른 특성이다.
- **열악한 개발환경** : 하드웨어 개발까지 고려해야 하는 임베디드 소프트웨어의 개발환경은 일반 시스템과는 많이 다르며, 개발환경 또한 매우 열악한 상태이므로 다양한 솔루션과 개발도구가 필요하다는 특성이다.

한국정보통신기술협회(TTA)가 2010년에 발표한 임베디드 소프트웨어 특성은 총 6가지로서 실시간성, 결정성, 반응성, 이질성, 생존성, 그리고 자원 및 환경의 제약이다. 이 6가지의 특성을 앞에서 제시한 일반적인 임베디드 소프트웨어의 특성과 비교하면 일부 용어상의 차이는 있겠지만 세부내용에서 유사한 측면이 많다는 것을 알 수 있다.

- **실시간성 (Real-time)** : 올바른 입력에 대한 결과가 정확하게 나와야 하는 특성으로서 그 결과가 미리 결정된 시간 전에 출력되어야 한다.
- **결정성 (Determinism)** : 수행시간 및 자원 사용에 대한 예측이 가능해야 하는 특성으로서, 수행시간의 최댓값, 최대 스택 사용량, 최대 메모리 그리고 폴링 주기 등의 자원 사용량은 설계 시점에 알려져야 한다.
- **반응성 (Reactivity)** : 외부의 환경 변화에 반응해서 능동적으로 동작해야 한다는 특성이다.

- **이질성**(Heterogeneity) : 다양한 하드웨어 및 소프트웨어와 상호작용하며 동작해야 하는 특성으로서 다루어야 하는 하드웨어는 CPU와 메모리로부터 미디(MIDI) 칩, 디지털 신호 프로세서(DSP : Digital Signal Processor) 등에 이르기까지 다양한 기술을 포함할 수 있으며 이벤트 처리도 다양한 소프트웨어에서 서로 다르게 이루어질 수 있어야 한다.
- **생존성**(Liveness) : 발생하지 않을 이벤트를 기다리면서 무한히 멈추어 있거나 어떠한 이유에 의해 지속되어야 할 동작이 중단되어서는 안 되는 특성이다.
- **자원 및 환경제약**(Resource and Environment Constraints) : 자원 및 환경의 제약을 가진다는 특성이다. 여기서 자원이란 CPU, 처리속도, 메모리 크기, 사용자 인터페이스 등을 말하며, 환경이란 전력공급 및 프로토콜의 불일치 그리고 시장 가격 등이 해당된다.

1.2.2.2 일반 소프트웨어와 임베디드 소프트웨어 특성 비교

임베디드 소프트웨어는 그 고유 특성으로 인해 일반 소프트웨어와 비교하면 표 1-2와 같이 많은 차이가 있음을 알 수 있다. 소프트웨어의 목적이 일반 소프트웨어

표 1-2 일반 소프트웨어와 임베디드 소프트웨어 특성 비교

구분	일반 소프트웨어	임베디드 소프트웨어
목적	• 소프트웨어 자체가 제품	• 하드웨어 제품의 부가가치를 올리기 위한 수단
시장 특성	• 정량적인 시장크기 추정 가능	• 하드웨어 제품 시장에 포함되어 시장크기의 정확한 추정 곤란
주도 업체	• 전문 소프트웨어 업체	• 디바이스 업체(별도의 전문 소프트웨어 업체 미약)
개발자 측면 요구사항	• 프로그래밍 기술(소프트웨어 분야 지식)	• 임베디드 시스템 소프트웨어 경험 필요(하드웨어 분야 및 소프트웨어 분야 지식)
적용 제품	• 표준화된 하드웨어 및 운영체제(PC) • 풍부한 하드웨어 자원	• 다양한 하드웨어 및 운영체제(DTV, HHP 등) • 제한된 하드웨어 자원
개발 환경	• 보편화된 개발도구	• 제품에 따라 천차만별, 열악한 개발도구
중점 고려사항	• 애플리케이션 시스템의 유연성, 인터페이스 설계	• 실시간성, 신뢰성, 제품 최적화

는 소프트웨어 자체가 제품인 반면, 임베디드 소프트웨어는 하드웨어 제품의 부가 가치를 올리기 위한 수단이라는 점에서 큰 차이가 있다. 소프트웨어 개발 주도업체와 개발자 측면의 요구사항을 비교하면, 일반 소프트웨어는 소프트웨어를 개발하는 많은 전문 업체에서 소프트웨어 분야의 지식과 프로그래밍 기술을 가진 개발자들을 필요로 하지만 임베디드 소프트웨어는 임베디드 소프트웨어를 개발하는 전문업체가 아주 적은 편이고 대부분의 경우 디바이스 업체에서 하드웨어 제작 시 함께 개발하는 실태로서 하드웨어 분야와 소프트웨어 분야 양쪽 모두에 대한 지식이 있어야 되고 임베디드 시스템 소프트웨어를 경험한 개발자가 요구된다는 특성이 있다.

적용이 가능한 제품은 일반 소프트웨어는 PC와 같은 표준화된 하드웨어와 운영체제 그리고 풍부한 하드웨어 자원을 가진 제품에 적용이 가능한 반면, 임베디드 소프트웨어는 DTV(Digital Television), HHP(Hand Held Phone) 등과 같은 다양한 하드웨어와 운영체제 그리고 제한된 하드웨어 자원을 가진 제품에 적용한다는 것이 차이점이라 할 수 있다. 개발환경은 일반 소프트웨어가 보편화된 개발도구를 보유한 반면, 임베디드 소프트웨어는 각 제품에 따라 다양한 개발도구를 가지고 있으며 개발도구 또한 열악한 형편이라 할 수 있다. 또한, 개발 시 중점적으로 고려해야 할 사항이 일반 소프트웨어는 애플리케이션 시스템의 유연성과 사용자 인터페이스 설계이지만 임베디드 소프트웨어는 일반 소프트웨어와는 달리 실시간성, 신뢰성 및 제품 최적화 등을 고려해야 한다.

1.2.2.3 패키지 소프트웨어와 임베디드 소프트웨어 특성 비교

임베디드 소프트웨어와 패키지 소프트웨어는 표 1-3과 같이 크게 특징과 개발자 그리고 사용자의 세 분야로 구분하여 비교할 수 있다. 먼저 각각의 소프트웨어가 갖고 있는 특징에 대해 비교하면 패키지 소프트웨어가 사용자 요구사항 및 정보처리가 주목적이고 개인 및 기업용의 범용 소프트웨어를 포괄하고 있으며 미국의 특정 기업이 주로 독점하고 적은 실시간성, 자원제한성 및 고신뢰성을 요구하고 있는 반면, 임베디드 소프트웨어는 종전의 하드웨어 지원에서 부가기능 제공으로 그 역할이 확대되고 있고 특정 제품에서만 동작하는 소프트웨어로서 독점기업이 없으며 실시간성, 자원제한성 그리고 고신뢰성이 크게 요구되는 것이 큰 차이점이라 할 수 있다.

다음으로 개발자 측면에서 비교해보면, 패키지 소프트웨어는 소프트웨어만 개발하기 때문에 프로그래밍 기술 및 비즈니스 로직만 보유하면 되고 개발된 소프트웨어가 운용되는 하드웨어와 운영체제(OS)가 거의 동일한 PC와 같은 네이티브 환경

표 1-3 패키지 소프트웨어와 임베디드 소프트웨어의 특성 비교

구분	패키지 소프트웨어	임베디드 소프트웨어
특징	• 사용자 요구사항 및 정보처리가 주목적 • 개인 및 기업용 범용 소프트웨어 포함 • 미국의 특정기업이 주로 독점 • 실시간성, 자원제한성, 고신뢰성 등이 크게 요구되지 않음	• 종전 하드웨어 지원에서 부가기능 제공으로 역할 증대 • 특정 제품에서만 동작하는 소프트웨어 • 독점기업 없음 • 실시간성, 자원제한성, 고신뢰성 등이 크게 요구
개발자	• 소프트웨어만 개발 • 프로그래밍 기술 및 비즈니스 로직만 보유 • 운용 하드웨어 및 운용체제가 거의 동일 • PC 데스크톱과 같은 네이티브 환경	• 하드웨어와 함께 개발하므로 지식 및 경험 필요 • 시스템 소프트웨어 기술 필요 • 동일 기능도 다양한 하드웨어에 이식 • 호스트와 타깃으로 구성된 교차개발 환경
사용자	• PC에서 선택적 운용 • HDD에 저장 • 다양한 매체(CD, Disk, USB 등)로 배포 • GUI를 통한 사용자 상호작용 • 고장 시 쉬운 유지보수	• 임베디드 시스템 하드웨어상에서 자동 운용 • ROM에 내장 • 하드웨어와 함께 배포 • 사용자 상호작용은 최종 제품을 통해 발생 • 고장 시 시제품 사용 불가

인 반면, 임베디드 소프트웨어는 하드웨어와 함께 개발해야 되므로 패키지 소프트웨어와 비교할 때 지식 및 경험이 필요하고 시스템 소프트웨어 기술까지도 필요한 것이 차이점이라 하겠다. 그리고 같은 기능이라 할지라도 다양한 하드웨어에 이식되어야 하고 호스트와 타깃으로 구성된 교차개발환경을 가진 것도 큰 차이점이라 할 수 있다.

마지막으로 사용자 측면에서 비교해보면, 패키지 소프트웨어는 PC에서 선택적 운용이 가능하고 데이터를 하드디스크에 저장하고 저장매체도 다양한 것이 특징이며, GUI를 통한 사용자 상호작용과 고장 시 쉬운 유지보수를 할 수 있는 것도 큰 특징이라 할 수 있다. 이에 반해 임베디드 소프트웨어는 임베디드 시스템 하드웨어 상에서 자동으로 운용되며 하드디스크가 아닌 ROM에 내장되어 하드웨어와 함께 배포되는 것이 큰 특징이다. 그리고 사용자와의 상호작용은 최종 제품을 통해서만 발생하며 고장 시 시제품을 사용할 수 없는 것도 큰 차이점이라 할 수 있다.

1.3 임베디드 소프트웨어 분류

임베디드 소프트웨어의 분류는 방법, 시기 또는 기관에 따라 그 내용에 조금씩 차이가 있는 것은 사실이지만, 임베디드 운영체제(OS)와 임베디드 미들웨어와 같이 기본적인 임베디드 소프트웨어의 구성요소들은 대부분의 분류방법에 포함되어 있는 것으로 나타났다. 따라서 본 절에서는 2006년에 발간된 '임베디드 소프트웨어 공학(그린출판사)'에서 제시하고 있는 임베디드 소프트웨어의 분류부터 시작해서 2008년 정보통신산업진흥원(NIPA)에서 발간된 '2008 소프트웨어 산업백서'에서 제시된 분류, '2010 소프트웨어 산업백서'에서 IT시장 조사기업인 KRG(Knowledge Research Group)에서 2010년 발표한 자료를 인용하면서 제시한 분류, 2010년 한국정보통신기술협회(TTA)에서 발표한 '임베디드 소프트웨어 정의 및 분류 지침'에서 제시한 분류를 차례대로 살펴본다.

1.3.1 임베디드 소프트웨어 공학 분류

'임베디드 소프트웨어 공학'에서는 임베디드 소프트웨어를 표 1-4와 같이 기능별로 크게 4개 분야, 즉 임베디드 미들웨어, 임베디드 시스템 소프트웨어(임베디드 운

표 1-4 기능별 임베디드 소프트웨어 분류(임베디드 소프트웨어 공학, 2006)

구분	사례
임베디드 미들웨어	• 분산 미들웨어: CORBA, COM, DCOM, XML 등 • 자바 미들웨어: JVM, J2ME 등 • 제어 미들웨어: Jini, Havi, Upnp 등 • 통신 미들웨어: WLAN, WPAN 등
임베디드 시스템 소프트웨어	• 임베디드 운영체제: VxWorks, VRTX, QNX, RTLinux, TRON, Win CE, Win XP • 디바이스 드라이버, 유무선 통신프로토콜 • 임베디드 DBMS
임베디드 시스템 개발도구	• 설계 자동화도구, 타깃시스템 재설정도구, 시뮬레이터, 통합개발환경(IDE) 시험도구, 크로스 컴파일러, 실시간 원격도구 • DevRocket/Montavista, Trace32, Rational Rose
임베디드 소프트웨어 플랫폼	• MS 닷넷 콤팩트 프레임워크 • Sun ONE • 무선인터넷 플랫폼: BREW, WIPI

영체제를 포함), 임베디드 시스템 개발도구 그리고 임베디드 소프트웨어 플랫폼으로 분류하고 있다.

표 1-4에서 임베디드 미들웨어는 임베디드 응용 프로그램과 임베디드 운영체제 사이를 중간에서 연결해주는 소프트웨어로서, 세부 종류로는 CORBA, COM, DCOM, XML 등의 분산 미들웨어, JVM, J2ME 등의 자바 미들웨어, Jini, Havi, Upnp 등의 제어 미들웨어 그리고 WLAN, WPAN 등의 통신 미들웨어가 있다. 임베디드 시스템 소프트웨어는 임베디드 운영체제, 펌웨어 및 하드웨어 제어를 위한 디바이스 드라이버, 유무선 통신 프로토콜 그리고 임베디드 DBMS 등이 있다. 여기서 임베디드 운영체제로는 VxWorks, VRTX, QNX, RTLinux, TRON, WinCE, WinXP 등이 있다. 임베디드 시스템 개발도구는 임베디드 시스템을 개발하거나 테스트를 지원하는 소프트웨어로서 설계 자동화도구, 타깃 시스템 재설정도구, 각종 시뮬레이터, 통합개발환경(IDE : Integrated Development Environment) 시험도구, 크로스 컴파일러, 실시간 원격도구 등이 있다. 이러한 개발도구의 예로는 Montavista 사의 DevRocket, Trace32 그리고 Rational Rose 등이 있다. 임베디드 소프트웨어 플랫폼은 MS 닷넷 콤팩트 프레임워크, Sun ONE 그리고 무선인터넷 플랫폼인 BREW와 WIPI 등이 있다.

1.3.2 소프트웨어 산업백서 분류

'2008 소프트웨어 산업백서'에서는 임베디드 소프트웨어를 표 1-5와 같이 기능별로 크게 4개 분야, 즉 임베디드 운영체제, 임베디드 미들웨어, 애플리케이션 소프트웨어 그리고 임베디드 소프트웨어 개발도구로 분류하고 있다.

표 1-5에서 임베디드 운영체제는 임베디드 운영체제 커널, 기본 디바이스 드라이버 및 라이브러리 그리고 GUI 도구를 포함하고 있고, 임베디드 미들웨어는 멀티미디어 코덱(Codec), 네트워크 프로토콜 스택(Stack), 애플리케이션 엔진 그리고 임베디드 가상화 머신(VM : Virtual Machine) 등이 있다. 애플리케이션 소프트웨어는 개인정보관리시스템(PIMS : Personal Information Management System), 웹브라우저, 디지털 미디어 플레이어, 메시징/카메라, 특수 업무용 애플리케이션 등이 있다. 임베디드 소프트웨어 개발도구는 크게 통합개발 솔루션, 시험 자동화 솔루션 그리고 설계 자동화 솔루션으로 구분된다. 통합개발 솔루션에는 원격 디버거 기술, 시스템 성능 분석 및 실시간 모니터링, 개발 자동화 도구 등이 있고, 시험 자동화 솔루션에는 시행 데이터 생성 기술, 정적/동적 분석 기술, 모델 검증 및 자동 증명 기술 등이 있

표 1-5 기능별 임베디드 소프트웨어 분류(소프트웨어 산업백서, 2008)

구분	사례
임베디드 운영체제	• 임베디드 운영체제 커널 • 기본 디바이스 드라이버 및 라이브러리 • GUI 도구
임베디드 미들웨어	• 멀티미디어 코덱(Codec) • 네트워크 프로토콜 스택 • 애플리케이션 엔진 • 임베디드 VM(Virtual Machine)
애플리케이션 소프트웨어	• PIMS(Personal Information Management System) • 웹브라우저, DMV/미디어 플레이어 • 메시징/카메라, 특수업무용 애플리케이션
임베디드 소프트웨어 개발도구	• 통합개발 솔루션 – 원격 디버거 기술, 시스템 성능분석 및 실시간 모니터링, 개발 자동화 도구 • 시험 자동화 솔루션 – 시행 데이터 생성 기술, 정적/동적 분석 기술, 모델 검증 및 자동증명 기술 • 설계 자동화 솔루션 – 개발 프로세스 기술, 시스템 분석 및 모델링 기술, 아키텍처 기반 개발 기술

으며, 설계 자동화 솔루션에는 개발 프로세스 기술, 시스템 분석 및 모델링 기술, 아키텍처 기반 개발 기술 등이 있다.

'2010년 소프트웨어 산업백서'에서는 그림 1-2와 같이 IT시장 조사기업인 KRG에서 발표한 자료를 인용하면서 임베디드 소프트웨어를 기술(Technology) 외에도 적용산업(Industry) 및 시장(Market)에 따라서도 다양하게 분류하고 있다. 그림 1-2에서 제시하고 있는 임베디드 소프트웨어의 분류를 살펴보면, 기술적으로 임베디드/RTOS 및 모바일 운영체제, 소프트웨어 및 시스템 모델링 도구, 자동화 테스트 및 검증 도구 그리고 소프트웨어 개발 및 검증을 위한 가상시스템 프로토타이핑 및 시뮬레이션 도구의 4개 영역으로 분류하고 있다. 적용산업 측면에서는 텔레콤/데이터콤, 가전, 산업자동화, 자동차, 의료, 모바일 폰, 국방/항공, 소매 자동화, 비즈니스/사무자동화의 9개 영역으로 분류하고 있으며, 시장 측면에서는 운용체제, 개발 및 테스트 도구, 미들웨어, 임베디드 리눅스의 4개 영역으로 분류하고 있다.

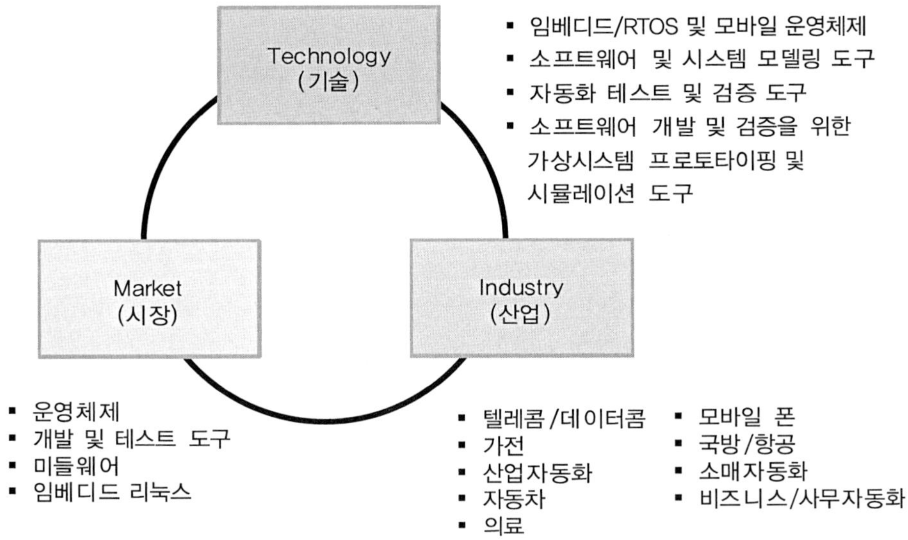

그림 1-2 임베디드 소프트웨어 분류(소프트웨어 산업백서, 2010)

1.3.3 한국정보통신기술협회(TTA) 분류

한국정보통신기술협회(TTA)에서도 2010년 12월 22일 정보통신단체표준인 '임베디드 소프트웨어 정의 및 분류 지침'을 발표하면서 임베디드 소프트웨어의 분류를 물리적 계층과의 추상화와 인터페이스 정도에 따라 대분류, 중분류, 소분류로 구분하고 있다. 이러한 TTA의 임베디드 소프트웨어에 대한 분류를 위의 지침을 요약해 제시하면 다음과 같다.

첫째, TTA에서는 임베디드 소프트웨어의 대분류를 하드웨어 인터페이스 소프트웨어, 임베디드 시스템 제어 소프트웨어, 입출력 서비스 소프트웨어, 임베디드 소프트웨어 개발도구로 분류하고 있으며 그 세부내용은 다음과 같다.

- **하드웨어 인터페이스 소프트웨어** : 하드웨어 자원에 대한 소프트웨어 접근을 가능하게 하는 소프트웨어로 하드웨어를 직접 다루지 않고 추상화된 인터페이스를 통해 하드웨어 기능을 이용할 수 있는 소프트웨어
- **임베디드 시스템 제어 소프트웨어** : 임베디드 시스템의 자원을 사용하고 동작을 제어하는 소프트웨어
- **입출력 서비스 소프트웨어** : 소프트웨어에 접근이 가능한 자원을 활용해 입출력 관련 서비스를 제공하는 소프트웨어로 하드웨어 인터페이스 소프트웨어를 이용

하거나 임베디드 시스템 제어 소프트웨어의 도움을 받아 사용자에게 직접적인 서비스를 제공하는 소프트웨어

- **임베디드 소프트웨어 개발도구** : 임베디드 소프트웨어를 개발하기 위해 사용되는 소프트웨어로 필요에 따라 임베디드 시스템 내부에 구현되거나 임베디드 시스템의 소프트웨어와 호스트 소프트웨어로 구성

둘째, TTA에서는 포괄적 추상 계층을 기능에 따라 구분해 임베디드 소프트웨어의 중분류를 다음과 같이 각각의 대분류마다 정의했다.

- **하드웨어 인터페이스 소프트웨어** : 펌웨어 소프트웨어와 신호 처리 소프트웨어로 분류됨. 펌웨어 소프트웨어는 프로그래밍이 가능한 ROM 영역에 직접 저장되거나 호스트 시스템에 저장되어 있다가 해당 장치로 적재되어 대상 하드웨어 장치의 일부로서 기능하는 소프트웨어며, 신호처리 소프트웨어는 디지털 또는 아날로그 신호에 대한 분석과 조작을 위해 특화된 응용 소프트웨어임
- **임베디드 시스템 제어 소프트웨어** : 임베디드 운영체제, 임베디드 미들웨어 및 가상기계, 임베디드 응용 제어 소프트웨어로 분류됨. 임베디드 운영체제는 복잡한 임베디드 시스템의 기능을 제어하기 위한 소프트웨어며, 임베디드 미들웨어 및 가상기계는 임베디드 시스템의 소프트웨어 컴포넌트와 응용에 대한 서비스 집합을 제공해 플랫폼에 독립적인 소프트웨어 제작 또는 수행을 가능하게 하는 소프트웨어고, 임베디드 응용 제어 소프트웨어는 임베디드 시스템의 동작을 제어하기 위한 소프트웨어임
- **입출력 서비스 소프트웨어** : 임베디드 멀티미디어, 임베디드 네트워크, 양방향 비실시간 임베디드 소프트웨어로 분류됨. 임베디드 멀티미디어 소프트웨어는 임베디드 장치의 저전력, 저성능, 소메모리 등 자원 제약조건을 만족시키면서 멀티미디어 서비스를 제공하는 소프트웨어며, 임베디드 네트워크 소프트웨어는 임베디드 장치에 연결성을 제공하거나 네트워크를 이용한 서비스를 제공하기 위한 소프트웨어고, 양방향 비실시간 임베디드 소프트웨어는 실시간성의 요구를 가지지 않는 사용자와의 양방향 서비스를 제공하기 위한 소프트웨어임
- **임베디드 소프트웨어 개발도구** : 임베디드 소프트웨어 설계도구, 임베디드 소프트웨어 구현도구, 임베디드 소프트웨어 검증/시험도구로 분류됨. 임베디드 소프트웨어 설계도구는 임베디드 소프트웨어의 설계 단계에서 임베디드 소프트웨어의 제약조건을 만족시키기 위한 다양한 방법론을 자동화한 소프트웨어로 시뮬

레이션, 에뮬레이션 소프트웨어를 포함하며, 임베디드 소프트웨어 구현도구는 임베디드 소프트웨어의 실제 구현을 위해 임베디드 장치로 소프트웨어 배포 및 디버깅을 가능하게 하는 소프트웨어고, 임베디드 소프트웨어 검증/시험도구는 임베디드 소프트웨어가 설계 시의 조건을 만족하는지 확인하기 위해 검증/시험을 자동화한 소프트웨어임

마지막으로 TTA에서는 임베디드 소프트웨어의 소분류를 애플리케이션 도메인에 따른 특성을 반영해 결정했는데, 여기서 애플리케이션 도메인은 정보기기, 자동차, 조선/해양, 로봇, 군사/항공/우주, 의료로 구분했다. 예를 들어 임베디드 소프트웨어의 소분류를 자동차 도메인과 로봇 도메인에 대해 소개하면 다음과 같다. 먼저 자동차 도메인의 경우, 소분류는 센서 제어 소프트웨어, 소형 모터 정밀 제어 소프트웨어, 자동차용 부트로더, 자동차 진단 관리 소프트웨어, 자동차 영상/음성 신호처리 소프트웨어, 전장(ECU)용 실시간 운영체제, 멀티미디어용 운영체제, 자동차 미들웨어, 자동차 안전제어 소프트웨어, 자동차 멀티미디어 소프트웨어, 자동차 네비게이션 소프트웨어, 자동차 통신 소프트웨어, 자동차 인포테인먼트 소프트웨어, 자동차 시스템 디자인 소프트웨어, 자동차 테스트 자동화 소프트웨어고, 로봇 도메인의 경우, 소분류는 로봇용 미들웨어, 자율주행 소프트웨어, 로봇 실시간 감시제어 소프트웨어, 로봇 비전 소프트웨어, 로봇 통신 소프트웨어, 로봇 시뮬레이션 소프트웨어다. 이러한 임베디드 소프트웨어의 소분류에 대한 세부내용은 TTA가 2010년 12월 22일 발표한 '임베디드 소프트웨어 정의 및 분류 지침'을 참조하기 바란다.

제 2 장

발전동향

본 장에서는 전 세계 임베디드 소프트웨어 시장 및 기술동향 그리고 향후 전망을 고찰한다. 그런 다음 한국의 발전동향을 시장 및 기술동향, 기술수준, 추진전략, 그리고 향후 전망 순으로 설명한다. 특히, 국내 임베디드 소프트웨어 추진전략에서는 2004년 IT839전략부터 최근의 소프트웨어 강국 도약전략까지의 과정을 다룬다. 본 장은 다음과 같이 구성된다.

2.1 전 세계 발전동향
2.2 한국 발전동향

2.1 전 세계 발전동향

2.1.1 전 세계 임베디드 소프트웨어 시장 및 기술동향

전 세계 임베디드 소프트웨어의 시장규모 추이는 그림 2-1과 같이 한국전자통신연구원(ETRI)에서 가트너(Gartner) 자료를 기초로 2012년 8월에 추정하여 발표한 자료를 통해 파악해 볼 수 있다.

이 그림에서 보면, 2011년의 전 세계 임베디드 소프트웨어 시장은 1,383억 달러 규모로서 2010년과 비교해 볼 때 3.0% 정도 성장한 것으로 나타났다. 2012년에는 그 규모가 1,498억 달러로 무려 8.3%로 대폭 증가할 것으로 추정되고 있다. 이 기간 동안에 스마트폰에 대한 소요가 꾸준히 증가하였으며 태블릿 PC나 스마트 TV 등과 같은 IT제품에 대한 임베디드 운영체제의 사용이 지속적으로 확대됨으로 인해 임베디드 운영체제 시장이 임베디드 소프트웨어 시장 중 가장 큰 비중을 차지했다. 또한 모바일 디바이스의 기능이 다양화됐고 기기를 동작시키는 핵심 기능 간 융합도 증가했으며 이러한 융합을 통해 새로운 기능에 대한 추가 확장성 등의 요구가 크게 증가했다. 향후 2012년부터 2015년까지 연평균 누적 성장률은 4.4%를 기록하면서 지속적인 성장을 보일 것으로 전망된다.

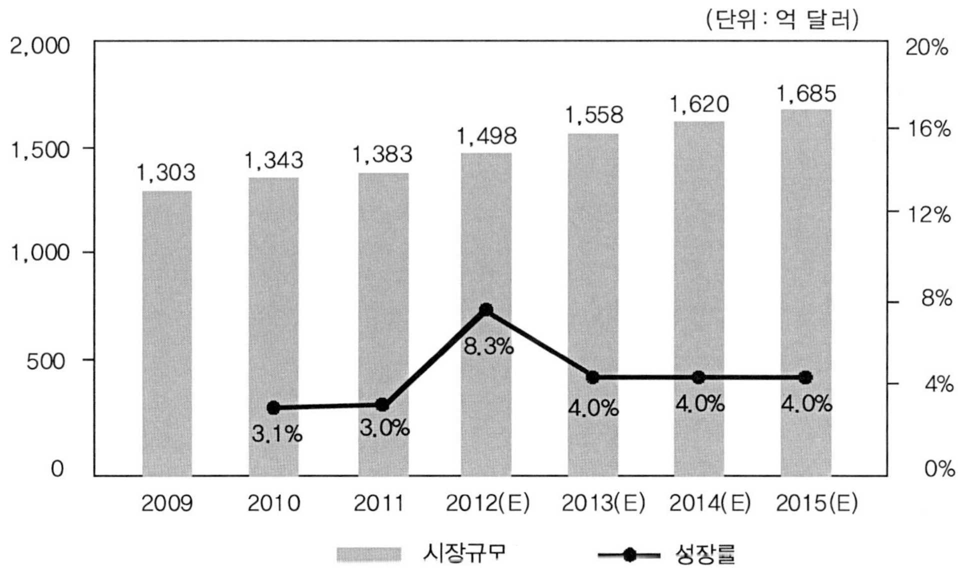

그림 2-1 전 세계 임베디드 소프트웨어 시장규모 추이(ETRI, 2012.8)

임베디드 소프트웨어의 기술동향을 살펴보면, 전통 산업분야에서의 임베디드 소프트웨어의 수요는 계속 증가하는 추세에 있고, 이 중 제어시스템은 높은 융통성 보장으로 인해 임베디드 소프트웨어의 적용이 가속화될 것으로 예상되고 있으며, 특히 전통 산업분야의 특성상 임베디드 소프트웨어에 대한 신뢰성 문제가 핵심 이슈로 대두될 것으로 보인다. 임베디드 운영체제는 안드로이드 계열과 애플의 운영체제인 iOS 간의 경쟁이 점점 더 심화될 것으로 보이는 가운데 마이크로소프트의 윈도우 계열도 운영체제 경쟁에 뛰어들 것으로 예상되고 있으며, 이러한 임베디드 운영체제는 모든 기기에서 이용이 가능한 통합화된 구조, 즉 공통 소프트웨어 플랫폼 구조와 다중 단말 간의 협업을 효율적으로 지원하는 구조로 발전할 것으로 보인다. 그리고 사용자의 편의성을 극대화하기 위한 사용자 경험(UX : User Experience) 기술의 개발도 함께 진행될 것으로 전망된다. 임베디드 미들웨어 및 프레임워크는 비접촉식의 고속 데이터 통신 미들웨어 기술에 대한 개발이 활발히 전개되고 있으며, N-스크린과 같이 PC와 모바일 기기 간 혹은 모바일 기기 간의 대규모 데이터의 고속 이동과 공유에 대한 필요성도 함께 급증할 것으로 전망된다.

2.1.2 전 세계 임베디드 소프트웨어 향후 전망

전 세계 임베디드 소프트웨어에 대한 향후 전망을 임베디드 운영체제, 임베디드 미들웨어 및 프레임워크, 임베디드 소프트웨어 플랫폼 그리고 임베디드 가상화 소프트웨어의 순으로 구분하여 살펴본다. 먼저 임베디드 운영체제는 앞서 설명한 것과 같이 운영체제 단독보다는 통합화된 구조인 공통 소프트웨어 플랫폼 구조로 발전이 예상되는 가운데 운영체제의 자체 성능도 중요하지만 운영체제가 가지고 있는 가용성, 신뢰성, 보안성, 안정성 그리고 유지보수성 등이 더욱 중요해질 것으로 보이며, 설계부터 코드까지 완전하게 검증받은 운영체제의 필요성이 더욱 높아질 것으로 전망되고 있다.

임베디드 미들웨어 및 프레임워크는 다기능 및 다양화될 것으로 보이며, 유연성 및 확장성 있는 구조의 미들웨어 및 프레임워크의 중요성이 더욱 증가할 것으로 예상된다. 또한, 향상된 사용자의 인터페이스를 효과적으로 지원하기 위한 고급화 및 실감화 그리고 지능화가 더욱 적극적으로 시도될 것으로 전망된다. 임베디드 소프트웨어 플랫폼은 단일 소프트웨어 플랫폼 기반에서 스마트폰, 스마트 TV, 태블릿 PC, 센서 네트워크 및 다양한 형태의 융합 소프트웨어 플랫폼으로 발전될 것으로 전망된다. 임베디드 가상화 소프트웨어는 이기종 단말에서도 동일한 서비스를 이용할 수 있도록 지원하는 데 주력할 것으로 보이고, 특히 실시간성, 효율적 자원 관리, 전력소모 관리 그리고 신뢰성을 제공하는 방향으로 발전할 것으로 전망된다.

2.1.3 각국 임베디드 소프트웨어 현황 및 전망

미국의 임베디드 소프트웨어 시장 점유율은 현재 세계 최고며, 이 중 프로세서, 운영체제, 프로토콜 등과 같은 분야에서 기업의 시장 점유율이 높은 편이고, 생산액 비중에서는 군용 및 민간 항공 부문, 산업 전자제어 부문이 가장 높으며, 연평균 성장률에서는 통신기기, 자동차 전자제어, 국방 분야 순으로 높다. 특히 국방과 항공분야의 임베디드 시스템과 소프트웨어 경우에서는 록히드마틴과 노드롭 그루먼 등과 같은 글로벌 기업들이 세계 시장에서 독보적인 위치를 차지하고 있다. 2011년 미국의 글로벌 리서치 전문업체인 데이터모니터의 보고서에 의하면 미국 소프트웨어 시장의 총 매출규모가 2010년 1,006억 달러였고, 이 중 네트워크 및 데이터베이스 관리 부문이 247억 달러로 총 가치의 24.5%를 차지했으며, 산업 간 연계분야가 20.9%, 운영체제 소프트웨어가 18.7%를 차지했다.

유럽은 임베디드 소프트웨어 산업을 유럽의 주요 산업과 연계해 자동차, 항공기, 이동통신, 의료, 홈 네트워크 등 다양한 분야에서 그 부가가치를 극대화시키고 있다. 2003년 유럽정보기술진흥청(ITEA)에서 발표한 보고서에 의하면 유럽은 임베디드 소프트웨어 분야에서 향후 10년 동안 60만 명의 새로운 고급인력이 창출될 것이고 30만 개의 새로운 일자리가 발생할 것으로 전망했다. 이 보고서에 의하면 2001년부터 2015년 사이에 전통적인 IT 서비스 분야는 60%의 성장에 그치는 반면 임베디드 소프트웨어 산업은 동 기간 동안 175%로 성장할 것으로 전망했고, 이 중 자동차 분야의 R&D가 가장 높으며 그 다음이 항공 분야와 의료장비 순으로 될 것으로 전망했다. ITEA에서는 2005년 후반기부터 추진해왔던 임베디드 소프트웨어 발전계획을 개선하여 2010년부터 ITEA2 계획을 추진했으며, ITEA2를 통해 자동차, 의료, 휴대폰 분야에서 임베디드 소프트웨어 개발을 집중적으로 추진하고 있다. 휴대폰의 경우 노키아 보고서에 의하면 2015년에 임베디드 소프트웨어의 부가가치 창출이 95%에 달할 것으로 전망했고, 가트너 보고서에서는 유럽이 미국, 일본, 중국보다는 기기 생산율은 낮으나 세계 임베디드 소프트웨어 시장은 25.6%를 점유해 일본과 중국보다 더 높을 것으로 내다봤다.

일본의 경우, 임베디드 소프트웨어는 일본 산업에서 가장 큰 시장으로 일본 산업의 경쟁력 강화를 위한 가장 중요한 요소라 할 수 있다. 최근 15~20년 사이에 일본은 항공, 우주, 방위 산업에 사용됐던 임베디드 시스템을 고기능 기기의 제어용으로 탑재해왔으며 무선통신을 포함한 네트워크 환경 분야에도 그 영역을 넓히고 있다. 또한 일본은 임베디드 산업의 중요성을 일찍부터 인식해 1980년대 초반부터 TRON (The Real-time Operating system Nucleus) 프로젝트나 T-Engine 포럼 등을 통해 임베디드 소프트웨어의 세부기술 규격이나 운영체제, 보안 등의 소프트웨어와 관련된 다양한 이슈를 해결해 왔으며 세계 시장에서 차지하는 비중도 매우 높은 편이다. 일본 재무성의 2010년 무역 통계에 따르면 일본의 임베디드 소프트웨어 제품의 수출 총액은 36.3조 엔이며 총 수출의 53.9%(운송장비 22.6%, 전기장비(전자부품과 배터리 제외) 12.10%, 일반 기계(베어링 및 동 부분품 제외) 19.2%)를 차지했으며, 경제사회종합연구소에 의하면 2010년 일본의 임베디드 소프트웨어 관련 산업이 국내 총생산 GDP의 12.4%를 차지한 것으로 나타났다. 현재 일본은 국제표준화와 T-License 등을 통해 세계 임베디드 시장을 선도하기 위한 노력을 추구하고 있으며, 일본 정부도 임베디드 소프트웨어에 대한 지원정책을 구체적이고 세분화해서 추진하고 있는 상황이다.

중국의 경우, 임베디드 소프트웨어의 주요 시장은 컴퓨터, 휴대폰, 가전제품, 휴대용 정보단말기에서 자동차, 군사, 우주항공 등 점차 다양한 영역으로 확대되면서 첨단화되고 있고, 임베디드 소프트웨어 기술도 급속히 발전되면서 다양한 분야와의 융합을 추진하고 있다. 그리고 광둥(廣東)성을 시작으로 충칭과 선양 등에서 유비쿼터스 도시건설을 추진하면서 홈 네트워크, 지능형 빌딩시스템, 교통시스템, 광대역 통신망 등의 첨단 시스템도 함께 구축하고 있다. 2012년 중국정보통신·산업부에서 발표한 자료에 의하면 중국의 소프트웨어 시장은 소프트웨어 제품이 32%로 가장 큰 비율을 차지하고 있으나 임베디드 소프트웨어 분야도 17%로 시스템 통합/지원의 22%에 이어 3위를 차지할 정도로 급속히 발전하고 있는 것으로 나타났다. 중국 공업신식화부에서 2012년에 발표한 '2012 중국의 소프트웨어 산업 분석'에 의하면 임베디드 소프트웨어에 대한 수출은 동기 대비 13%였으며, IT 시장 분석 및 컨설팅 기관인 IDC의 최신 전망에 따르면 2013년 중국의 IT 지출규모가 1,730억 달러에 달할 것으로 보면서 사상 처음으로 일본의 IT 지출규모를 넘어설 것으로 전망하고 있다.

인도는 1998년부터 2008년까지 자국을 IT 강국으로 만들고 세계 최대의 소프트웨어 생산국으로 만들기 위해 2008년에 '정보기술행동계획'을 정부 주관으로 수립했다. 이의 일환으로 인도 정부는 방갈로르와 하이데라바드 등지에 IT 공원과 소프트웨어 테크놀로지 공원을 조성하고 독자적인 통신 시설과 자가발전 설비를 구축했으며, e-정부 구축, 도·농간 IT 환경 격차 해소, 중·소기업 지원 확대 등 IT 관련 정책을 정부 차원에서 추진해왔다. 현재 인도는 임베디드 소프트웨어를 자동차, 전자부품, 컴퓨팅, 소비가전 뿐만 아니라 비전통 분야인 제조업이나 산업 프로세스 제어 부문까지 다양한 산업 부문에 확대시키고 있다. 2008년 인도의 소프트웨어 시장은 59억 달러를 기록했으며, 관련 산업에 종사하는 기술자의 수가 12만 5천명을 넘어섰고, 인도 반도체 시장이 얻는 이익의 81%가 임베디드 소프트웨어 시장에서 나오고 있으며, 노동인구의 수도 82%를 차지할 정도로 인도에서의 임베디드 소프트웨어는 인도 자체 시장뿐만 아니라 세계 시장으로 진출하려는 인도 기업을 위해 아주 중요한 역할을 하고 있다. ISA-Frost & Sullivan의 보고서에 의하면, 인도의 반도체, 반도체 칩 설계, 하드웨어 보드 설계, 임베디드 소프트웨어를 포함한 임베디드 시스템 산업은 2005년 32억 5천만 달러에서 2010년에 144억 2천만 달러로 증가했고, 2015년에는 430억 달러로 그 규모가 크게 성장할 것으로 전망했다.

2.2 한국 발전동향

2.2.1 국내 임베디드 소프트웨어 시장 및 기술동향

국내 임베디드 소프트웨어의 시장규모 추이도 그림 2-2와 같이 한국전자통신연구원(ETRI)에서 가트너(Gartner) 자료를 기초로 하여 2012년 8월에 추정하여 발표한 자료를 통해 파악해 볼 수 있다.

이 그림에서 보면, 2011년의 국내 임베디드 소프트웨어 시장은 151억 달러 규모로서 2010년과 비교해 볼 때 3.4% 정도 성장한 것으로 나타났다. 2010년과 비교해 큰 폭의 성장은 아니지만 지속적으로 성장세를 보인 것은 모바일 기기와 스마트 디바이스의 보급 확대, 자동차 및 국방/항공 등 타 산업과 정보기술(IT)의 융합 확산에 따른 수요가 증가했기 때문이다.

임베디드 소프트웨어의 기술동향을 살펴보면, 임베디드 소프트웨어는 전통적인 제조업 및 서비스 산업과 정보기술(IT) 융합의 기반기술로서 그 역할이 더욱 중요해지고 있으며 새로운 부가가치 창출의 원동력으로서 주목을 받을 것으로 전망된다.

2.2.2 국내 임베디드 소프트웨어 기술수준

국내 임베니느 소프트웨어의 기술수준은 표 2-1과 같이 임베디드 소프트웨어산업

(단위: 억 달러)

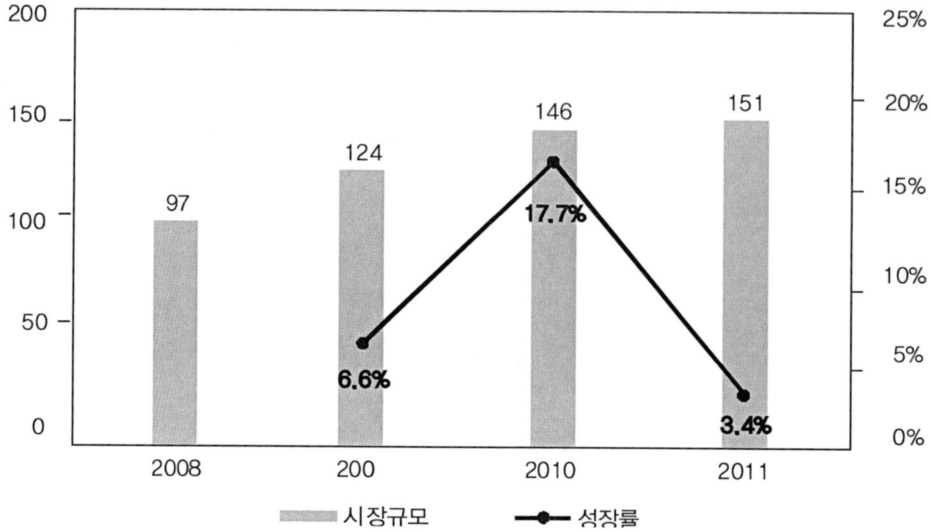

그림 2-2 국내 임베디드 소프트웨어 시장규모 추이(ETRI, 2012.8)

협의회(KESIC)에서 발표한 자료를 통해 살펴볼 수 있는데, 여기서 나오는 수치는 선진국의 임베디드 소프트웨어 기술수준을 100%로 가정해서 나온 수치이다.

표 2-1에 의하면 국내 임베디드 소프트웨어 기술수준은 선진국에 비해 대략 25~50% 가량의 기술격차가 있는 것으로 보인다. 이렇게 기술격차가 나는 주요 요인을 살펴보면, 국내 임베디드 소프트웨어 업체들이 라이선스(Licensor) 판매보다는 외주

표 2-1 국내 임베디드 소프트웨어 기술수준(KESIC, 2010)

구분	전체	유무선 통신	정보/ 가전기기	자동차	산업 자동화	국방/ 항공/우주	의료 장비	건설	조선/ 해양
사례수 (개)	212	91	48	10	22	13	11	9	2
임베디드 OS(%)	59.7	60.4	63.7	60.5	54.8	53.3	51.4	67.5	50.0
미들웨어 (%)	64.2	66.0	68.8	63.0	63.9	42.7	52.7	70.0	50.0
응용 SW (%)	74.6	74.4	80.0	70.0	70.9	72.7	70.5	79.4	50.0
개발도구 (%)	50.0	48.3	53.4	55.5	47.0	50.8	44.1	56.3	50.0

표 2-2 2008년도 정보기술(IT) 수준조사 결과(정보통신연구진흥원, 2008.12.)

분류	국가별 기술수준 및 기술격차													
	미국		일본		유럽		한국		대만		중국		인도	
	상대수준	기술격차	상대수준	기술격차	상대수준	기술격차	상대수준	기술격차	상대수준	기술격차	상대수준	기술격차	상대수준	기술격차
임베디드 SW (전체)	100	0.00	92.1	1.24	93.8	1.09	87.0	1.81	82.7	2.47	79.0	2.91	81.6	2.56
임베디드 OS 및 가상화	100	0.00	88.9	1.50	90.5	1.24	83.0	2.02	80.3	2.41	76.0	2.93	79.6	2.47
임베디드 미들웨어	100	0.00	92.2	1.23	94.6	1.00	86.8	1.77	80.9	2.64	78.8	2.90	83.7	2.45
임베디드 SW 개발도구	100	0.00	92.0	1.74	94.2	1.33	86.9	2.33	83.4	2.88	78.2	3.39	79.6	2.94

제작 중심으로 치우쳐 있다는 것과 기반 기술의 개발보다는 투자부담이 낮은 응용 애플리케이션 개발에 치중했기 때문인 것으로 분석된다. 이러한 기술격차를 줄이기 위해서는 임베디드 소프트웨어에 대한 전문인력의 양성, 개발자 커뮤니티에 대한 지원 강화, 업체 간 인수합병을 통한 규모의 경제 달성 및 투자 증대 그리고 원천기술 연구 등과 같이 다각화 노력이 필요할 것이다.

국내 임베디드 소프트웨어 기술수준을 살펴볼 수 있는 또 다른 자료로 표 2-2와 같이 2008년 12월 정보통신연구진흥원에서 발표한 2008년도 정보기술(IT) 기술수준 조사 보고서가 있다. 이 보고서에 의하면 국내 임베디드 소프트웨어 기술수준은 미국을 100%로 봤을 때 한국은 87.0% 수준으로 유럽의 93.8%, 일본의 92.1%보다는 낮지만 대만의 82.7%, 인도의 81.6% 그리고 중국의 79.0%보다는 높은 수준인 것으로 조사되었다. 기술격차는 미국에 비해 1.81년 정도 뒤쳐진 것으로 나타났으며, 이 중 임베디드 소프트웨어 개발도구의 기술격차가 2.33년 정도로 가장 크게 격차가 벌어진 것으로 분석되었다.

2.2.3 국내 임베디드 소프트웨어 추진전략

2.2.3.1 IT839전략 및 u-IT839전략

2004년 구 정보통신부에서는 서비스와 인프라 중심의 IT 산업육성 전략인 IT839 전략을 수립하였고 2006년에는 이를 업그레이드한 u-IT839전략을 추진하였다. 이러한 전략을 추진하면서 구 정보통신부는 임베디드 소프트웨어를 9대 신성장동력 가운데 하나로 선정하였다. 임베디드 소프트웨어가 신성장동력 중의 하나로 선정된 배경을 살펴보면, 임베디드 소프트웨어는 정보가전, 차량, 로봇, 산업기기, 의료기기, SoC 등 차세대 성장동력 분야의 제품에 내장되어 핵심 기능을 수행하고 이와 동시에 하드웨어 제어, 통신, 멀티미디어, 인터넷, 인공지능 등의 제품을 스마트하게 만드는 기능을 제공할 수 있기 때문이었다.

정보통신부의 임베디드 소프트웨어에 대한 추진목표 및 전략을 살펴보면 크게 다음의 네 가지로 요약될 수 있다. 첫째는 표준형, 마이크로형, 나노형의 범용 임베디드 소프트웨어 플랫폼과 DTV, 스마트폰, 로봇 등에 특화된 솔루션을 개발 보급하겠다는 것이며, 둘째는 공개소스를 채택하여 조기에 국제 수준의 기술력을 확보하고 이동통신 단말이나 디지털 홈 분야에 적용하여 세계기술을 선도하겠다는 것이고, 셋째는 산·학·연이 유기적으로 연계된 인력양성 프로그램을 수립하여 하드웨어와 소프트웨어를 모두 다룰 수 있는 고급 엔지니어를 양성하겠다는 것이며, 마지막으로 핵심 분야의 표준 개발, 표준 시험·인증 지원, 효율적인 테스트베드 구축 및 초기시장 진출을 위한 시범사업을 추진하였다는 것이다.

2.2.3.2 신성장동력 비전과 발전전략

2008년 2월 25일 새로운 정부가 들어서면서 지식경제부는 구 정보통신부에서 추진해왔던 서비스와 인프라 중심의 IT 산업육성 전략인 u-IT839전략을 전면 재검토하면서 IT 산업 내 융합과 이를 전체 산업 기반으로 육성하기 위한 다양한 전략을 추진하였다. 대표적인 추진전략을 보면, 2008년 3월에 발표한 '뉴IT 전략', 2008년 5월에는 '소프트웨어링 코리아 프로젝트(SKP)' 추진, 2009년 2월에는 'IT·소프트웨어 뉴딜 정책' 수립 그리고 같은 해 2월 25일에는 3대 분야 17개 신성장동력이 포함된 '신성장동력 비전 및 발전전략' 발표 등이 있다.

먼저 '뉴IT 전략'은 전통산업과 IT, 하드웨어와 소프트웨어 그리고 완성품과 부품·소재 등 영역 간 결합을 통한 시너지를 극대화하는 것에 핵심을 두고 있다. 디스플레이, 반도체, 휴대폰 등 세계 1위 주력 IT 산업의 경쟁력은 지속적으로 강화하는 한편 이들의 부가가치를 극대화할 수 있는 핵심 부품 및 소프트웨어 등 이른바 IT 품목 개발에 집중하고, 이와 함께 급속도로 보편화한 무선서비스 환경에 대응할 수 있도록 이동통신·전자태그(RFID) 등 무선 IT 인프라 및 시장 환경을 고도화하는 전략이다.

'소프트웨어링 코리아 프로젝트(SKP)'는 자동차, 조선, 국방, 건설, 의료 등 국가 5대 산업분야에 소프트웨어 적용 확대를 통한 산업의 고부가가치화를 촉진하고자 추진한 프로젝트이다. SKP에서 추진했던 주요 임무로는 분과별 전략과제 발굴 및 추진계획 수립, 산업별 동향 및 기술경쟁력 분석 그리고 산업별 임베디드 소프트웨어 기술청사진 수립, 주요 R&D 투자맵 작성 그리고 파급효과 및 제도 개선 등에 대한 분석이었다.

'IT·소프트웨어 뉴딜 정책'은 정부가 지식경제부에 IT 정책역량을 집중시킨다는 방침 하에 자동차, 조선, 건설 등 주력산업에 밀려 있던 정책적 무게를 IT와 소프트웨어 분야에 실어 일자리 1만 개 이상을 만들어 경제위기 탈출의 주동력을 삼겠다는 전략이다. 지식경제부의 분석에 따르면 IT·소프트웨어 산업(컴퓨터 관련 서비스업)의 경우 한 건에 10억 원짜리 16.5개를 만들 수 있고, 일자리 창출효과가 가장 큰 건설·토목(16.6개)과 유사하며, 제조업(10.2개)보다는 50% 이상 투자 효율이 높다고 분석하였으며, 특히 소프트웨어 산업은 10억 원당 24.4개의 일자리가 생긴다고 분석하였다.

'신성장동력 비전 및 발전전략'에서는 세계적인 경제침체에 따른 일자리 창출 등 단기 위기대책과 동시에 포스트 금융위기에 대비한 새로운 경제성장 비전을 제시할 필요가 있어 3대 분야 17개 신성장동력을 선정하여 발표하였다. 여기에는 단순한 에너지 절감 분야가 아닌 미래 성장의 바탕이 되고 기후변화·자원위기에 대한 해결능력이 큰 녹색기술산업 분야에 6개, 세계 시장규모와 우리나라 기술 역량(IT 분야)이 높고 융합을 통해 기존 산업 고도화와 신산업 창출이 가능한 첨단융합산업 분야에 6개, 그리고 일자리 창출 잠재력이 크고 서비스업에 경제성을 보완하여 고부가가치 창출이 가능한 고부가 서비스산업 분야에 5개 등 총 17개의 신성장동력을 선정하였다.

2.2.3.3 소프트웨어 강국 도약전략

2010년 2월 4일 지식경제부는 제45차 비상경제대책회의에서 범부처 차원의 소프트웨어 산업 육성방안을 담은 '소프트웨어 강국 도약전략'을 발표하였다. 이 도약전략에는 소프트웨어 생태계 재편, 소프트웨어 융합 신수요 창출, 소프트웨어 인재 양성 그리고 소프트웨어 기술역량 제고 등 4대 핵심전략과 12개 정책과제를 제시하였고 범정부 차원에서 이 도약전략을 추진하고 있다.

주요 내용을 살펴보면, 국산화율이 낮은 임베디드 소프트웨어를 육성하기 위해 제조-시스템 반도체-임베디드 소프트웨어 기업 간 연계를 강화하고 국방 R&BD(Research & Business Development)를 민수용 임베디드 소프트웨어의 테스트 베드로 활용하여 2008년 기준 1~5% 수준에 불과한 임베디드 소프트웨어의 국산화율을 2013년까지는 5~25%까지 끌어올린다는 계획이다. 그리고 2008년 기준으로 정부의 소프트웨어 R&D 투자를 2013년에는 2배 수준인 6,700억 원으로 확대하고, 하드웨어 R&D 투자의 10% 정도를 소프트웨어에 할애하도록 유도할 방침이다. 또한, 대형개발 프로젝트를 발굴 및 추진하고, 출연연구소 중심의 R&D를 기업 중심으로 전환하여 기술과 제품 그리고 시장이라는 선순환 체계를 구축해 나가는 계획이 포함되어 있다.

주요 업종별로 수립된 추진대책을 간략히 살펴보면, 휴대폰의 경우 스마트폰 시장변화에 대응하여 국내 기업이 주도하는 스마트폰용 소프트웨어 플랫폼을 확보하기 위한 사업에 지원하고 데이터 요금을 무한 정액제로 변경하고 무선 인터넷망을 개방하는 등 제도 개선을 추진하는 계획이 있다. 자동차의 경우에는 '차량 IT 혁신센터'에 대한 지원을 확대하고 AUTOSAR 기반의 운영체제 등을 지속적으로 개발하는 계획이 있으며, 조선/로봇의 경우에는 지능형 디지털 선박통합관리, LNG 선박용 무선통신, 로봇 응용 소프트웨어 개발 및 오픈마켓을 통한 로봇 기술 사업화 촉진 등의 계획이 있다.

2.2.3.4 공생발전형 소프트웨어 생태계 구축전략

2011년 10월 27일 지식경제부는 보도자료를 통해 현재 글로벌 IT 시장이 모바일 분야를 중심으로 급속히 재편 중에 있고, 소프트웨어, PC, 휴대폰 등 비교적 명확했던 IT 경계도 사라지거나 융합화됨으로 인해 IT 주도권이 하드웨어 기업에서 소프트웨어 기업 중심으로 변화하고 있으며, 특히 하드웨어 + 소프트웨어 + 서비스의 융합 경쟁력을 갖춘 기업이 세계의 강자로 등극하고 있는 현재의 상황 변화에 따라 글로벌 경쟁력이 취약한 국내 소프트웨어 산업을 보호하고 발전시키기 위한 '공생발전형 소프트웨어 생태계 구축전략'을 발표했다. 이 구축전략은 목표를 젊은 인재와 소프트웨어 전문기업이 글로벌 시장에 도전하고 성공할 수 있는 생태계의 조성에 두었고 소프트웨어 공정거래질서 확립, 소프트웨어 기초체력 강화, 소프트웨어 융합 활성화, 지속적 추진체계 확보라는 4대 핵심 정책 부문과 11개 정책과제로 구성돼있다.

4대 핵심 정책 부문의 주요 내용을 살펴보면 다음과 같다. 먼저 소프트웨어 공정거래 질서 확립 부문에는 세 가지의 주요한 과제가 있는데 첫째가 전문·중소기업의 참여를 확대하고 시장 감시기능을 강화하는 과제다. 이 과제는 공공 정보화시장에 대기업의 참여를 제한하고 모니터링을 강화하며 아울러 민간의 정보화시장 기업 간에 공정한 경쟁 기반을 조성하는 내용이다. 둘째는 선진적인 수·발주 체계를 구축하는 과제로서, 제안요청서의 상세를 의무화하고 프로젝트 관리소(PMO) 제도를 도입하며 공공 정보화시스템의 지식재산권을 개발 기업이 행사하고 상용 소프트웨어 제품의 시장 침해를 방지하는 내용이다. 셋째는 시장 자율에 의한 소프트웨어 대가를 적용하는 과제로서, 정부의 소프트웨어 사업 대가기준과 소프트웨어 기술자 등급제를 폐지하고 선진형 유지보수체제로 전환하는 내용이다.

두 번째는 소프트웨어 기초체력 강화 부문으로 세 가지 과제가 있다. 먼저 소프트웨어 고급인재를 양성하는 과제로서, 창의적인 인재 육성을 위해 정규 소프트웨어 교육과정을 강화하고 소프트웨어 인재를 양성·우대하는 기업에 대한 지원을 강화하며 R&D를 통해 소프트웨어 인재 양성 기능을 강화하는 내용이다. 둘째로 소프트웨어 자산 활용 촉진을 위한 소프트웨어 뱅크를 설립하는 과제로서, 국내 개별 소프트웨어의 기술자산 활용을 극대화하고 유망 소프트웨어 기업에 대한 양성 및 투자를 활성화하는 내용이다. 셋째는 소프트웨어 특성에 맞는 정부의 R&D체계를 도입하는 과제로서, 창의성을 극대화하는 소프트웨어 R&D 프로그램을 신설하고 소프트웨어 고유 평가관리시스템을 도입해서 이를 탄력적으로 운용하는 내용이다.

세 번째는 소프트웨어 융합 활성화 부문으로 이 역시 세 가지 과제를 가지고 있다. 먼저 임베디드 시스템(임베디드 소프트웨어+시스템 반도체)에 대한 경쟁력 강화 과제로서, 2012년에 수립된 융합 로드맵을 기반으로 시장 창출형 공동 R&D를 지원하고 민간 주도의 차세대 소프트웨어 플랫폼을 구축 시 이를 지원하는 내용이다. 둘째는 스마트 콘텐츠의 활성화 과제로서, 이에는 스마트 환경에 적합한 법과 제도를 마련하고 대·중소·1인 기업 간 협력 생태계를 구축하며 선도 콘텐츠를 발굴하고 지원하는 인프라를 확충하는 내용이다.

마지막으로 위의 세 가지 정책 부문을 지속적으로 추진할 수 있는 추진체계 확보 부문으로, 이에는 주파수 할당 수입을 소프트웨어 산업에 집중적으로 지원하는 과제와 정부 부처(지식경제부, 행정안전부, 문화체육관광부, 방송통신위원회) 간 IT/SW 정책협의체를 운영하는 과제, 소프트웨어 정책연구센터를 설립하는 세 가지 과제가 있다.

2.2.3.5 Giga KOREA 전략

2012년 4월 23일 국가경쟁력강화위원회는 제28차 회의를 통해 'IT 미래환경 변화와 대응전략'을 발표하면서 한국의 IT 기술에 필요한 장비, 부품, 서비스 등의 분야별 핵심 원천기술을 개발하기 위해 'Giga KOREA' 전략을 추진한다고 발표했다. 이 전략은 2013년부터 2026년까지 14년간 총 105조 5000억 원 규모의 생산과 69만 4000명의 고용을 창출할 수 있는 정책으로 10대 아젠다를 포함하고 있다. 10대 아젠다 중 소프트웨어 관련 내용에는 소프트웨어-서비스-콘텐츠-융합산업-핵심부품을 연계·육성하고 대·중소기업이 공생하는 열린 생태계를 구축하는 IT 융합을 위한 2단계 확산 부문과 협소한 내수 중심의 성장을 탈피해서 처음부터 글로벌 시장을 목표로 하는 글로벌 소프트웨어 중견기업 50개를 육성하는 두 가지 부문이 있다.

특히 분야별 추진과제 중 플랫폼과 소프트웨어 부분이 있는데, 이 과제는 기가급 통신 인프라를 통해 다양한 스마트 기기에 지능화된 컴퓨팅 파워를 안정적으로 제공할 수 있는 플랫폼과 소프트웨어 기술력을 확보하는 내용이다. 이의 주요한 내용에는 현재 처리가 불가능한 초대용량의 실감 미디어와 고품질의 미디어 서비스의 제공을 위해 데이터 처리속도를 1만 배 이상 향상시킬 수 있는 원천기술의 확보가 있다. 이것은 고성능의 컴퓨팅 시스템 소프트웨어, 초고속의 저장시스템 기술, 저전력의 클러스터 시스템, 초고속의 실감 미디어 처리 플랫폼과 같은 원천 기술에 대한 개발을 포함하고 있다. 또한 다양한 클라우드 서비스를 활용해 고품질의 맞춤형 서비스를 제공하는 내용을 포함하고 있는데, 이 서비스는 다중 클라우드 통합/연동의 실현과 보안성과 안정성을 보장하는 클라우드 서비스라는 환경을 제공한다.

2.2.3.6 고급두뇌 역량 강화를 통한 산업 고도화 전략

2013년 7월 24일 산업통상자원부는 '고급두뇌 역량 강화를 통한 산업 고도화 전략'을 발표했다. 이 전략은 고급두뇌 역량 강화, 고급두뇌 역량을 활용한 산업의 고부가가치화, 고급두뇌 역량이 발휘되는 창의 실현 환경 구성이라는 세 가지 정책 방향과 10개의 세부 추진과제로 구성돼있다. 이를 소프트웨어 중심으로 요약하면 다음과 같다.

첫 번째 정책 방향은 고급두뇌 역량 강화로 M&A와 해외 우수인재 유치를 통한 단기 점프업, 고급두뇌 인력 양성 및 확충, 고급두뇌 기업 역량 제고의 세 가지 추진과제가 있다. 여기에는 30개의 우수 공과대 내에 2020년까지 SoC-임베디드 소프트웨어 융합과정을 확대하는 방안과 우수 교수진의 확보를 위해 인력 양성이 시급한 4대 분야 중 하나인 임베디드 소프트웨어 분야에 최고급 설계 브레인을 선정해 해외 연수 및 연구·훈련·활동비를 지원하는 방안 등이 있다.

두 번째 정책 방향은 고급두뇌 역량을 활용한 산업의 고부가가치화로 기획·설계 역량을 통한 전통 제조업의 고도화, 소프트웨어와 SoC 역량 강화를 통한 제조업의 스마트화, 산업 융합을 통한 제조업의 경쟁력 제고 및 첨단화, 제조·서비스 융합의 신산업 육성이라는 네 가지 추진과제가 있다. 여기에는 하드웨어(생산라인)와 소프트웨어(운영시스템)가 결합된 패키지형 생산시스템을 구축해 제조 생산설비에 대한 종합적 설계와 운영 역량을 확충하는 방안, 충돌방지와 비행자세 제어시스템과 같은 고도의 기술력이 필요한 임베디드 소프트웨어에 대한 핵심 기술을 개발하고 국산화 지원을 강화하는 방안, IT·SW + 콘텐츠 + 제조기업·전문가 간 협의체를 활성화하고 제조·서비스 분야에 공동 수익이 가능한 신비즈니스 모델을 기획하는 방안 등이 있다.

세 번째 정책 방향은 고급두뇌 역량이 발휘되는 창의 실현 환경 조성으로 창의·자율형 R&D 지원체계 구축, 창의·혁신형 비즈니스 환경 조성, 대·중소기업의 동반성장 생태계 구축의 세 가지 추진과제가 있다. 여기에는 2015년까지 로봇, 바이오, 이동통신, 임베디드 소프트웨어를 포함해 18대 주요 산업분야에 국가의 R&D 기획체계를 접목시켜 핵심·원천 특허를 확보하는 방안 등이 있다.

2.2.4 국내 임베디드 소프트웨어 향후 전망

국내 임베디드 소프트웨어의 향후 전망도 그림 2-3과 같이 한국전자통신연구원(ETRI)에서 가트너(Gartner) 자료를 기초로 하여 2012년 8월에 추정하여 발표한 자료를 통해 예측해 볼 수 있다.

이 그림에서 보면, 2012년의 국내 임베디드 소프트웨어 시장규모는 2011년 대비

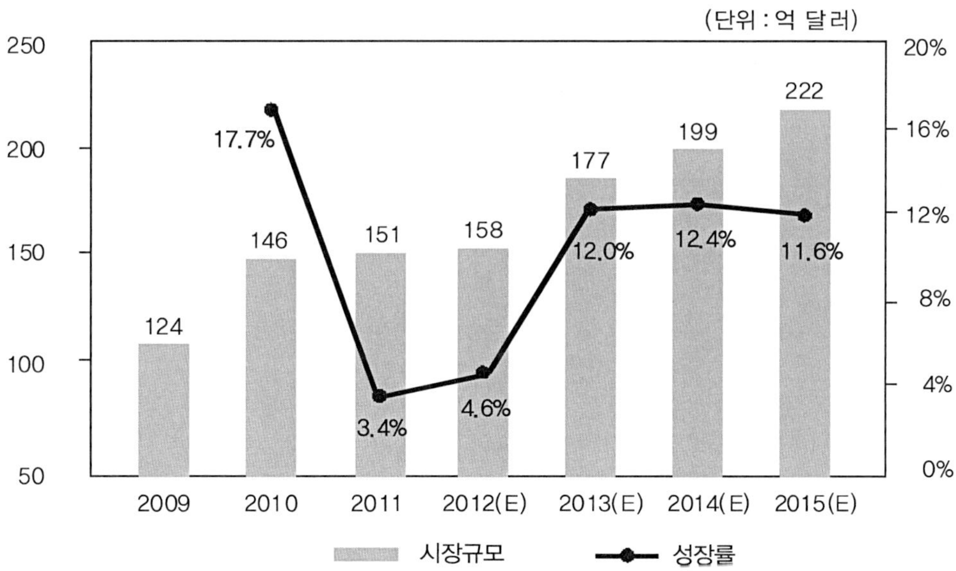

그림 2-3 국내 임베디드 소프트웨어 시장규모 전망(ETRI, 2012.8)

4.6% 정도 성장한 158억 달러에 이를 것으로 예상하고 있다. 그 이후 국내 임베디드 소프트웨어 시장은 2015년까지 연평균 성장률이 10.3%에 이를 정도로 전 세계 임베디드 소프트웨어 성장률인 4.4%보다 5.9% 더 높은 성장률을 보이면서 지속적으로 성장할 것으로 예상되고 있다. 이러한 높은 성장률을 지속시키기 위해 정부에서는 자동차, 조선, 건설, 의료, 국방 등 국가 경쟁력을 좌우하는 정보기술(IT)의 융합 분야에 많은 투자를 지원할 것으로 예상되며 또한 제조업체와 임베디드 소프트웨어 업체가 기술 및 경험 등의 지식을 융합해 시너지를 창출하는데 중점을 둘 것으로 전망된다.

그리고 2.2.3절에서도 간략하게 언급하였지만 현재 휴대폰을 비롯하여 자동차, 국방 등의 분야에서 1~15% 수준에 머무르고 있는 임베디드 소프트웨어의 국산화율을 2013년까지 표 2-3과 같이 상향 조정하기 위해 노력할 것으로 보인다. 이를 위해 휴대폰 분야에서는 개방형 모바일 소프트웨어를 집중 육성하고, 자동차 분야에서는 현재 추진 중에 있는 '차량 IT 혁신센터'를 지속적으로 확대 지원하며 스마트 자동차에 사용되는 AUTOSAR 플랫폼 개발도 계속 추진할 것으로 예상된다. 국방은 2008년 1% 대에 머무르고 있는 국산화율을 5년 후인 2013년에는 5% 대로 끌어올리기 위해 소프트웨어 국산화가 가능한 무기체계에 예산을 우선 배정하고 기술 개발에 성공한 국방 임베디드 소프트웨어에 대해서는 민간 이전을 적극 추진할 것으로 보인다. 조선 분야는 항해장치, 자기진단 기술 등의 개발을 집중적으로 지원하여 국산화율을 끌어올릴 것으로 보이며, 로봇 분야는 로봇의 응용 소프트웨어에 대한 비즈니스 모델 개발에 더욱 노력을 할 것으로 예상된다.

표 2-3 국내 주력산업별 국산화율 상향조정 전망 및 추진전략(비상경제대책회의, 2010. 2.)

분야	2008 → 2013년 (단위 : %)	추진전략
휴대폰	15 → 25	• 개방형 모바일 소프트웨어 집중 육성
자동차	5 → 15	• 차량 IT 혁신센터의 지속적 확대 지원 • AUTOSAR 플랫폼 지속 개발
국방	1 → 5	• 소프트웨어 국산화가 가능한 무기체계에 우선적으로 예산 배정 • 기술 개발에 성공한 국방 임베디드 소프트웨어의 민간 이전 적극 추진
조선	4 → 10	• 항해장치, 자기진단 기술 등의 개발에 집중 지원
로봇	5 → 25	• 로봇 응용 소프트웨어의 비즈니스 모델 개발

또한, 스마트폰, 태블릿 PC, 스마트 TV 등에 공통으로 적용할 수 있는 임베디드 소프트웨어의 수요가 지속적으로 급증할 것으로 보이며, 주력산업에서의 임베디드 소프트웨어의 활용도 같이 증가할 것으로 예상된다. 제조업 및 서비스업과 정보기술(IT)과의 융합 그리고 모바일 및 스마트 디바이스의 확산으로 인해 이 분야 또한 국내의 새로운 성장동력으로 발전할 전망이다.

제 3 장

연구동향

본 장에서는 임베디드 소프트웨어에 대한 미국, 유럽, 일본, 중국의 연구동향을 설명한다. 그런 다음 국내 정부 및 민간기관을 통해 추진되고 있는 다양한 연구동향을 설명한다. 본 장은 다음과 같이 구성된다.

3.1 각국 연구동향
3.2 한국 연구동향

3.1 각국 연구동향

3.1.1 미국 연구동향

미국은 국가과학기술자문위원회(NSTC)에서 21세기 핵심 분야로 군사 및 과학용 임베디드 소프트웨어를 선정하여 미 국가과학재단(NSF : National Science Foundation)을 통해 2002년부터 매년 3억불 이상을 연구비로 투자하고 있으며, 최근에는 향후 10년을 위한 국가전력의 일환으로 'Software 2015 : A National Software Strategy to Ensure US Security and Competitiveness'를 발표하여 추진하고 있다. 'Software 2015'의 비전은 신뢰성 있는 소프트웨어 제품 및 시스템 개발의 지속적인 능력 향상을 통해 미국 소프트웨어 산업의 경쟁력을 확보하는 것으로서, 미국은 이러한 비전을 구현하기 위해 신뢰성 개선, 소프트웨어 인력의 교육 및 공급 강화, 소프트웨어 연구개발의 재활성화 그리고 소프트웨어 산업의 혁신 강화라는 4가지 전략 프로그램을 추진하고 있다. 또한, 미국은 대학 및 연구소를 중심으로 현재 다양한 프로젝트를 진행하고 있는데, 대표적인 프로젝트로는 버클리대의 '스마트 먼지(Smart Dust)', MIT의 'Oxygen 프로젝트'와 '생각하는 사물 프로젝트', 조지아공대의 'Info-Sphere', 마이크로소프트의 'EasyLiving 프로젝트', 휴렛팩커드의 'CoolTown 프로젝트' 등이 있다.

버클리대에서는 'Smart 먼지'라는 프로젝트를 통해 1mm^3 크기의 실리콘 모토(Silicon Moto)라는 입방체 안에 완전히 자율적인 센싱과 통신 플랫폼 능력을 갖춘 스마트 먼지를 만들고 있는데, 이 스마트 먼지는 보이지 않는 컴퓨팅 시스템으로 가벼워 떠다닐 수 있을 정도로 아주 작고 가벼운 것이 특징이라 할 수 있다. 이러한 스마트 먼지의 응용분야로는 에너지 관리, 제품의 품질관리 및 유통경로 관리, 기상의 상태나 생화학적 오염 그리고 병력과 장비의 이동을 감시할 수 있는 군사목적 등이 있다.

MIT의 컴퓨터 사이언스 및 인공지능 연구실에서는 'Oxygen 프로젝트'라는 프로젝트를 통해 인간 중심의 컴퓨팅 환경 하에서 컴퓨터가 산소와 같이 흔한 것이 되어 언제 어디서나 쉽게 이용할 수 있도록 해주고, 사용자가 특별한 지식이 없어도 언어나 시각과 같은 자연 인터페이스를 매개로 하여 어디에서나 목적에 맞는 서비스를 이용할 수 있는 컴퓨팅 환경을 구축하고 있다. 이 프로젝트의 응용분야로는 자연어에 의한 그룹작업 지원, 가전 등의 기기 제어 그리고 원활한 정보 접속 지원 등이 있다. 현재 이 프로젝트는 크게 5가지 기술 분야로 구분하여 추진하고 있는데,

이에는 디바이스 기술, 네트워크 기술, 소프트웨어 기술, 지각 기술 그리고 사용자 기술이 있다.

MIT 미디어랩의 '생각하는 사물 프로젝트'는 컴퓨터를 우리 주변의 일상생활 속으로 집어넣어 인간의 삶을 효율적으로 지원하기 위해 추진하는 프로젝트다. 즉 컴퓨팅과의 의사소통을 모든 일상의 사물로 이행해 나가기 위해 컴퓨터 자체를 지능화시킴으로써 인간의 욕구에 맞추고자 하는 프로젝트며, 궁극적으로 원자핵부터 글로벌 네트워크까지 디지털 세계의 비트와 물리적 세계의 원자를 통합시키는 프로젝트다. 이를 위해 이 프로젝트에서는 인간을 주인으로 섬기는 지능화된 사물과 컴퓨터를 연구하여 인간이 사용하는 모든 기계와 사물이 사용자의 언어, 행동, 생활습관 등을 스스로 이해해서 정보를 주고받고 스스로 생각해서 사용자를 위해 일하게 만드는 것이 주요한 목적이다. 예를 들면 사무실에 근무하는 사람들의 커피 마시는 습관을 분석해 시간에 맞추어 미리 신선한 커피를 준비하는 커피메이커, 수분을 감지하여 시간에 맞춰 물을 주는 화분 등이 있다.

조지아공대의 'InfoSphere'는 신선한 정보를 사용자의 상황에 따라 실시간으로 제공되는 공간을 구현하기 위해 추진하는 프로젝트로서 운영체제, 미들웨어와 실시간 시스템, 멀티미디어 시스템, 유비쿼터스 컴퓨팅으로 구성된다. 이 중 임베디드 소프트웨어와 관련된 프로젝트는 두 가지로, 상황인지 애플리케이션 개발 및 전개와 관련된 'The Context Toolkit'와 거주자 감지 및 상황 정보 제공을 통해 인간에게 도움을 제공하는 인간의 거주환경 구현 기술을 개발하는 'The Aware Home Research Initiative(AHRI)' 등이 있다.

마이크로소프트의 'EasyLiving 프로젝트'는 빌게이츠 회장이 마이크로소프트가 21세기 비즈니스 전략의 목표를 어디에 두고 있는지를 알 수 있게 추진하는 전략으로 물리적 공간 세계와 전자적 센싱 및 세계 모델링(world modeling) 공간을 분산 컴퓨팅 시스템과 결합시켜 인간에게 가장 쉬운 삶의 공간을 창조하겠다는 프로젝트다.

휴렛팩커드의 인터넷 및 이동 시스템 연구소에서 추진하고 있는 'CoolTown 프로젝트'는 유·무선 통신 네트워크 기술과 웹 기반의 정보통신기술을 기반으로 하는 첨단 미래도시 모델을 만들어 맞춤형 서비스, e-비즈니스, 원격교육, 원격의료, 지능형 교통 시스템(ITS) 그리고 화재 및 방재 등을 위한 대응상황 서비스 등을 제공하는 프로젝트이다. 이 프로젝트의 목표는 현실 세계에 존재하는 모든 것이 웹상에서도 동시에 존재하는 "Real World Wide Web"을 구현하는 것이며 웹과 상호작용하는 디지털 통신 수단을 통해 언제 어디서나 커뮤니케이션이 가능한 환경을 실현하는 것이다. 현재 휴렛팩커드는 영국의 버크셔, 미국의 팔로알토 및 캐나다에 시범타운을 설립하여 운영 중에 있다.

3.1.2 유럽 연구동향

유럽은 1985년 프랑스의 미테랑 대통령이 미국의 전략방위구상(SDI : Strategic Defense Initiative)에 대항하여 제창한 단체인 유럽 첨단기술연구공동체(EUREKA : European Research Agency)에서 1999년부터 2007까지 8년간 약 3조 8천억 원을 투자하여 군사 및 교통용 임베디드 소프트웨어에 대한 연구를 진행하였다. 2005년에는 유럽의 공동 발전을 목표로 채택된 EU 리스본 전략의 후속조치의 일환으로 유럽정보화 계획인 'i2010' 전략을 발표하였고, 현재 정보기술(IT)에 대한 전략적 투자 확대 및 시장과 R&D 글로벌화 추세에 대한 대응방안을 제시하여 추진하고 있다.

또한, 유럽은 리스본 조약에 근거하여 유럽기술플랫폼(ETP : European Technology Platform)을 개발하기 위한 다양한 연구개발 프로그램을 지원하고 있으며, 독일의 경우에는 자국 내 관련 정책들과 연계하여 연구개발 프로그램을 적극적으로 주도하고 있는 상황이다. 그리고 임베디드 시스템에 대한 유럽의 비전과 전략을 공동으로 수립하고 추진하기 위해 ARTEMIS(Advanced Research & Technology for Embedded Intelligence and System)를 수립하여 임베디드 소프트웨어의 R&D, 지식재산권, 개방형 소프트웨어, 표준화, 연구 인프라 구축 등 다방면에 대한 기술혁신을 이루기 위해 지속적인 노력을 경주하고 있다.

유럽의 대표적인 프로젝트 중의 하나인 'Smart-Its Project'는 사라지는 컴퓨터 이니셔티브의 16개 연구 프로젝트 중에서 가장 대표적인 프로젝트로서 스위스의 ETH Zurich와 DSG/PCCV, 영국의 Lancaster 대학, 독일의 Karlsruhe 대학, 핀란드의 VTT, 스웨덴의 PLAY 등에서 수행하고 있다. 이 프로젝트의 목표는 일상사물을 지능화하는 것과 지능화된 사물 간에 커뮤니케이션이 가능하도록 하는 두 가지가 있다. 먼저 일상사물의 지능화는 사물에 소형의 임베디드 디바이스인 'Smart-Its'를 삽입하여 감지, 인식, 컴퓨팅 및 무선통신 등의 기능을 지닌 정보인공물(Information Artifacts)을 개발하는 것이며, 지능화된 사물 간의 커뮤니케이션은 사물 간에 협력적으로 상황을 인식하고 이에 따라 활동을 시키도록 만드는 것이다.

3.1.3 일본 연구동향

일본은 총무성 주도로 유비쿼터스 네트워크 개발을 추진하고 있으며, 1984년 이후로 140개 이상의 민간회사가 참여하고 있는 TRON(The Real-Time Operating

System Nucleus) 협회를 통해 미래 IT 사회 실현에 필요한 임베디드 시스템의 표준화를 수행하고 있다. 2000년대 들어 일본은 정보통신기술의 발달로 인한 급격한 사회 경제구조의 변화에 대응하고 소프트웨어 산업 발전을 위해 2000년 11월 'IT 기본법(고도 정보통신 네트워크 사회 형성 기본법)'을 제정해서 범국가적으로 추진하고 있다. 특히 일본은 2003년부터 임베디드 소프트웨어 산업의 실태조사를 바탕으로 산업육성정책을 마련해서 I-TRON과 T-TRON 뿐만 아니라 u-ITRON을 개발해 가전제품에 적극 적용하고 있으며, 전통적인 실시간 운영체제와 전용의 운영체제 중심에서 다기능 임베디드 및 범용 운영체제 중심으로 발전시키고 있고, 네트워크 기반의 임베디드 시스템 제어 시뮬레이션 등의 교육과정도 함께 시행하고 있다. 2003년 9월 나고야대학에서는 특정비영리 활동법인(NPO 법인)을 중심으로 I-TRON 사양의 기술개발 성과를 출발점으로 임베디드 시스템 구축의 기반이 되는 개방형 소스 기반의 임베디드 소프트웨어를 개발하기 위해 TOPPERS(Toyohashi Open Platform for Embedded Real-time System) 프로젝트를 추진했다.

정보통신산업진흥원(NIPA)에서 2010년에 발표한 자료를 기반으로 일본에서 추진했던 ICT 관련 주요한 발전전략을 살펴보면 다음과 같다.

2001년 1월 일본 총리직할의 IT전략본부에서는 IT기반 정비를 중심으로 하는 'e-Japan 전략'을, 2003년 7월에는 세계 최첨단 IT 국가 실현을 위한 'e-Japan 전략 II'를 발표했다. 2004년 일본 총무성에서는 세계 최첨단 ICT 국가 선도를 위해 'u-Japan 전략'을 발표하면서 유비쿼터스 네트워크 정비, ICT 활용 고도화, 이용 환경 정비의 정책 패키지를 축으로 국제전략과 기술전략을 동시에 추진한다고 발표했다. 2006년 1월 일본 IT전략본부에서는 2005년까지 추진한 'e-Japan 전략'의 성과를 평가하고 차세대 IT전략을 수립하기 위해 다시 'IT 신개혁전략'을 발표했다. 참고로 'IT 신개혁전략' 중 소프트웨어 관련 내용에는 실시간 경량의 개방화된 소프트웨어 플랫폼과 표현력이 우수한 콘텐츠 제작이라는 2개의 유비쿼터스 관련 기술이 있고, 소프트웨어의 개방형 소스화와 버전 업그레이드 문제라는 2개의 유비쿼터스 사회 과제가 있다. 2011년 8월 이후 일본은 ICT 융합 기반의 시스템형 신산업 육성을 위해 6대 중점분야(ICT+에너지, 의료, 로봇, 자동차, 농업, 콘텐츠)를 선정하여 실행계획을 추진하고 있으며, 2012년 7월에는 지식정보사회 실현을 위한 'Active Japan ICT 전략'을 수립했고, 신성장동력 창출과 사회적 문제해결을 위한 ICT 정책 추진을 통해 핵심 사회 현안인 ICT 경쟁력 하락 등 당면과제 해결을 위해 'i-Japan 전략 2015'를 수립해서 추진하고 있다.

3.1.4 중국 연구동향

중국에서는 소프트웨어 산업을 최우선 발전전략으로 추진하겠다는 목표 아래 2000년 7.7조 원이었던 소프트웨어 예산을 2005년에는 30조 원 정도로 크게 증액했으며, 최근에는 임베디드 소프트웨어 산업육성정책을 적극적으로 추진하고 있다. 중국은 이를 효과적으로 추진하기 위해 2010년 기술 경쟁력 확보와 신성장 산업의 육성이라는 ICT 전략을 통해 7대 신성장 산업을 집중적으로 추진하고 있으며, 2011년에는 '12차 5개년 발전계획'을 수립해 국가의 지속 가능한 질적 성장을 위해 과학기술에 대한 전방위적 지원정책을 추진하고 있다.

특히, 중국은 휴대전화, 디지털가전, 디지털 제어공급기계, 자동차 등의 임베디드 소프트웨어 분야를 소프트웨어 산업의 새로운 성장분야로 인식하고 향후 선진국 수준의 부가가치를 유발할 수 있다는 판단 하에 선진국가에 비해 낮은 전자부품 가격을 바탕으로 임베디드 소프트웨어 개발을 적극적으로 추진하고 있다. 또한, 최근에는 미국의 윈드리버(WindRiver) 사가 임베디드 시스템 공학의 제품연구 개발 능력을 제고하기 위해 북경우전대학에 최초로 중국교육인증센터를 구축하여 운영업무를 위탁하기도 하였다.

3.2 한국 연구동향

국내 연구는 정부의 소프트웨어 발전전략 안에 함께 포함되어 진행되었다고 볼 수 있다. 그동안 정부는 소프트웨어와 제조산업과의 융합을 통하여 주력산업의 경쟁력을 유지하는 한편 소프트웨어 산업에 대한 새로운 시장을 창출하기 위해 2009년의 IT KOREA 미래전략(산업경쟁력 원천으로서의 소프트웨어), 2010년의 소프트웨어 강국 도약 전략 등을 수립하면서 연구도 함께 추진하고 있다.

주요 추진내용을 살펴보면 먼저 국내 임베디드 소프트웨어의 품질을 개선하고 업체 간 시너지 효과를 창출하기 위한 '임베디드 소프트웨어 기술지원센터'를 서울과 대구에 설립하여 운영하고 있다. 또한, 국가 차원의 임베디드 소프트웨어 발전을 위해 '소프트웨어 플래그쉽 프로젝트'를 추진 중에 있는데, 선정된 플래그쉽 과제는 국산 초음속 고등훈련기인 T-50의 항공소프트웨어를 개발하는 과제로서 사업예산은 약 650억 원이고 개발기간은 2007년부터 2012년까지이다. 그리고 소프트웨어에 대한 새로운 수요를 정부 차원에서 창출하고자 2010년부터 3년간 추진했던 대형 프로젝트인 '소프트웨어 신수요 창출 프로젝트(WBS : World Best Software)'도 있다.

현재 국내 임베디드 소프트웨어에 대한 연구를 주도적으로 추진하고 있는 임베디드 시스템 소프트웨어 산업협회(KESSIC)에서는 임베디드 소프트웨어 공모대전, 임베디드 소프트웨어 산업 발전전략 연구, 임베디드 소프트웨어 산업현황 및 실태분석 연구, 임베디드 리눅스 커뮤니티(Seed-Farm) 구축 및 운영, 임베디드 비즈니스 정보시스템(EBIS) 온라인 운영 등 다양한 연구개발 사업을 추진하고 있다.

먼저 임베디드 소프트웨어 공모대전은 임베디드 소프트웨어와 타 산업 간의 융합 모델 및 개발 아이디어를 제공하고 미래 인력을 조기에 발굴 및 양성하여 산업계에 인력공급 채널을 확보하기 위한 것으로 일반 분야와 주니어 분야로 구분하여 추진하고 있다. 임베디드 소프트웨어 산업 발전전략 연구는 국내 임베디드 소프트웨어에 대한 산업현황 조사를 통해 국내 시장의 문제점 및 기회요소를 발굴하고 이를 통해 관련 산업 육성전략의 기초자료로 활용하기 위한 연구이며, 임베디드 소프트웨어 산업현황 및 실태분석 연구는 임베디드 소프트웨어 시장규모와 기업현황에 대해 보다 정확하게 파악하고 이 결과를 정책수립의 기반으로 활용하기 위한 연구이다. 임베디드 리눅스 커뮤니티인 Seed-Farm은 한국전자통신연구원(ETRI)에서 진행하는 국가 공용의 임베디드 리눅스 플랫폼 개발과제의 결과물을 공개하고 이를 무상으로 제공하여 중소기업이 활용할 수 있도록 지원하는 커뮤니티이며, 임베디드 비즈니스 정보시스템인 EBIS 온라인은 정보통신산업진흥원(NIPA)에서 구축한 솔루션맵 2.0 사이트를 EBIS라는 이름으로 명칭을 변경한 것으로서 임베디드 소프트웨어 기업에 대한 정보를 상시 업데이트하여 협업 기반 자료를 구축하고, 정보를 원하는 중소기업에 제공하기 위해 운영하는 사이트이다. 현재 임베디드 소프트웨어 기업 정보 350개 및 제품 정보 800개 이상을 제공하고 있다.

제2부

구성

제 4 장

임베디드 운영체제

본 장에서는 임베디드 운영체제의 개념을 정의, 등장배경 및 필요성, 그리고 기능 및 기술을 중심으로 설명한다. 그런 다음 임베디드 운영체제의 현황을 국내와 국외로 구분하여 살펴보고, 마지막으로 임베디드 운영체제의 전망을 고찰한다. 본 장은 다음과 같이 구성된다.

4.1 임베디드 운영체제 개념

4.1.1 임베디드 운영체제 정의

임베디드 운영체제의 정의를 살펴보기 전에 먼저 운영체제의 사전적 정의를 살펴본다. 먼저 브리태니커 백과사전에서는 운영체제를 “컴퓨터 작동을 제어하고 프로그램 처리를 지시 및 조정하는 소프트웨어”로 정의하고 있으며, 위키백과에서는 “시스템 하드웨어를 관리할 뿐 아니라 응용 소프트웨어를 실행하기 위하여 하드웨어 추상화 플랫폼과 공통 시스템 서비스를 제공하는 시스템 소프트웨어”로 정의하고 있다. 다음 사전에서는 “컴퓨터의 하드웨어 시스템을 효율적으로 운영하기 위한 소프트웨어로서 컴퓨터를 작동하고 시스템 전체를 감시하며 처리하여야 할 데이터의 관리와 작업계획 따위를 조정하는 여러 가지의 프로그램으로 구성되어 있는 소프트웨어”라고 정의하고 있으며, 네이버 사전에서는 “컴퓨터의 하드웨어와 소프트웨어를 제어하여 사용자가 컴퓨터를 쓸 수 있게 만들어주는 프로그램”으로 정의하고 있다.

이러한 운영체제의 사전적 정의와 1.1절에서 제시한 임베디드 시스템의 정의를 합쳐 임베디드 운영체제의 정의를 내릴 수 있는데, 그 이유는 임베디드 운영체제가 임베디드 시스템에서 사용되는 운영체제이기 때문이다. 즉, 임베디드 운영체제는 “임베디드 시스템에서 사용하는 운영체제로서 제한된 하드웨어 상에서 정해진 작업을 수행하는 소프트웨어”라고 정의할 수 있다. 이와 유사하게 한국전자통신연구원(ETRI)에서도 임베디드 운영체제를 “임베디드 시스템에 사용하는 운영체제로 마이크로프로세서가 내장된 제한된 하드웨어를 가지고 정해진 목적을 수행하기 위해 특정 시스템에 최적화되어 있는 운영체제”라고 정의하고 있다. ETRI에서 정의하고 있는 임베디드 운영체제의 개념적인 모습이 그림 4-1에 도시되어 있다. 이 그림이 주는 의미를 살펴보면, 임베디드 시스템을 사용하는 사용자는 동일하지만 각각의 임베디드 시스템은 각자 자기 시스템에 맞는 하드웨어적인 특성을 가지고 있기 때문에 임베디드 시스템을 구동시키는 운영체제는 제한된 하드웨어 상에서 각 시스템마다 정해진 목적만을 수행해야 하므로 각각의 임베디드 시스템에 최적화된 운영체제가 되어야 한다는 의미이다.

4.1.2 임베디드 운영체제 등장배경 및 필요성

초기 임베디드 시스템은 간단한 스케줄러 기반의 특정 기능만을 수행하도록 설계

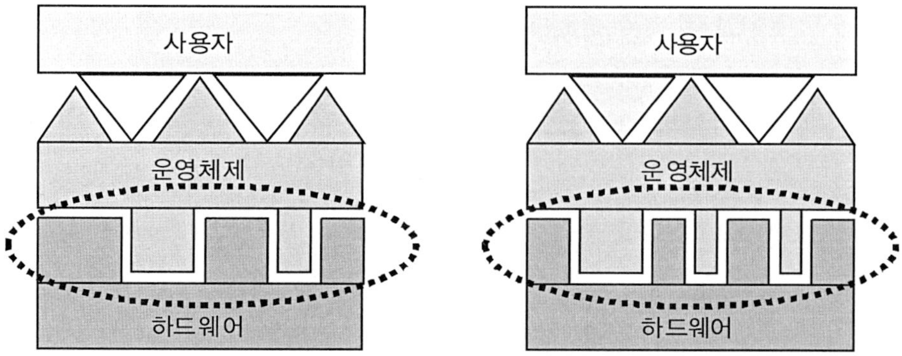

그림 4-1 임베디드 운영체제의 개념(ETRI, 2007. 11.)

되어 있고 시스템의 구성도 비교적 단순하여 특정 시스템만을 위한 임베디드 운영체제는 불필요하였다. 그러나 임베디드 시스템이 대형화되고 네트워크 및 멀티미디어 기능을 장착하면서부터 임베디드 시스템에 대한 처리 요구량이 급격히 증가하였고 시스템의 구성도 매우 복잡화되는 경향을 보였다. 그 이후 정보기술(IT) 패러다임의 빠른 변화와 사용자 요구사항의 복잡성 및 지속적인 증가 등으로 인해 임베디드 시스템의 수요가 급격히 증가하면서 동시에 더욱 빠른 속도로 복잡화되는 양상을 보임에 따라 기존의 간단한 수준의 스케줄러만으로는 복잡한 임베디드 시스템을 관리하기가 어려워지자 이를 체계적으로 관리하기 위해 임베디드 운영체제가 등장하게 되었다.

임베디드 운영체제의 필요성은 크게 특정 시스템에 대한 최적화 측면, 가격적인 측면, 그리고 응용 소프트웨어 개발의 용이성 측면에서 설명할 수 있다. 먼저 특정 시스템에 대한 최적화 측면에서 보면, 인공위성이나 미사일 제어 시스템과 같은 임베디드 시스템은 일반 운영체제가 아닌 실시간 운영체제와 같은 임베디드 운영체제를 사용하는 것이 바람직한 것처럼 오류에 견고한 시스템이나 실시간 시스템에는 이에 맞는 최적화된 운영체제가 필요하기 때문이다. 두 번째로 가격적인 측면에서 보면, 위에서 설명했듯이 임베디드 시스템은 각각의 특성에 따라 최적의 운영체제가 필요하기 때문에 최소의 자원만을 사용하는 임베디드 시스템 구성을 통해 최저의 생산비용을 유지해야 할 필요가 있기 때문이다. 마지막으로 응용 소프트웨어 개발의 용이성 측면에서 보면, 임베디드 운영체제는 작고 빠른 우선순위 기반의 스케줄링 기능이 포함된 실시간 커널을 가지고 있고, 응용 소프트웨어의 개발기간을 단축할 수 있는 라이브러리 및 미들웨어를 가지고 있을 뿐만 아니라 통합개발환경이나 원격 디버거 그리고 시스템 이벤트 모니터링 도구 등과 같은 응용 소프트웨어 개발도구로 구성되어 있기 때문에 응용 소프트웨어 개발이 일반 운영체제보다 용이하기 때문이다.

4.1.3 임베디드 운영체제 기능 및 기술

4.1.3.1 임베디드 운영체제 기능

임베디드 운영체제(OS)에서 요구되는 기능은 임베디드 시스템에 따라 차이가 있겠지만 공통적으로 요구되고 있는 기능을 크게 5가지 기능으로 분류하여 제시하면 실시간 처리, 스케줄러, 태스크 통신, 선점형 커널, 그리고 사용자 개발도구 지원으로 구분할 수 있다.

- **실시간 처리** : 제한된 시간 내에 임베디드 시스템의 요구사항을 처리하기 위한 응답성과 태스크 실시간 스케줄링 그리고 비동기적 이벤트의 효율적 처리가 요구되는 기능이다.
- **스케줄러** : 복수 개의 태스크가 동시 수행되고 스케줄러에 의해 태스크가 선택되며, 이때 우선순위에 기반을 둔 스케줄링 알고리즘을 사용한다.
- **태스크 통신** : 다중 태스킹을 지원하는 경우에 태스크 간 통신이나 동기화 메커니즘이 제공되어 서로 통신하는 기능이다.
- **선점형 커널** : 우선순위가 높은 태스크로 전환이 가능한 기능이다.
- **사용자 개발도구 지원** : 사용자가 별도의 개발시스템을 이용하여 응용 소프트웨어를 개발하고 임베디드 시스템에 이미지를 설치하거나 구동이 가능한 편리한 개발도구를 지원하는 기능이다.

참고로 임베디드 운영체제의 실시간 처리 기능과 관련하여 NEC에서 발표하고 2007년 임베디드 월드(Embedded World)에서 재인용하여 소개한 임베디드 시스템에서 요구되는 응답속도에 대한 사례가 그림 4-2에 나타나 있다. 그림에서 경성 실시간(Hard Real-time) 운영체제가 사용되는 엔진 제어 및 브레이크 제어기기와 일부 로보틱스 기기들은 불과 수 마이크로세컨드(μs) 정도의 응답속도가 요구되고 있지만, 이에 비해 리눅스계 운영체제가 사용되는 정보가전제품이나 ATM 등 조작단말계 시스템들은 수십 밀리세컨드(ms) 정도의 응답속도만이 요구된다는 것을 알 수 있다.

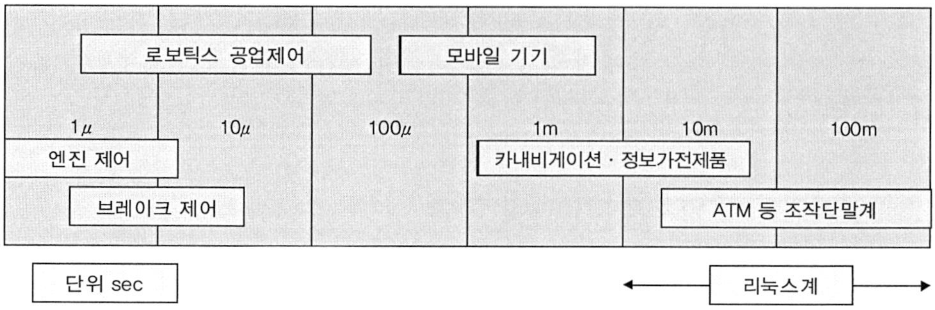

그림 4-2 임베디드 시스템에서 요구되는 응답속도(임베디드 월드, 2007)

4.1.3.2 임베디드 운영체제 기술

임베디드 운영체제에서 요구되는 기술도 마찬가지로 임베디드 시스템에 따라 차이가 있겠지만 본 절에서는 대부분의 임베디드 시스템에서 공통적으로 요구되고 있는 요소기술을 다음과 같이 크게 2가지 분류로 구분하여 제시한다. 그런 다음 임베디드 운영체제에서 요구하는 기술이 시간에 따라 어떻게 변해갔는지를 알 수 있도록 2006년의 IT839전략 표준화 로드맵에서 제시한 공통 요소기술과 2009년 정보통신산업진흥원(NIPA)에서 발표한 통합기술 청사진의 소프트웨어 기술체계도에 나타나 있는 사용용도별 임베디드 운영체제의 요소기술을 소개한다.

먼저 임베디드 운영체제에서 요구되는 기술에 대한 2가지 분류는 다음과 같이 구분할 수 있다.

- 경성 실시간 임베디드 시스템에 활용될 실시간 기능이 탑재된 멀티태스킹 기본 커널 기술과 전력관리 등의 확장 기술
- 그래픽 사용자 인터페이스(GUI) 구축에 필요한 라이브러리로 구성되는 컴포넌트로서 GUI 기반의 애플리케이션 프로그램 개발 및 실행을 위한 기본핵심 기술

다음은 2006년에 발표된 IT839전략의 표준화 로드맵에서 제시된 임베디드 운영체제의 공통 요소기술을 살펴보면 크게 다음과 같이 5가지 요소기술로 구분할 수 있다.

- **실시간 지원 멀티태스팅 기술** : 유비쿼터스 환경에서 사용되는 각종 제어, 방범, 방재 및 정보가전용 기기 등 다양한 응용에 안정적이고 고성능의 기본 실시간을 지원하는 멀티태스킹 기술

- **경량 커널 기술** : 임베디드 시스템의 특성에 따른 제한된 자원을 가지고 특정 응용을 대상으로 하는 시스템에 적합한 솔루션을 제공하는 커널의 기본 지원 기술
- **전력관리 기술** : 유비쿼터스 컴퓨팅 환경에서 휴대용 정보가전 기기를 포함한 각종 소형 배터리를 이용하는 임베디드 시스템을 위한 전력관리 기술
- **경량 그래픽 라이브러리 기술** : 그래픽 기반 사용자 인터페이스 작성을 위한 위젯 및 함수들로 구성된 라이브러리로서 다양하고 미려한 사용자 인터페이스(UI) 컴포넌트 및 경량화를 요구하는 기술
- **경량 윈도우 시스템 기술** : 응용 프로그램의 입출력 사용자 상호작용을 처리하여 주는 시스템으로서 디바이스, 사용자, 운영체제 간의 연동 및 기본 입출력 함수를 포함하며 임베디드 시스템을 위한 경량화를 요구하는 기술

2009년 정보통신산업진흥원(NIPA)에서 발표한 통합기술 청사진의 소프트웨어 기술체계도에 나타나 있는 용도별 임베디드 운영체제, 즉 CPS(Cyber Physical System) 지원 임베디드 운영체제, 임베디드 리눅스 기반 운영체제, 초소형 운영체제, 멀티코어용 임베디드 운영체제, 임베디드 고신뢰 컴퓨팅 운영체제의 요소기술을 살펴보면 표 4-1과 같다.

표 4-1 사용용도별 임베디드 운영체제의 요소기술(NIPA, 2009)

사용용도	세부 요소기술
CPS 지원 임베디드 OS	초정밀 소형 경성 실시간 커널, 분산 실시간 처리, 사용자 인증, 접근제어 기술 등
임베디드 리눅스 기반 OS	오버헤드 고려 연성 실시간 커널, 저전력 관리, 빠른 부팅, 드라이버 플러그인, 고장감내 커널, 동적 소프트웨어 업그레이드, 사용자 인증, 접근제어 기술 등
초소형 OS	고신뢰성 지원 초소형 커널, 센서용 실시간 커널, 동적 모듈 업그레이드, 초소형 운영체제 저전력 관리, 센서노드 추상화 및 확장 기술 등
멀티코어용 임베디드 OS	MPSoC 병렬 컴파일러, MPSoC 스케줄러, 멀티코어 경량, 가상화 플랫폼, 멀티코어 실행상태 모니터링, 멀티코어 저전력 관리, 멀티미디어 데이터 분배 기술 등
임베디드 고신뢰 컴퓨팅 OS	고신뢰 임베디드 운영체제 구조, 고신뢰 임베디드 운영체제 커널, 실시간 고신뢰성 검사, 고신뢰 프로그래밍 언어, 고신뢰성 지원 컴파일러 기술 등

4.2 임베디드 운영체제 현황

임베디드 운영체제(OS)는 일반적으로 실시간 운영체제(RTOS), 비실시간 운영체제, 공개소스 기반 운영체제, 그리고 자동차용 운영체제와 같은 기타 운영체제로 분류하는 것이 일반적이다. 그러나 최근에 운영체제의 성능이 향상되고 적용분야도 확장되면서 실시간 운영체제와 비실시간 운영체제의 구분이 모호해지고 있는 상황이다. 이러한 상황은 그림 4-3과 같이 구 정보통신산업진흥원(KIPA)에서 2006년 11월에 발표한 '2007 임베디드 소프트웨어 산업전망과 경쟁력 제고방안'에서도 살펴볼 수 있으며, 현재는 그 차이가 점점 더 없어지고 있는 상황이라 볼 수 있다. 즉, 리눅스 계열 운영체제가 과거에는 비실시간 운영체제로 시작되었으나 점점 그 성능이 향상되고 적용분야도 확장되면서 최근에는 경성 실시간까지는 아니지만 이에 근접한 수준의 성능 향상을 보였다고 리눅스에서 발표한 사례도 있다.

따라서 본 절에서는 실시간 운영체제와 비실시간 운영체제로 구분하지 않고 국내 임베디드 운영체제와 해외 임베디드 운영체제로 구분하여 주요 임베디드 운영체제에 대한 개념 및 특징 그리고 서비스 분야 중심으로 간략히 설명한다.

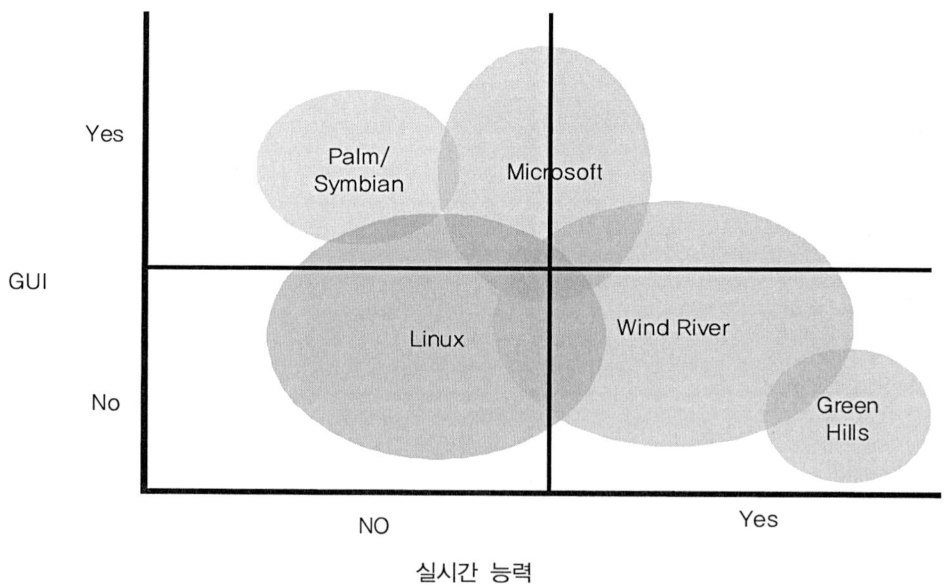

그림 4-3 임베디드 운영체제 비교(KIPA, 2006.11.)

4.2.1 국내 임베디드 운영체제

4.2.1.1 Qplus

Qplus는 한국전자통신연구원(ETRI)이 1998년부터 Qplus 프로젝트로 시작한 운영체제로서 다양한 임베디드 기기를 지원하는 리눅스 기반의 임베디드 운영체제이다. Qplus는 사용분야에 따라 가전과 모바일 에디션으로 구분되며 주요 특징은 다음과 같다.

- 실시간 및 저전력 지원
- 그래픽 사용자 인터페이스(GUI)를 통한 최적화된 타깃 시스템 설정 및 자동화된 적재 지원
- 파일 시스템 및 실시간 통신 라이브러리
- 능동형 전력관리 및 빠른 부팅 지원
- 멀티미디어 파일시스템 지원 등

Qplus는 크게 표준형, 마이크로형, 나노형으로 구분하여 서비스를 제공하고 있으나 나노형 서비스 분야는 나노 Qplus 운영체제에서 다시 설명할 예정이다. 표준형

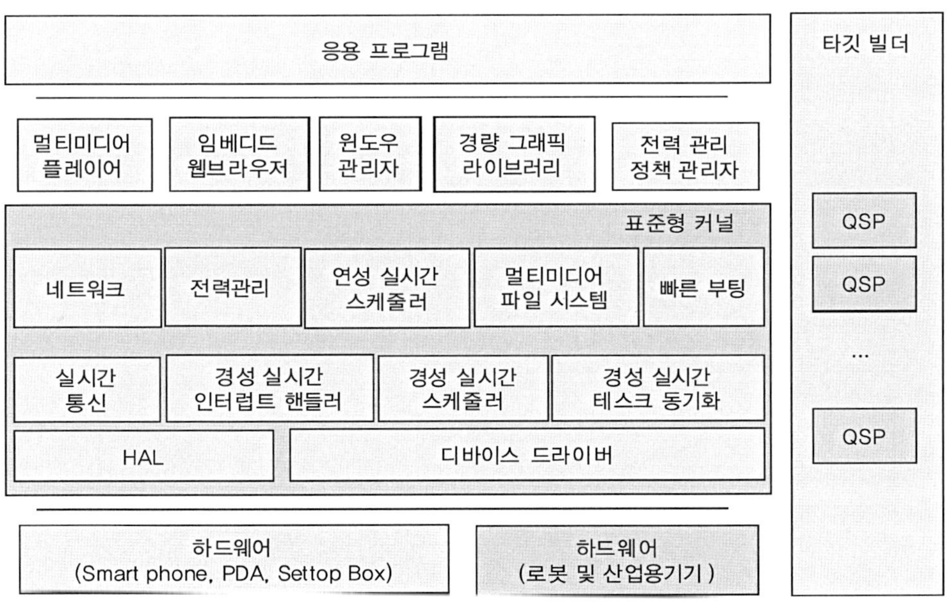

그림 4-4 Qplus 임베디드 운영체제 구성도

운영체제의 서비스 분야로는 DTV 셋톱박스나 홈서버 등이 있고, 마이크로형 운영체제의 서비스 분야로는 지능형 로봇, 텔레매틱스 단말, 스마트폰 등이 있다. 참고로 그림 4-4에 Qplus 임베디드 운영체제의 구성도가 나타나 있다.

참고로 ETRI는 다양한 소프트웨어를 하나의 통합 제어컴퓨터에 탑재하더라도 안전성을 확보할 수 있는 무인 항공기용 운영체제인 큐플러스-에어(Qplus-AIR)를 개발했으며, 2012년 12월에는 미국의 인증기관인 아티고(Atego)로부터 항공인증기준의 최고 수준인 'DO-178B Level A'를 획득했다. 이 운영체제는 무인항공기를 조종하고 통제하기 위한 시스템 소프트웨어로 하나의 시스템에서 조종, 임무 수행, 통신 등 응용 프로그램을 완전히 독립적으로 운영할 수 있으며, 현재 한국항공우주산업에서 개발한 고정익 방식의 중형 무인기와 한국항공우주연구원이 개발한 회전익 방식의 스마트 무인기에 탑재해 시험 중에 있다.

4.2.1.2 Nano Qplus

Nano Qplus도 Qplus와 마찬가지로 한국전자통신연구원(ETRI)이 개발한 실시간 임베디드 운영체제로서 의료, 환경, 방재, 디지털 홈, 국방, 산업기기 등의 응용 분야

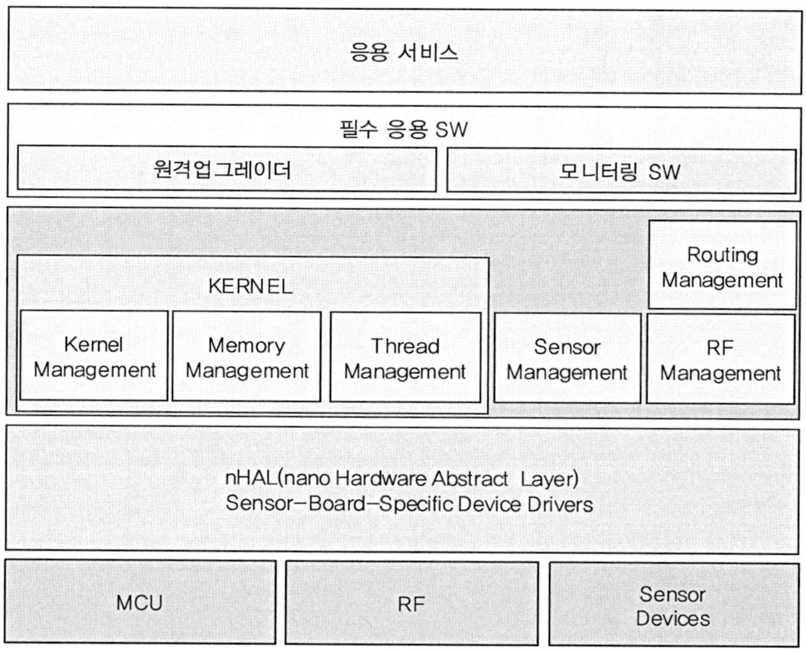

그림 4-5 Nano Qplus 임베디드 운영체제 구성도

에 적합한 초소형(10 KB 미만) 분산 실시간 스마트 운영체제이다. 2007년 9월에 Nano Qplus의 소스코드를 공개하였으며, 주요 특징은 다음과 같다.

- 센서 및 액추에이터의 종류에 따라 운영체제 커널을 최적화하여 재구성 가능한 확장형 운영체제
- 다양한 스케줄러(FIFO, 선점형 등) 지원
- 무선통신 기능 지원
- 표준형 및 마이크로 임베디드 운영체제와 동일한 API 서브셋 지원
- 소형 크기(4 × 6 cm)의 스마트 센서노드 기술 등

Nano Qplus의 주요 서비스 분야로는 산악, 강, 대기 등의 환경감시시스템, 교량 및 대형 구조물 모니터링, 군사시설 침입감시시스템, 공장자동화 및 스마트 홈 제어 시스템, 자동차 및 텔레매틱스, 그리고 최근의 u-송도 국제비즈니스 도시 테스트베드 등이 있다. 참고로 그림 4-5에 Nano Qplus 임베디드 운영체제의 구성도가 나타나 있다.

4.2.1.3 NEOS RTOS (Velos)

NEOS RTOS는 1994년에 설립된 MDS테크놀로지 사가 2006년 5월에 Velos의 차기 버전으로 출시한 임베디드 운영체제이며, Velos는 임베디드 시스템의 응용장비를 위한 작고 빠른 국내 최초의 상용 RTOS라고 볼 수 있다. NEOS는 무인비행선의 자세제어기, 지능형 빌딩 제어시스템, 출입통제시스템, 환자감시기 등 전통적인 임베디드 분야에 두각을 나타내고 있으며 최근에는 국방 분야(예를 들면 T-50 초음속 고등훈련기의 임무컴퓨터)에까지 진출하고 있다. NEOS RTOS의 주요 특징은 다음과 같다.

- 멀티태스킹 커널 및 선점형 실시간 스케줄러 기능
- 빠르고 정확한 인터럽트 처리 메커니즘
- 풍부한 태스크 간 통신 및 동기화 지원
- 유연한 동적 메모리 할당 등

NEOS RTOS의 서비스 분야는 멀티미디어 단말기, 산업용 컨트롤러, 셋톱박스, 웹 카메라, 홈네트워크, 로봇, 무인항공기, 각종 보안기기 등이다. 참고로 그림 4-6에 NEOS RTOS 임베디드 운영체제의 구성도가 나타나 있다.

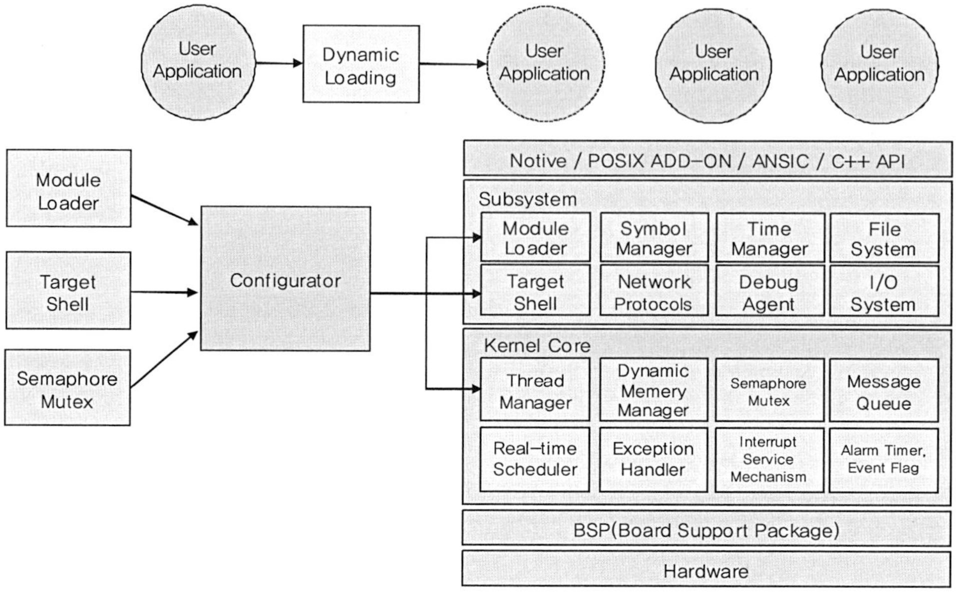

그림 4-6 NEOS RTOS 임베디드 운영체제의 구성도

4.2.1.4 ROSEK

ROSEK은 한국전자통신연구원(ETRI)과 현대자동차그룹 사의 하나인 오토에버시스템즈가 공동으로 협력하여 만든 자동차 전장장치용 임베디드 운영체제로서 자동차에서 사용되는 전자장치에 대한 공개형 표준인 OSEK(독일어로 Offene Systeme und deren Schnittstellen fur die Elektronik in Kraftfahrzeugen의 약자, 영어로 Open Systems and their Interface for the Electronics in Motor Vehicles의 약자)을 기반으로 작성되었다. ROSEK은 2009년 5월 25일에 독일 메르세데스 벤츠 테크놀로지 사로부터 세계 12번째로 국제 인증을 획득하였다. ROSEK은 자동차용 전장 소프트웨어 플랫폼 표준인 AUTOSAR(Automotive Open System Architecture)의 핵심 기반기술이며 주요 특징은 다음과 같다.

- 실시간 처리 지원 및 완전 선점형/비선점형/혼합 선점형 스케줄링 지원
- 실시간성 보장을 위한 메모리의 정적 할당 및 정확한 실행시간 예측
- 선점 가능한 태스크들 간의 우선순위 상한 프로토콜 동작 지원
- 태스크나 인터럽트 서비스 루틴 간 동기화를 위해 이벤트 메커니즘 지원
- 에러 처리 및 디버깅 지원
- 알람 관리 및 태스크 통신 지원 등

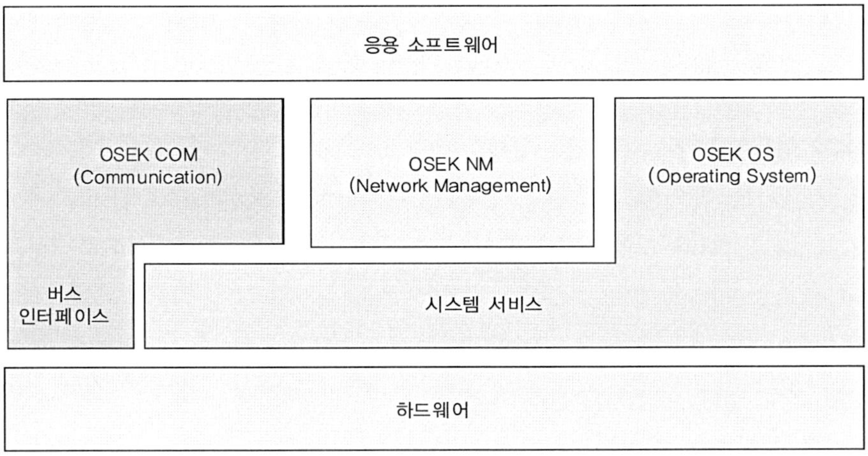

그림 4-7 ROSEK 임베디드 운영체제의 구성도

ROSEK의 서비스 분야는 자동차 등 실시간성을 요구하는 애플리케이션 분야이며, 그림 4-7에 ROSEK 임베디드 운영체제의 구성도가 나타나 있다.

4.2.2 국외 임베디드 운영체제

4.2.2.1 VxWorks

VxWorks는 2009년 6월 5일 인텔(Intel Corporation) 사에 의해 인수된 윈드리버(Wind River) 사가 1987년 개발한 실시간 임베디드 운영체제로서 다양한 프로세서에서 복잡한 실시간 애플리케이션에 사용하기 위해 개발되었으며 실시간 운영체제 중 세계 시장 점유율이 가장 높을 정도로 널리 사용되고 있는 운영체제이다. VxWorks의 주요 특징은 다음과 같다.

- 실시간 처리 지원 및 선점형 스케줄링 지원
- 폭넓은 산업표준 지원
- 고성능 마이크로 커널 기반의 확장성 있는 설계 및 네트워크 지원
- 통합개발도구 제공(Tornado에서 Workbench로 개선)

VxWorks의 서비스 분야는 항공우주, 국방, 자동차뿐만 아니라 가전 및 산업, 그리고 네트워크 등 실시간 처리 분야에 널리 사용되고 있다. 주요 응용사례로는 1997년 화성탐사선인 패스파인더, 2004년 스타더스트 우주탐사선, 혼다 아시모(ASIMO) 로

봇, 2011년 2월 미 해군용 X-47B 무인항공기, 2013년 화성탐사선인 큐리오시티 등이 있다.

4.2.2.2 Integrity

Integrity는 그린힐즈(Green Hills) 사에 의해 개발되고 NASA에서 관리하는 세계 최초의 EAL6 + RTOS 보안레벨을 확보한 실시간 임베디드 운영체제이다. Integrity의 주요 특징은 다음과 같다.

- 세계 최고의 신뢰성 및 보안성
- 모델 주도 설계 및 UML 도구 통합
- 강력한 개발도구 및 실시간 이벤트 분석기

Integrity의 서비스 분야는 항공, 국방, 자동차, 가전, 산업 등으로 VxWorks RTOS와 유사하며, 주요 응용사례로는 JSF F-35 전투기, X-45C 무인전투기, Airbus A380, 보잉 777/787/…, New Hawk 훈련기, UH-60M 블랙호크 항공기, 도요타, 컨티넨탈, BMW 등이 있다.

4.2.2.3 pSOS (plug-in Silicon OS)

pSOS는 소프트웨어 컴포넌트 그룹(Software Components Group)에서 최초로 소개되었으나, 1991년 ISI(Integrated Systems Inc.) 사, 1994년 디지털 리서치(Digital Research) 사, 1999년 윈드리버(Wind River) 사에 의해 인수되었다. pSOS는 임베디드 프로세서를 위해 모듈화되고 고성능 및 신뢰성 그리고 사용편이성에 주안점을 두고 개발된 실시간 임베디드 운영체제로서 삼성전자가 pSOS+ 개발에 참여해 라이선스를 보유하고 있는 운영체제이다. pSOS의 주요 특징은 다음과 같다.

- 모듈의 안정성과 높은 보안성 제공
- pSOS+는 작고(17～40 KB) 고속
- 우선순위에 기반한 선점형 스케줄러 지원
- 통합개발도구(pRISM+) 제공

pSOS의 서비스 분야는 통신장비와 네트워크 장비 등이며 주요 응용사례에는 삼성전자의 웹스크린 폰이 있다.

4.2.2.4 Nucleus RTOS

Nucleus RTOS는 1990년 미국 ATI(Accelerated Technology Inc.) 사에 의해 개발된

상용의 실시간 임베디드 운영체제이며 나중에 멘터그래픽(Mentor Graphics) 사에 인수되었다. Nucleus RTOS는 2가지 모드로 개발되었는데, VRTXoc는 간단한 기능을 가지는 임베디드 시스템에 적합하여 VRTXsa는 메모리 보호를 필요로 하는 임베디드 시스템에 적합하다. Nucleus RTOS의 주요 특징은 다음과 같다.

- 높은 신뢰성
- 선점형 멀티태스킹 커널
- 모듈형 운영체제 사용
- 소스코드 공개
- 파일 시스템에 MS-DOS 파일 시스템 제공

Nucleus RTOS의 서비스 분야는 통신장비, 네트워크 장비, 모바일 기기, 그리고 산업용 모니터링 시스템 등이다.

4.2.2.5 Windows CE 6.0

Windows CE 6.0은 마이크로소프트(Microsoft) 사에 의해 개발된 소형 컴퓨터나 PDA 등에 사용되는 운영체제이다. Windows CE의 개발과정을 보면 1996년에 Windows CE 1.0, 2000년에 Windows CE 3.0, 2004년에 Windows CE 5.0, 그리고 2006년에 Windows CE 6.0이 개발되었으며, Windows CE 6.0은 나중에 윈도 임베디드 컴팩트(Windows Embedded Compact) 7.0으로 업그레이드되었다. 마이크로소프트 사는 윈도 임베디드 컴팩트 7.0의 커널을 기반으로 하여 2010년에 윈도폰(Windows Phone) 7, 2012년에 윈도폰 8을 개발하였고, 현재 윈도폰 9를 개발 중이다. 참고로 윈도폰 7은 기존의 윈도 모바일 시리즈와는 달리 완전히 변화된 임베디드 모바일 운영체제로서 아이폰이나 안드로이드폰의 고정적인 애플리케이션 아이콘 대신 신축적이면서 쌍방향성이 강한 '타일'(tile)을 사용한 동적인 사용자 인터페이스(UI)가 특징이다. Windows CE 6.0의 주요 특징은 다음과 같다.

- 핵심 운영체제 요소들을 커널 공간으로 이동시킨 통합 커널
- 최대 32,000개의 프로세스와 프로세스 당 2 GB의 가상메모리 지원
- 콘텐츠와 정보보호 기능 지원
- 개발자 생산성의 극대화를 위한 Visual Studio 2.5에 플랫폼 빌더 쉘 통합
- VoIP, 블루투스, WiFi와 같은 유·무선 연결 지원

Windows CE 6.0의 서비스 분야는 차량용 컴퓨터, PDA, 내비게이션, 디지털카메

라, 셋톱박스 등이다.

4.2.2.6 QNX Neutrino RTOS

QNX Neutrino RTOS는 캐나다 회사인 QNX Software System 사에 의해 개발된 상용의 실시간 임베디드 운영체제이다. QNX Neutrino RTOS는 X86 CPU 플랫폼에서 30년 이상의 실시간 운영체제의 경험을 가지고 있으며 텔레매틱스 기반 기술의 세계적인 선두 주자로서 해외에서 높은 점유율을 보이고 있다. QNX Neutrino RTOS의 주요 특징은 다음과 같다.

- 높은 신뢰성
- 필수 네트워킹 기술 포함(IPv4, IPv6, IPSec, FTP, HTTP, SSH 등)
- 고성능 2D/3D 가속 Direct-to-Driver 아키텍처 기반의 개선된 그래픽 지원
- 통합 파일시스템 지원
- 시스템 가시성 및 디버깅 지원

QNX Neutrino RTOS의 서비스 분야는 자동차 플랫폼, 터빈 제어기 등의 산업 분야, 고성능 레이저 등의 의료 분야, 네트워킹 및 텔레콤 분야, 그리고 무인항공기 통제시스템, 고성능 데이터 통신기 등의 국방 분야 등이며, 응용 사례에는 대우의 비전조이(VisionJoy), 현대모비스의 MTS-1, 쌍용 체어맨 시스템, 쌍용 카이런 시스템 등이 있다.

4.2.2.7 LynxOS RTOS

LynxOS RTOS는 리눅스웍스(LinuxWorks) 사에 의해 개발된 임베디드 리눅스 RTOS로서 유닉스와 호환이 가능한 운영체제이다. LynxOS RTOS는 복잡하고 규모가 큰 실시간 응용개발에 적합한 경성 실시간 시스템용 RTOS로서 주요 특징은 다음과 같다.

- 확장된 RAM 지원(2 GB)
- 대칭 다중처리기(SMP) 지원
- 신규 GNU 툴체인
- ELF 파일 포맷 및 Ada 지원

LynxOS RTOS의 서비스 분야는 싱글 통합 대공상황도, 미 해군의 공통전시체계, 중거리 대공방어체계, 갈릴레오 위성항법체계, 자동 전투기 정보보고체계와 같은 국

방 분야, 위성 데이터모뎀 등의 텔레콤 분야, 그리고 산업 자동화 및 처리제어 분야 등이다.

4.2.2.8 TRON

TRON은 The Real-time OS Nucleus의 약자로서 보다 이상적인 컴퓨터 아키텍처를 구축하기 위한 목적으로 1984년 도쿄대의 캔 사카무라(Ken Sakamura) 교수에 의해 제안된 운영체제다. TRON의 기본 발상은 "언제, 어디서나, 주변의 모든 사물이 컴퓨터를 내장하고 있는 시대", 즉 유비쿼터스 컴퓨팅 시대가 올 것이라는 것을 예측하고 시작된 프로젝트다. 현재 TRON은 일본 전자업계를 중심으로 일본 국내시장의 50% 이상을 점유하고 있으며 전화나 가전 등 주변의 모든 도구가 인터넷에 연결되는 것을 가정해 개발됐고, 발표 직후부터 이네이블웨어(Enableware)라는 개념을 도입해 정상적인 사회생활이 불편한 사람들을 위한 기능뿐만 아니라 유비쿼터스 네트워크에 필수적인 보안 기능(eTRON)까지 고려한 운영체제라고 볼 수 있다. 이러한 TRON의 주요 특징은 다음과 같다.

- 신속한 동작 및 탁월한 안전성
- 리눅스처럼 개방을 기본으로 하나 사양과 커널만 공개되어 있고 미들웨어는 미공개

TRON의 서비스 분야는 TRON의 가장 기본이 되는 사양으로 로봇, 가전, 사무기기에 사용되는 임베디드 아키텍처인 ITRON(Industrial TRON), GUI 기반에서 사용되는 PC나 워크스테이션용 아키텍처로 ITRON의 코어에 파일시스템과 메모리 관리 등의 기능을 추가하여 만든 BTRON(Business TRON), 정보통신 네트워크용으로 개발된 아키텍처로 현재 일본 전신전화공사(NTT)의 통신교환기에 대부분 사용 중인 CTRON(Communication and Central TRON), 복수의 ITRON, BTRON, CTRON을 유기적인 네트워크로 결합해 인간의 생활환경 전체를 종합적으로 조작하기 위해 만든 MTRON(Macro TRON), 8비트나 16비트의 소형시스템에 사용되는 uITRON, 자바를 지원하는 JTRON(Java TRON), 유비쿼터스 컴퓨팅 환경의 보안을 위해 개발된 아키텍처인 eTRON(entity TRON) 등이 있다.

4.2.2.9 Embedded Linux

Embedded Linux는 리누스 토발즈(Linus Benedict Torvalds)가 개발하여 1997년경 미국을 중심으로 본격적으로 등장한 운영체제로서 소스가 공개되어 있으며, 최근에

는 안정성 및 신뢰성 그리고 우수한 성능이 확보됨에 따라 활용도가 급격히 증대되고 있는 운영체제이다. Embedded Linux의 주요 특징은 다음과 같다.

- 여러 업체에서 임베디드 리눅스 제품 발표(레드햇, 몬타비스타, 리니오 등)
- 기존 리눅스 개발모델의 이점을 살릴 수 있으며 리눅스의 신뢰성, 재구성 기능, 풍부한 디바이스 드라이버 사용 가능
- EmbSys에 적용하기에는 큰 규모 및 실시간 지원 기능 부족
- 간편한 GUI 지원 요구

Embedded Linux의 서비스 분야는 선진국은 PDA, 가상자동화, 통신용 시스템 분야이며, 국내는 PDA, 스마트폰, 셋톱박스, PMP, IPTV 등이고 1997년 미국의 아파치헬기 제어기에 사용된 사례가 있다.

4.2.2.10 Symbian OS

Symbian OS는 1980년에 영국의 심비안(Synbian) 사에 의해 개발된 가장 대표적인 개방형 소스 기반의 스마트폰 운영체제로서 영국 피사이언(Psion) 사의 EPOC라는 PDA 운영체제를 계승하였다. 노키아는 2001년 6월 세계 최초로 Symbian OS를 탑재한 스마트폰 9210 커뮤니케이터(Communicator)를 출시하였으며 2001년부터 피사이언 사가 PDA 사업을 중단하자 노키아가 심비안 개발을 주도하게 되었다. 노키아는 2009년 2월 Symbian OS를 인수하였으나 2010년에 심비안을 버리고 마이크로소프트 사와 제휴하였으며, 2010년 9월말에 소니 에릭슨이 Symbian OS를 탑재한 단말기의 생산을 중단하였고 2010년 12월말에는 삼성전자가 심비안 앱스를 제거하는 등 현재는 전 세계 점유율이 많이 줄어들고 있는 운영체제이다. Symbian OS의 주요 특징은 다음과 같다.

- 멀티스레딩, 선점형 스케줄링 및 메모리 보호 지원
- 우수한 사용자 인터페이스(펜-기반 그래픽 사용자 인터페이스)
- 전력소모 최소화
- 다양한 프로그래밍 언어 지원

Symbian OS의 서비스 분야는 스마트폰과 PDA 등이다.

4.2.2.11 iOS (iPhone OS)

iOS는 애플의 스마트폰인 아이폰과 PDA(PMP)인 아이팟 터치, 태블릿 PC인 아이

패드에 내장되어 있는 운영체제로서 실제 Mac OS X 10.5, Cocoa 개발 프레임워크, 그리고 애플의 독자 Objective C 기술을 기반으로 하여 개발되었다. iOS는 2010년 6월 이전까지는 iPhone OS라고 불렸으며 2010년 6월 8일에 스티브잡스가 iOS라는 명칭을 사용했다. 2009년 9월에 iOS 3.1 버전이 공개됐고, 2010년 6월에 iOS 4.0 버전이 발표됐으며, 2011년 1월에 iOS 5.0 버전이 공개되면서 아이폰3GS, 아이폰4, 아이폰4S, 아이패드, 아이패드2, 아이팟 터치3/4세대, 아이폰5에서 이용 가능했다. 그리고 2012년 8월에 iOS 6.0이 출시됐고, 2013년 9월에 iOS 7.0이 출시되면서 아이폰4, 아이패드2 이후 모델, 5세대 아이팟 터치 등에서 이용 가능했으며, 2013년 11월에 iOS 7.0.4 버전이 발표됐고, 2014년 중반에 아이폰6에 사용될 iOS 8.0이 공개될 것이라고 일부 분석가에 의해 예측됐다. 참고로 iOS 4.0 버전은 멀티태스킹, 아이콘 폴더, iBooks, 엔터프라이즈 지원 강화, 게임센터, iAd 등의 기능들이 강화되거나 추가되었다. iOS의 주요 특징은 다음과 같다.

- 주요 핵심 기능들이 핵심 운영체제에 밀접하게 통합되어 제공
- 고품질의 사용자 인터페이스 및 우수한 모바일 인터넷 브라우징 경험 보유
- iOS상에서 소프트웨어를 개발할 수 있는 SDK 지원(2008년 6월) 및 SDK 지원 확장(2009년 6월)
- iOS 2.0 버전부터 애플 앱스토어를 통해 자유롭게 사용자 애플리케이션 공개 및 판매
- 아이팟 터치에서 블루투스 기능 추가한 3.0 버전 출시(2009년 6월)

Symbian OS의 주요 현황을 살펴보면, 2010년 6월 8일에 스티브 잡스가 iOS 명칭을 사용하였으며, 2010년 6월 기준으로 앱스토어의 앱스는 22만 5천개 이상, 누적 다운로드 횟수는 50억 회, iOS 사용기기 판매량은 1억대 이상을 기록할 정도로 많이 사용되고 있는 운영체제이다.

4.2.2.12 Android OS

구글의 Android OS는 휴대전화를 비롯한 휴대용 장치를 위한 운영체제와 미들웨어, 사용자 인터페이스 그리고 표준 응용 프로그램(웹 브라우저, 이메일 클라이언트, 단문 및 멀티미디어 메시지 서비스 등)을 포함하고 있는 소프트웨어 스택이자 모바일 운영체제이다. 2005년 8월에 리눅스를 기반으로 하여 모바일 운영체제를 개발하는 벤처업체인 안드로이드 사를 구글에서 인수하였으며 2007년 11월에 삼성전자, LG전자, HTC, 인텔, 모토로라, 퀄컴 등 34개의 하드웨어, 소프트웨어, 통신회사가

모여 만든 개방형 핸드셋 얼라이언스(OHA)를 창설하고 자사의 개방형 소스 기반의 Android OS를 정식으로 공개하였다. 2008년 10월에는 Android OS를 휴대용 장치의 운영체제로서 무료로 공개한다고 발표한 이후 OHA 회원사뿐만 아니라 일반 개인도 Android OS에 대한 자유로운 수정 및 적용이 가능해졌다. 현재 응용 프로그램을 사고팔 수 있는 구글 안드로이드 마켓을 제공하고 있으며, Android OS의 주요 특징은 다음과 같다.

- 안드로이드의 모든 소스 코드를 개방형 소스 라이선스인 아파치 v2 라이선스로 배포
- 개발자들이 자바 언어로 응용 프로그램을 독자적으로 개발해서 탑재 가능
- 컴파일된 바이트코드를 구동할 수 있는 런타임 라이브러리 제공
- 안드로이드 SDK를 통해 응용 프로그램을 개발하기 위해 필요한 각종 도구들과 응용 프로그램 프로그래밍 인터페이스(API) 제공

시장조사 업체인 가트너에 따르면 2011년 11월 15일을 기준으로 구글의 모바일 운영체제인 Android OS로 구동되는 스마트폰의 시장 점유율이 사상 처음으로 50%를 넘어선 것으로 조사되었다. Android OS의 뒤를 이어 Symbian OS, 애플 iOS, 리서치인모션(RIM), 삼성전자 바다, 마이크로소프트(MS) 윈도우 등이 차지하였다. 참고사항으로 Android OS는 디저트 이름으로 버전별 명칭을 사용하고 있는데, 예를 들면 버전 1.5는 컵케익, 1.6은 도넛, 2.1은 이클레어, 2.2는 프로요, 2.3은 진저브레드, 3.0은 허니콤, 4.0은 아이스크림 샌드위치, 4.1~4.3은 젤리빈이며, 4.4는 킷캣(초콜릿)이다.

4.2.2.13 기타 리눅스 기반의 운영체제

기타 리눅스 기반의 운영체제에는 몬타비스타(MontaVista) 리눅스, 타임시스(TimeSys) 리눅스, RT-리눅스, 타이눅스(Tynux), 임베닉스(Embenix), 리누엣(Linuette), 그리고 미지리눅스 등이 있으며 각각의 개념은 다음과 같다.

- **몬타비스타(MontaVista) 리눅스** : X86, 파워PC 등 20여개의 프로세서 및 탑재 보드를 지원하는 운영체제로서 교차개발 성능으로 인해 레드햇에서 Win2000까지 주요한 개발 호스트용 틀을 제공하고 있으며 선점형 커널 개발과 무선통신 표준을 지원하는 응용 프로그램 패키지를 제공하고 있다.
- **타임시스(TimeSys) 리눅스** : 경성 실시간 시스템에도 사용될 정도의 성능을 보장하는 리눅스 기반 운영체제로서 툴체인, 디바이스 드라이버 등이 포함된 SDK

를 지원하고 있다.

- **RT-리눅스** : FSMLabs 사의 RT-리눅스는 리눅스 및 BSD 기반의 경성 실시간 솔루션으로서 공장, 로봇, 방위산업 등 산업부문에서 실시간 기능을 제공하고 있으며 듀얼 코어 테크놀로지 기술로 실시간 요구 부분은 RT 코어 운영체제로 해결하고 있다.
- **타이눅스(Tynux)** : 팜팜테크 사에서 개발한 PDA나 무선 단말기에 사용되는 임베디드 리눅스로서 미국의 링크업시스템 사에 공급하고 있으며 스마트폰, 전자도서, PDA 등에 적용하기 위해 연구 중에 있다
- **임베닉스(Embenix)** : 다산인터넷 사에서 개발한 통신 및 네트워크 장비용 임베디드 리눅스로서 리눅스의 임베디드화 기술, 각종 디바이스 드라이버 구현, 커널의 최적화 기술, 디버깅툴 기술, 로드 분산처리 기술, 분산 데이터베이스 기술 등을 보유하고 있다.
- **리누엣(Linuette)** : 이동전화기, 스마트폰, 셋톱박스, PDA 등에 사용되는 임베디드 리눅스로서 개인정보관리시스템(PIMS), 한글 펜인식 프로그램, 사인 인증 프로그램 등이 있으며 효과적인 전원관리 정책, 데스크톱 컴퓨터와의 동기화 등이 가능하다.
- **미지리눅스** : 미지리서치에서 리눅스 기반으로 개발하여 스마트폰에 장착된 상용 운영체제로서 자체에서 개발한 브라우저, 이메일 클라이언트, PIMS, 미디어 재생기, 문서편집기 등이 있으며 스마트폰, 텔레매틱스, 홈 네트워크 등에 사용된다.

4.2.2.14 기타 공개소스 기반의 운영체제

기타 공개소스 기반의 운영체제에는 eCos, Nucleus 등이 있으며 각각의 개념은 다음과 같다.

- **eCos** : 레드햇 사에서 만든 공개 소스 기반의 실시간 운영체제로서 다양한 프로세서에서 이식이 가능하고 전력 소비를 고려하여 설계되었다.
- **Nucleus** : Accelerated Technolog 사에서 개발한 공개 소스 기반의 운영체제로서 로얄티가 무료이기 때문에 삼성이나 현대 등에서도 자사의 ARM 기반 CPU에 포팅하고 있으며 우리별 1호와 2호에 탑재된 사례가 있다.

4.2.2.15 기타 운영체제

기타 운영체제로는 L4와 OSEK 그리고 VDX 등이 있으며 각각의 개념은 다음과

같다.

- **L4** : 독일의 Liedtke에 의해 개발된 제2세대 마이크로 커널로서 엄밀히 말해 임베디드 운영체제는 아니지만 실시간성을 비롯해 임베디드 운영체제에서 요구되는 기능을 대부분 수행하고 있기 때문에 기타 운영체제로 분류하였고 L4의 커널은 임의의 위치에서 중단이 가능하며 인터럽트가 발생 시 우선순위를 처리하는 메커니즘도 가지고 있다.
- **OSEK과 VDX** : 자동차의 전자제어를 위해 개발된 초소형의 실시간 운영체제로서 OSEK은 독일의 BMW, Bosch, Daimler-Benz 등이 개발한 RTOS API의 표준이며, VDX는 프랑스의 PSA, Renault 등이 개발한 차량용 통신 프로토콜 및 네트워크 관리 표준이다.

4.3 임베디드 운영체제 전망

임베디드 운영체제는 기존의 단순 운영체제 중심에서 플랫폼 형태로 전환 중에 있으며 스마트폰, 태블릿 PC, 스마트 TV 등 다양한 단말기기를 지원하고 있다. 미래 임베디드 시스템에 적용이 가능한 운영체제로는 전체적으로 볼 때 리눅스 계열이 가장 높고 그 뒤를 이어 윈도우 계열, VxWorks 순이나 항공기, 자동차 엔진제어 등 실시간 처리 분야에서는 VxWorks, Integrity 순이고, 가전기기에서는 윈도우 계열, Symbian 순이다.

또한, 임베디드 운영체제는 진보된 사용자 경험(UX : User Experience)과 다표준/다매체/다기능을 수용하는 플랫폼으로 발전하고 있는데, 특히 애플, 구글, 삼성 등 주요 기업들은 임베디드 운영체제에 미들웨어 및 프레임워크, 개발도구, 그리고 응용 애플리케이션까지 통합시키는 플랫폼 중심의 제품화에 치중하고 있다. 현재 안드로이드 계열과 애플 iOS 간의 경쟁이 치열하게 전개되면서 임베디드 운영체제는 기술적 측면에서 모든 기기에서 이용이 가능한 통합화된 구조와 다중 단말 간 협업을 지원하는 구조로 발전하는 중이다.

참고로 2011년 국정감사 시 이동통신사가 국회에 제출한 자료에 의하면, 2011년 6월 6일 기준으로 국내 안드로이드 가입자가 1,096.2만 명으로 70.3%를 점유하고 있고, 다음이 아이폰인데 가입자 310만 명에 점유율은 19.9%이다. 그 다음으로 윈도모바일로 124만 명에 8.0% 점유율을 보이고 있고, 그 뒤를 이어 심비안, 블랙베리, 기타 운영체제 순으로 나타났다. 이처럼 안드로이드 운영체제의 의존도가 높아진 이유는 삼성전자의 갤럭시 S 시리즈, LG전자, 팬택, HTC 등 주요 제조업체들이 안드로이드를 채용한 제품을 대거 출시했기 때문인 것으로 밝혀졌다. IT 리서치 기관인 IDC가 내놓은 '2013년 2사분기 스마트폰 세계 시장 점유율' 보고서에 의하면 삼성이 30.4%로 선두였고 뒤를 이어 애플 13.1%, LG 5.1%, LENOVO 4.7%, ZTE 4.2 순이었으며, 시장조사 기관인 가트너가 발표한 '스마트폰 국내 시장 점유율 변화'에 의하면 2013년 3월 삼성전자가 61.0%로 선두였고 LG가 21.3%, 팬택이 12.4% 순이었다.

향후에는 단일제품 실행을 위한 운영체제에서 기능이 포함된 공통 소프트웨어 플랫폼으로 발전될 전망이며, 임베디드 운영체제의 성능보다 가용성, 신뢰성, 보안성, 안정성, 그리고 유지보수성이 더 중요해질 것이고, 설계부터 완전하게 검증받은 운영체제의 필요성이 증대될 것으로 전망된다.

제 5 장

임베디드 소프트웨어 플랫폼

본 장에서는 임베디드 소프트웨어 플랫폼에 대한 개념과 출현배경을 살펴보고, 플랫폼 표준화에 대한 동향을 국내와 국외로 구분하여 설명한다. 그런 다음 임베디드 소프트웨어 플랫폼의 현황과 사례를 고찰한다. 본 장은 다음과 같이 구성된다.

5.1 임베디드 소프트웨어 플랫폼 개요

5.1.1 임베디드 소프트웨어 플랫폼 개념

플랫폼의 사전적 의미를 살펴보면 먼저 위키피디아(Wikipedia) 백과사전에서는 "소프트웨어 응용 프로그램을 돌리는 데 쓰이는 하드웨어와 소프트웨어의 결합으로 하나의 운영체제 또는 컴퓨터 아키텍처"라고 정의하고 있으며, IT 용어사전에서는 "응용 소프트웨어를 작동시킬 때 기반이 되는 운영체제의 종류나 환경 및 설정"이라고 정의되어 있다. 그리고 한국전자통신연구원(ETRI)에서는 "상호 관련되어 활용될 수 있는 공통서비스에 대한 추상화"라고 정의하고 있다.

정보통신산업진흥원(NIPA)에서는 플랫폼을 하드웨어 플랫폼과 소프트웨어 플랫폼으로 구분하여 정의하고 있다. 하드웨어 플랫폼은 그림 5-1의 a)와 같이 "공용화된 부품들로 구성된 하부 시스템 그리고 이들 하부 시스템과 다른 하부 시스템 또는 기타 부품들을 연결시키는 인터페이스의 집단 규칙에 따라 다양한 파생 제품이 제안될 수 있는 것"이라고 정의하고 있고, 소프트웨어 플랫폼은 그림 5-1의 b)와 같이 "하드웨어 플랫폼에 탑재되어 하드웨어 기능을 애플리케이션에서 사용할 수 있도록 하고 애플리케이션 개발에 필요한 프로그래밍 환경(API) 및 실행 환경을 제공하는 역할을 수행하는 것"이라고 정의하고 있다. 또한, 소프트웨어 플랫폼을 다시 운영체제와 미들웨어/라이브러리까지를 협의의 소프트웨어 플랫폼으로, 여기에다 표준 애플리케이션까지를 포함시켜 광의의 소프트웨어 플랫폼으로 구분하여 정의하고 있다.

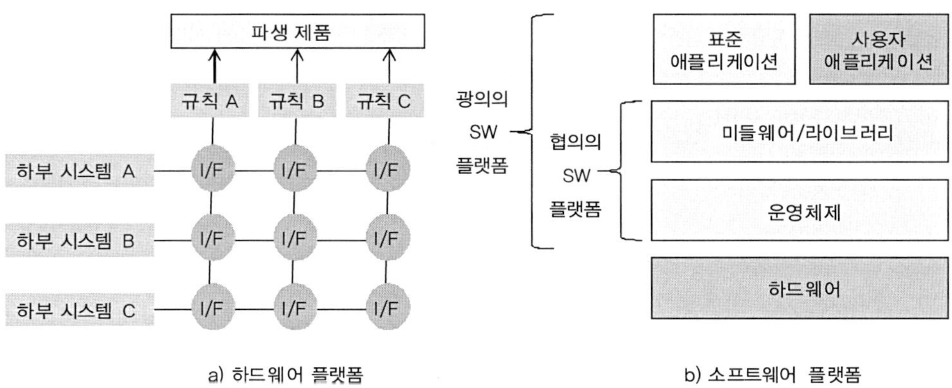

그림 5-1 하드웨어 플랫폼과 소프트웨어 플랫폼(NIPA)

다음은 각 기관에서 정의하고 있는 임베디드 소프트웨어 플랫폼에 대한 정의를 살펴보면, NIPA에서는 "운영체제, 미들웨어, 개발도구 등을 포함하는 하드웨어와 응용 프로그램 사이의 영역에 존재하는 기반 소프트웨어"로 정의하고 있고, 한국정보통신연구진흥원(IITA)에서는 "임베디드 운영체제에 다양한 미들웨어와 기본적인 응용 프로그램 그리고 편리한 개발환경이 추가된 것"으로 정의하고 있다.

5.1.2 임베디드 소프트웨어 플랫폼 출현배경

임베디드 소프트웨어 플랫폼이 출현하게 된 배경은 여러 요인들이 존재하겠지만 그래도 가장 중요한 것은 임베디드 소프트웨어가 가지고 있는 여러 가지 다양한 특징들로 인해 일반 소프트웨어보다 개발이 무척 어렵다는 사실에 기인한다는 것이다. 즉, 임베디드 소프트웨어는 일반 소프트웨어에 비해 실시간 처리를 지원해야 하고 고도의 신뢰성을 제공해야 되며, 경량화나 저전력 지원 그리고 자원을 효율적으로 관리해야 되고, 또한 다양한 기종과 규격에 대한 마이크로프로세서에 최적화된 별도의 솔루션까지 제공해야 된다는 문제로 인해 출현하게 되었다는 것이다.

다음 요인으로는 하부계층의 구현 내용이 상이해도 상위계층의 구현물은 영향을 받지 않아야 된다는 이식성과 호환성이라는 문제에 대해 최근에 개발자와 산업체를 중심으로 이를 최대한 보장하려는 의식이 강하게 대두되었기 때문인 것으로 분석되고 있다. 이외에도 최근에 다양한 제품군에 공통으로 적용할 수 있는 임베디드 소프트웨어 플랫폼에 대한 표준화 활동이 구체화된 것도 또 하나의 배경이라 할 수 있다. 최근에 구체화된 임베디드 소프트웨어 플랫폼의 사례로는 로봇 소프트웨어 플랫폼인 OPRoS(Open Platform for Robot Service)와 자동차용 소프트웨어 플랫폼인 AUTOSAR(AUTomotive Open System ARchitecture) 등이 있다.

정보통신산업진흥원(NIPA)에서도 2008년에 임베디드 소프트웨어 플랫폼의 출현배경을 제시하였는데, 이를 요약하여 설명하면 다음과 같다. 즉, 최근에 비즈니스 혁신을 구현하기 위해 IT 융합이 전체 산업분야로 확산되기 시작하였는데, 이때 IT 융합의 핵심이 바로 임베디드 소프트웨어 플랫폼이기 때문에 대두되었다는 것이다. 이러한 출현배경을 좀 더 기술적 측면, 고객의 입장, 기업의 입장, 그리고 정책적 측면에서 자세히 살펴보면, 먼저 기술적 측면에서 보면 디지털화와 유비쿼터스 네트워크로의 고도화가 가능해졌고 이로 인해 IT와 이종 기술 간의 융합이나 지능화 그리고 스마트화 및 초소형화가 가능해졌기 때문이다. 고객의 입장에서 보면 고도화된 서비스에 대한 욕구가 증대하였고 이로 인해 좀 더 편리한 삶을 추구하려는 경향이 강해졌으며 개인화 및 다양화 그리고 고객이 서비스를 제공하면서 동시에 사용자가 되는 프로슈밍(Prosuming)이 활성화되었기 때문이다. 기업의 입장에서 보면 기존 제품에 대한 수요가 포화된 상태이므로 성장이 정체되어 있고 동시에 비즈니스 모델이 다양화됨으로 인해 협력하면서 경쟁하는 협력경쟁(Coopetition)의 시대가 대두되었기 때문이다. 마지막으로 정책적 측면에서 보면 시장경제의 자율성이 강화되고 있고 정책의 유연성이 증대되면서 협력적 거버넌스 또한 활성화되었기 때문인 것으로 보고 있다.

참고사항으로 정보통신산업진흥원(NIPA)에서는 2008년에 IT 융합의 진화단계에 따른 융합 상품 및 서비스를 같이 발표하였는데, 표 5-1에 그 사례가 나타나 있다.

표 5-1 IT 융합 진화단계에 따른 융합 상품 및 서비스(NIPA, 2008)

진화단계	융합영역	융합 상품 및 서비스 예
IT 산업 내 융합	HW+HW	DVD 콤보, 복합형 캠코더, 카메라 폰, PMP, 내비게이션, 복합 게임기 등
	HW+SW	관리 SW가 내장된 HW, UC(Unified Comm.), CMS(Contents Management System)
	SW+SW	G-CRM, G-PRM(Partner Relationship Mngt), 패키지 SW EKP(Enterprise Knowledge Portal), SOA
	SW+서비스	SaaS, ASP(Application Service Provision), ITO, BPO, EO(Engineering Outsourcing)
	서비스+서비스	TPS(Triple Play Service), VoIP
산업 간 융합	IT+교통	ITS, Telematics, LBS(Location Based Service)
	IT+의료	U-Healthcare
	IT+조선	IT 기반 선박용 토탈 솔루션, e-Navigation 대응 IT-선박 융합 기술
	IT+자동차	차량 전장용 통합제어 SW 플랫폼, VMC(Vehicle Multihop Comm.) 기술
	IT+건설	u-City, IBS(Intelligent Building System)
	IT+환경	오염물질 및 폐기물 관리, 상하수도 관리
	IT+교육	u-Learning 솔루션, 콘텐츠, 서비스
	IT+방송	방송/통신융합(IPTV)
인간과 IT의 융합	지능형 로봇, 지능형 자동차, 웨어러블 컴퓨터, 인공지능 컴퓨터, 생체인식	

5.2 임베디드 소프트웨어 플랫폼 표준화 동향

5.2.1 표준화 동향 개요

2009년 12월 한국전자통신연구원(ETRI)의 발표에 의하면 2009년 이전까지 임베디드 소프트웨어는 적용분야나 단말기의 다양성으로 인해 표준화가 상대적으로 소극적이었지만 그 이후 모바일과 통신사업자를 중심으로 플랫폼에 대한 기술 표준화가 활발히 진행 중인 것으로 나타났다. ETRI에서 발표한 임베디드 소프트웨어 플랫폼의 표준화 동향을 구성요소, 즉 임베디드 운영체제, 임베디드 가상화 소프트웨어, 임베디드 미들웨어/프레임워크, 임베디드 소프트웨어 개발도구, 그리고 임베디드 소프트웨어 공통 응용별로 좀 더 세부적으로 살펴보면 다음과 같다.

먼저 임베디드 운영체제는 다중코어 처리, 실시간 성능 지원, 빠른 부팅 기술, 그리고 저전력 프레임워크 등을 중심으로 표준화가 진행 중에 있으며, 이중 임베디드 리눅스와 관련한 국제 표준화는 CE 리눅스 포럼, LiMO, 리눅스 재단(The Linux Foundation) 등이 있고, 국내는 한국정보통신기술협회(TTA : Telecommunications Technology Association) 등에서 지속적으로 표준화를 진행하고 있는 것으로 나타났다. 현재는 능동적 전력관리 프레임워크 모델 제시를 위한 DPM(Dynamic Power Management) 모델 연구가 진행 중에 있다.

임베디드 가상화 소프트웨어 분야는 기술 개발 자체가 초기단계로서 표준화 활동이 미흡하였으며 현재는 해외의 3~4개 업체가 경쟁 중에 있는 것으로 나타났다. 향후 시장규모가 어느 정도 수준 이상으로 형성될 경우에 본격적으로 표준화 활동이 시작될 것으로 전망된다.

임베디드 미들웨어와 프레임워크 분야는 모바일을 중심으로 경량의 윈도우 시스템, 상호접속 분야, 서비스 업그레이드 및 고품질의 멀티미디어 처리를 위한 표준화가 진행 중인 것으로 나타났다. 임베디드 GUI 분야는 Khronos Group, DirectFB 솔루션이 업계의 표준으로 인정받고 있으며, 모바일 통신 미들웨어 분야는 JCP(Java Community Process), OMA(Open Mobile Alliance), OMTP(Open Mobile Terminal Platform) 등이 있고, 국내의 경우에는 TTA가 주도하면서 무선인터넷 표준화 포럼에서 모바일 표준 플랫폼을 제정하였으며 제정된 플랫폼은 2008년 6월 기준으로 국내시장의 약 80% 단말에 탑재되었고, 현재는 모바일 웹 2.0 포럼을 중심으로 모바일 웹 표준화가 추진되고 있다.

임베디드 소프트웨어 개발도구 분야는 ISO/IEC SC7 WG26(Specification of the

Document Set for the Testing Standard)을 중심으로 소프트웨어 테스트 프로세스 표준인 ISO/IEC 29119 Software Testing이 제정 중이며 모델링 분야는 OMG의 UML과 IEC 61131 등이 있고 테스트를 위한 정보 표현은 TTCN(Testing and Test Control Notation)과 ASN.1(Abstract Syntax Notation Number One) 등이 있다.

5.2.2 국내 표준화 동향

5.2.2.1 임베디드 소프트웨어 산업협의회(KESIC)

임베디드 소프트웨어 산업협의회(KESIC : Korea Embedded Software Industry Council)는 임베디드 SW 표준 플랫폼의 적용 가능한 서비스 개발, 국외 표준화 추진 및 해외 진출 지원, 임베디드 소프트웨어 전문인력 양성, 임베디드 소프트웨어 저변 확대, 그리고 산·학·연·관 커뮤니케이션 채널 구축이라는 설립목적을 가지고 임베디드 업체 간 공동의 이익을 추구하기 위해 2003년 2월에 한국정보산업연합회(FKII) 산하기구로 창설되었다. KESIC은 2012년 1월말 기준으로 45개 기관을 포함하여 총 229개의 기업 및 기관이 참여하고 있고 조직은 그림 5-2와 같다. KESIC은 2012년에 이름을 임베디드 시스템 소프트웨어 산업협회(KESSIA)로 변경했다.

KESIC의 조직 중 임베디드 소프트웨어 플랫폼의 표준화와 관련된 조직은 임베디드 소프트웨어 기술포럼으로서 현재 5개 분과, 즉 기반기술 분과, 정보기기 SW 분

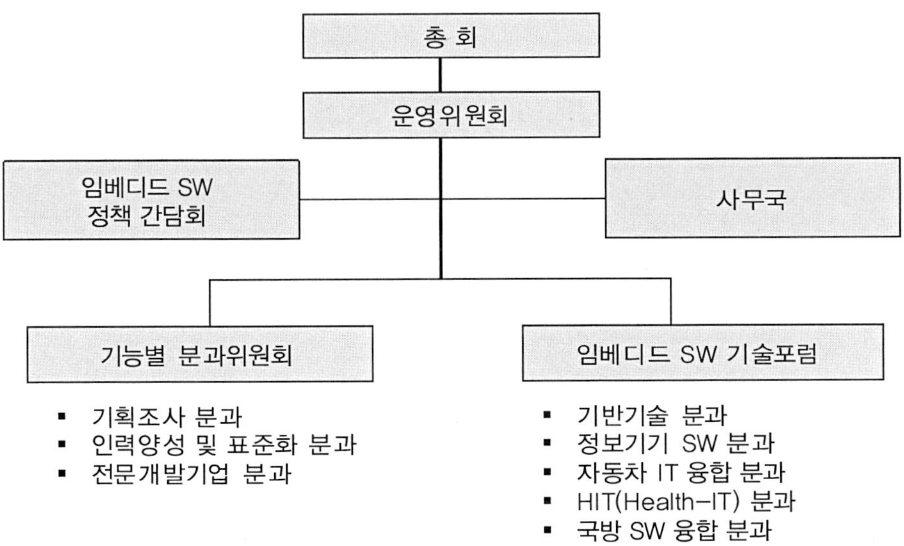

그림 5-2 임베디드 소프트웨어 산업협의회(KESIC) 조직

과, 자동차 IT융합 분과, HIT 분과, 임베디드 SW 기능안전성 SIG 분과가 활동하고 있으며, 표 5-2와 같이 2011년 현재 총 24건이 TTA 표준으로 제정되었으며, 기타 10건은 표 5-3과 같이 TTA 과제로 채택되어 표준 제정이 진행되고 있는 중이다.

표 5-2 TTA 표준으로 제정된 연도별 TTA 표준명(KESIC, 2011)

제정연도	표준명
2009년 (14건)	임베디드 SW 정의 및 분류 지침
	임베디드 리눅스의 빠른 부팅을 위한 부팅 프로세스 모델
	임베디드 리눅스 API 적합성 시험환경 참조모델
	임베디드 SW 개발도구 통합관리 프레임워크
	임베디드 리눅스 소프트웨어의 빌드 스크립트 작성을 위한 가이드라인
	OSEK/VDX 기반 자동차용 실시간 운영체제 구조 분석
	AUTOSAR 기반 자동차용 임베디드 SW 플랫폼
	e-navigation 전략 지침
	e-navigation 전략 사용자 요구사항
	선교 항해당직 경보시스템
	선박 전자장치 간 직렬데이터 네트워킹 규격(NMEA2000)
	임베디드 리눅스 플랫폼 규격
	임베디드 운영체제 전력관리
	모바일 리눅스 소프트웨어 플랫폼 실시간 성능 측정 요구사항
2010년 (9건)	Instant On 기능을 위한 파일 시스템 및 디바이스 드라이버 기능 요구사항
	임베디드 리눅스 플랫폼 설정 도구 요구사항
	임베디드 SW의 시험절차 참조모델
	안전하고 신뢰성 있는 임베디드 시스템을 위한 Javascript 코딩 가이드라인
	멀티미디어 파일 시스템
	임베디드 SW 정의 및 분류 지침
	임베디드 소프트웨어 플랫폼 환경에서의 프로세서별 정밀 시간 측정을 위한 지침
	임베디드 리눅스 소프트웨어 플랫폼 기반 벤치마크 테스트 지침
	고신뢰 임베디드 리눅스 시스템을 위한 실시간 고장 감내 시스템
2011년 (1건)	복합 임베디드 시스템을 위한 통신 설정 파일 내용 명세

표 5-3 TTA 과제로 채택된 연도별 TTA 과제명(KESIC, 2011)

제정연도	과제명
2010년 (1건)	개발자를 위한 임베디드 소프트웨어 기술 분류 및 숙련도 등급 지침
2011년 (9건)	임베디드 SW 개발자 경력 기술을 위한 참조모델
	임베디드 SW 정의 및 분류 체계
	임베디드 리눅스 플랫폼 원격 설정 도구 요구사항
	임베디드 리눅스의 부트로더 기반 스냅샷 부팅 기술 참조모델
	플래시 메모리 기반 성능 개선 파일시스템 참조모델
	임베디드 리눅스 기반 빠른 부팅 기술 프레임워크 참조모델
	임베디드 리눅스 소프트웨어 플랫폼 기반 벤치마크 테스트 지침
	병원의 방사선 치료를 위한 의료기기의 임베디드 소프트웨어 기능 안전성 (IEC 62304) 지침
	스마트폰 앱을 이용한 병원 진자 진료시스템의 환자 주사 업무에 대한 소프트웨어 기능 안전성(IEC 62304) 지침

5.2.3 국외 표준화 동향

5.2.3.1 CELF (Consumer Electronics Linux Forum)

CELF는 가전제품(CE)을 위해 특화된 임베디드 리눅스 기반의 플랫폼으로서 2003년 6월에 9개 업체(소니, 파나소닉, 히다찌, NEC, 필립스, LG, 삼성전자, 샤프, 도시바)를 중심으로 설립되었다. 현재 CELF는 ETRI, LG, 삼성전자를 포함하여 전 세계 50여개 이상의 업체가 참여하고 있으며, 2010년 10월에 리눅스 재단(The Linux Foundation)에 합류되었다. CELF는 공개 소스 프로젝트 인프라를 이용하며 가전제품에 필요한 공통의 기술이나 솔루션을 구현하는 데 중점을 두고 있으며, 조직은 운영위원회 산하에 아키텍처 위킹 그룹으로 구성되어 있다. 현재 CELF는 부팅 시간, 전력 관리, 오디오/비디오/그래픽, 실시간, 시스템 크기, 보호 등을 중점으로 표준화 활동을 수행하고 있다.

5.2.3.2 T-Engine 포럼

T-Engine 포럼은 일본 도교대의 사카무라 켄 교수가 주축이 되어 1983년부터 추진된 TRON 프로젝트 중에서 uITRON이 모체가 되어 출범된 포럼으로서 유비쿼터스 컴퓨팅 환경을 구축하기 위해 개방형의 실시간 시스템의 표준을 개발하기 위한

플랫폼이 핵심 내용이다. 즉 T-Engine은 미들웨어의 융통성을 높이기 위해 개방 아키텍처를 지향하는 임베디드 표준의 개발환경이며, 이를 위해 운영체제 자체를 싱글 소스화하고 하드웨어와 주변 소프트웨어를 표준화(규격화)했다. 이것을 ITRON이 가진 약한 표준화와 상반된 개념인 강한 표준화라고 말하는데, 여기서 강한 표준화란 특정 소프트웨어가 T-Engine상에서 개발됐다면 그 소프트웨어는 개발회사나 개발자에 상관없이 어떠한 T-Engine에서도 동작이 가능하다는 의미다.

T-Engine 포럼에서는 T-Engine을 4개 시리즈, 즉 표준, 마이크로, 나노, 피코로 구분하여 개발하고 있다. 표준 T-Engine은 T-Engine의 가장 기본적인 임베디드 개발 플랫폼으로 보통 휴대전화나 PDA 같은 휴대용 정보 단말기를 개발하기 위해 비교적 고도의 사용자 인터페이스(UI) 등이 표준으로 장착돼있다. 마이크로 T-Engine (uT-Engine)은 표준 T-Engine에서 몇 개의 인터페이스를 줄이고 하드웨어 크기를 축소한 것으로 가전기기 등 비교적 적은 UI에 사용되는 플랫폼이며, 나노 T-Engine (nT-Engine)은 센서나 제어기 역할만을 위한 최소한의 인터페이스를 가지고 있는 플랫폼으로 소형 가전기기 등 동전크기의 기기용이며, 마지막으로 피코 T-Engine (pT-Engine)은 nT-Engine보다 더 작은 크기(가로 세로 1cm 정도)로 센서 연결에 필요한 인터페이스만 가지고 있는 플랫폼으로 조명기구, 센서, 자물쇠, 밸드 등 최소단위의 기기용이다. T-Engine 소프트웨어에는 T-Monitor, T-Kernel, 디바이스 드라이버, 미들웨어, 개발환경 도구 등이 있다.

5.2.3.3 이클립스 (Eclipse)

이클립스는 자바(Java) 기술 기반의 자바 통합개발환경(IDE) 개발도구를 만들기 위해 1999년 IBM이 주축이 되어 시작하였고, 2001년에 Borland, MERANT, QNX, Rational, RedHat, SuSE 등이 합류하면서 컨소시엄을 구성하게 되었다. Eclipse는 다양한 운영체제, GUI/non-GUI 모두를 지원하는 개방형 플랫폼으로서 확장이 가능한 프레임워크, 개발도구, 그리고 런타임으로 구성되어 있다. 2003년에 이클립스 버전 1.0이 발표되었으나 IBM의 너무 큰 영향력이 문제가 되어 IBM으로부터 완전히 독립적인 별도의 연합체인 이클립스 연합이 설립되었다. 그 이후 이클립스의 발전이 가속화되면서 2006년 6월에 이클립스 버전 3.2를 발표하였으며 2011년 6월에는 버전 3.7을 발표하였고 2012년 6월을 목표로 이클립스 버전 4.2를 발표할 예정이다. 이 중에서 특히 이클립스 버전 3.2는 네이티브 위젯의 활용으로 이클립스 성공에 큰 기여를 했던 표준 위젯 툴킷(SWT : Standard Widget Toolkit)의 기능을 대폭 보강하였으며 OpenGL 연동을 통한 3D까지도 지원되는 버전이었다.

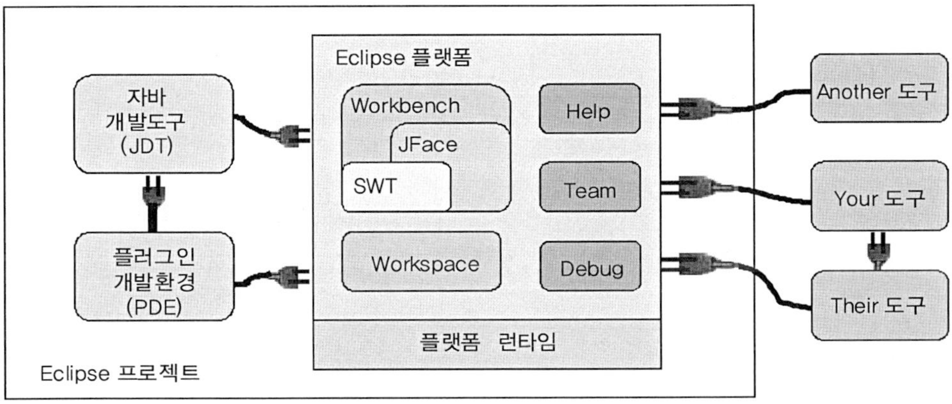

그림 5-3 이클립스(Eclipse) 플러그인(Plug-in) 개념

이클립스 플랫폼의 구조와 플러그인(Plug-in) 개념이 그림 5-3에 나타나 있다. 이 그림에서 보면 이클립스 플랫폼의 구조는 개발작업을 지원하기 위해 사용자 인터페이스 요소를 배치할 수 있도록 준비된 공간인 워크벤치, 표준 위젯 툴킷(SWT) 등과 같은 개발도구와 개발자가 작업할 수 있는 작업공간, 즉 이클립스 자체 파일시스템 그리고 지원, 팀 작업, 디버그 기능 등과 같이 구성되어 있다.

참고사항으로 "어떤 프로그램에 없던 새로운 기능을 추가하기 위해 끼워 넣는 부가 프로그램"이라는 뜻을 가진 플러그인(Plug-in)의 개념은 이클립스 플랫폼에 없던 기능이나 개발도구 등이 새롭게 개발될 경우 마치 코드를 연결해서 이클립스 플랫폼에 쉽게 끼워 넣어 사용하자는 개념에서 나온 것으로 그림에서 보면 이클립스 플랫폼에 포함되어 있지 않지만 이클립스 프로젝트에서 개발된 자바 개발도구(JDT)와 플러그인 개발환경(PDE), 심지어 또 다른 도구 혹은 어떠한 사용자가 만든 도구라도 플러그인해서 쉽게 사용할 수 있도록 하자는 개념이다.

5.3 임베디드 소프트웨어 플랫폼 현황 및 사례

5.3.1 임베디드 소프트웨어 플랫폼 현황

5.3.1.1 ETRI 플랫폼

ETRI 플랫폼은 원격 개발도구 기술을 기반으로 하여 유비쿼터스 환경에 적용할

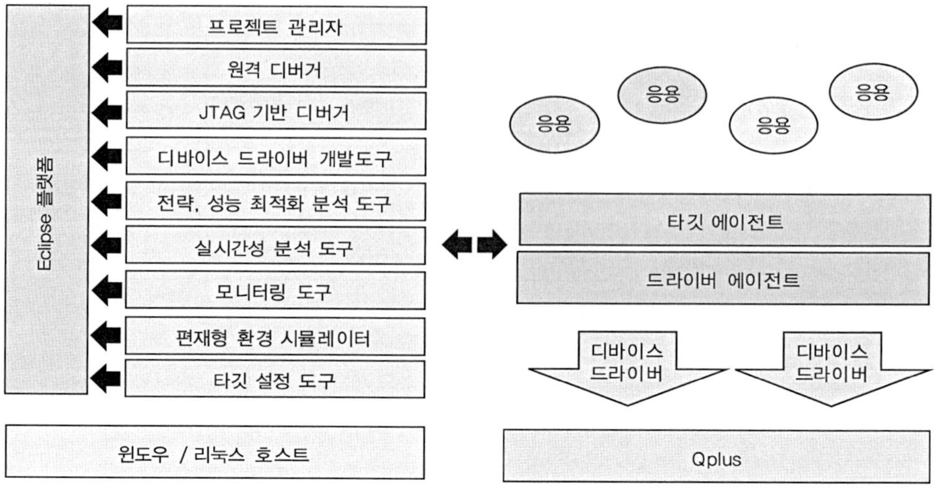

그림 5-4 ETRI 운영체제인 Qplus와 플랫폼인 Esto와의 관계

수 있는 도구 기술을 개발하여 "Esto, Everywhere"를 성취하는 것이 목표로서 이클립스를 기본 플랫폼으로 채택하고 있으며 Esto라고 부르고 있다. ETRI 플랫폼인 Esto는 크게 표준형, 마이크로형, 나노형의 3가지 임베디드 소프트웨어 플랫폼을 지원하는 통합개발환경(IDE)을 개발하는 것으로 IDE 내에 개발되는 도구의 예로는 프로젝트 관리자, 원격 디버거, JTAG 기반 디버거, 디바이스 드라이버 개발도구, 전력, 성능 최적화 분석도구, 실시간성 분석도구, 모니터링 도구, 편재형 환경 시뮬레이터, 타깃 설정도구 등이 있다.

그림 5-4에 ETRI에서 개발한 임베디드 운영체제인 Qplus를 이용하여 응용 프로그램을 개발할 때 사용되는 ETRI 플랫폼인 Esto와의 관계가 나타나 있다.

5.3.1.2 윈드리버(Wind River) 플랫폼

윈드리버 플랫폼은 크게 런타임(Run-Time) 플랫폼과 리눅스(Linux) 플랫폼의 2가지로 구분된다. 먼저 런타임 플랫폼은 VxWorks 플랫폼이라고도 부르는데, VxWorks 운영체제에 다양한 미들웨어 기능이 추가된 임베디드 소프트웨어 플랫폼으로서, 이클립스 기반이며 개발자가 쉽게 개발할 수 있도록 윈드리버 워크벤치 개발 슈트를 포함하고 있다. 런타임 플랫폼은 확장된 네트워킹 프로토콜, 보호, 무선, 그래픽을 포함한 통합 런타임 기술을 제공하고 있으며, 플랫폼의 종류로는 일반 목적 플랫폼, 자동차/가전/산업기기 플랫폼, 네트워크 장비 플랫폼, 그리고 안전-우선 플랫폼이 있다.

리눅스 플랫폼은 표준 리눅스 커널 2.6을 기반으로 하여 고성능의 선점형 커널 환경을 가지고 있으며 강력한 네트워킹, 네트워킹 애플리케이션, 파일시스템, 관리, 보호 기능을 제공하고 있다. 리눅스 플랫폼도 런타임 플랫폼과 마찬가지로 개발자의 쉬운 개발을 지원하기 위해 윈드리버 워크벤치 3.0 개발 슈트를 포함하고 있다. 플랫폼의 종류로는 일반 목적 플랫폼, 가전기기 플랫폼, 네트워크 장비 플랫폼이 있다.

5.3.1.3 몬타비스타(MontaVista) 플랫폼

몬타비스타 플랫폼은 원래 임베디드 장비에 사용되는 Professional Edition, 통신기간사업에 사용되는 Carrier Grade Edition, 그리고 소비자의 전자제품에 사용되는 CE Edition의 3가지 종류가 있었는데, 그 후에 CE Edition이 홈페이지에서 삭제되고 대신에 모바일 장치에 사용되는 Mobilinux가 추가되었다.

먼저 Professional Edition은 임베디드 운영체제와 교차개발 개발환경을 제공하는 몬타비스타의 핵심 제품으로서 풍부한 네트워킹 기능을 포함하는 광범위한 소프트웨어 요소와 실시간 기능, 멀티 프로세스 및 멀티 스레드를 특징으로 가진 최신의 운영체제를 포함하고 있다. Carrier Grade Edition은 고가용성, 안정성, 실시간 성능을 포함하고 있으며 텔레콤과 데이터콤 전용 기능을 제공하는 산업표준의 상용 리눅스 플랫폼이다. CE Edition은 현재는 제공되지 않는 버전이지만 소비자 전자제품을 겨냥한 세계 최초의 임베디드 리눅스 제품으로서 가전제품들의 개발시간을 단축하기 위해 레퍼런스 플랫폼을 지원하였던 버전이다. 마지막으로 Mobilinux는 단일기능 폰에서 스마트폰까지 확장이 가능하며 모바일 장치용으로 유일하게 검증된 상용의 리눅스 플랫폼이다.

5.3.1.4 타임시스(TimeSys) 플랫폼

타임시스 플랫폼은 크게 타임스톰(TimeStorm) 개발도구와 타임시스 리눅스 소프트웨어 개발 키트(SDK)로 구성된다. 먼저 타임스톰 개발도구는 타임스톰 IDE에 통합되어 동작되는 개발도구로서 타임스톰 IDE, 타임스톰 LVS(Linux Verification Suite), 타임스톰 LDS(Linux Development Suite), 타임스톰 LHD(Linux Hardware-Assisted Debugging), 그리고 타임위즈(TimeWiz)의 5가지 개발도구로 구성되어 있다. 여기서 타임스톰 IDE는 이클립스 기반의 통합개발환경으로 리눅스, 윈도우, 솔라리스 호스트를 지원하며 임베디드 실시간 애플리케이션 생성, 수정, 컴파일, 관리 및 디버깅을 지원하는 도구이다. 타임스톰 LDS는 타깃 보드상의 리눅스 테스트 및 검증에 사용되는 도구이며 타임위즈는 실시간 시스템의 성능이나 행위를 모델링하고 분석하며 시뮬레이션을 수행하는 도구이다.

타임시스 리눅스 SDK는 타임스톰 IDE, 리눅스 커널, 툴체인, 루트파일 시스템, 그리고 드라이버를 제공하는 표준 에디션, 표준 에디션에 타임스톰 LDS가 포함된 전문가 버전, 그리고 전문가 버전에 타임스톰 LVS가 포함된 디자이너 버전의 3가지 종류가 있다.

5.3.1.5 리모(LiMo) 소프트웨어 플랫폼

리모(LiMo : Linux Mobile) 소프트웨어 플랫폼은 2007년 리눅스 기반의 모바일 컨소시엄에서 추진한 모바일 소프트웨어 플랫폼으로서 그림 5-5와 같이 모바일 장치를 위한 리눅스 기반의 소프트웨어 아키텍처에 대한 개방형 표준 규격이다. 현재 국내에서는 삼성전자, LG전자, SK텔레콤, KTF, 아로마소프트, ETRI 등이 회원으로 가입되어 있다.

리모에서는 2008년에 리모 기반의 모바일 핸드셋을 NTT 도코모의 8종과 모토로라의 6종 등을 통해 출시한 바 있으며, 2009년에 리모 소프트웨어 플랫폼 릴리스 2에 대한 규격을 제정하였고 같은 해 삼성전자에서도 리모폰을 출시한 사례가 있다. 향후에는 제조사뿐만 아니라 서비스 사업자까지도 포함된 리눅스 기반의 제품시장 생태계를 조성하기 위해 신규 회원사에 대한 영입이 가속화 될 것으로 보고 있으며 상용 단말 출시 강화 등 리모 소프트웨어 플랫폼을 통한 관련 업계의 에코시스템

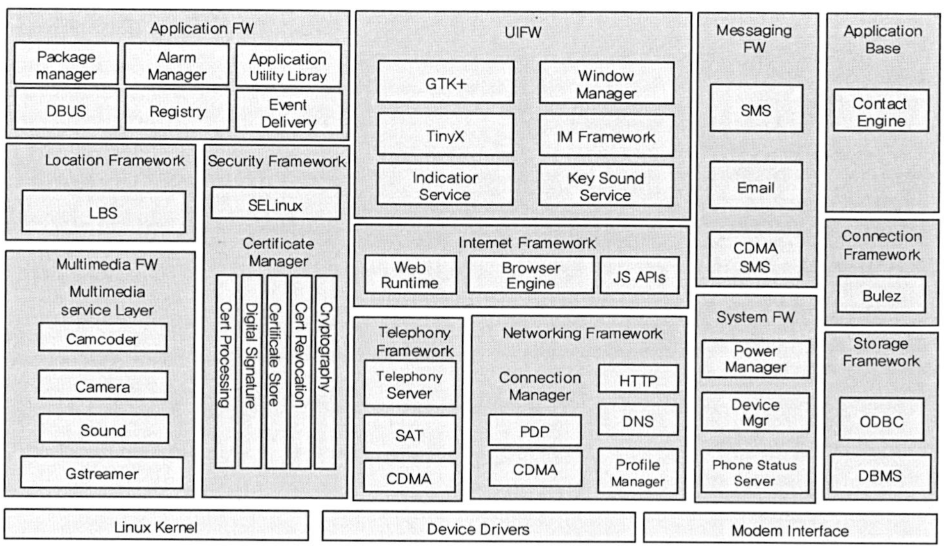

그림 5-5 리모(LiMo) 소프트웨어 플랫폼의 구성도

활성화를 위해 노력 중이다.

5.3.1.6 마이크로소프트(Microsoft) 플랫폼

마이크로소프트 플랫폼은 Windows CE .net 4.0부터 제공되는 플랫폼으로서 자동 설치, 원격 부팅, 디바이스 업데이트 에이전트 등의 다양한 기술을 지원하고 있다. 현재 마이크로소프트 플랫폼은 스마트폰과 포켓 PC, 텔레매틱스, 게이트웨이 등 실시간 운영체제가 장악하고 있는 산업자동화기기 분야에 이르기까지 솔루션 사업을 강화하고 있다.

마이크로소프트 플랫폼의 주요 기능에는 안전하고 확장이 가능한 네트워킹 지원, 향상된 실시간 프로세싱 및 고속의 성능, 풍부한 멀티미디어 및 웹 브라우징 능력, 그리고 PC, 서버, 웹 서비스 및 디바이스와의 향상된 상호운용성 지원 등이 있다. 제공되는 서비스나 도구 그리고 응용 분야를 살펴보면 애플리케이션 및 서비스 개발, 사용자 애플리케이션(파일 뷰어, 메신저 등) 제공, 핵심 운영체제 및 통신 서비스, 멀티미디어 및 브라우징 서비스, 그리고 보호 및 사용자 인터페이스 등이 있다.

5.3.1.7 아이폰(iPhone) 플랫폼

아이폰 플랫폼은 MAC OS X 기반의 애플 자사 고유의 플랫폼으로서 화려한 사

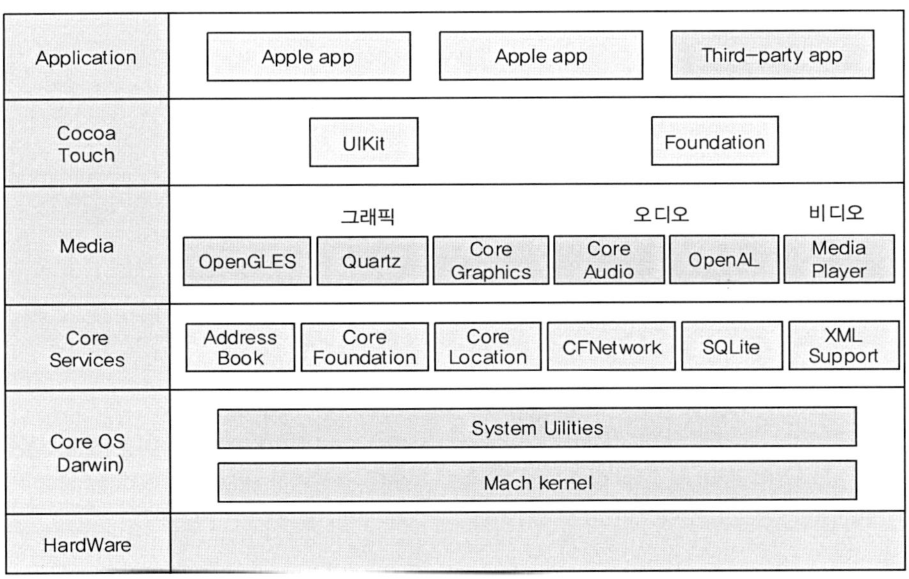

그림 5-6 아이폰(iPhone) 플랫폼의 구성도

용자 인터페이스(UI), 멀티터치와 같은 새로운 UI, 그리고 웹 브라우저 등 강력한 기능을 제공하고 있으며 사용자에게 안정된 개발환경을 제공하고 있다. 아이폰 플랫폼의 구성도는 그림 5-6에 도시되어 있다.

아이폰 플랫폼은 iPod Touch나 iPad 등에도 사용되기 때문에 동일한 소프트웨어 개발 키트(SDK)를 이용하여 애플리케이션을 개발할 수 있는 것이 특징이다. 2007년 1월에 아이폰이 출시된 이래 2008년 7월에 아이폰 3G, 2010년 6월에 아이폰 4.0, 2012년 12월에 아이폰 5.0, 2013년 9월에 아이폰 5C와 5S가 출시되었으며, 2014년에 아이폰 6.0이 출시될 예정이다.

5.3.1.8 안드로이드(Android) 플랫폼

안드로이드 플랫폼은 구글이 주도하고 있는 개방형 휴대전화 연맹(OHA : Open Handset Alliance)에서 개발된 리눅스 운영체제 기반의 개방형 모바일 플랫폼으로서 그림 5-7과 같이 소프트웨어 계층으로 구성되어 있으며 개방형 소프트웨어, 개방형 디바이스, 개방형 에코시스템이라는 목적 하에 운영체제, 미들웨어, 사용자 인터페이스, 기본 응용 프로그램으로 구성되어 있고 개방형 라이선스도 함께 제공되고 있다.

안드로이드 플랫폼의 주요 특징은 크게 3가지로 요약할 수 있는데, 첫째는 개방

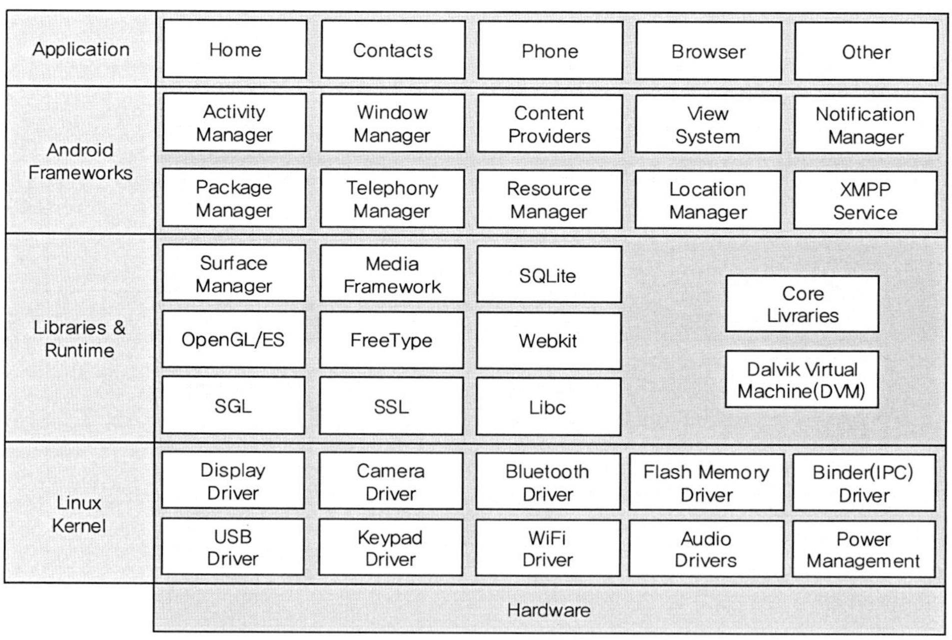

그림 5-7 안드로이드(Android) 플랫폼의 구성도

형 소스 운영체제인 리눅스를 기반으로 하고 있기 때문에 다양한 하드웨어에 이식하거나 새로운 기능을 부여하기 쉽다는 것이며, 둘째는 응용 소프트웨어의 실행환경이 자가 가상머신 환경이고 또한 자바 언어를 사용한다는 것이며, 셋째는 구글이 제공하는 다양한 인터넷 서비스를 직접 이용할 수 있는 API를 제공한다는 것이다.

안드로이드 플랫폼의 주요 기능에는 구조화된 데이터를 지원하는 SQLite, 오디오 및 비디오 지원, GSM, 블루투스, EDGE, 3G, WiFi, 카메라, GPS 기능, 디버거, 메모리 및 성능 파일이 포함된 통합개발환경 등을 제공하고 있다. 향후에는 저가의 인터넷을 사용할 수 있는 휴대폰의 개발, 무료이면서 강력한 유니버셜 모바일 플랫폼 등이 제공될 것으로 전망되고 있으며, 서비스 제공 업체와 기기 개발 업체 간에 주도권 쟁탈이 심화될 것으로 보고 전망된다.

5.3.1.9 모블린(Moblin) 플랫폼

모블린 플랫폼은 인텔(Intell)을 중심으로 추진하는 Atom 프로세스 기반의 정보산업 기기를 위한 리눅스 플랫폼으로서 그림 5-8과 같이 모바일용 인스톨러, 미디어 플레이어, 웹 브라우저 등을 포함하고 있으며 GTK+ 기반의 Maemo(리눅스 기반의 개방형 플랫폼) 애플리케이션 프레임워크인 Hildon을 채택하여 3D 그래픽을 강화한

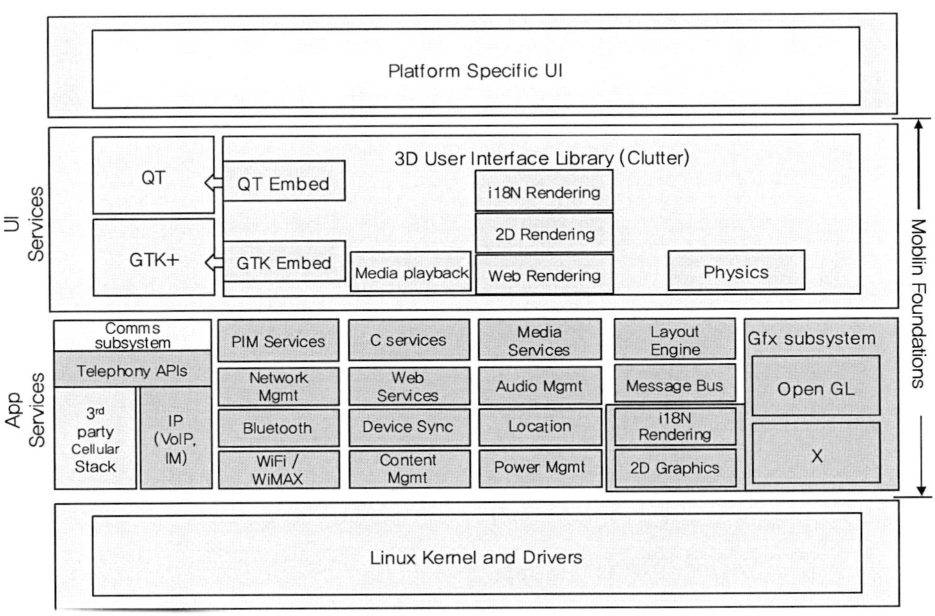

그림 5-8 모블린(Moblin) 플랫폼의 구성도

Clutter UI 기반의 사용자 인터페이스 라이브러리를 제공하고 있다. 향후에는 MID, 자동차, 인포테인먼트 시스템, 노트북 등에 탑재될 것으로 전망된다.

모블린 플랫폼은 리눅스 커널 기반의 GNOME 모바일 버전을 탑재하고 있고 아톰에 최적화된 그래픽, 빠른 부팅, 저전력 등의 기능을 제공하고 있다. 모블린 플랫폼을 탑재한 사례로는 삼성의 Q1 Ultra, Electrobit MIDI 기반의 Ubuntu MID 에디션, 한글과 컴퓨터의 Mobinux 등이 있다.

5.3.2 임베디드 소프트웨어 플랫폼 사례

5.3.2.1 정보/산업기기용 임베디드 소프트웨어 공통플랫폼

정보 및 산업기기용 임베디드 소프트웨어 공통플랫폼은 2009년부터 국가의 정책사업인 NPT(National Platform Technology)를 통해 IT 분야, 화학 및 제조 등의 다양한 분야에 대한 플랫폼 기술개발 과제를 수행하면서 제시된 임베디드 리눅스 기반의 운영체제 중심의 공통플랫폼으로서 그림 5-9에 정보 및 산업기기용 임베디드 소프트웨어의 공통플랫폼 구성도가 나타나 있다.

5.3.2.2 로봇 소프트웨어 플랫폼(OPRoS)

로봇 소프트웨어 플랫폼인 OPRoS(Open Platform for Robot Service)는 2004년 구 정보통신부에서 추진하고 있던 RUPI(Robot Unified Platform Initiative)와 2007년 구 산업자원부에서 추진하고 있던 SPIRE(SW Platform Initiative for Robotics Engineer-

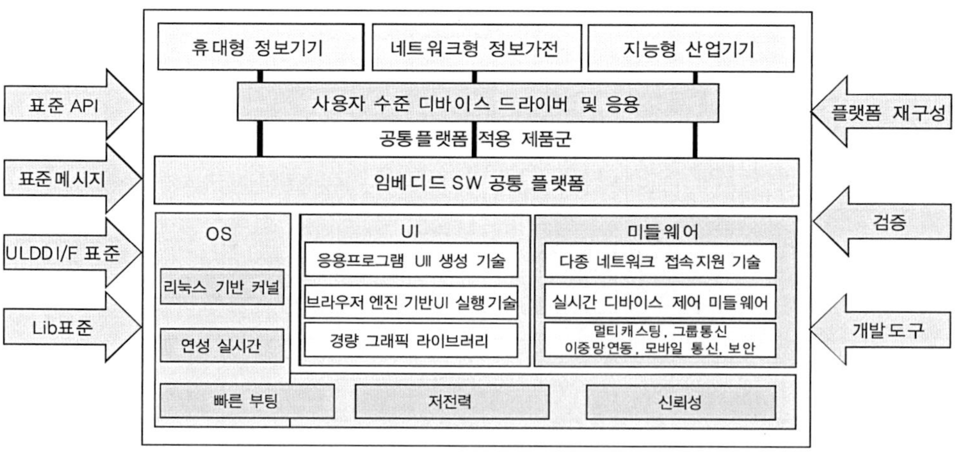

그림 5-9 정보 및 산업기기용 임베디드 소프트웨어 공통플랫폼 구성도

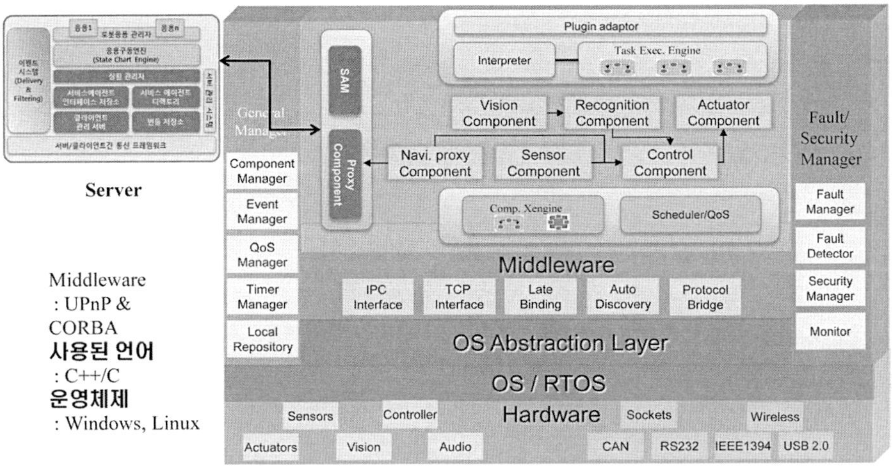

그림 5-10 로봇 소프트웨어 플랫폼(OPRoS)의 구성도

ing)를 지식경제부가 2008년에 일원화하면서 소프트웨어 플랫폼의 명칭과 라이선스 정책을 통일시키고 네트워크 기반 로봇을 위해 표준화와 재사용이 가능하도록 그림 5-10과 같이 개방형 기반의 소프트웨어 프레임워크인 OPRoS를 개발하였다.

OPRoS는 로봇 소프트웨어의 컴포넌트 표준 및 참조 컴포넌트 개발, 로봇 콘텐츠 언어 및 시뮬레이션을 포함한 통합개발환경 개발, 로봇 플러그인 프레임워크 개발, 신뢰성 높은 서비스 지향 서버 개발, 로봇 소프트웨어 컴포넌트, 하드웨어 모듈 및 콘텐츠 시험 및 평가시스템 개발 등을 목표로 하고 있으며 2009년 10월부터 OPRoS의 소스를 공개하고 있다.

5.3.2.3 자동차용 소프트웨어 플랫폼(AUTOSAR)

자동차용 소프트웨어 플랫폼인 AUTOSAR의 표준화는 2002년부터 BMW, Bosch, DaimlerChrysler 등 해외 선진국의 자동차 업체를 중심으로 추진되었으며 그림 5-11과 같이 AUTOSAR 플랫폼을 개발하였다. 2008년 AUTOSAR 3.0이 배포되었고 2009년말 AUTOSAR 2단계('07~'09)에서 규격 4.0을 공개하였으며 3단계인 2010년부터 2012년에는 멀티코어 프로세서에 대한 지원과 안전성을 위한 기능 등이 추가되었다.

2009년 12월 기준으로 회원사는 코어 파트너사 9개, 프리미엄 멤버사 60여개, 그리고 관련 멤버사 70여개를 보유하고 있다. 완성차 업체는 2009년에 AUTOSAR를 접목한 제품을 이미 시장에 출시하였고 국내는 현대자동차 및 기아자동차가 회원사로 참여하고 있고 ETRI도 회원으로 참여하여 국가 R&D 과제를 수행 중에 있나. 2011년

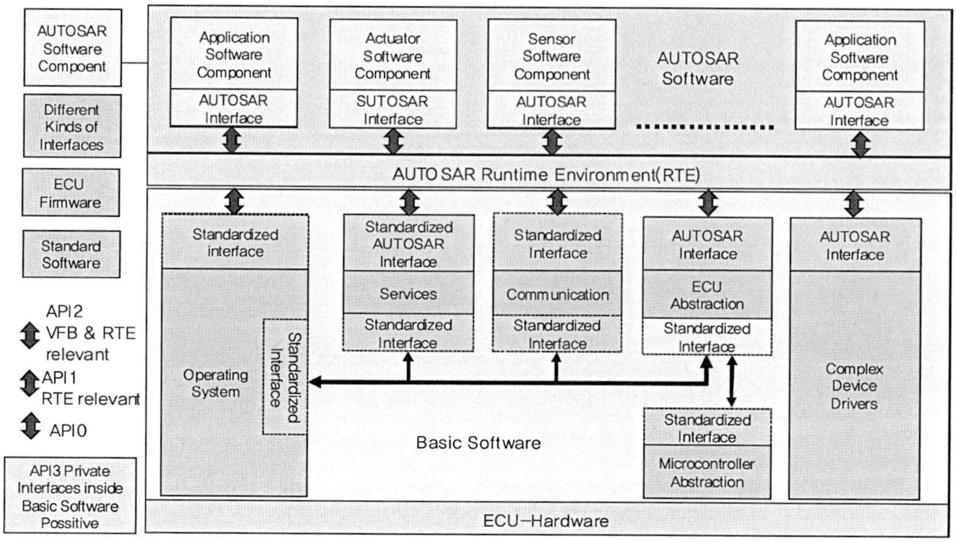

그림 5-11 자동차용 소프트웨어 플랫폼(AUTOSAR)의 구성도

7월에는 경북대의 IT·자동차융합연구센터에서 '스마트 자동차를 위한 AUTOSAR 기반 차량 내외부 통신 플랫폼 및 응용 기술' 과제를 수행하고 있는 중이다.

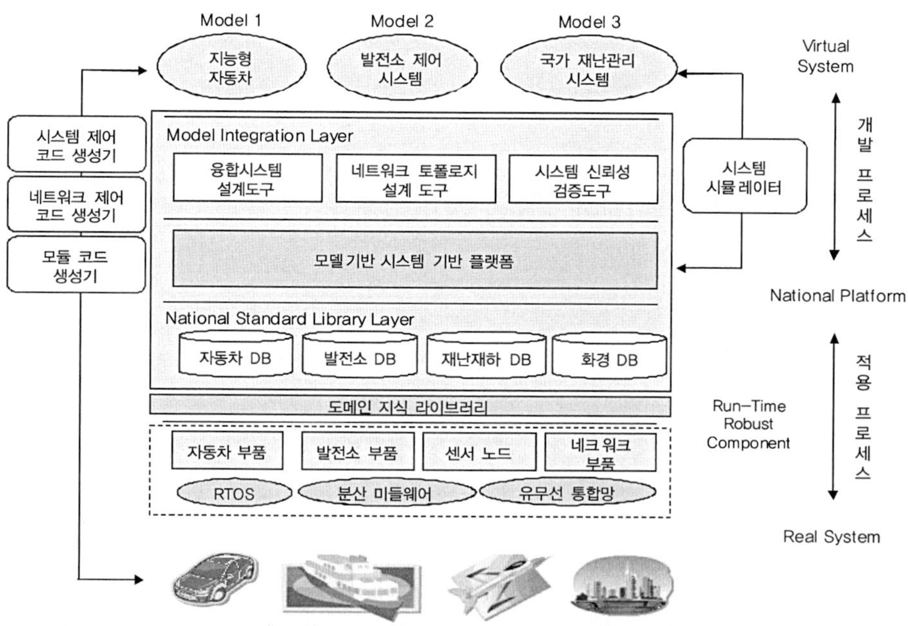

그림 5-12 사이버 물리 시스템(CPS)용 소프트웨어 플랫폼의 구성도

5.3.2.4 사이버 물리 시스템(CPS)용 소프트웨어 플랫폼

사이버 물리 시스템(CPS : Cyber Physical Systems)은 컴퓨팅에 의한 물리 시스템과 프로세스의 통합으로 탄생하였으며, 센서와 액추에이터(actuator)를 이용해 물리 프로세스를 모니터링함으로써 물리 시스템에 새로운 특성과 능력을 제공할 수 있는 기술이다. CPS는 정밀 농업, 의료, 스마트 빌딩, 산업 자동화, 그리고 다수의 군사 응용 분야를 비롯하여 폭넓은 분야에서 사용할 수 있는 혁신적인 시스템을 만들어 낼 뿐만 아니라 현재 사용 중에 있는 많은 응용 분야를 개선할 수도 있는 엄청난 잠재력을 지닌 중요하고도 흥미로운 신기술로 구성되어 있다. 미국 및 유럽연합(EU)은 조선, 자동차, 건설, 국방, 의료산업 등에 활용될 수 있는 임베디드 시스템을 개발하기 위하여 그림 5-12와 같이 고신뢰성의 임베디드 소프트웨어 플랫폼, 즉 CPS 플랫폼에 대한 개발을 2007년부터 NSF 등을 통해 개발하기 시작하였다.

제 6 장

임베디드 소프트웨어 개발도구

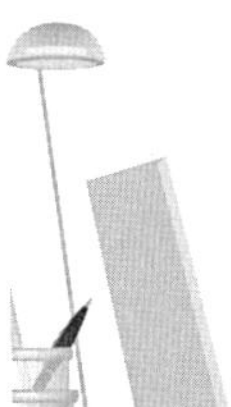

본 장에서는 임베디드 소프트웨어 개발도구에 대한 개발환경 기술분류와 기술현황을 설명한다. 그런 다음 임베디드 소프트웨어 개발도구의 제품현황을 살펴보고, 마지막으로 개발도구에 대한 현황 및 전망을 기술한다. 본 장은 다음과 같이 구성된다.

6.1 임베디드 소프트웨어 개발도구 기술현황
6.2 임베디드 소프트웨어 개발도구 제품현황
6.3 임베디드 소프트웨어 개발도구 발전전망

6.1 임베디드 소프트웨어 개발도구 기술현황

6.1.1 임베디드 소프트웨어 개발환경 기술분류

임베디드 소프트웨어 개발환경에 대한 기술분류는 크게 타깃 이미지 생성 도구, 소프트웨어 개발도구, 설계 자동화 도구, 그리고 테스트 자동화 도구로 구분하는 것이 일반적이다.

먼저 타깃 이미지 생성 도구는 커널, 라이브러리, 유틸리티, 응용 프로그램 중에서 필요한 부분을 선택할 경우에 최적화된 타깃에 대한 이미지를 생성하는 도구로서 마이크로소프트 사의 플랫폼 빌더와 WinXPe 스튜디오, QNX의 시스템 빌더, 한국전자통신연구원(ETRI)의 타깃 빌더 등이 대표적인 도구이다.

소프트웨어 개발도구는 타깃에 내장되어 실행될 프로그램을 개발하는 도구로서 크로스 컴파일 툴체인, 디버거, 타깃 모니터링 및 프로파일링 도구, 디바이스 드라이버 개발 툴킷, GUI 빌더 등이 있는데, 이들 도구들은 대부분 통합개발환경(IDE)으로 제공되고 있다.

설계 자동화 도구는 시스템 분석 및 설계, 코드의 자동 생성 후 최종 시스템을 구축할 때 지원하는 도구로서 개발 프로세스 기술, 시스템 분석 및 모델링 기술, 소프트웨어 개발 기술 등이 있다.

마지막으로 테스트 실행에 따르는 비용 및 시간을 줄이거나 품질을 향상시키기 위해 사용되는 테스트 자동화 도구는 테스팅 활동에 따라 분류할 수 있는데, 테스트 설계 및 테스트 케이스 관리 지원 도구, 성능 테스팅 도구, 모니터링 도구, 시뮬레이터 등이 대표적인 도구이다.

6.1.2 임베디드 소프트웨어 개발도구 기술현황

6.1.2.1 통합개발환경 (IDE)

통합개발환경(IDE : Integrated Development Environment)은 에디터, 컴파일러, 디버거, GUI 빌더 등 프로그래밍에 필요한 도구들이 하나의 인터페이스로 통합되어 프로그램 개발에 관련된 모든 작업을 하나의 프로그램 안에서 처리하는 환경을 제공하는 소프트웨어이다. 다시 말해 기존의 소프트웨어 개발에서는 컴파일러, 텍스트 편집기, 디버거 등을 따로 사용했지만, 이러한 프로그램들을 하나로 묶어 대화형 인터페이스를 제공한 것이 통합개발환경이다. IDE는 다양한 호스트 플랫폼을 지원하는데, 대표적인 예로 이클립스 재단의 이클립스, 타임시스의 TimeStorm, QNX의 Momentics, 한국전자통신연구원(ETRI)의 Esto, 마이크로소프트의 비주얼 스튜디오 등이 있다. 또한, 통합개발환경은 다양한 타깃을 지원하는데, 지원되는 타깃으로는 X86, PowerPC, ARM, StrongARM, Xscale, MIPS, SH 등이 있다. 그 외 프로젝트 관리자 지원, 빌드, 디버깅, 실행 설정 관리, 편리한 소스 내비게이션 지원, 버전 관리 지원 등의 기능을 가지고 있다.

그림 6-1에 ETRI의 Qplus 및 Nano Qplus 운영체제에 대한 IDE인 Esto의 구성도가 나타나 있는데, Qplus 운영체제 기반에는 원격 디버거, 타깃 모니터링 도구, 최적화 및 분석 도구, 타이밍 분석기, 디바이스 드라이버 개발도구, 그리고 GUI 빌더 등이 구성되어 있으며, Nano Qplus 운영체제 기반에는 JTAG-기반 디버거, 타깃 빌더, 센서 네트워크 시뮬레이터, 에뮬레이션 기반 디버거 등으로 구성되어 있다.

6.1.2.2 디버거(Debugger)

디버거는 소프트웨어나 하드웨어 장치에서 잘못된 부분, 즉 버그(Bug)를 찾아서 수정하거나 또는 오류를 제거해 나가는 과정인 디버깅(Debugging)을 지원하는 도구이다. 임베디드 소프트웨어에서는 소프트웨어적인 방법과 하드웨어적인 방법의 2가지 디버깅 방법이 있다.

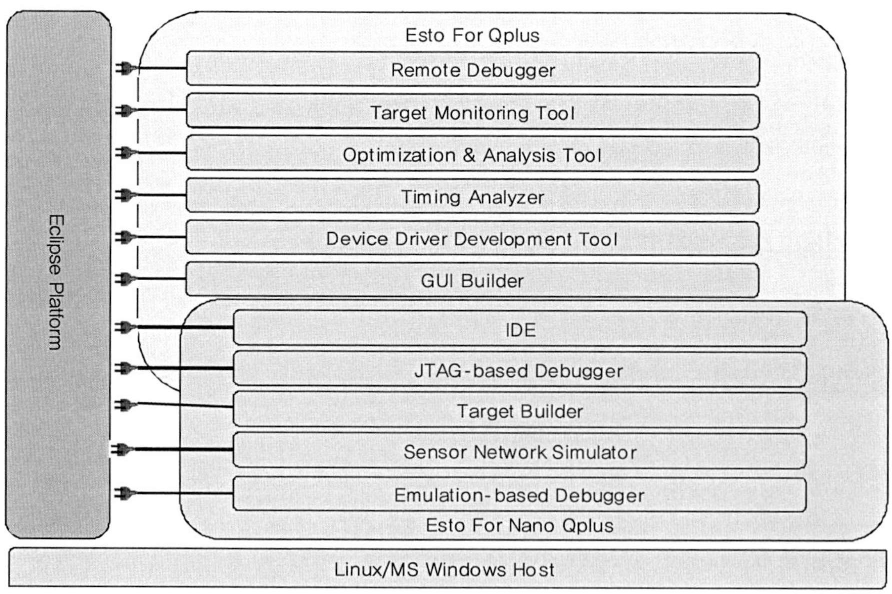

그림 6-1 ETRI의 통합개발환경(IDE)인 Esto의 구성도

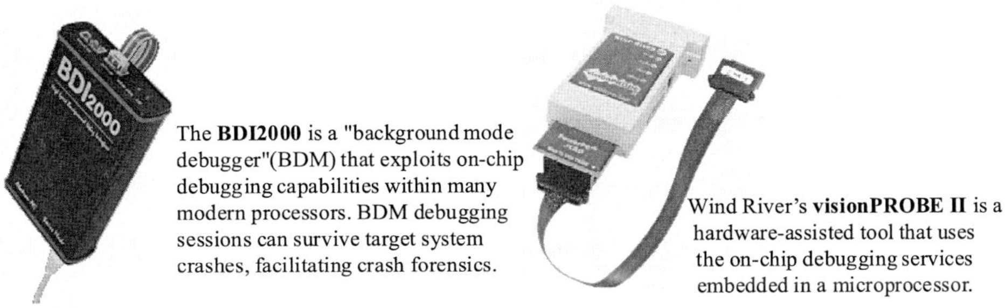

그림 6-2 하드웨어적 디버깅 방법의 제품 사례

소프트웨어적인 디버깅 방법에는 리눅스 커널 디버깅 프로그램인 KGDB(Kernel Level GNU Project Debugger)가 대표적인데, 이 방법은 커널이 죽으면 호스트 디버거와 타깃 간 통신채널이 중단되어 오류에 대한 원인파악이 곤란하다는 단점이 있다. 이러한 소프트웨어적 디버깅의 단점을 극복하기 위해 나온 것이 하드웨어적인 디버깅 방법인데, 이 방법은 JTAG/BDM을 지원하는 하드웨어를 이용하여 디버깅하는 것으로서 커널이 죽더라도 오류에 대한 원인파악이 가능하다는 특징이 있다. 대표적인 방법에는 타임시스의 통합개발환경(IDE)인 TimeStrom과 함께 사용되는 BDI2000과 윈드리버 사의 visionPROBE II가 대표적이며 그림 6-2에 이들 디버거의 실물이 나타나 있다.

6.1.2.3 모니터링 및 프로파일링 도구

일반 소프트웨어와 달리 임베디드 소프트웨어의 경우에는 타깃에서 실행되면서 CPU나 메모리와 같은 자원을 얼마나 소비하고 어느 정도 성능을 발휘하는지 파악하는 것이 매우 중요하다. 이와 같이 모니터링 및 프로파일링 도구는 자원의 소비 정도나 성능 발휘 여부 그리고 상세한 커널의 이벤트를 분석할 때 사용하는 도구로서 임베디드 소프트웨어에서는 타깃 모니터와 타깃 프로파일러가 있다.

타깃 모니터는 타깃에서 실행되는 프로세스나 스레드의 목록, 각 프로세스의 CPU, 메모리 사용량, 타깃 전체 메모리의 사용량 등을 제시해주며 최근에는 개발자가 파악하기 쉽도록 그래프로 표현되는 것이 일반적이다.

타깃 프로파일러는 실시간으로 타깃에서 발생하는 이벤트를 보여주는 실시간 프로파일링, 실행 시에는 이벤트를 로깅만 하고 나중에 이벤트에 대한 정보를 보여주는 사후 프로파일링, 기 실행 중인 프로세스나 태스크에 프로파일러를 연결하여 프로파일링을 하는 동적 프로파일링, 소스코드 라인별로 CPU 사용시간의 측정, 태스크나 프로세스의 스케줄링 상태를 그래프로 제시, 그리고 타깃 시스템에 대한 부하 감소 및 원하는 정보를 찾아주는 이벤트 필터링 기능 등이 있으며, 이러한 타깃 모니터와 타깃 프로파일러는 일반적으로 통합개발환경(IDE) 안에 통합되어 사용되고 있다.

6.1.2.4 디바이스 드라이버 개발 툴킷

디바이스 드라이버 개발 툴킷은 디바이스 드라이버를 빠른 시간 내에 개발할 수 있게 해주고 디바이스의 유형만 선택하면 디바이스가 현재 사용하는 리소스와 상태를 테스트해서 제시해주며 디바이스 드라이버의 소스코드를 자동으로 생성해주는 도구이다. 따라서 개발자는 디바이스 드라이버의 특수 기능만 구현하여 테스트하면 되므로 개발기간이 단축되는 장점이 있다. 대표적인 디바이스 드라이버의 개발 툴킷에는 마이크로소프트 사의 DDK(WDK), Jungo의 WinDriver, 한국전자통신연구원(ETRI)의 QuickDriver, CompuWare 사의 Driver Studio(현재는 단종되었음) 등이 있다.

그림 6-3에 ETRI의 디바이스 드라이버 개발 툴킷인 QuickDriver의 구성도가 나타나 있다. QuickDriver는 그림과 같이 이클립스 기반 하에 통합개발환경(IDE), 소스코드 생성 도구, 검증 도구, 테스트 도구, 유틸리티 도구, 커널 디버거 등으로 구성되어 있다.

그림 6-3에서 QuickDriver의 통합개발환경은 이클립스 개발환경 플랫폼을 기반으로 디바이스 드라이버 개발을 위한 프로젝트 관리기, 원격 개발 지원 등과 디바이스

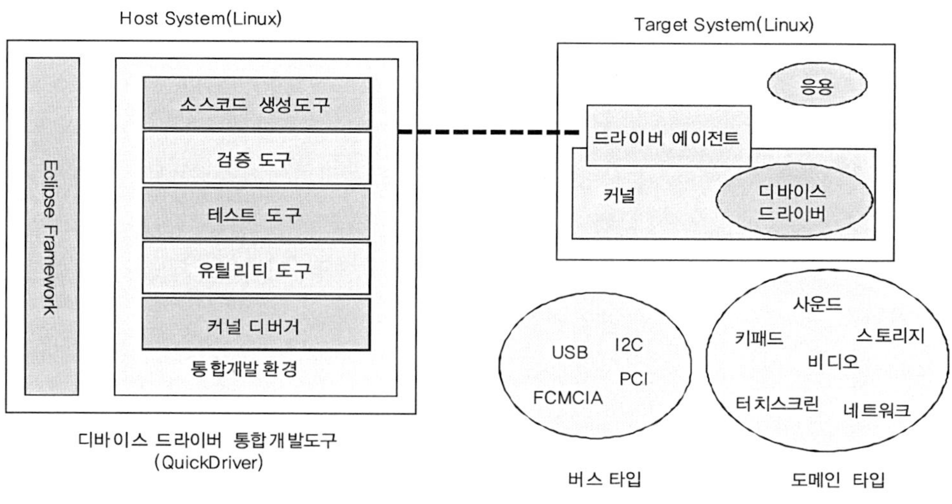

그림 6-3 ETRI의 디바이스 드라이버 개발 툴킷(QuickDriver)

드라이버 개발 단계별 도구들이 통합되어 있는 원격 디바이스 드라이버 통합개발환경이다. 소스코드의 자동생성 대상은 x86과 XScale 마이크로 아키텍처를 사용하는 임베디드 시스템에서 작동하는 Linux 운영체제의 디바이스 드라이버이다. 검증 도구는 실제 소스코드에 검증 조건을 삽입하여 소스코드를 변환하는 단계와 변경된 소스코드에 대해서 실제로 검증을 수행하는 단계로 구성되어 있다. 테스트 도구는 구현이 완료된 디바이스 드라이버를 타깃 머신에서 수행시켜 보면서 주어진 테스트 데이터에 대해서 디바이스 드라이버가 올바르게 동작을 하는지 살펴보는 기능 테스트를 호스트 머신에서 수행할 수 있도록 해주는 도구이다. 유틸리티 도구는 디바이스 드라이버 개발 과정 중에 개발자의 디바이스 드라이버 개발 편의를 도모하기 위한 것으로 디바이스 리소스 진단도구, 커널 셀, 커널 메시지 로깅 도구, 커널 API 도움말 등으로 구성된다.

6.1.2.5 GUI (Graphic User Interface) 빌더

GUI 빌더는 임베디드 GUI 응용 프로그램을 신속하게 개발할 수 있도록 지원하는 도구로서 개발자의 개발환경을 개선시켜 주는 도구이다. 대표적인 GUI 빌더로는 QNX의 PhAB(Photon Application Builder)와 그림 6-4와 같은 한국전자통신연구원(ETRI)의 gDesigner 등이 있다.

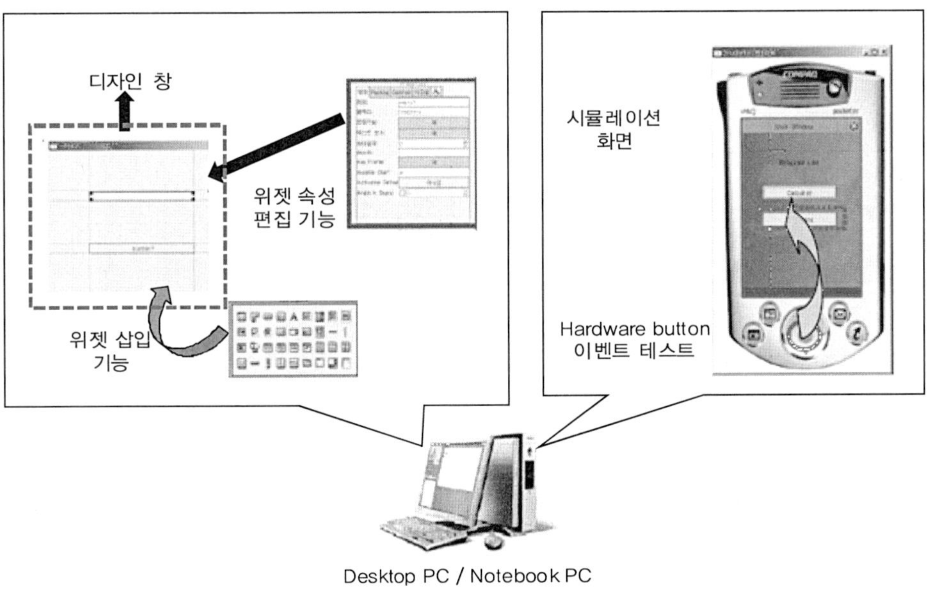

그림 6-4 ETRI의 GUI 빌더인 gDesigner

6.2 임베디드 소프트웨어 개발도구 제품현황

6.2.1 윈드리버 Workbench

윈드리버 사의 Workbench는 기존 통합개발환경(IDE)인 Tornado를 대체한 이클립스 기반의 개방형 End-to-End 통합개발 슈트로서 윈드리버 사의 임베디드 운영체제인 VxWorks 6.X와 리눅스를 지원하는 개발도구이다. Workbench는 그림 6-5와 같이 이클립스 프레임워크, 프로젝트 시스템, 빌드 시스템, 에디터, 소스코드 분석기, 그리고 디버거 등으로 구성되어 있다.

Workbench는 PowerPC, MIPS, ARM, Xscale 등 광범위한 타깃 프로세서를 지원하고 있으며 VxWorks와 리눅스를 포함하여 다중 타깃의 운영체제를 지원하는 특성을 가지고 있다. 또한, Workbench는 다중 타깃을 연결하거나 프로세스, 태스크, 스레드 디버깅을 지원하여 다중 호스트 및 CPU 타깃 아키텍처도 지원하고 있다.

6.2.2 QNX Momentics

QNX의 Momentics는 고신뢰성의 마이크로 커널 기반 아키텍처이며 개방형 이클립스 프레임워크를 기반으로 하고 있는 개발도구이다. Momentics는 그림 6-6과 같

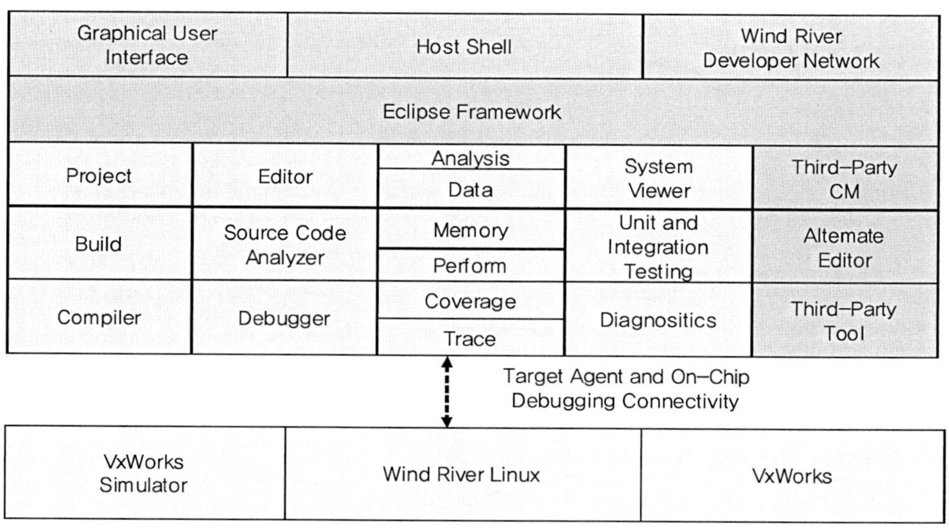

그림 6-5 윈드리버 사의 Workbench(버전 3.1) 구성도

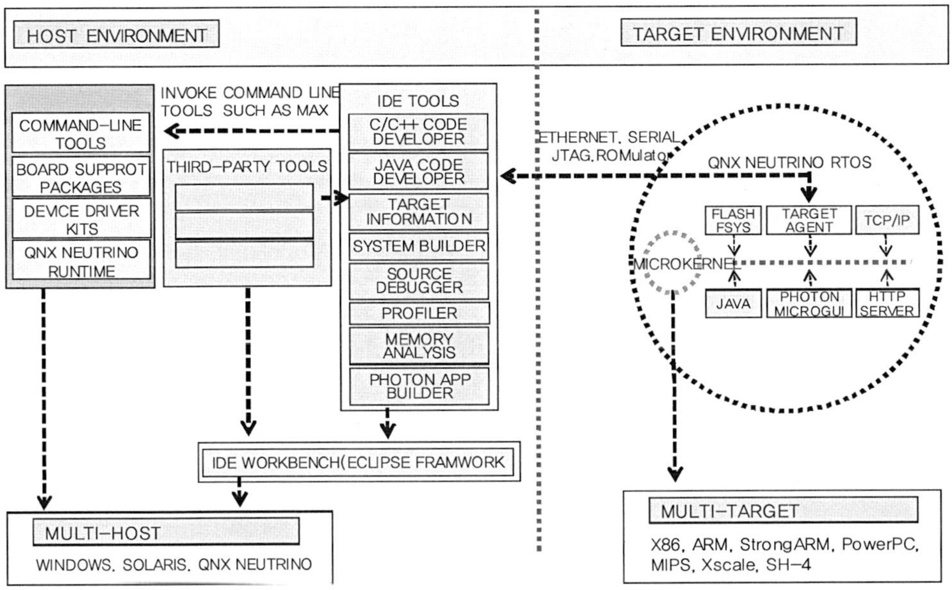

그림 6-6 QNX의 Momentics 구성도

이 소스코드 개발도구, 디버거, 프로파일러, 메모리 분석도구, 타깃 시스템 도구 등으로 구성되어 있다.

Momentics는 통합개발환경(IDE)의 시스템 빌더를 이용하여 새로운 BSP 프로젝트를 자동으로 생성할 수 있고 원격 디버그 및 타깃 이미지를 최적화 할 수 있는 특징이 있다. 또한, 다중언어, 다중스레드, 다중프로세서 애플리케이션에 대한 동시 디버그가 가능하며 시각화 도구의 이용 및 완벽한 GUI 구축도 가능한 특징이 있다. 그리고 모니터 및 장애처리 라이브 시스템을 포함하고 있고 최적의 호스트 개발환경을 선택할 수 있는 기능도 포함하고 있다.

6.2.3 몬타비스타 DevRocket

몬타비스타의 DevRocket은 Eclipse 기술의 이식성에 몬타비스타의 임베디드 시스템에 대한 전문지식을 결합시킨 그래픽 통합개발환경(IDE)이다. DevRocket은 IDE와 소프트웨어와 애플리케이션 개발에 필요한 도구 및 기능을 제공하는 일체형의 개발 패키지로서 Windows, Solaris, Linux 호스트 운영체제에서 실행이 가능한 개발도구이다. 또한, DevRocket은 소프트웨어 개발 시간을 단축하는 도구와 마법사로 구성되어 있는데, 주요 기능으로는 GNU 툴체인을 비롯한 통합 IDE 기능, 부팅 가능한 운영체제와 애플리케이션 소프트웨어 생성 자동화 기능, 그리고 소프트웨어 스택의 신속한 구축 기능 등이 있다.

6.2.4 임베디드 소프트웨어 개발도구 비교

임베디드 소프트웨어 개발도구에 대한 비교가 표 6-1에 나타나 있다. 비교 대상 제품은 한국전자통신연구원(ETRI)의 Esto, 타임시스 사의 TimeStorm, 몬타비스타 사의 DevRocket, 마이크로소프트 사의 Platform Builder, 그리고 윈드리버 사의 Workbench이며 비교 요소는 개발환경, 지원 운영체제, 지원 타깃 CPU, 컴파일러, 그리고 디버거이다. 비교결과를 분석해보면, 대부분의 개발도구가 이클립스 기반의 gcc와 javac 컴파일러, 그리고 gdb 기반의 디버거이나 마이크로소프트 사의 Platform Builder 만이 Visual Studio 기반의 MS 컴파일러와 MS 디버거라는 사실이다.

표 6-1 임베디드 소프트웨어 개발도구 비교

개발도구	Esto (ETRI)	TimeStorm (TimeSys)	DevRocket (Montavista)	Platform Builder(MS)	Workbench (WindRiver)
개발환경	Eclipse, Visual Studio	Eclipse	Eclipse	Visual Studio	Eclipse
지원 OS	Qplus	Embedded Linux	Embedded Linux	WinCE	VxWorks, Embedded Linux
지원 타깃 CPU	ARM, Xscale, X86	ARM, PPC, X86	ARM, Xscale, PPC, MIPS, X86, SH	ARM, Xscale, PPC, MIPS, X86, SH	ARM, Xscale, PPC, MIPS, X86
컴파일러	gcc, javac	gcc, javac	gcc, javac	MS 컴파일러	gcc, javac
디버거	gdb 확장	gdb	gdb	MS 디버거	gdb 기반 자사 디버거

6.3 임베디드 소프트웨어 개발도구 발전전망

VDC(Venture Development Corporation) 자료에 의하면 전 세계 임베디드 소프트웨어 개발도구는 2005년 이후 6.5% 이상의 성장률을 지속하고 있다고 분석하고 있으며, 전체 개발도구의 50%가 이클립스 기반으로 채택될 것으로 전망하고 있다. 그리고 이클립스 기반 개발도구의 활용이 높은 산업으로 자동차, 국방/항공, 가전, 산업자동화 순이었다.

국내의 경우에는 프로그래밍 환경 기술을 국산화하는 데는 성공하였지만 아직은 전체 개발도구 중 일부에만 해당되기 때문에 앞으로 더 국산 개발도구의 보급 및 확산이 필요한 시점으로 보인다. 한국전자통신연구원(ETRI)에서는 Qplus와 NanoQplus 운영체제 개발을 위한 통합개발환경인 Esto와 NanoEsto 등을 제공하고 있다. 그리고 모바일 시장에서는 아직까지 단말 하드웨어에 의존적인 소프트웨어 시험환경을 제공하는 수준으로 보고 있으며 단말 제조, 플랫폼 개발, 응용개발 단계마다 통합되지 않은 서로 다른 도구를 사용하고 있는 것으로 나타났다.

향후 임베디드 소프트웨어 개발도구는 호스트 중심의 응용 소프트웨어 통합개발환경(IDE)에서 하드웨어와 소프트웨어를 통합하는 통합 설계 기술, 신뢰성 검증 기술, 그리고 웹 기반의 공동 개발환경으로 발전할 것으로 전망된다. 임베디드 소프트웨어 테스팅 기술은 테스트 자동화 기술로 발전하면서 모델 기반의 소프트웨어 테스트 기술, 도메인에 특화된 소프트웨어 테스트 기술, 온라인 테스트 기술, 그리고 자동 디버깅 기술로 발전할 것으로 전망된다. 그리고 표준화 측면에서는 소스코드 생성 기법을 위한 시스템 모델링 기술과 테스트를 위한 정보 표현에 대한 표준화가 진행 중에 있다.

제3부

개 발

제 7 장

임베디드 소프트웨어 개발방법론

본 장에서는 일반적인 개발방법론에 대한 정의와 패러다임을 먼저 살펴본 후, 임베디드 소프트웨어 개발의 특징, 수명주기, 그리고 위험요소 최소화 방법 등을 설명한다. 그런 다음 임베디드 소프트웨어 개발방법론의 종류를 구조적, 객체지향, 컴포넌트 기반, 제품계열 기반, 모델 주도, 그리고 플랫폼 기반 개발방법론 순으로 살펴본다. 본 장은 다음과 같이 구성된다.

7.1 개발방법론 개요
7.2 임베디드 소프트웨어 개발방법론 개요
7.3 임베디드 소프트웨어 개발방법론 종류

7.1 개발방법론 개요

7.1.1 개발방법론 정의

개발방법론은 일반적으로 시스템의 정의, 개발, 유지보수까지의 전 수명주기 활동에 적용될 수 있는 각종 기법이나 절차, 효율적인 사업진행을 위한 관리활동, 그리고 이러한 제반 요소들을 지원할 수 있는 환경을 총칭해서 정의하고 있다. 그 외에 개발방법론은 시스템의 개발과정에 일관되게 적용할 수 있는 체계적인 절차나 정형화된 기법 및 산출물로 정의되고 있고, 또한 주어진 예산과 기한 내에 프로젝트 완수 및 사용자가 만족하는 좋은 품질을 제공하는 데 필요한 각종 기법, 절차, 그리고 지침 도구들의 유기적인 통합으로도 정의되고 있다.

참고적으로 IEEE에서는 개발방법론을 "개발단계를 정의하고 각 단계에 대하여 활동과 산출물, 검증절차, 단계의 완전성 원칙을 명시하는 소프트웨어 생성을 위한 체계적인 방법과 기술"로 정의하고 있다.

7.1.2 개발방법론별 패러다임 변화

7.1.2.1 개발방법론 등장배경

1960년대까지는 소프트웨어 개발방법론이 없이 무원칙의 상향식 프로그래밍 방식으로 소프트웨어를 개발하였던 시기로서 소프트웨어의 판독성이 아주 낮았고 유지보수비용은 이에 반해 크게 증가함으로 인해 생산성이 크게 떨어졌던 시기였다.

1961년에서 1963년 사이에는 집적회로(IC) 기술의 발달로 새로운 컴퓨터 하드웨어가 등장하였으며, 이로 인해 컴퓨터의 성능이 크게 향상되었고 기존에 불가능했던 컴퓨터를 이용한 애플리케이션 개발이 가능하게 되었던 시기였다. 그러나 컴퓨터, 즉 하드웨어의 발달보다 소프트웨어가 더 복잡해지고 규모도 훨씬 더 커졌으며 이로 인해 개발기간이 길어지고 개발 및 유지보수 비용도 증가하게 됨에 따라 품질은 오히려 떨어지는 현상인 소프트웨어 위기가 1960년대 후반에 나타나기 시작하였다.

1970년대에 소프트웨어 위기를 극복하고자 소프트웨어 개발 프로세스를 개선하고 이를 통해 소프트웨어의 성능과 품질 개선뿐만 아니라 개발 비용까지도 절감하자는 노력이 이어졌다. 이러한 노력의 결과, 구조적 분석 및 설계기법 기반의 소프트웨어 개발방법론이 처음으로 등장하게 되었다.

7.1.2.2 연대별 주요 개발방법론

7.1.2.2.1 1970년대 : 구조적 개발방법론

구조적 개발방법론은 1960년대 후반 대두된 소프트웨어의 위기와 GOTO 논쟁(GOTO문이 프로그램의 판독성을 저하시켜 개발비용, 변경, 개선 및 유지보수 비용을 증가시키므로 Sequencing, Selection, Iteration을 사용해야 한다는 논쟁이다.)으로 인해 프로그래밍 이전 단계인 요구사항 분석 및 설계부터 구조적으로 접근하자는 개발방법론이다.

구조적 개발방법론의 특징은 프로세스 위주로 분석과 설계를 수행하고 모듈의 분할과 정복이라는 하향식 설계방식을 채택하고 있으며, 폭포수 모델을 기본모델로 하고 소프트웨어의 개발이 목표인 프로세스와 산출물로 구성되어 있다.

구조적 개발방법론의 대표적 모델에는 1970년 Royce의 폭포수 모델(Waterfall Model), 1978년 DeMArco의 구조적 분석(Structured Analysis), 그리고 1988년 Boehm의 나선형 모델(Spiral Model) 등이 있다.

7.1.2.2.2 1980년대 : 정보공학 개발방법론

정보공학 개발방법론이 등장하게 된 배경은 크게 기업경영 환경의 변화와 정보기술 환경의 변화라는 두 가지 측면으로 인해 기인됐다고 말할 수 있다. 기업경영 환경의 변화로서, 이는 기업 간의 국내·외 경쟁이 심화됨에 따라 변화에 대한 신속한 대처가 요구되었다. 이에 따라 효율적인 업무수행을 위한 정보시스템 구축, 신속한 의사결정을 위한 정보의 적시성 및 신속성 요구 등을 충분히 반영할 수 있는 체계적인 구축방안이 필요하게 되었다. 또한, 각종 신기술의 출현에 따른 최적의 정보시스템 구축방안 선정 및 관리기법의 필요성에 따라 등장하게 되었다.

그리고 1980년대에 들어서면서 정보기술 환경의 급격한 변화가 정보공학 개발방법론을 등장시킨 배경이라 할 수 있다. 이러한 정보기술 환경의 변화로서 정보시스템의 다양성 및 복잡화, PC의 급속한 확산, 정보시스템 개발기간의 장시간 및 많은 자원 소요, 그리고 증가하는 개발 위험성 등이 있다. 또한 정보시스템 개발은 소프트웨어, 하드웨어, 네트워크, DBMS 등 모든 시스템 기술요소가 결합된 형태로 진화함으로써 기존의 구조적 방법론으로는 개발할 수 없는 정보기술 환경으로 변화되었다. 이와 같은 기업경영 환경 및 정보기술 환경의 변화로 정보공학 개발방법론이 대두되었다고 볼 수 있다.

정보공학 개발방법론의 특징에는 구조적 개발방법론이 갖고 있는 모듈의 분할과

정복에 의한 하향식 설계방식, 기업중심의 방법론인 데이터 중심의 분할 정복기법, 전사적 규모의 통합시스템 구축을 위한 개발방법론, 그리고 소프트웨어 개발공정과 프로젝트 및 품질관리를 비롯한 지원공정 등을 포함하고 있다.

정보공학 개발방법론의 대표적 모델에는 1979년 Anderson Consulting 사의 Method/1, 1982년 James Martin과 Finkelstein의 IEM(Information Engineering Methodology) 등이 있다.

7.1.2.2.3 1990년대 초반 : 객체지향 개발방법론

1990년대 이전에 등장했던 방법론들은 데이터와 프로세스를 분리하여 처리하였기 때문에 이를 분석하여 설계와 개발로 연계하는 데 많은 어려움을 가지고 있었다. 또한, 1990년대부터는 정보기술의 발전에 따라 규모가 크고 복잡한 정보시스템들이 급속히 변화하기 시작하였고, 정보시스템들의 잦은 변경 및 수정요구에 대응하기 위한 새로운 개발방법론의 필요성 또한 증대되기 시작하였다. 이렇듯 기존 개발방법론이 갖고 있었던 낮은 생산성과 높은 유지보수 비용과 같은 문제점을 해결하고자 객체지향 개발방법론이 등장하기 시작하였다.

객체지향 개발방법론의 특징은 크게 다음과 같은 세 가지로 요약할 수 있다. 먼저 개발방법론의 핵심이 프로세스 구조가 아닌 객체 구조로 변화되었다. 둘째로 추상화, 캡슐화, 상속화를 통해 소프트웨어 변경 및 수정으로 인한 부작용이 최소화되었으며, 이로 인해 개발비용이 절감되고 유지보수가 용이해졌다. 마지막으로 요구분석단계부터 개발 단계까지 객체라는 통합된 모델을 사용함으로써 각 단계의 전환이 자연스럽고 신속해졌다.

객체지향 개발방법론의 대표적 모델에는 1991년 Rumbaugh의 OMT(Object Modeling Technique), 1991년 Booch의 OOADA(Object-Oriented Analysis and Design with Applications), 1992년 Jacobson의 OOSE(Object-Oriented Software Engineering), 그리고 1993년 Rational Rose의 RUP(Rational Unified Process) 등이 있다.

7.1.2.2.4 1990년대 중반 : 컴포넌트 기반 개발방법론

컴포넌트 기반 개발방법론은 1990년대 미국 소프트웨어 산업구조가 변화됨에 따라 등장하게 되었다. 1990년대에는 응용 도메인과 IT 기술이 점점 더 복잡해지면서 기업들이 의욕적으로 추진했던 소프트웨어의 자체 개발 프로젝트에 대한 실패율이 급증하기 시작함에 따라 기업들은 소프트웨어 구축을 자체 제작에서 구매로 전환시키는 추세를 보이기 시작하였다. 이 당시 기업의 소프트웨어 자체 제작은 1991년

71%에서 1995년 41%로 하락하였으며, 인터넷 기반 신규 응용시스템 구축 시 패키지 모듈 구입에 의한 포트폴리오 어셈블리(Portfolio Assembly) 방식이 확대되면서 기존 시스템과 새로 구입한 모듈을 조립하는 제품생산 방식이 도입되기 시작하였다.

또한, IT 기술의 급속한 발전으로 소프트웨어의 규모와 복잡도가 증가함에 따라 개발비용은 증가한 반면, 소프트웨어의 품질은 저하되는 현상이 나타나기 시작하였다. 또한, 기업 정보시스템의 신속한 구축, 변경 확장의 용이성, 타 시스템과의 호환성 추구에 따른 부분 완성품(컴포넌트)의 재사용 필요성도 증대되기 시작하면서 1990년 중반부터 컴포넌트 기반 개발방법론이 등장하게 되었다.

컴포넌트 기반 개발방법론의 특징은 소프트웨어 모듈의 재사용성과 독립성의 보장, 컴포넌트의 재사용으로 개발비용의 절감 및 생산성 증가, 유지보수 및 변경의 용이성, 비용 절감, 검증된 컴포넌트의 재사용에 따른 소프트웨어 신뢰도 증가, 그리고 비즈니스 환경 변화에 대한 신속한 대응 등이 있다.

컴포넌트 기반 개발방법론의 대표적 모델에는 1996년 John Dodd의 Advisor, 1997년 HP 사의 Fusion, 1998년 D'Spuza의 Catalysis, 1998년 Stuart Frost와 Paul Allen-Select의 Perspective, 2001년 ETRI의 MaRMI-III(Magic and Robust Methodology Integrated), 그리고 2005년 국방과학연구소의 ADDMe(국방 CBD 방법론) 등이 있다.

7.1.2.2.5 1990년대 후반 : 제품계열 개발방법론

제품계열 개발방법론은 컴포넌트 기반 개발방법론이 추구하고자 했던 재사용성이 미흡해짐에 따라 재사용 가능 핵심자산의 확보 문제와 재사용성의 극대화라는 두 가지 관점에서 등장하게 되었다.

컴포넌트 기반 개발방법은 플랫폼 종속적인 프로토콜의 사용과 컴포넌트의 캡슐화로 재사용 시 요구되는 목적에 맞는 컴포넌트의 변경이 어려워 재사용이 제한되는 측면이 있었다. 또한, 제품 개발 시 지나친 일반성과 일회성 개발, 프로세스의 미성숙, 시간 활용의 비효율성과 비싼 비용, 새로운 제품의 빠른 시장진입 요구 압력 등 개발에 대한 경제적 요소가 중요시 되었다. 이에 따라 컴포넌트 기반 방법론보다 진보된 기술로 재사용성을 극대화하고 빠른 시장진입이 가능하도록 보완된 제품계열 개발방법론이 등장하게 되었다.

제품계열 개발방법론의 특징은 도메인 분석과 제품 패밀리 분석을 통해 재사용 자산을 공통 아키텍처로 구축하고, 컴포넌트를 포함한 핵심자산 개발과정과 제품 개발과정을 분리하며, 핵심자산의 공통성과 가변성을 이용하여 재사용성을 극대화할 수 있다는 것이다. 또한, 재사용 대상이 컴포넌트, 요구사항, 지식, 경험, 아키텍처, 생산계획 등으로 확대되고, 제품개발 과정에서 사용되는 입력물과 출력물의 관계가 일방적 관계가 아닌 개발활동에 대해 서로 반복적으로 영향을 주는 관계인 것이 특징이다.

제품계열 개발방법론의 대표적 모델에는 1992년 AT&T 연구소의 FAST(Family-oriented Abstraction Specification and Translation process), 1998년 포항공대의 FORM(Feature-Oriented Reuse Method), 2000년 스웨덴 Karskrona/Ronneby 대학의 Bosch, 2001년 독일 IESE 연구소의 KobrA(Component-based Application Development), 그리고 2003년 CMU의 SEISPL(Software Engineering Institute Software Product Line) 등이 있다.

7.1.2.2.6 1990년대 후반 : 애자일(Agile) 개발방법론

1990년대 후반 모바일 애플리케이션 환경의 등장으로 인터넷 소프트웨어 산업이 급격히 성장하였고 수명주기 또한 매우 짧아짐에 따라 제품의 신속한 개발 및 시장 적시성(Time to Market) 요구가 증가되기 시작하였다. 또한, 인터넷 및 대중매체의 발달로 다양한 콘텐츠가 개발되면서 트랜드 변화가 빠르게 이루어지고, 요구사항의 변화가 자주 발생하게 되었다. 그러나 기존의 개발방법론은 프로세스가 크고 복잡하여 신속한 개발 및 인도가 어려웠고, 잦은 요구사항 변화에 신속히 대처하기 힘들었다. 따라서 경량이면서 변화를 쉽게 수용할 수 있는 개발방법론의 필요성이 증대되었고 애자일과 같은 유연하고 기민한 개발방법론이 등장하게 되었다.

애자일 개발방법론의 특징은 이해하기 쉬운 문서 작성과 변화를 쉽게 수용할 수 있는 유연성이 있다는 것과 프로세스나 기술보다는 인간지향적인 기민한 프로세스로 고객이 개발자와 직접적인 의사소통을 통해 제품 설계단계에 적극적으로 참여할 수 있다는 것이다. 그리고 짧은 기간에 개발하고 이에 대한 빠른 검증 및 수정을 통해 피드백 하는 과정의 반복을 통하여 점진적으로 제품을 개발할 수 있다는 것이 특징이다. 또한, 개발과정에서 발생 가능한 새로운 위험을 수용할 수 있는 유연한 개발 절차를 유지하는 것도 큰 특징이라 할 수 있다.

애자일 개발방법론의 대표적 모델에는 1997년 Stapleton의 DSDM(Dynamic Systems Development Method), 1999년 Beck의 XP(eXtreme Programming), 1999년 O'Reilly의 OSSD(Open Source Software Development), 2000년 Highsmith의 ASD (Adaptive Software Development), 2000년 Hunt와 Thomas의 Pragmatic Programming, 2001년 Cockburn의 Crystal, 2002년 Schwaber와 Beedle의 Scrum, 그리고 2002년 Palmer와 Felsing의 FDD(Feature Driven Development) 등이 있다.

7.1.2.2.7 2000년대 : 모델-주도 개발방법론

1990년대 후반 OMG(Object Management Group)에서 ORB(Object Request Broker)와 객체 서비스에 대한 표준화 시도를 통해 프레임워크의 일부분인 CORBA(Common ORB Architecture)로서 분산 시스템을 위한 프레임워크를 제공하는 OMA(Object Management Architecture)를 구축하였다. 1995년부터 OMG에서는 특정산업에 특화된 기술을 적용하기 시작하면서 특정 형식을 갖춘 활동의 필요성을 인식하여 UML을 적용하였으며 1997년에 DTC(Domain Technology Committee)를 설립하였다. 다양한 하드웨어와 운영체제 등 상호 이질적인 환경에서 상호운용성, 이식성, 재사용성을 갖춘 소프트웨어 개발 프레임워크의 필요성을 인식하였고 2001년에 OMA나 CORBA와 같은 분산시스템 구현을 위한 프레임워크가 아닌 소프트웨어 개발을 위한 모델-주도 접근방법으로 MDA(Model Driven Architecture)가 탄생되었다.

모델-주도 개발방법론의 특성은 설계 시 플랫폼에 독립적인 부분과 종속적인 부분으로 분리하여 설계를 함으로써 기술, 플랫폼 및 기능 변화에 신속한 대응을 할 수 있고 모델의 자동화와 변환을 통해 개발 생산성을 증대시켰다는 것이다. 또한, 기능과 아키텍처를 분리하여 시스템의 지속성을 증대시켰으며 표준 언어인 UML을 사용하여 문서작성이 용이해지고 의사소통을 원활히 할 수 있으며 자동화 도구 사용으로 제품의 결함을 감소시킨 것도 큰 특징이라 할 수 있다. 즉, 모델-주도 개발방법론은 소프트웨어 모델의 유연한 재사용을 보장하는 방법론이라 할 수 있다.

모델-주도 개발방법론의 대표적 모델에는 2003년 Mellor의 BridgePoint, 2003년 Edward A. Lee와 Tom Henzinger의 MoBIES(Model Based Integration of Embedded Systems), 그리고 2005년 ESUML 등이 있다.

7.1.2.3 개발방법론 패러다임의 변화

개발방법론에 대한 패러다임은 대체적으로 등장 시기에 따라 변화되었다고 볼 수 있다. 1970년대는 구조적 분석 및 설계의 중점이 프로세스에 있었으며, 1980년대는 정보공학 방법론이 대두되면서 프로세스에서 데이터 중심으로 패러다임이 변화되었다. 1990년대 초반에는 객체지향 개발방법론이 대두되면서 데이터와 프로세스가 결합되는 객체로 패러다임이 전환되었으며 1990년대 중반에는 컴포넌트를 이용한 재사용 개념의 등장으로 패러다임이 객체에서 재사용으로 전환되었고, 그 이후 재사용성을 극대화하는 제품계열 개발방법론이 등장하게 되었다. 1990년대 후반에는 급변하는 IT 기술과 고객의 빠른 변화에 적응하기 위하여 애자일 방법론이 등장함에 따라 패러다임은 시장적시성으로 전환되었다. 2000년대에는 모델-주도 개발방법론

표 7-1 개발방법론별 패러다임의 변화

개발방법론	등장시기	패러다임	주요 특징
구조적 개발방법론	1970년대	프로세스	프로세스 모델링 중심의 구조적 분석 및 설계
정보공학 개발방법론	1980년대	데이터	데이터 중심의 분할 정복에 의한 하향식 설계
객체지향 개발방법론	1990년대 초반	객체	프로세스와 데이터가 통합된 객체지향 개발방법론
컴포넌트 기반 개발방법론	1990년대 중반	재사용	재사용을 고려한 컴포넌트 기반 개발방법론
제품계열 개발방법론	1990년대 후반	재사용	제품 패밀리 분석을 통한 재사용성 극대화를 위한 핵심자산 중심의 개발방법론
애자일 개발방법론	1990년대 후반	시장 적시성	신속한 시장 진입을 목표로 소프트웨어를 개발하는 유연한 개발방법론
모델-주도 개발방법론	2000년대	모델	모델의 자동화와 변화를 통한 개발 생산성 증대를 위한 개발방법론

이 등장하면서 패러다임도 모델로 변화되었다. 이와 같은 개발방법론별 등장시기, 패러다임, 그리고 주요 특징은 표 7-1과 같다.

1970년대부터 최근까지 시대의 변천에 따른 개발방법론별 패러다임의 변화를 도식화하면 그림 7-1과 같다.

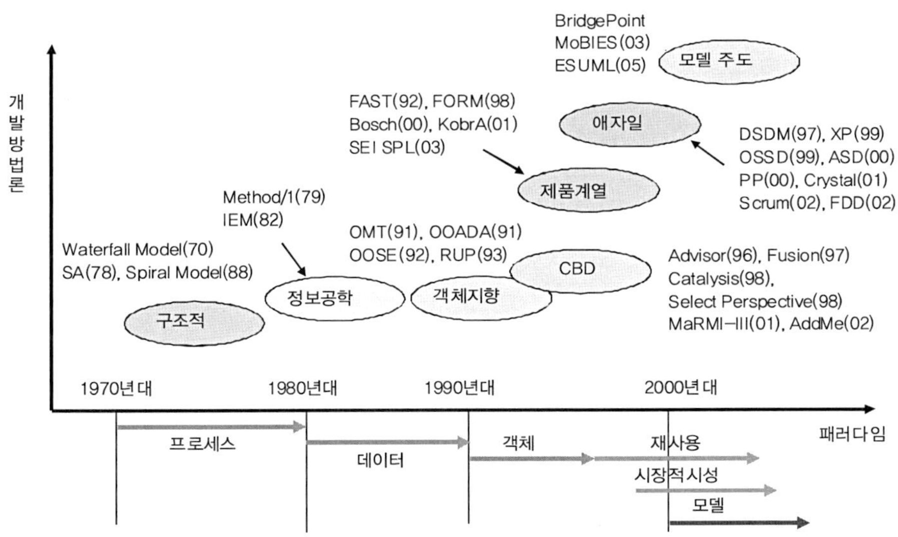

그림 7-1 개발방법론별 패러다임의 변화

7.2 임베디드 소프트웨어 개발방법론 개요

7.2.1 임베디드 소프트웨어 개발의 특징

임베디드 소프트웨어의 개발은 단순한 범용 소프트웨어 개발에 비해 개발 프로젝트가 복잡하고 고도의 기술을 요구하고 있으며 빠른 정보기술의 변화와 최신의 정보기술을 반영할 필요가 있는 것이 큰 특징이라 할 수 있다. 또한, 임베디드 소프트웨어 개발은 개발 팀원이 하드웨어와 소프트웨어에 대해 동시에 이해하고 개발해야 할 필요가 있고, 이로 인해 개발단계에서 피드백이 어렵거나 불가하여 개발이 실패로 귀결되거나 혹은 개발기간이 연장되는 위험요소를 내포하고 있는 것도 주요한 특징이라 하겠다. 그외 임베디드 소프트웨어 개발은 프로젝트 구성원에게 효율적인 역할을 할당해야 하고 동일한 의사소통 수단도 필요할 뿐만 아니라 기술 축적 및 유지보수의 어려움이 있는 것도 특징이라 하겠다.

임베디드 소프트웨어 개발환경을 원격 개발환경이라고도 부르는데, 이것은 응용 프로그램이 개발되는 컴퓨터와 응용 프로그램이 수행되는 컴퓨터가 다르기 때문이다. 간단한 예로 핸드폰 내에서 간단한 게임이나 일정관리 그리고 계산기 등의 응용 프로그램들은 PC에서 개발해야 하지만 시뮬레이션 과정 등을 통해 동작을 확인한 후에는 핸드폰으로 옮겨 실행하기 때문이다. 또한, 임베디드 소프트웨어의 개발환경은 다양한 타깃 컴퓨터 및 강한 타깃 환경에 매우 강한 의존성을 가지고 있기 때문에, 개발자들은 임베디드 시스템을 개발할 때 하드웨어 장비를 위한 디바이스 드라이버 개발이나 운영체제 포팅 등 타깃에 대한 하드웨어 특성을 이해하는 것이 필요하다. 또한, 타깃에 최적화된 프로그램도 같이 개발해야 한다. 즉, 응용 프로그램 개발을 위한 호스트 환경과 응용 프로그램이 수행되는 타깃 환경을 구축해야 하는데, 이를 교차개발환경(Cross Development Environment)이라 한다.

7.2.2 임베디드 시스템 개발 수명주기

임베디드 시스템의 개발 수명주기는 그림 7-2와 같이 시스템 요구분석, 시스템 설계, 하드웨어/소프트웨어/인터페이스 항목 개발, 시스템 통합 및 테스팅, 평가 및 인수 검증, 그리고 유지보수 및 기능 첨가 등 크게 6단계로 구분할 수 있다. 특히, 임베디드 시스템은 설계 단계에서 하드웨어, 소프트웨어, 그리고 필요 시 인터페이스 영역에 대한 설계가 동시 설계 개념으로 병행 수행되어야 한다. 임베디드 시스템

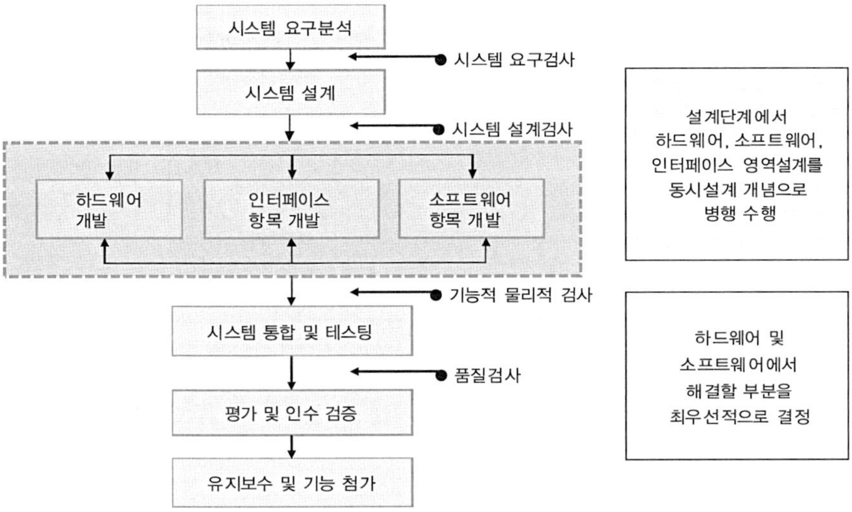

그림 7-2 임베디드 시스템 개발 수명주기 6단계

설계에는 기본적으로 하드웨어 요소와 소프트웨어 요소가 동시에 포함되므로 개발자들은 어떤 기능을 하드웨어로 해결해야 하고 어떤 부분을 소프트웨어로 해결해야 하는지를 최우선적으로 결정해야 하는 것도 필요하다.

7.2.3 임베디드 시스템 위험요소 최소화

일반 소프트웨어를 개발하는 경우 필요에 따라 단계적으로 개선하거나 혹은 이전

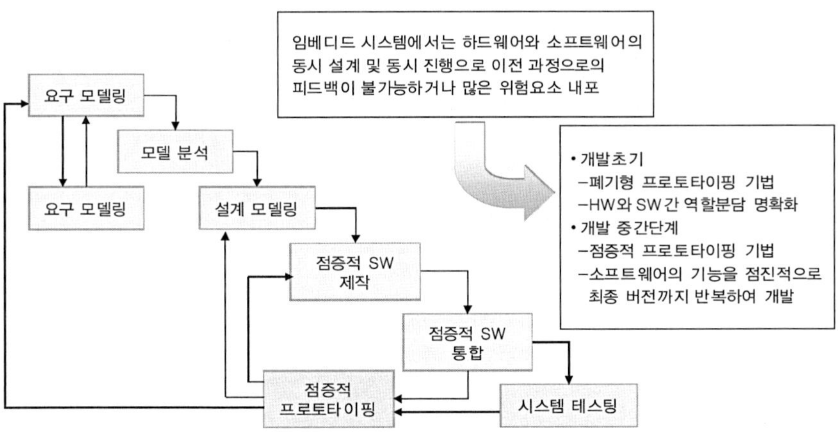

그림 7-3 동시 객체 모델링 및 설계 방법(COMET) 수명주기

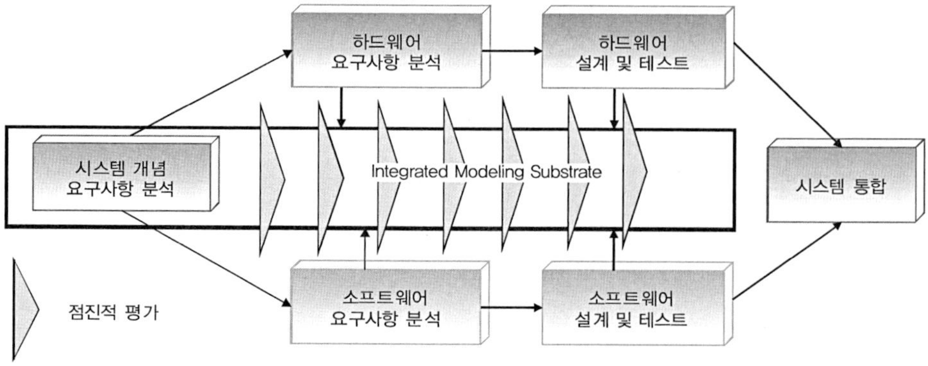

그림 7-4 임베디드 시스템 개발의 점진적 평가방법

과정으로의 피드백이 가능하지만, 임베디드 시스템에서는 하드웨어와 소프트웨어의 동시 설계 및 동시 진행으로 인해 이전 과정으로의 피드백이 불가능하거나 많은 위험요소를 내포하고 있다.

따라서 하드웨어와 소프트웨어의 동시 설계 위험성을 최소화하기 위해서는 그림 7-3과 같이 동시 객체 모델링 및 설계 방법인 COMET(Concurrent Object Modeling and Design Method) 수명주기와 같이 개발초기에는 폐기형 프로토타이핑 기법을 적용하여 하드웨어와 소프트웨어의 역할 분담을 명확히 하고 개발 중간단계에서는 점증적 프로토타이핑 기법을 적용하여 소프트웨어의 기능을 점진적으로 최종 버전까지 반복해서 개발해야 한다. 또한, 그림 7-4와 같이 임베디드 시스템을 개발하는 경우에는 시스템의 개념 분석이나 요구사항 분석 이후에는 통합 모델링 기판을 두고 소프트웨어 요구사항 분석, 소프트웨어 설계 및 테스트를 하드웨어 요구사항 분석, 하드웨어 설계 및 테스트 활동과 점진적인 평가를 하면서 개발해야 한다.

7.3 임베디드 소프트웨어 개발방법론 종류

7.3.1 구조적 개발방법론

7.3.1.1 DARTS (Design Approach for Real-Time Systems)

하산 고마(Hassan Gomaa)가 1984년에 개발한 DARTS는 1980년대 초 산업용 로봇 제어시스템의 개발 프로젝트 과정에서 탄생한 개발방법론이다. DARTS는 소프트웨어 분석 및 개발(SAD)이 갖고 있는 시스템의 실시간적인 특성을 표현하는 데 한계점이 있는 것을 극복하기 위해 개발되었는데, 그 이유는 SAD가 순서적 절차흐름 표현에는 적합하지만 다수의 태스크 간의 연계 표현은 곤란하기 때문이다.

사실 DARTS가 개발되기 전에 실시간 구조적 분석방법론(RTSAD), 즉 구조적 분석방법론을 임베디드 실시간 환경에 적합한 모델로 발전시키기 위해 시도하였지만 이 방법론으로는 실시간 시스템에 적용하기가 곤란하였기 때문에 RTSAD를 확장한 기능 중심의 개발방법론이 바로 DARTS 개발방법론이라 할 수 있다.

DARTS 이후 Ada 언어 중심의 설계방법이 가능하도록 확장된 형태인 ADARTS (Ada DARTS)와 ADARTS와 DARTS를 기반으로 분산시스템 설계가 가능한 개선판인 CODARTS(Concurrent DARTS)도 개발되었다.

7.3.1.2 CODARTS (Concurrent DARTS)

CODARTS는 DARTS 방법론에 객체지향과 상태천이도 그리고 모듈의 연결관계 개념을 집목시킨 방법론으로서 실시간의 임베디드 시스템 개발에 적합하며 현재 항공 및 국방 산업에 활용되고 있다.

CODARTS 기반의 임베디드 시스템 설계 및 구현기법은 그림 7-5와 같으며 다음

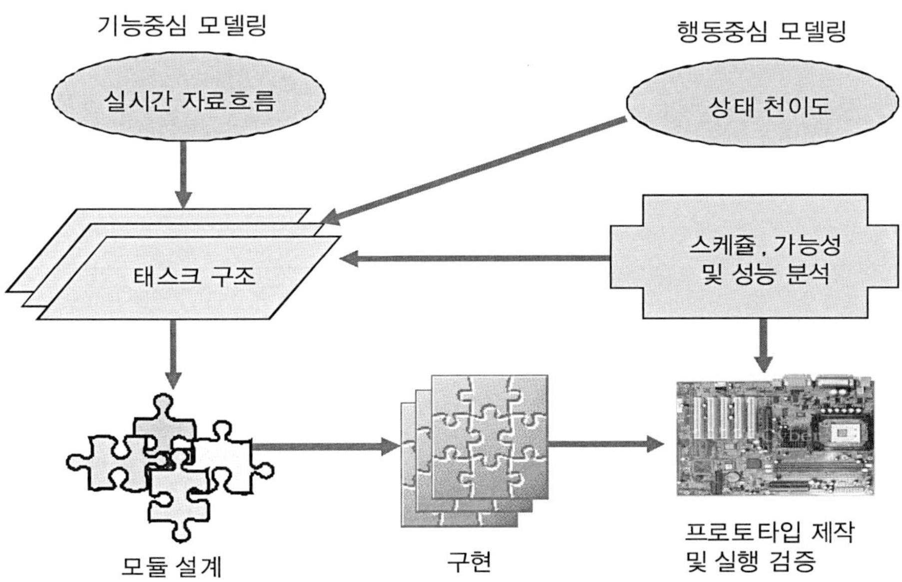

그림 7-5 CODARTS 기반의 임베디드 시스템 설계 및 구현기법

과 같이 7단계로 이루어진다.

- 1단계 : 외부환경 및 시스템 행동에 대한 모델 정의
- 2단계 : 전체 시스템을 여러 개의 서브시스템으로 분리
- 3단계 : 시스템 혹은 서브시스템을 동시성 태스크로 구조화
- 4단계 : 시스템 내부의 객체 중 IHM(Information Hiding Module) 해당사항을 구조화
- 5단계 : 동시성 태스크와 모듈을 하나의 태스크로 통합
- 6단계 : 동시성 태스크 중심의 인터페이스 명세 작성
- 7단계 : 점진적인 설계 및 구현

7.3.2 객체지향 개발방법론

7.3.2.1 OMT (Object Modeling Technique) 방법론

객체 모델링 기법(OMT)은 모든 소프트웨어의 구성요소를 그래픽 표기법을 이용하여 객체를 모델링함으로써 일관된 객체지향 개념을 적용하고 객체 간 연관관계를 강조한 객체지향 개발방법론이다.

OMT 방법론은 그림 7-6의 우측과 같이 문제영역에 대해 동적 모델링, 기능 모델링, 객체 모델링의 세 가지 모델링 방법을 적용하여 분석과 설계 모델을 설정하는데, 동적 모델링은 제어와 행위 중심이고 기능 모델링은 알고리즘 중심이며 객체 모델링은 정적 구조 관점의 정보 중심의 모델링이다. 그림 7-6의 좌측에는 객체 클래스가 추상화와 캡슐화를 통해 추출된다는 것과 추출된 클래스의 구조가 모듈화와

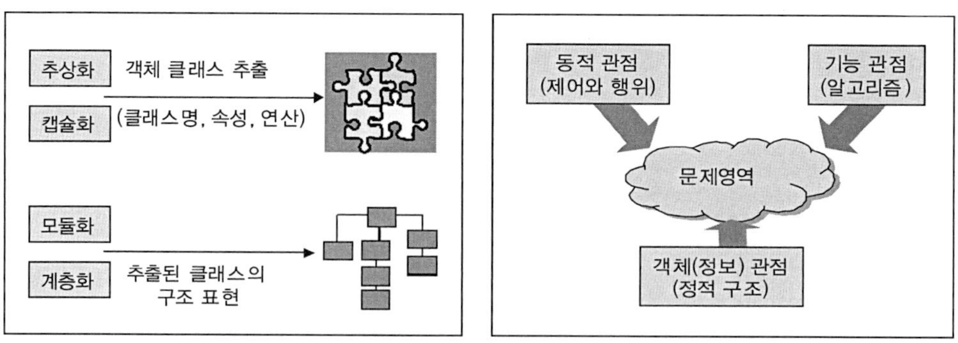

그림 7-6 OMT 방법론

계층화를 통해 표현된다는 것을 나타내고 있다.

7.3.2.2 Booch 방법론

Booch 방법론은 설계측 관점에 볼 때 Ada를 위한 설계방법론에서 출발한 것으로서 OMT 방법론과 마찬가지로 논리적 관점, 물리적 관점, 그리고 동적 관점의 세 가지 관점에서 문제영역을 모델링하는 방법이다. 이 방법론은 관계, 객체, 클래스 유형 등을 표현하기 위해 공통 부품을 사용하며 클래스와 객체 간 관계성을 식별하는 것이 핵심 요소이다.

Booch 방법론은 매크로 프로세스와 마이크로 프로세스의 두 가지 프로세스를 결합하여 개발되는데, 그림 7-7에 두 가지 프로세스의 절차가 각각 나타나 있다. 매크로 프로세스 개발단계는 그림 7-7의 좌측과 같이 총 5단계로서 핵심 요구사항을 설정하는 개념화 단계, 요구사항을 분석하여 모델을 생성하는 분석 단계, 요구분석 모델을 기반으로 시스템의 구조를 생성하는 설계 단계, 개발 이후 시스템을 정제하거나 개선하는 유지보수 단계, 그리고 시스템을 개량하거나 진화시키는 발전 단계로 구성된다.

마이크로 프로세스 개발단계는 그림 7-7의 우측과 같이 총 4단계로 구성되는데, 클래스와 객체 간 관계성이 식별될 때까지 반복된다. 네 가지 단계를 설명하면 먼저 클래스와 객체를 정의하는 1단계, 클래스와 객체 간의 의미를 정의하는 2단계, 클래스와 객체 간의 관계를 정의하는 3단계, 그리고 클래스와 객체 간 인터페이스와 구현을 표시하는 4단계로 구성된다.

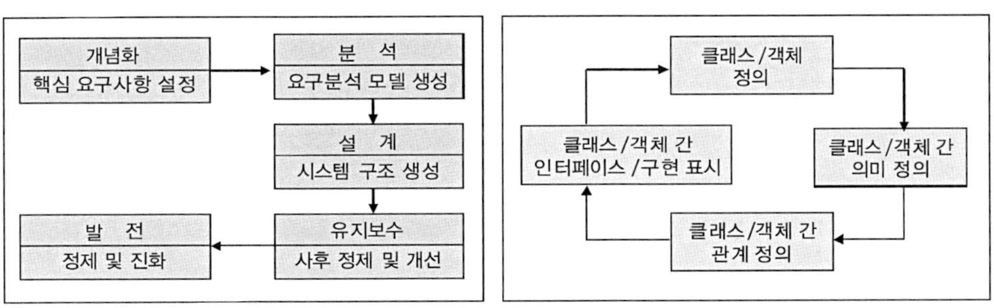

매크로프로세스 개발 단계 / 마이크로프로세스 개발 단계

그림 7-7 Booch 방법론

7.3.3 컴포넌트 기반 개발방법론

7.3.3.1 컴포넌트 기반 개발방법론 개념

컴포넌트 기반 개발(CBD)이란 개발 생명주기의 모든 활동, 즉 요구분석, 아키텍처, 설계, 테스트, 배포, 기술적 인프라 지원 및 프로젝트 관리 등이 컴포넌트 기반으로 이루어지는 소프트웨어 개발 방법을 말한다.

컴포넌트 기반 개발방법론은 그림 7-8과 같이 컴포넌트 개발(CD : Component Development)과 컴포넌트 기반 소프트웨어 개발(CBSD : Component Based Software Development)로 구분할 수 있다. 컴포넌트 개발은 여러 애플리케이션에 공통으로 사용되는 소프트웨어 컴포넌트를 확보하기 위해 컴포넌트를 개발하는 것이며, 컴포넌트 기반 소프트웨어 개발은 CD에서 개발한 컴포넌트를 조립하여 애플리케이션을 개발하는 것이다.

컴포넌트 개발은 완전한 소프트웨어 시스템을 만드는 것이 아니라 다른 소프트웨어 시스템에 활용될 컴포넌트를 만드는 것이다. 컴포넌트 개발방법에는 변경, 래핑, 생성의 세 가지 방법이 있다. 변경은 기존의 확보된 컴포넌트의 기능을 확장하는 방법이며, 래핑은 기존의 레거시 소프트웨어를 인터페이스 명세 언어(XML 등)를 이용하여 컴포넌트를 만드는 방법이고, 생성은 필요한 컴포넌트가 존재하지 않을 경우

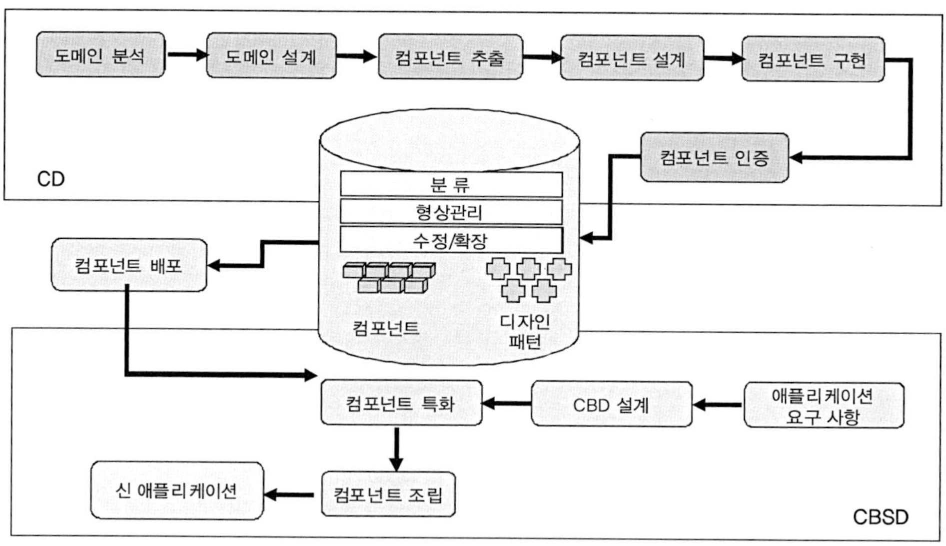

그림 7-8 컴포넌트 기반 개발방법론(CD+CBSD)

필요한 컴포넌트를 새롭게 만드는 방법이다. 이러한 CD의 일반적 절차는 도메인 분석 → 도메인 설계 → 컴포넌트 추출 → 컴포넌트 설계 → 컴포넌트 구현 → 컴포넌트 인증으로 이루어지며, 컴포넌트 기반 소프트웨어 개발은 여러 애플리케이션에 공통적으로 사용되는 소프트웨어 컴포넌트를 획득, 재사용하여 소프트웨어를 개발하는 방법으로 요구분석/컴포넌트 획득 → 컴포넌트 기반 설계 → 컴포넌트 조립 → 테스트 단계로 이루어진다.

7.3.3.2 컴포넌트 기반 개발방법론의 종류

7.3.3.2.1 DESS 방법론

DESS(Software Development Process for Real-Time Embedded Software System) 방법론은 1999년 10월부터 2001년 12월까지 벨기에, 체코, 프랑스, 독일, 이탈리아, 네덜란드가 공동으로 개발한 임베디드 실시간 시스템을 위한 객체지향 및 컴포넌트 기반의 소프트웨어 개발방법론으로서, V-모델 개발 주기에 반복 점진적 개발방법인 UP(Unified Process)를 결합한 개발방법론이다.

DESS 방법론은 그림 7-9와 같이 병행적으로 작용하는 세 가지 워크플로(Workflow) V로 구성된다. 즉, 시스템의 실현과 직접적으로 연관된 실현(Realization) 워크플로 V, 실현 활동과 평행적으로 실행하는 검증 및 테스팅과 관련된 V&V 워크플로 V, 그리고 소프트웨어 프로젝트의 요구사항을 관리하는 요구사항 관리(Requirement Management) 워크플로 V로 구성된다.

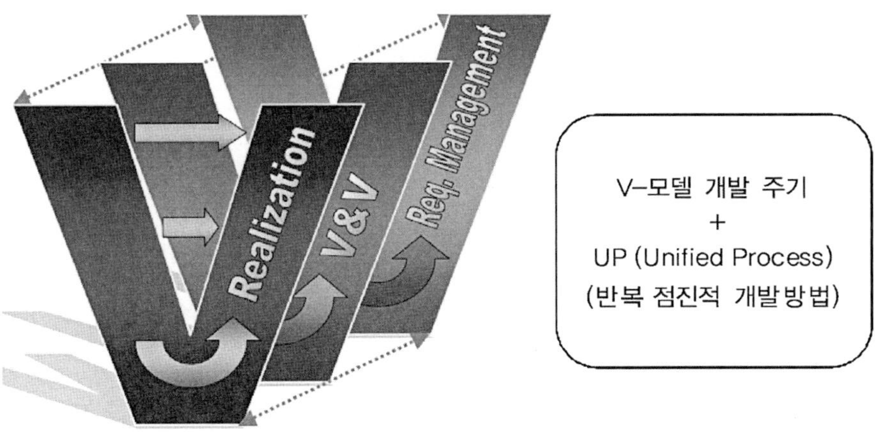

그림 7-9 DESS 방법론의 세 가지 워크플로와 정보 흐름

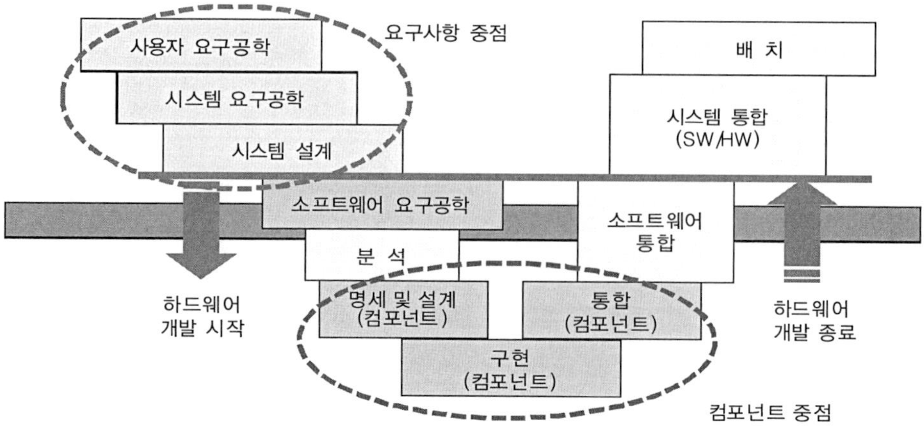

그림 7-10 DESS 방법론의 실현 워크플로 V

실현 워크플로 V는 시스템 개발의 핵심 부분으로 그림 7-10과 같이 사용자 요구공학, 시스템 요구공학, 시스템 설계, 소프트웨어 요구공학, 분석, 컴포넌트 명세 및 설계, 컴포넌트 구현, 컴포넌트 통합, 소프트웨어 통합, 시스템 통합, 그리고 배치 단계로 구성된다. 여기서 사용자 요구공학부터 소프트웨어 요구공학까지는 요구사항이 중점이며 컴포넌트 명세 및 설계부터 컴포넌트 통합까지는 컴포넌트가 중점이다.

V&V(Verification and Validation) 워크플로 V는 그림 7-11과 같이 실현 워크플로

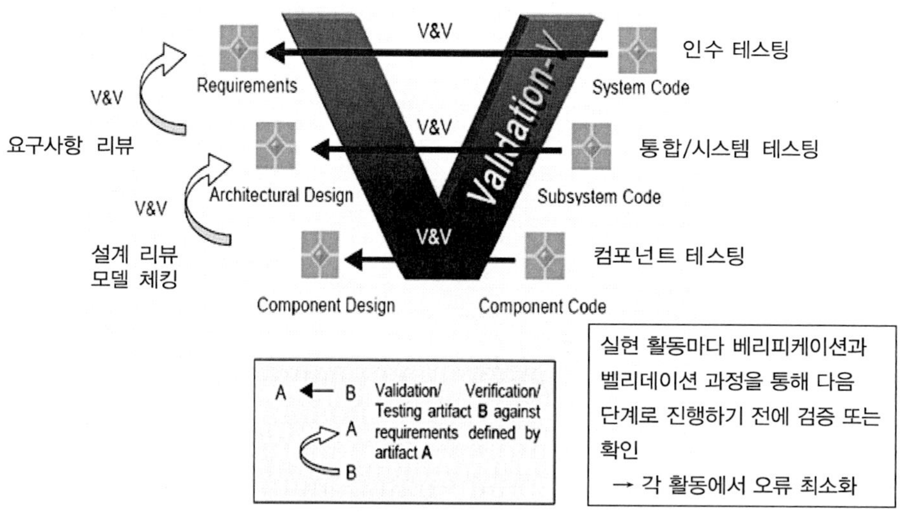

그림 7-11 DESS의 V&V 워크플로 V

V의 각 단계에서 다음 단계로 진행하기 전에 베리피케이션(Verification)과 벨리데이션(Validation)을 통해 오류를 최소화시켜주는 워크플로 V이다. 즉, 요구사항 단계는 인수 테스팅과 관련되며 아키텍처 설계 단계는 통합 및 시스템 테스팅과 관련되고 컴포넌트 설계는 컴포넌트 테스팅과 관련된다. 또한, V&V의 좌측 V는 인간에 의한 테스팅인 베리피케이션과 관련되며 우측 V는 컴퓨터에 의한 테스팅인 벨리데이션과 관련된다.

7.3.4 제품계열 기반 개발방법론

7.3.4.1 제품계열 기반 개발방법론 개념

7.3.4.1.1 제품계열 기반 개발방법론의 정의 및 구조

제품계열 기반 임베디드 소프트웨어 개발방법론은 하나의 영역에 속한 제품들로부터 공통성과 가변성을 분석하여 새사용 가능한 핵심자산을 만들고, 만들어진 핵심자산을 사용하여 영역 내 다른 제품을 개발하는 기술이다. 이 기술은 제품 전체가 제품계열에서 제공하는 핵심자산들을 미리 명세화된 방식에 따른 조립으로 생산되므로, 제품 개발에 필요한 모든 단계에서 기존 자산들의 재사용이 체계적으로 이루어지고, 사용자의 요구사항 반영이 용이하다는 이점이 있다. 여기서 핵심자산이란 제품계열 기반 개발방법론의 특징인 재사용성을 만족시키기 위한 매우 중요한 요소로서 영역 내 제품들을 생산하는 데 기초가 되는 모든 자산을 말한다. 즉, 핵심자산은 소프트웨어 제품을 구성하는 개발 산출물로서 요구사항 명세, 컴포넌트, 아키텍

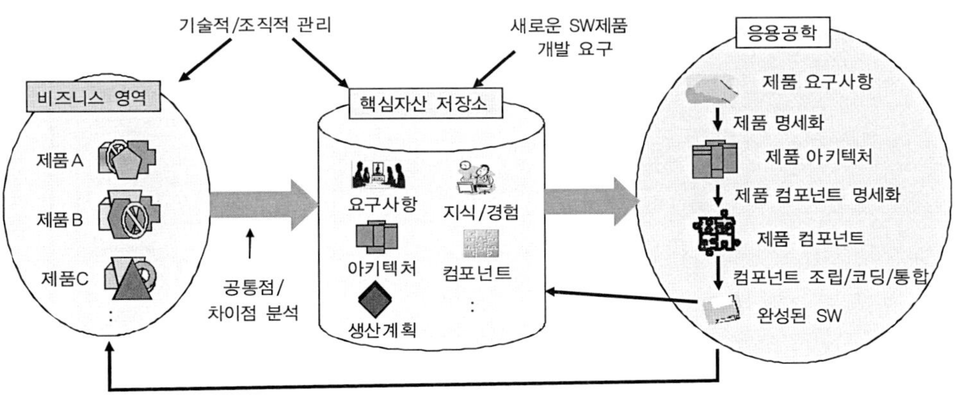

그림 7-12 제품계열 기반 개발방법론의 구조

처, 도메인 모델, 설계 문서뿐만 아니라 심지어 개발자의 지식이나 경험 그리고 지침 등도 포함된다. 이러한 제품계열방법의 구조가 그림 7-12에 나타나 있다.

그림 7-12에서 보면 제품계열 기반 개발방법론의 구조는 크게 세 부분으로 나눌 수 있는데, 영역 내 제품들의 공통점과 차이점을 분석하여 핵심자산을 만들어내는 영역공학, 영역공학을 통해서 만들어진 요구사항, 아키텍처, 컴포넌트, 지식/경험 등의 핵심자산을 저장하는 핵심자산 저장소, 그리고 핵심자산들을 이용해서 제품을 생산하는 응용공학으로 이루어져 있다.

7.3.4.1.2 제품계열공학(PLE)의 정의 및 수명주기

소프트웨어 생산기술로 최근 각광받고 있는 제품계열공학(PLE : Product Line Engineering)은 미국의 CMU SEI(Software Engineering Institute)와 독일의 IESE(Institute for Experimental Software Engineering) 연구소를 중심으로 유럽에서 많이 연구되고 있으며, 그림 7-13과 같이 크게 두 가지 단계로 구분된다. 첫 번째 단계는 제품계열 내의 핵심자산을 구축하는 도메인 공학 단계이고, 두 번째 단계는 핵심자산으로부터 개별제품을 생산하는 제품 공학 단계이다. 기존의 컴포넌트 기반 개발방법론과 다른 점은 재사용 자산을 도메인 분석과 제품 패밀리 분석을 통해 공통의 아키텍처로 구축한다는 것과 제품의 생산과정에서 핵심자산의 공통성과 가변성을 이용하여 제품을 생산한다는 것이다.

그림 7-13에서 도메인 공학과 제품 공학의 프로세스를 각각 살펴보면, 먼저 도메

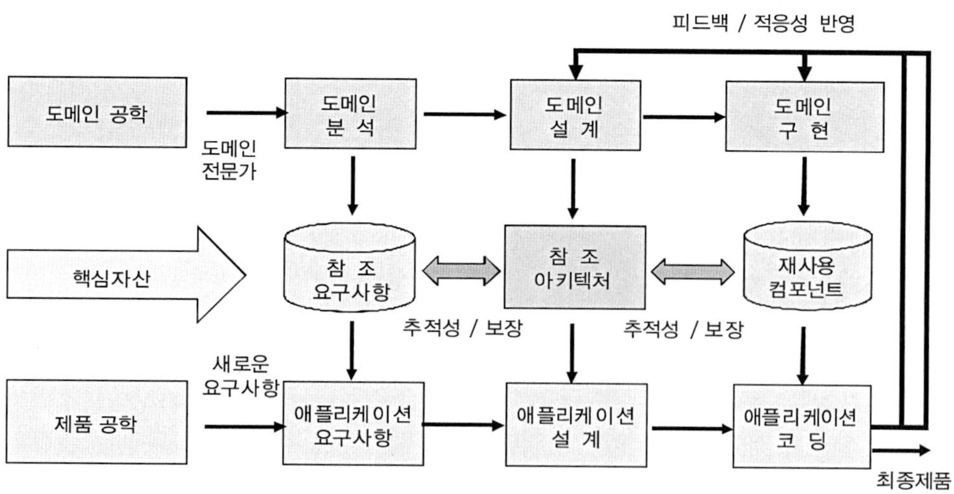

그림 7-13 제품계열공학(PLE)의 개발 수명주기

인 공학에서의 핵심자산 개발 프로세스는 도메인 분석, 설계, 구현의 3단계를 통해 핵심자산을 생성한다. 각 단계별로 산출되는 핵심자산을 보면 분석단계는 참조 요구사항, 설계단계는 참조 아키텍처, 그리고 구현 단계는 재사용 가능한 컴포넌트가 추출되고, 이들 핵심자산들은 차후 제품 공학 단계에서 재사용 자산으로 사용된다. 다음으로 제품 공학에서의 개발 프로세스는 애플리케이션에 대한 요구사항, 설계, 코딩의 3단계를 통해 사용자 요구사항에 대한 최종 제품을 생성한다. 각 단계의 수행과정을 살펴보면 먼저 애플리케이션 요구사항 단계는 기존의 참조 요구사항을 바탕으로 사용자의 새로운 요구사항을 분석하는 단계이며, 애플리케이션 설계단계는 분석된 요구사항과 참조 아키텍처를 기반으로 아키텍처 모델링을 수행하는 단계이고, 애플리케이션 코딩 단계는 재사용 컴포넌트 및 아키텍처 모델링을 통해 도출된 컴포넌트를 실체화시키는 코딩을 수행하여 최종 제품을 생성하는 단계이다. 이때 최종제품이 나오기까지 도메인의 핵심자산에 영향을 줄 수 있는 사항은 도메인 설계 및 구현단계에 다시 피드백되어 핵심자산을 성숙시키게 된다.

7.3.4.1.3 제품계열 기반 개발방법론 적용사례

제품계열 기반 개발방법론은 전 세계의 많은 유수기업들이 이미 그 개념을 도입하여 막대한 비용절감 효과를 거두고 있으며, 대표적인 사례로는 스웨덴 Celsius Tech 사의 'Ship System 2000(SS2000)' 개발 프로젝트가 있다. 이 프로젝트는 북유럽, 중동, 오세아니아 국가 해군의 함정지휘통제체계를 개발하는 것으로 제품계열 기반 개발방법론을 적용하여 많은 비용 절감과 생산성 향상을 거두었다. 이 외에도 노키아 사의 이동전화기 개발, 필립스 사의 텔레비전과 의학시스템 개발, Robert Bosch 사의 자동차 주변 감시장비 개발, 전자게시판, 사설교환기, 엘리베이터 제어 등 많은 분야에서 제품계열 기반 개발방법론을 적용하여 성공적인 효과를 거두었다. 그동안 성공적인 사례를 분석하여 CMU SEI가 제시한 결과를 보면, 전체적인 제품 생산비용과 생산시간이 각각 60%와 10%가 감소되었고, 생산성은 10% 향상되었으며, 개발 인원 및 결함률은 각각 10% 감소하였다고 발표하였다.

7.3.4.2 제품계열 기반 개발방법론의 종류

제품계열 기반 개발방법론은 1992년 FAST(Family-Oriented Abstraction, Specification and Translation)를 시작으로 여러 가지의 개발방법론들이 연구되었는데, 본 절에서는 학계와 산업계에서 가장 널리 인용되고 있는 6가지 방법론, 즉 Bosch, FAST, FORM(Feature-oriented Reuse Method), KobrA(Component-based Application Develo-

표 7-2 제품계열 기반 개발방법론의 종류

구분	개발기관 및 특징
Bosch	• 2000년 스웨덴의 Karskrona/Ronneby 대학에서 개발 • 아키텍처 기반의 개발방식으로 아키텍처의 정의 및 평가, 다른 제품 아키텍처로의 변환과정을 명시한 개발방법론
FAST	• 1992년 미국의 AT&T 연구소에서 개발 • 소프트웨어 패밀리를 정의하고 애플리케이션 개발을 위한 환경 개발에 초점을 둔 개발방법론
FORM	• 1998년 포항공대에서 개발 • 휘처 모델을 하위시스템, 프로세스, 모듈 아키텍처로 매핑하고 정제함으로써 실행 가능한 응용으로 전개한 개발방법론
KobrA	• 2001년 독일의 IESE 연구소에서 개발 • 컴포넌트 기반의 개발 패러다임과 제품계열 공학의 패러다임을 통합하고 확장시킨 개발방법론
SEI SPL	• 2003년 미국의 카네기 멜론 대학에서 개발 • 제품 개발 이전에 고려해야 할 필수 행위 및 조직이 마스터해야 하는 실제 부분을 제시한 개발방법론
마르미-EM	• 2007년 한국의 한국전자통신연구원(ETRI)에서 개발 • 공통의 아키텍처를 설계하여 핵심자산의 재사용을 극대화시키고 개발방법론 구성 자체의 일관성은 유지하면서 실제 프로젝트의 특성이나 상황에 맞게 매우 유연하게 조정이 가능한 개발방법론

pment), SEI SPL(Software Product Line), 그리고 마르미-EM에 대해 소개하며 이들 6가지 개발방법론에 대한 간략한 설명이 표 7-2에 나타나 있다.

7.3.4.2.1 Bosch 방법론

Bosch 방법론은 2000년 스웨덴의 Karskrona/Ronneby 대학에서 개발하였다. 이 방법론은 제품계열 아키텍처를 정의하고 공통 컴포넌트들을 명세화 한 후, 개별 제품의 요구사항에 맞게 제품계열 아키텍처로부터 제품 아키텍처를 유도하고, 제품에 필요한 컴포넌트들을 선택, 생성 및 실체화(Realization)를 통해 개별 응용으로 개발하는 방법론이다. Bosch 방법론에 대한 개념이 그림 7-14에 나타나 있다.

7.3.4.2.2 FAST 방법론

FAST(Family-Oriented Abstraction, Specification and Translation) 방법론은 1992년 미국 AT&T 연구소에서 개발하였으며, 제품 패밀리를 정의하고 패밀리 멤버를 생성하기 위한 환경을 개발하기 위한 방법론이다. FAST 프로세스는 그림 7-15와 같이

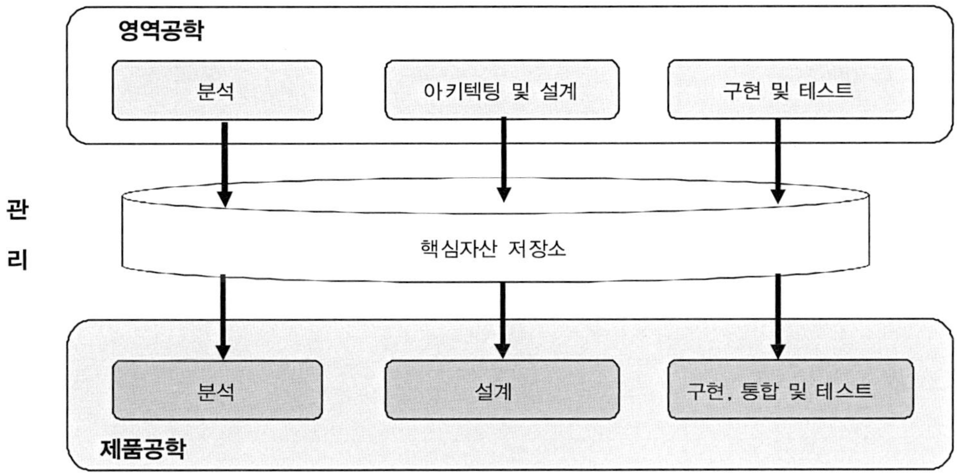

그림 7-14 Bosch 방법론

크게 세 부분으로 구성되어 있는데, 먼저 해당 제품의 제품계열을 개발하는 것이 경제적으로 가치가 있는지 확인하는 영역자격 프로세스, 제품생산을 위한 여러 가지 개발환경을 만들어 내는 영역공학 프로세스, 그리고 영역공학을 통해서 만들어진 개발환경을 이용하여 실제 제품을 만들어 내는 응용공학 프로세스로 구성되어 있다.

7.3.4.2.3 FORM 방법론

포항공대에서 1998년에 개발된 FORM(Feature-Oriented Reuse Method) 방법론은

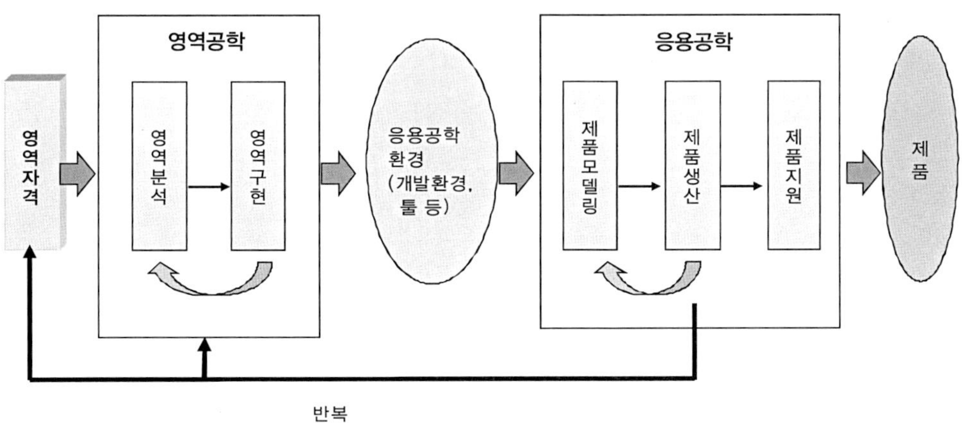

그림 7-15 FAST 방법론

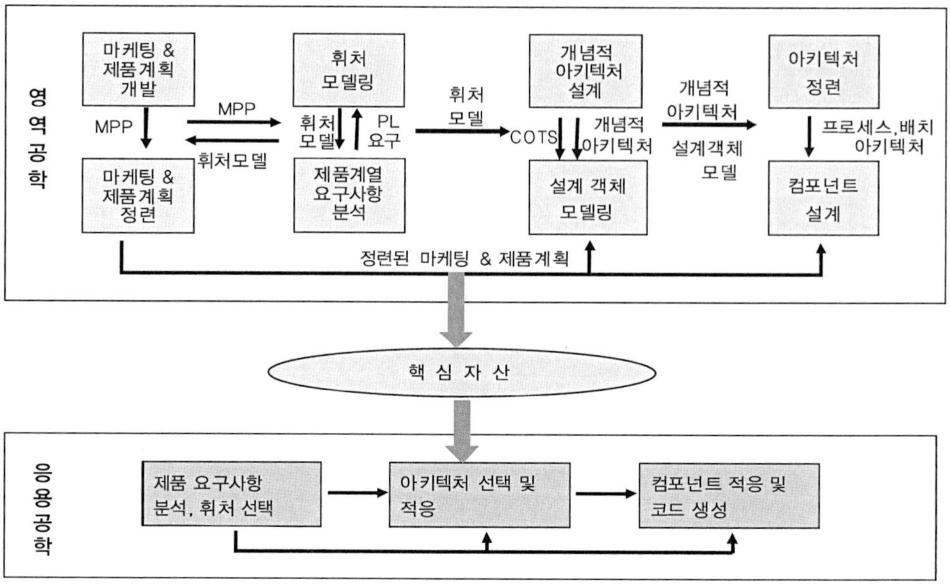

그림 7-16 FORM 방법론

마케팅 및 제품계획, 그리고 휘처 모델로 대표되는 모델 기반 제품계열 방법론으로 제품계열 핵심자산의 재사용을 목적으로 한다. FORM 방법론의 근원은 FODA (Feature-Oriented Domain Analysis)의 휘처 개념에서 출발하였는데, 그림 7-16과 같이 핵심자산을 개발하는 영역공학 프로세스와 핵심자산을 사용해서 제품을 개발하는 응용공학 프로세스로 구성되어 있다.

영역공학 프로세스는 마켓 분석 및 이에 따른 제품 계획을 수립하고 정련하는 마케팅 및 제품계획 활동, 제품계열을 휘처 위주로 분석하는 휘처 모델링 활동, 제품계열에서 사용하게 될 참조 아키텍처를 개발하는 개념적 아키텍처 설계 활동, 그리고 재사용이 가능하고 변화에 적응성을 갖는 컴포넌트 개발 활동으로 구성되어 있다. 응용공학 프로세스는 영역공학에서 개발된 핵심자산을 이용하여 고객이 원하는 제품을 개발하기 위한 활동으로 구성되어 있다.

7.3.4.2.4 KobrA 방법론

KobrA(Component-based Application Development) 방법론은 2001년 독일의 IESE 연구소에서 개발하였으며, 컴포넌트를 기반으로 제품계열을 개발하기 위한 방법론이다. 즉, 제품 패밀리를 위한 프레임워크를 만들고, 이 프레임워크를 기반으로 컴포넌트들을 조립해서 애플리케이션을 개발하는 방법론이다. KobrA 방법론은 그림

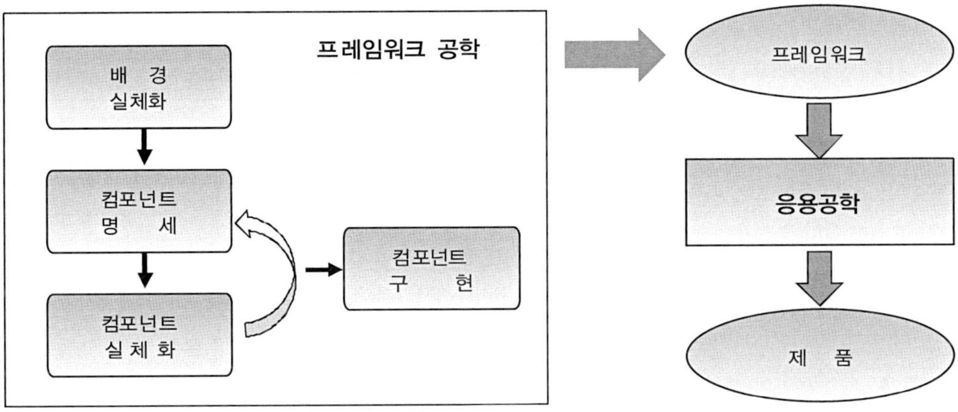

그림 7-17 KobrA 방법론

7-17과 같이 크게 두 부분으로 구성되어 있는데, 먼저 배경 실체화, 컴포넌트 명세, 컴포넌트 실체화 및 컴포넌트 구현을 통해 프레임워크를 만드는 프레임워크 공학 단계, 프레임워크를 이용하여 제품을 만드는 응용공학 단계로 구성되어 있다.

7.3.4.2.5 SEI SPL 방법론

SEI SPL(Software Product Line)은 2003년 미국의 CMU SEI에서 개발했으며, 제품계열의 개념과 제품계열 개발 전에 고려해야 할 필수 행위 및 조직이 마스터해야

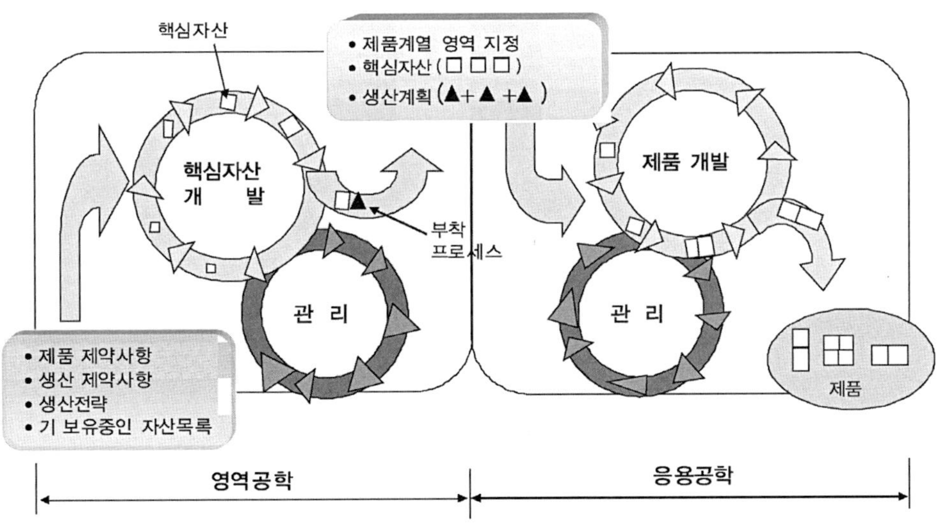

그림 7-18 SEI SPL 방법론

하는 광범위한 프로세스 및 지침을 제공하는 방법론이다. SEI SPL은 그림 7-18과 같이 핵심자산 개발 프로세스인 영역공학 단계와 개발된 핵심자산을 이용하여 제품을 개발하는 프로세스인 응용공학 단계로 구성되며, 또한 이러한 프로세스들을 체계적으로 유지하고 관리하는 관리활동도 포함하고 있다.

7.3.4.2.6 마르미-EM 방법론

마르미-EM 방법론은 한국전자통신연구원(ETRI)에서 1994년부터 개발되어 온 한국형 개발방법론인 "마르미" 시리즈 중 2004년 2월부터 2007년 1월까지 임베디드 시스템을 개발할 목적으로 공통 아키텍처를 설계하여 핵심자산의 재사용을 극대화한 제품계열 기반 개발방법론이다. 이 개발방법론은 구성 자체의 일관성을 유지하면서도 실제 프로젝트의 특성이나 상황에 맞게 매우 유연하게 조정이 가능하다.

마르미-EM 방법론은 유연한 프로세스 특성을 가진 반복 프로세스(Cyclic Process)와 빠른 반복적 개발 수명주기를 가진 프로세스인 RAP(Rapid Application Prototyping Process)를 적용하여 신속한 개발과 높은 개발생산성을 달성할 수 있도록 지원하고 있다. 또한, 유연성과 편의성을 동시에 달성하기 위해 프로세스 메타모형(국제표준 SPEM 2.0)을 기반으로 개발 프로세스의 전체 구성과 구성요소 간의 관계를 구성하였으며, OMG의 산업계 표준인 UML 2.0을 모델링 표준 표기법으로 채택하고 있다.

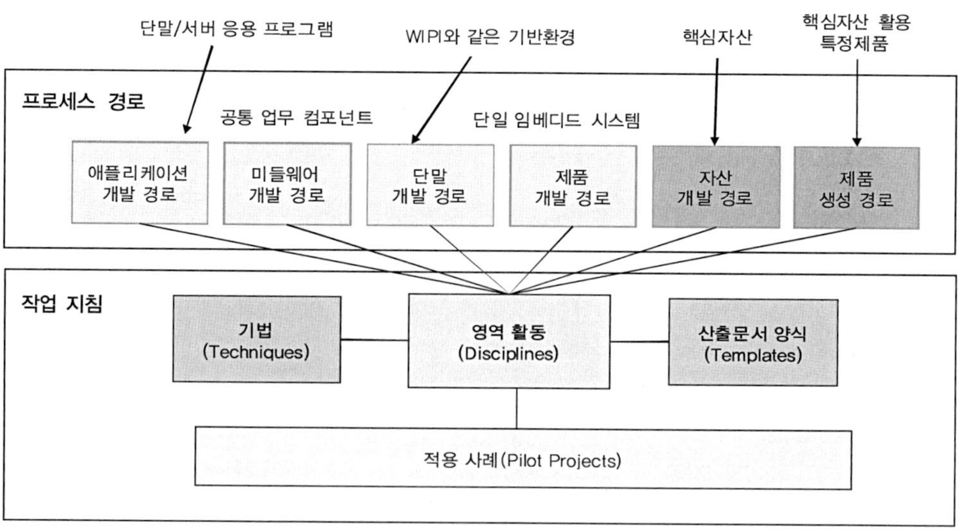

그림 7-19 마르미-EM의 구조

마르미-EM의 구조는 그림 7-19와 같이 프로세스 경로와 작업지침으로 구분되며, 프로세스 경로는 다시 프로젝트의 특징에 따라 6개의 경로, 즉 단말이나 서버의 응용 프로그램을 개발하는 애플리케이션 개발경로, 공통 업무 컴포넌트를 개발하는 미들웨어 개발경로, WIPI와 같은 기반환경을 개발하는 단말 개발경로, 단일의 임베디드 시스템을 개발하는 제품 개발경로, 핵심자산을 개발하는 자산 개발경로, 그리고 핵심자산을 활용하여 특정 제품을 개발하는 제품 생성경로로 나누어진다. 각각의 프로세스 경로별로 실제 작업 프로세스가 정의되는데, 이는 기본적으로 영역활동 지침서에 기술되어 있는 작업기술을 기반으로 한다. 그리고 작업수행을 위한 기술적 가이드는 기법서를 참조하고 프로세스 산출물인 문서 작성을 위해서는 각 산출문서별로 작성되어 있는 양식을 참조한다. 따라서 효율적인 프로젝트 수행을 위해서는 프로젝트의 목적에 맞는 프로세스 경로를 선정해서 수행해야 한다.

7.3.5 모델 주도 개발방법론

7.3.5.1 모델 주도 개발방법론 개념

모델 주도 개발방법론은 기 개발 소프트웨어의 재사용성을 증가하고 새로운 소프트웨어를 개발할 때 시간을 절약하며, 비즈니스 모델과 신기술을 쉽게 통합하기 위한 목적으로 개발된 모델 주도 아키텍처(MDA : Model Driven Architecture) 기반의 임베디드 소프트웨어 개발방법론이다.

MDA는 OMG(Object Management Group)의 소프트웨어 개발 프레임워크로서 프로그래밍 언어, 특정 플랫폼, 미들웨어 등에 중립적인 아키텍처 모델이며, 2001년 3월 OMG의 CEO인 Richard M. Soley가 처음으로 세상에 발표하면서 나타나기 시작했고, 2003년 6월에 MDA Guide 버전 1.0이 발표되었다.

MDA 접근법의 핵심은 특정 기술로부터 기본 로직을 분리시키는 것이다. 다시 말해 플랫폼에 독립적인 모델인 PIM(Platform Independent Model)과 플랫폼에 종속적 모델인 PSM(Platform Specific Model)을 분리시켜 PIM으로부터 자동으로 각각의 플랫폼에 적합한 PSM으로 변환할 수 있는 구조를 정의하는 것이다. 즉, 표준 메타 모델을 기반으로 플랫폼에 독립적인 설계모델을 개발하고 이를 통해 자동으로 각각의 플랫폼에 맞는 설계모델을 생성함으로써 실제 구현 단계에서 개발시간이 절약될 뿐만 아니라 재사용성 및 호환성까지 증가시킬 수 있게 되는 것이다. 이와 같은 MDA 접근법의 기본 개념이 그림 7-20에 나타나 있다.

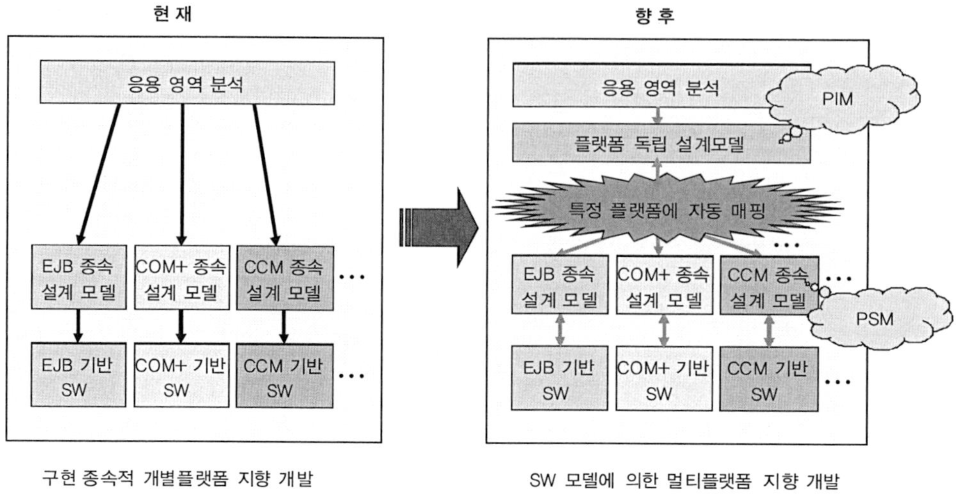

그림 7-20 MDA 접근법의 기본 개념

MDA는 MOF(Meta Object Facility), UML(Unified Modeling Language), XMI (XML Metadata Interchange), 그리고 CWM(Common Warehouse Metamodel)이라는 4가지 핵심기술을 기본으로 구성된다.

- MOF : 객체 및 컴포넌트 기술의 핵심을 정형화한 메타모델로서 CWM과 UML 메타모델에 대한 공통모델로서 제공된다. OMG에서 제공하는 MOF 사양에는 일반적인 MOF 객체 및 관계에 대한 추상 모델, MOF 기반의 메타모델과 언어 독립적인 인터페이스 간의 매핑 규칙, 그리고 MOF 기반의 메타모델로부터 생성된 모델을 다루기 위한 일반적인 오퍼레이션 등이 있다.
- UML : 객체 및 컴포넌트 시스템을 표현하기 위한 표준 언어로서 시스템의 아키텍처 및 구성 객체, 객체 간의 상호작용 등을 모델링하기 위해 사용된다. MDA에서 UML은 PIM이나 PSM 작성 시에 사용되며, MOF나 CWM을 표현하기 위한 기호로서의 기반을 제공하기도 한다.
- XMI : XML 기반의 데이터 관리를 위한 표준으로 MOF 기반 모델을 XML로 매핑하기 위한 표준 사양이다. XMI는 객체와 객체 간의 관계를 나타내기 위해 태그 기반의 언어를 사용하며, MOF 기반의 메타모델은 XML DTD(Document Type Definition)로 번역되고, 모델은 XML 문서로 변환된다.
- CWM : 비즈니스 메타데이터와 기술적 메타데이터를 표현하는 표준 메타모델로서 다중 벤더 소프트웨어 시스템들 간 메타데이터의 인스턴스를 교환하기 위한

기반을 제공한다. 또한, CWM은 자료 저장소 통합을 위한 산업표준이며, 데이터베이스 모델, 스키마 변형 모델, OLAP(On-Line Analytical Processing), 데이터 마이닝 모델들의 표현방법을 표준화한다.

MDA 접근법의 4개 핵심기술 간의 관계를 다시 설명하면, MOF와 CWM은 애플리케이션과 데이터 모델링, 그리고 결과를 저장하기 위한 리포지토리의 기반을 형성하며, UML은 애플리케이션 모델을 구축하는 데 사용되고, XMI는 도구와 리포지토리 사이에서 모델의 호환을 담당하는 역할을 수행한다. MDA는 이들 4개 핵심기술을 기반으로 하여 EJB나 CORBA 그리고 DCOM 등의 플랫폼으로 변환하기 위한 구조와 분산 환경에서 필요한 트랜잭션이나 이벤트 등의 기본 서비스를 정의하고 있다.

7.3.5.2 Y 접근법

모델 기반의 개발방법론 중의 하나인 Y 접근법은 2003년 프랑스의 Pierre Boulet, Jean-Luc Dekeyser, Cedric Dumoulin, Philippe Marquet이 제안한 방법론으로 Y-차트(Y-Chart) 개념을 기반으로 하고 있다.

Y 접근법은 기능적 측면에서의 애플리케이션 아키텍처 PIM 메타모델과 구조적 측면에서의 하드웨어 아키텍처 PIM 메타모델이라는 두 가지 메타모델로 구성된다. 이들 메타모델은 서로 다른 사용자들에 의해 분리되어 독립적으로 수행되면서 또한 애플리케이션 모델을 하드웨어 아키텍처 모델 상에서 매핑할 수도 있다. 이러한 매핑 목적을 위해 사용되는 세 번째 메타모델이 바로 연관(Association) 메타모델이다. 이 연관 메타모델은 기능 컴포넌트와 하드웨어 컴포넌트 간의 연관성을 표현해주는데, 타깃 플랫폼에는 종속되지 않는 독립적인 메타모델이 된다. 이와 같은 Y 접근법에서 사용하는 메타모델의 개념이 그림 7-21에 나타나 있다.

7.3.5.3 ESUML

국내에서 제안된 ESUML(Embedded Software with UML) 방법론은 시스템의 행위를 중심으로 임베디드 소프트웨어를 모델링하는 방법으로서 UML 2.0을 근간으로 하고 있다. 이 방법론은 시스템의 행위를 모델링하기 위해 UML 2.0에서 제공하는 다이어그램을 사용하고 있고 모델 기반의 접근 방식을 지원하는데, 그림 7-22와 같이 요구사항 획득 단계, PIM 모델링 단계, PSM 모델링 단계, 모델 베리피케이션 단계, 그리고 코드생성 단계의 개발절차를 가지고 있다.

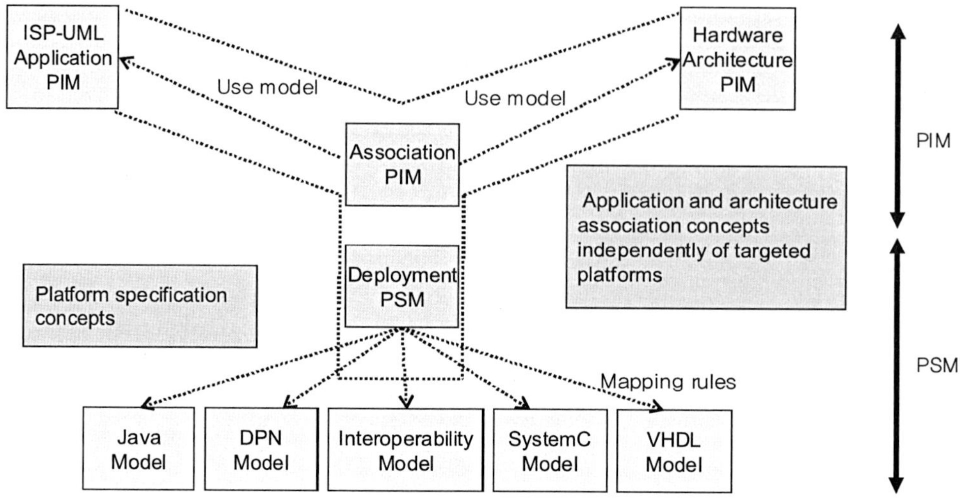

그림 7-21 Y 접근법에서 사용되는 메타모델의 개념

ESUML의 개발절차를 설명하면, 먼저 요구사항 획득 단계에서는 임베디드 소프트웨어에 대한 요구사항을 표현하기 위해 유스케이스 다이어그램과 유스케이스 시트를 사용하고 있다. PIM 모델링 단계에서는 대상 시스템의 정적 구조를 표현하기 위해 클래스 다이어그램을 사용하고 있고 동적 행위를 표현하기 위해 상호작용 다

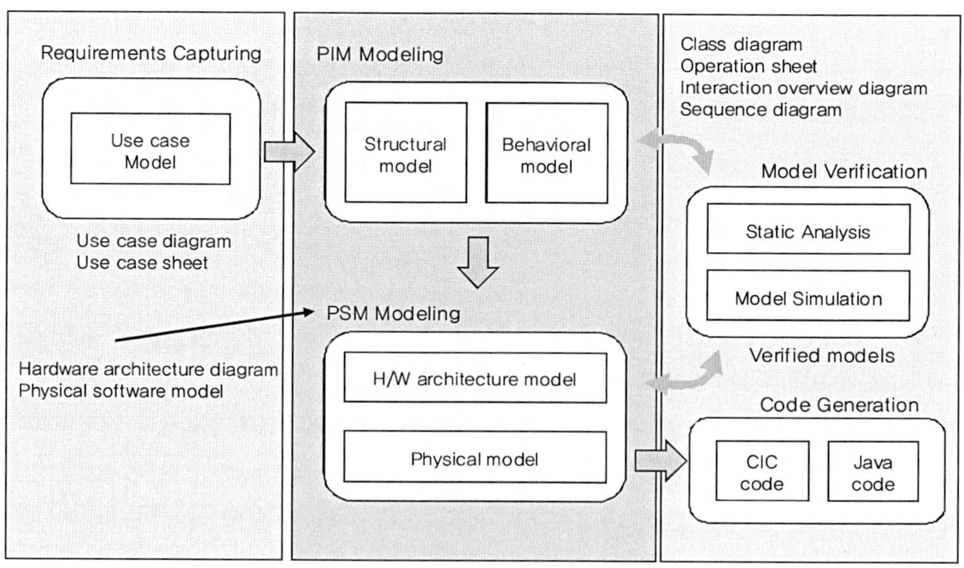

그림 7-22 ESUML 방법론의 개발절차

이어그램과 시퀀스 다이어그램을 사용하고 있다. PSM 모델링 단계에서는 소프트웨어에 대한 물리적 모델과 하드웨어 아키텍처 모델을 작성하기 위해 하드웨어 아키텍처 다이어그램을 사용하고 있다. 모델 베리피케이션 단계에서는 정적 분석과 모델 시뮬레이션을 사용하여 검증하고 있으며, 코드생성 단계에서는 플랫폼에 독립적인 중간 코드나 혹은 최종 타깃 코드를 생성한다. 여기서 중간 코드를 생성하는 목적은 소프트웨어가 탑재될 운영체제에 독립적인 코드를 생성하도록 지원하기 위해서이며 타깃 언어가 C++, Java 등과 같은 객체지향 언어나 혹은 C 언어와 같은 절차적 언어 모두를 지원하기 위해서이다.

7.3.5.4 BridgePoint

BridgePoint 방법론은 실시간의 임베디드 시스템을 설계하기 위해 모델로 하여금 실행(x)이 가능하고 변환(t)이 가능한 특징을 가지고 있으며 산업표준 표기법인 UML 문법을 기반으로 하는 모델 기반(xtUML)의 개발방법론이다. 이 방법론은 그림 7-23과 같이 설계, 변환, 구현의 3단계 개발절차를 가지는데, 설계 단계에는 모델 빌더(Model Builder)와 모델 검증기(Model Verifier)가 있고, 변환 단계는 모델 컴파일러(Model Compiler)가 있으며, 구현 단계는 모델 디버거(Model Debugger)가 있다.

먼저 설계 단계의 모델 빌더는 모델 기반으로 모델의 구문 및 의미를 검사하며, 모델 검증기는 모델 실행을 통해 검증한다. 이때 모델은 즉시 수정이 가능하고 다시

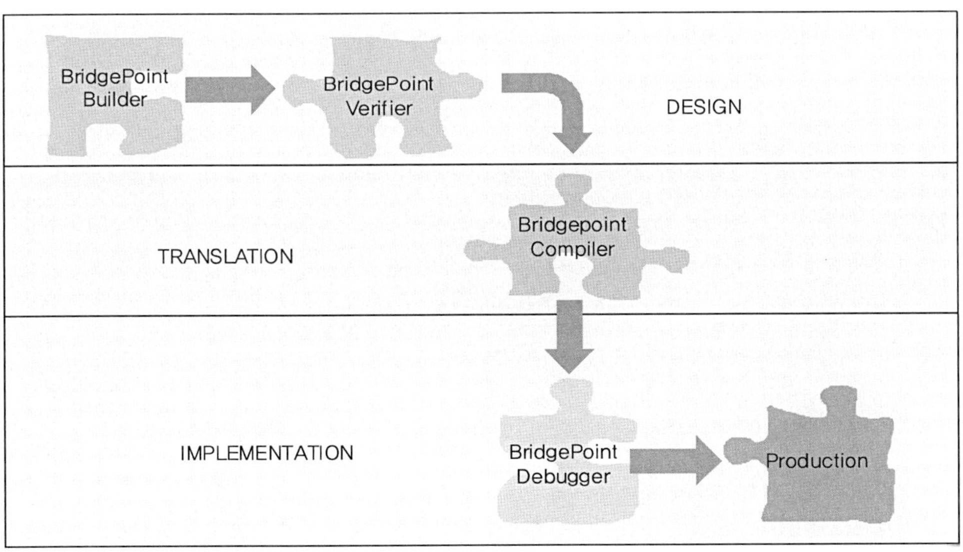

그림 7-23 BridgePoint 방법론의 3단계 개발절차

테스트될 수 있어야 한다. 변환단계의 모델 컴파일러는 아키텍처 규칙을 이용해서 UML 설계모델을 C/C++ 코드로 변환시켜 준다. 마지막 구현 단계의 모델 디버거는 실행 코드에 대한 디버그를 실행하여 코드의 오류를 찾아낸다.

7.3.6 플랫폼 기반 개발방법론

7.3.6.1 플랫폼 기반 개발방법론 개념

플랫폼은 여러 가능한 하위 레벨의 정제를 포함하는 추상화 혹은 프로그램이 가능한 컴포넌트로 정의된다. 그리고 플랫폼 기반은 하드웨어와 소프트웨어 구성요소를 재사용하기 쉽게 만들어 놓은 아키텍처 집합으로 정의되며, 플랫폼 기반 설계는 마이크로프로세서를 기반으로 몇 가지 아키텍처 템플릿을 만들어 놓고 이를 이용하는 설계방법으로서 재사용성을 높여 생산성을 증가시키는 것이 목적이다.

플랫폼 기반 개발방법론의 특징은 최상위 레벨의 아키텍처와 컴포넌트를 분리해서 동시 개발이 가능하기 때문에 시스템의 개발속도를 증가시킬 수 있다는 점, 표준화된 인터페이스를 가진 사전에 검증된 블록을 사용함으로써 시스템의 설계 및 검증시간을 단축할 수 있다는 점, 그리고 본래의 모델에서 파생된 제품의 측면에서 보면 제품의 생산 기회를 확대시킬 수 있다는 점 등이 주요한 특징이다.

7.3.6.2 버클리/케이던스 방법론

미 버클리 대의 Alberto Sangiovanni-Vincentelli와 케이던스 디자인 시스템 사의 Grant Martin은 임베디드 시스템을 위한 플랫폼 기반 설계 및 소프트웨어 설계 방법론을 제안하였다.

이 방법론은 그림 7-24와 같이 분석, 명세, 구현, 조정, 유지보수의 5단계 개발 프로세스를 가지고 있는데, 특이한 사항은 하드웨어와 소프트웨어를 구현할 때 아키텍처 플랫폼 계층에 있는 컴포넌트의 선택에 의존한다는 점이며 선택 이후에는 매핑과 성능 시뮬레이션 그리고 정제 과정을 거쳐 플랫폼이 구현된다는 점이다. 이러한 방법론은 자동차와 같이 계층적 소프트웨어 구조를 가진 플랫폼 기반 설계에 유용한 방법론이다.

7.3.6.3 조지아 공대 방법론

미 조지아 공대의 Chonlameth Arpnikanondt는 전반적인 시스템 개발 프로세스를 신속하게 처리하기 위해 플랫폼 기반 설계를 기본으로 하는 새로운 플랫폼 중심의

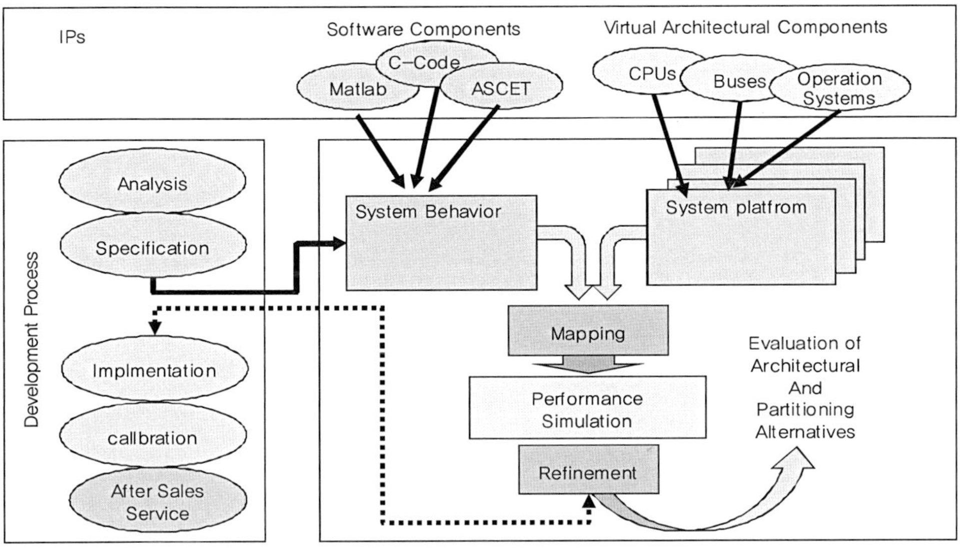

그림 7-24 버클리/케이던스 방법론

개발방법론을 제안하였다.

이 방법론은 하드웨어와 소프트웨어의 공동 설계 방법을 제시함으로써 확장된 재사용 및 유연성을 획득할 수 있고, 이를 통해 개발자들이 요구하는 패러다임으로 쉽게 전이할 수 있기 때문에 특히 복합시스템 개발에 유용한 방법론이라 할 수 있다. 또한, 이 방법론은 개발 프로세스에 포함되어 있는 모든 영역에서 통합된 통신 수단을 제공해주는 특성이 있다. 즉, 반도체 벤더들은 이 방법론을 이용해서 플랫폼 규격을 만들 수 있고, 도구 벤더들은 아키텍처 선별기 혹은 하드웨어/소프트웨어 분리기 등과 같은 도구들을 개발하거나 향상시킬 수 있으며, 시스템 개발자들은 효율적으로 시스템을 개발할 때 이 방법론을 이용할 수 있다. 또 한 가지 중요한 특성은 대규모의 재사용이 가능한 플랫폼 관련 데이터를 모델링하고 처리하는 표준 수단으로서 XML과 UML을 사용한다는 점이다.

조지아 공대에서 제안한 플랫폼 기반의 시스템 개발 모델이 그림 7-25에 나타나 있다. 시스템 개발 모델은 크게 재사용 가능 객체 도메인, 플랫폼 도메인, 그리고 제품 설계 도메인으로 구성된다. 재사용 가능 객체 도메인은 논리적인 플랫폼-순응 도구나 컴포넌트 엔티티들의 라이브러리를 제공해주며, 플랫폼 도메인은 다양한 규격의 목적에 적합한 플랫폼들, 즉 워크스테이션, 저전력 핸드셋, VOD, 멀티미디어, 혹은 디지털카메라와 같은 플랫폼들로 구성된다. 제품 설계 도메인은 시스템 개발사

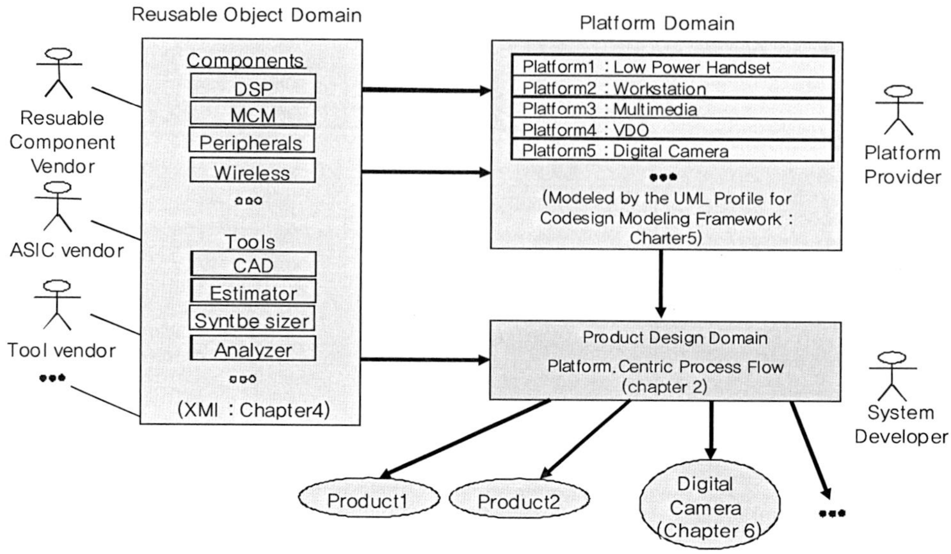

그림 7-25 조지아 공대 방법론에서의 시스템 개발 모델

들이 플랫폼 도메인의 플랫폼과 재사용 가능 객체 도메인의 컴포넌트 혹은 플랫폼-순응 도구들을 이용해서 최종 제품을 만들어내는 영역이다.

제 8 장

임베디드 소프트웨어 요구사항

본 장에서는 요구사항의 개념과 분류를 먼저 설명하고, 요구사항 개발 프로세스의 정의와 종류에 대해 고찰한다. 그런 다음 요구사항 관리실태를 기술적 관점과 관리적 관점에서 살펴보고, 이어서 요구사항 관리전략을 설명한다. 본 장은 다음과 같이 구성된다.

8.1 요구사항 개요
8.2 요구사항 개발
8.4 요구사항 관리

8.1 요구사항 개요

8.1.1 요구사항 개념

8.1.1.1 요구사항 정의

요구사항(Requirement)의 정의는 다양하지만 전통적으로 시스템이 어떻게 수행하는가와 관련된 것이 아니라 무엇을 해야 하는가와 관련된 완전한 문장이라는 의미에는 변함이 없다. 웹스터 사전에서는 요구사항을 “무엇인가 요구되는 것 혹은 무엇인가 원하거나 필요한 것”으로 정의하고 있으며, 국제표준인 IEEE Std 729에는 “문제를 해결하거나 혹은 목표를 성취하기 위해 사용자에게 필요한 조건이나 능력”으로 정의하고 있다. 그리고 콜로라도 대의 Alan Davis 교수는 요구사항을 “외부적으로 관찰되는 요구 시스템의 특성”이라고 정의하고 있으며, RUP(Rational Unified Process)에서는 “사용자의 필요성, 계약상에서 명시된 내용, 표준 사양시, 작성된 공식 문서 등에서 찾아낸 시스템이 반드시 수행해야 할 조건과 기능을 나타낸 것”으로 정의하고 있다.

이와 같은 요구사항의 정의들을 종합해서 요약해보면 요구사항은 결국 문제의 해결이나 목표 달성을 위해 사용자에 의해 요구되거나 혹은 표준이나 명세 등을 만족시키기 위해 시스템이 가져야 하는 서비스나 제약사항을 의미하며 또한 사용자가 요구한 사항과 요구하지 않았더라도 당연히 제공되어야 한다고 가정되는 사항들을 모두 요구사항으로 정의할 수 있다.

8.1.1.2 요구사항 필요성

요구사항의 필요성에 대해서는 여러 책자나 보고서에서 기술하고 있다. 먼저 Robert L. Glass가 쓴 ‘소프트웨어 공학의 사실과 오해’에 의하면 “폭주하는 프로젝트의 가장 흔한 원인 두 가지 중 하나는 불안정한 요구사항이다.”라 하고, “소프트웨어 출시 이후 발견된 요구사항 오류는 그 수정비용이 매우 높지만 초기에 발견된다면 그 비용이 매우 낮아진다.”라 하고 있다. 또한, “누락된 요구사항은 가장 수정하기 힘든 오류다.”라 하고 있으며, 심지어 “요구사항을 설계로 옮겨갈 때 솔루션 프로세스의 복잡성 때문에 파생 요구사항이 급증한다. 이런 설계상의 요구사항은 종종 원래의 요구사항보다 50배 넘게 늘기도 한다.”라고 기술하고 있다. 이렇듯 요구사항은 프로젝트 폭주의 원인이 되기도 하고 요구사항이 누락되거나 늦게 발견된 경우 그 수정비용이 매우 높아지는 원인도 되기 때문에 임베디드 소프트웨어 개발 시 요구사항을 잘 도출하는 것이 매우 중요한 분야라 할 수 있다.

다음으로 스탠디시 그룹(Standish Group)이 352개의 기업과 8,000여개의 프로젝트를 조사한 후 발표한 보고서에 따르면 "프로젝트는 대부분 요구사항에 관련된 문제로 인해 실패한다."라는 결론을 내렸는데, 이러한 결론도 요구사항의 필요성과 관련이 있다고 할 수 있다. 스탠디시 그룹에서 제시한 프로젝트 실패 원인은 크게 사용자 입력 부족(12.8%), 불완전한 요구사항(12.3%), 그리고 요구사항 변경(11.8%)의 세 가지로 구분된다.

요구사항과 비용과의 관계에 대해서 기술된 사항을 살펴보면, 먼저 Boehm과 Basil이 IEEE Computer에 기고한 내용에서 프로젝트 후반에 결함 수정비용이 커진다라고 제안하면서 그림 8-1과 같이 요구사항부터 유지보수까지의 결함의 발생과 수정비용의 증가관계를 그림으로 제시하였다. 이 그림이 의미하는 것을 설명하면, 요구사항 단계에서 결함을 발견해서 수정하면 139달러의 수정비용이 드는데, 이 비용을 1로 놓는다. 그리고 요구사항 단계에서 발생한 결함을 설계 단계에서 발견해 수정하면 455달러가 드는데 이 비용은 요구사항보다 약 3.3배의 비용이 증가한다는 것이다. 이렇게 해서 요구사항 단계에서 발생한 결함을 발견하지 못하다가 유지보수 단계에서 발견해 수정하면 수정비용이 무려 14,102달러가 들며 이 비용은 요구사항보다 101.5배나 증가한다는 의미이다. 이렇듯 요구사항은 결함의 발생과 수정비용의 증가관계에 핵심 요소로 작용하고 있다는 것을 알 수 있다.

다음으로 Steve McConnell이 저술한 '소프트웨어 프로젝트 생존전략'에서 단계 내 봉쇄(Phase Containment) 개념을 제시하는데, 이는 결함이 생긴 바로 그 단계에서 결함을 발견하고 수정해야 효과적인 프로젝트가 된다는 의미이다. 즉, 요구사항 분석이나 아키텍처와 같은 상류 단계의 작업이 훌륭하게 된 경우 구축과 시스템 테스트와 같은 하류 단계의 작업도 건실할 뿐만 아니라 프로젝트의 성공에도 크게 기여한다는 것이다. 그러나 상류 단계의 작업이 빈약하게 수행된 경우 하류 단계의 작업

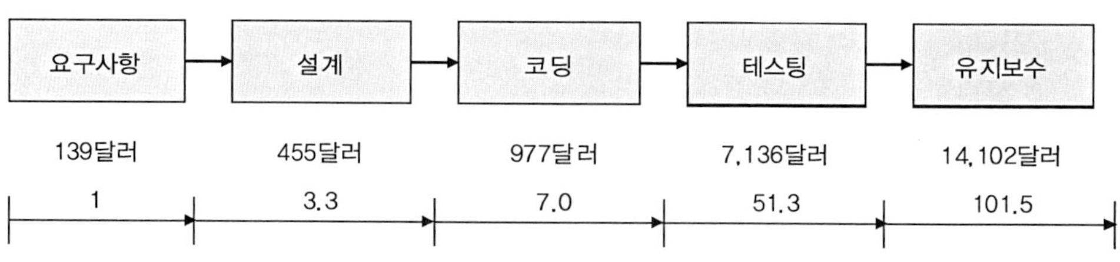

그림 8-1 결함의 발생과 수정비용의 증가관계(Boehm과 Basil)

시 프로젝트를 망가뜨릴 수 있으며 심지어 프로젝트의 완성도 어렵게 된다는 의미이다. 이러한 단계 내 봉쇄 개념이 그림 8-2에 제시되어 있다. 이 그림에서 보면, 요구사항이나 아키텍처에서 발견된 결함을 발생 단계에서 수정한 경우는 그렇지 않은 경우, 즉 구축 단계나 유지보수 단계에서 수정하는 경우보다 약 50~100배 이상의 비용이 줄어든다는 것이다.

8.1.1.3 요구사항 중요성

요구사항의 중요성을 한 문장으로 요약해서 말하면 "요구사항은 전체 시스템 개발에 큰 영향을 미친다."라는 것이다. 즉, 요구사항은 개발에 참여한 이해관계자들로 하여금 개발되는 소프트웨어 제품을 전체적으로 파악하도록 하여 의사소통 시간을 절약하게 해주며, 또한 상세한 요구사항이 있어야만 산정이 가능하고 이를 기반으로 계획을 세울 수 있기 때문이다.

이해관계자들과 요구사항과의 관계를 설명하면, 클라이언트와 사용자는 자신이 기술한 필요를 검증하는 일과 관련되며, 관리자는 프로젝트 비용 및 일정을 결정하는 일과 관련된다. 시스템 공학자는 소프트웨어 개발을 계획하는 일, 소프트웨어 공학자는 상위 레벨의 설계를 위한 지침을 개발하는 일, 형상관리 담당자는 기능 베이스라인을 수립하는 일, 그리고 테스터는 테스팅을 위한 지침을 개발하는 일과 관련된다. 그리고 기타 이해관계자들은 프로젝트 수행을 위한 여러 지침을 개발하는 일과 관련된다.

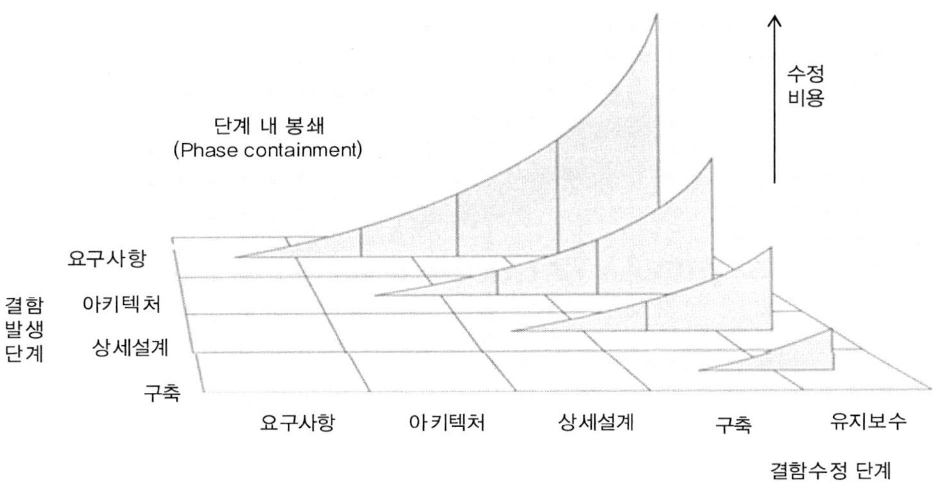

그림 8-2 결함의 발생과 수정의 증가에 따른 비용의 증가관계(Steve McConnell)

8.1.1.4 요구사항 관련 요소

요구사항과 관련된 요소들은 대부분 사용자와 관련되어 있으며 그외 상용 소프트웨어와 정보기술의 급격한 변화 등과도 깊은 관련이 있다. 먼저 사용자들과 관련된 사항을 설명하면, 사용자들은 자신이 보지 않고서는 자신이 무엇을 요구하는지 알 수 없다는 것이며, 이로 인해 사용자와 상호작용하는 시스템들에 대한 소프트웨어 요구사항을 사전에 명세하는 것이 거의 불가능하다는 것이다. 또한, 사용자들의 요구사항은 시스템을 운영하면서 또는 사용자들이 임무와 요구사항과의 연관관계를 더 잘 이해하면 할수록 변경이 더 쉽게 된다는 것이며, 초기 데모나 프로토타입은 사용자들의 요구사항을 더 잘 이해시켜 줄 수 있다는 것이다.

그리고 요구사항과 상용 소프트웨어와의 관련성을 분석해보면, 임베디드 시스템에 내장되는 상용 소프트웨어에 대한 능력 요구사항은 사전에 완벽히 명세해야 된다는 점인데, 그렇지만 임베디드 시스템의 실시간성 및 고신뢰성과 관련된 능력 요구사항을 도출하는 것이 어렵기 때문에 요구사항을 사전에 완벽히 명세하는 것이 어렵다는 것이다.

그외 정보기술이 급격히 변하면 변할수록 요구사항 도출을 어렵게 만든다는 점이 있으며, 상용 소프트웨어 릴리즈의 급격한 변화, 경쟁적인 위협, 이해관계자와의 관계, 조직의 재정비, 가격 구조 등으로 인해 요구사항 도출이 점점 더 어려워진다는 점이다.

8.1.2 요구사항 분류

8.1.2.1 기능적 요구사항과 비기능적 요구사항

기능적 요구사항은 수행될 기능과 관련되어 있는데, 주로 입력과 출력 사이의 처리과정에 밀접하게 관련되어 있는 요구사항이다. 즉, 목표로 하는 제품의 구현을 위해 소프트웨어가 가져야 하는 기능적 속성을 말하는데, 예를 들면 워드프로세스의 파일저장 기능이나 편집 기능 그리고 보기 기능 등이 기능적 요구사항에 해당된다.

비기능적 요구사항은 제품의 품질 기준 등을 만족시키기 위해 소프트웨어가 가져야 하는 성능이나 사용의 용이성 및 안전성과 같은 행위적 특성과 관련되어 있는 요구사항이다. 즉, 시스템의 기능에 관련되지 않는 사항으로서, 예를 들면 응답시간이나 처리량과 같은 시스템의 성능, 사용의 용이성, 신뢰도, 보안성, 운용상의 제약, 안전성 등이 비기능적 요구사항에 해당된다.

8.1.2.2 사용자 요구사항과 시스템 요구사항

사용자 요구사항은 기술적 지식이 없는 시스템 사용자도 이해할 수 있도록 작성하는 것이 중요하다. 즉, 사용자 요구사항을 작성할 경우에 가능하면 시스템의 설계 특성은 회피해야 하고 간단한 언어나 표 그리고 직관적 다이어그램과 같은 형태로 작성해야 한다. 여기서 회피해야 할 사항으로는 특수한 소프트웨어 용어, 구조적 표현, 형식적 표현, 시스템 구현기술 등이다. 이렇게 하는 이유는 사용자의 요구사항 대부분이 자연어로 기술되는데, 자연어는 명확성이 결여되어 있고 기능적 요구사항과 비기능적 요구사항이 한데 섞여 있으며 여러 요구사항이 단일 요구사항으로 표현되는 등 요구사항들 간의 혼돈과 혼합이 존재하기 때문이다. 따라서 사용자 요구사항을 작성할 때 다음과 같은 추천사항들을 고려하는 것이 필요하다.

- 표준 양식을 만들어서 모든 요구사항 정의가 그 양식에 따르도록 한다.
- 언어를 일관성 있게 사용한다(필수 사항과 바람직한 사항을 구분).
- 굵은 글씨체, 이탤릭체, 색을 이용하여 요구사항의 중요 부분을 강조한다.
- 가능하면 컴퓨터 은어의 사용을 피한다.

시스템 요구사항은 시스템 설계 시작 시점에 소프트웨어 공학자에 의해 사용될 사용자 요구사항을 확장한 버전으로서 시스템 구현을 위한 계약서의 일부로 사용되므로 전체 시스템에 대해 완전하고 일관성이 있어야 한다. 그리고 시스템 요구사항은 시스템의 외부 동작과 운영 제약에 대한 것을 간단히 기술한 것이지만 복잡한 소프트웨어 시스템의 경우에는 완전하고 상세한 명세화가 불가능하다. 따라서 요구사항 명세서의 구조 설정에 도움을 받기 위해 시스템의 초기 아키텍처를 설계해야 하고 비기능적 요구사항을 만족하기 위해 특정 아키텍처를 사용할 필요가 있다.

8.1.2.3 지속적 요구사항과 일시적 요구사항

요구사항은 시간에 따라 진화한다. 즉, 문제에 대한 초기 이해를 통해 초기 요구사항이 도출되지만 시간이 지남에 따라 문제가 변경되고 왜 변경되어야 하는지 이해하는 과정을 통해 변경 요구사항이 도출된다는 것이다. 따라서 진화적 관점에서 보면 지속적 요구사항과 일시적 요구사항으로 구분할 수 있다.

지속적 요구사항은 조직의 핵심 활동과 시스템의 도메인과 관련된 안정적인 요구사항이다. 예를 들면, 병원의 환자, 의사, 간호사, 치료와 관련된 늘 있는 요구사항이 지속적 요구사항에 해당된다.

일시적 요구사항은 시스템의 개발 프로세스 동안이나 시스템이 운영을 시작한 후에 변경될 수 있는 요구사항이다. 예를 들면, 정부의 건강보험정책으로부터 생긴 요구사항이 일시적 요구사항에 해당된다.

8.2 요구사항 개발

8.2.1 요구사항 프로세스

8.2.1.1 요구사항 프로세스 정의

요구사항 프로세스는 발주자나 고객으로부터 구현될 소프트웨어 제품의 사양을 정확히 도출하여 요구사항을 명세하고, 이를 분석한 결과를 개발자들이 이해할 수 있는 형식으로 기술하는 작업이다. 요구사항 프로세스는 그림 8-3과 같이 크게 5가지 단계로 구성된다. 즉 요구사항 추출, 요구사항 분석, 요구사항 명세, 요구사항 검증, 그리고 요구사항 관리이다.

8.2.1.2 요구사항 추출

요구사항 추출은 고객이 원하는 요구사항을 수집하고, 수집된 요구사항을 통해 개발되어야 하는 시스템에 대한 사용자 요구사항과 시스템 기능 및 제약사항을 식별하고 발견하는 단계이다. 요구사항 추출은 매우 중요한데, 그 이유는 고객의 최초 요구사항은 추상적이기 때문에 수주자는 정확한 요구사항을 파악해야 하고, 또한 요구사항이 계약 및 최초 산정의 기본이 되기 때문이다.

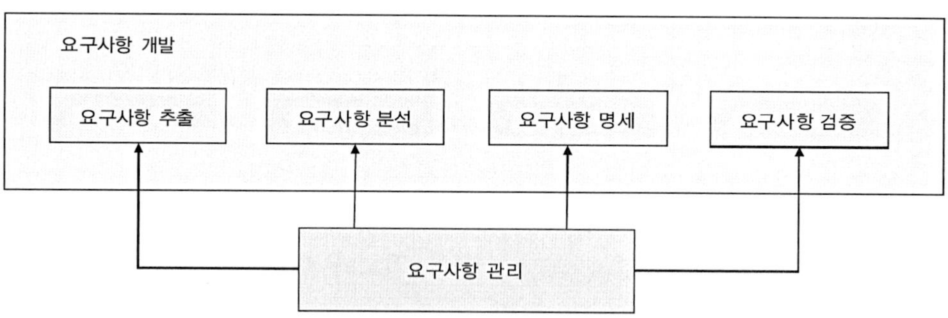

그림 8-3 요구사항 프로세스 구성도

요구사항 발견은 제안된 시스템과 기존 시스템에 관한 정보를 수집하고 사용자 요구사항과 시스템 요구사항을 걸러내는 프로세스이다. 요구사항 발견을 돕기 위해서는 주로 인터뷰와 시나리오 기법이 이용된다. 인터뷰는 개발될 프로젝트 참여자들과의 직접 대화를 통해 요구사항을 추출하는 것이며, 시나리오는 시스템과 사용자 간 상호작용을 시나리오로 작성하여 시스템 요구사항을 추출하는 것이다.

인터뷰에는 두 가지 유형이 있다. 즉, 이해관계자가 미리 주어진 질문에 답을 하는 폐쇄적 인터뷰와 미리 정해진 내용이 없이 인터뷰를 하는 개방적 인터뷰이다. 실제적으로 폐쇄적 인터뷰와 개방적 인터뷰를 혼용해서 사용하고 있다. 이러한 인터뷰를 실시하는 동안 도메인 지식을 추출하는 것이 어려운데, 그 이유는 모든 응용 전문가들이 자기 도메인에만 사용되는 언어와 방언을 사용하기 때문이고, 또한 어떤 도메인 지식은 이해관계자에게 너무 친근하고 기본적이라 이해관계자들이 요구사항으로 제시하지 않기 때문이다. 따라서 인터뷰를 효과적으로 하기 위해서는 열린 마음을 가지고 선입관은 피하면서 이해관계자의 의견을 청취해야 하고 피면담자에 대한 질문이나 요구사항 제안, 그리고 프로토타입 시스템 등을 함께 이용해서 인터뷰를 실시해야 한다.

8.2.1.3 요구사항 분석

요구사항 분석은 추출된 고객의 요구사항을 분석 기법을 이용하여 식별 가능한 문제들을 도출하고 요구사항을 이해하는 과정이며, 또한 참여자들로부터 식별한 추상적 요구사항을 명세서 작성 전에 완전하고 일관성 있는 요구사항으로 정리하는 활동이다.

요구사항을 효율적으로 분석하기 위해서는 다음과 같은 기준을 수립해서 실시하는 것이 중요하다. 첫 번째 기준은 시스템을 계층적이고 구조적으로 표현해야 하는 것이고, 두 번째 기준은 외부 사용자와의 인터페이스 및 내부 시스템 구성요소 간의 인터페이스를 정확히 분석해야 하는 것이며, 세 번째 기준은 분석단계 이후의 설계와 구현단계에 필요한 정보를 제공해야 하는 것이다.

요구사항 분석 기법은 크게 구조적 분석과 객체지향 분석으로 구분할 수 있다. 구조적 분석은 시스템의 기능을 중심으로 하여 구조적 분석을 실행하는 것으로 시스템의 기능을 정의하기 위해 프로세스를 도출하고, 도출된 프로세스 간의 데이터 흐름을 정의하는 기법이다. 객체지향 분석은 요구사항을 사용자 중심의 시나리오 분석을 통해 유스케이스 모델(Usecase Model)로 구축하는 것으로 요구사항을 추출하고 유스케이스의 실체화(Realization) 과정을 통해 추출된 요구사항을 분석하는 기법이다.

8.2.1.4 요구사항 명세

요구사항 명세는 분석된 요구사항을 명확하고 완전하게 기록하는 것으로 소프트웨어 시스템이 수행하여야 할 모든 기능과 시스템에 관련된 구현상의 제약 조건 및 개발자와 사용자가 합의한 성능에 관한 사항 등을 명세하는 단계이다.

요구사항을 명세하기 위해서는 프로젝트 산출물 중 가장 중요한 문서인 요구사항 명세서(SRS : Software Requirement Specification)를 활용하는 것이 좋다. 요구사항 명세서는 사용자, 분석가, 개발자 및 테스터 모두에게 공동의 목표를 제시해주며, 시스템이 어떻게 수행될 것인가가 아닌 무엇을 수행할 것인가에 대해 기술하는 문서이다. 즉, 시스템이 이루어야 할 목표를 기술하지만 목표를 달성하기 위한 해결방법은 기술하지 않는다. 그림 8-4에 IEEE-Std-830 명세(SRS) 표준에 대한 목차가 제시되어 있다. 명세서에서 1장과 2장은 고객의 요구사항을 기술하는 부분이고 3장은 개발자의 요구사항을 상세히 기술하는 부분이다.

좋은 요구사항 명세서가 갖추어야 할 기본 조건은 설계 과정에 도움을 줄 수 있어야 하고, 고객과 사용자 모두 이해하기 쉽고 개발 계약의 기초가 될 수 있어야 한다. 또한, 소프트웨어의 정확성을 평가하는 수단으로 사용할 수 있어야 하고, 소프트

1. 소개(Introduction)
   1.1 SRS의 목적(Purpose of SRS)
   1.2 산출물의 범위(Scope of product)
   1.3 정의, 두문자어, 약어
   (Definitions, acronyms and Abbreviations)
   1.4 참조문서(References)
   1.5 SRS 개요(Overview of SRS)

2. 일반적인 기술사항(General Description)
   2.1 제품의 관점(Product Perspective)
   2.2 제품의 기능(Product Functions)
   2.3 사용자 특성(User Characteristics)
   2.4 제약사항(Constraints)
   2.5 가정 및 의존성
   (Assumptions and Dependencies)

3. 상세한 요구사항(Specific requirements)
   3.1 기능적 요구사항(Functianal requirements)
   3.1.1 기능적 요구사항(Functional requirements)
   3.1.1.1 개요
   3.1.1.2 입력물
   3.1.1.3 프로세싱(Processing)
   3.1.1.4 산출물(Outputs)
   3.1.1.5 수행 요구사항
   (Performance requirements)
   3.1.1.6 디자인 제약사항(Design constrains)
   3.1.1.7 속성(Attributes)
   3.1.1.8 기타 요구사항(Other requirements)

   3.2 외부적인 인터페이스 요구사항
   (External interface requirements)
   3.2.1 사용자 인터페이스(User Interface)
   3.2.2 하드웨어 인터페이스(Hardware interface)
   3.2.3 소프트웨어 인터페이스(Software interface)
   3.2.4 커뮤니케이션 인터페이스
   (Communications interface)

부록(Appendices)
인덱스(Index)

그림 8-4 IEEE-Std-830 명세(SRS) 표준 목차

웨어 제품이나 개발과정을 공학화할 때 핵심이 될 수 있어야 한다. 그리고 소프트웨어 요구사항 명세서가 갖추어야 할 바람직한 특성에는 완전성, 일관성, 정당성, 테스트 용이성, 명확성, 독립적 설계, 추적가능성, 전달성, 모듈화 및 변경 견고성, 자동처리성, 필요성, 실현 가능성, 형식성, 작성 용이성, 이해성, 최소성, 적용성, 확장성 등 많은 특성이 있겠지만, 중요한 점은 각 프로젝트의 품질 목표나 작업 목표 혹은 소프트웨어를 운용하는 조직의 목적에 따라 지향해야 할 특성들을 선택해서 우선순위로 설정하는 것이 바람직하다.

8.2.1.5 요구사항 검증

요구사항 검증은 사용자 요구가 요구사항 명세서(SRS)에 올바르게 기술되었는가에 대해 검토하는 활동이다. 효율적인 요구사항 검증을 위해서는 다음과 같은 내용을 포함해야 한다.

- 요구사항이 사용자나 고객의 목적을 완전하게 기술하는가?
- 요구사항 명세가 문서 표준을 따르고 설계 단계의 기초로 적합한가?
- 요구사항 명세의 내부적 일치성과 완전성이 있는가?
- 기술된 요구사항이 참여자의 기대에 일치하는가?

요구사항을 검증하기 위해서는 요구사항에 대한 많은 특성 중에서 적어도 정당성, 일관성, 완전성, 그리고 현실성이라는 특성을 고려해야만 한다. 정당성이란 시스템의 다양한 사용자 요구사항을 함께 고려해야 한다는 특성이고, 일관성이란 어떠한 요구사항이라도 다른 요구사항과 충돌을 일으켜서는 안 된다는 특성이다. 그리고 완전성은 요구사항 정의는 모든 기능과 제약사항을 포함해야 한다는 특성이고, 현실성은 현재 보유하고 있는 하드웨어와 소프트웨어 기술을 사용해서 요구사항을 해결할 수 있어야 한다는 특성이다.

요구사항 검증과 관련하여 많은 의견이 있다. 이 중에서 주요한 내용을 소개하면, 사용자와 소프트웨어 공학자가 참여하는 정규적인 요구사항 검토는 필수적이라는 것이며, 사용자의 요구사항 검증 문제를 해결하기 위해서는 프로토타입 개발에 기반을 둔 접근법이 필요하다는 것이다. 그리고 인터페이스의 불일치성을 체크하는 문제는 어떠한 시스템을 막론하고 일반적으로 가장 중요한 문제라는 것이며, 시스템의 시뮬레이터를 개발하는 것이 시스템 자체를 개발하는 것만큼 고가이며 시간 소비적인 문제라는 인식을 가져야 한다는 것이다.

8.2.1.6 요구사항 관리

요구사항 관리는 시스템 요구사항에 대한 변경을 이해하고 제어하는 프로세스로서 각각의 요구사항을 추적하고 요구사항 간 관계를 제어하며 요구사항 변경에 대한 충격을 평가하는 활동이다.

요구사항 관리는 프로젝트 관리, 의사소통 관리, 그리고 품질 관리와 밀접한 관계를 맺고 있기 때문에 요구사항 관리가 효율적으로 수행되었다는 것은 위의 세 가지 관리 측면에서 큰 이점을 가질 수 있다는 것을 의미한다. 즉, 프로젝트 관리 측면에서 정확한 노력(Effort)을 추정하여 계획을 수립할 수 있기 때문에 비즈니스 중심의 기대관리가 가능해질 것이고, 의사소통 관리 측면에서 조직문화의 활성화를 통해 효과적인 소통관리가 이루어 질 것이며, 품질 관리 측면에서 품질에 대한 가시성이 확보됨으로써 명확한 고객가치 관리가 가능해진다는 것이다.

효율적인 요구사항 관리를 위해서 요구사항 관리계획을 수립하는 것이 중요하다. 요구사항 관리계획 수립은 요구사항 관리 프로세스의 첫 번째 단계로서 요구사항에 대한 관리수준을 결정하고 변경 제안 시 타 요구사항과 시스템 설계에 대한 변경 영향을 추적하기 위해 필요하다. 요구사항 관리계획에서 결정되어야 할 사항으로는 크게 네 가지가 있다. 첫째, 유일하게 식별되어 타 요구사항에서 참조, 추적, 평가될 수 있는 요구사항 식별이다. 둘째, 변경의 비용과 충격을 평가할 수 있는 변경관리 프로세스이다. 셋째, 요구사항 간 관계나 요구사항과 시스템 설계 간 관계를 정의하는 추적관리 정책이며, 마지막으로 요구사항 저장장치, 변경관리 도구, 추적관리 도구와 같은 CASE(Computer Aided Software Engineering) 도구 지원 사항이다. 참고로 유지될 수 있는 추적 정보의 유형은 다음과 같이 세 가지 사항이 있다.

- 출처 추적 : 이해관계자의 요구사항과 그 요구사항에 대한 근거를 연결
- 요구사항 추적 : 요구사항 문서 내 의존적인 요구사항을 연결
- 설계 추적 : 요구사항과 그 요구사항이 구현된 설계 모듈을 연결

8.2.2 요구사항 프로세스 종류

8.2.2.1 전통적 개발방법론

전통적인 개발방법론에서의 요구사항 프로세스는 그림 8-5와 같이 일반적으로 요구사항 추출, 요구사항 분석, 요구사항 명세, 요구사항 검증, 요구사항 유지보수라는 5단계 절차로 구성되어 있다.

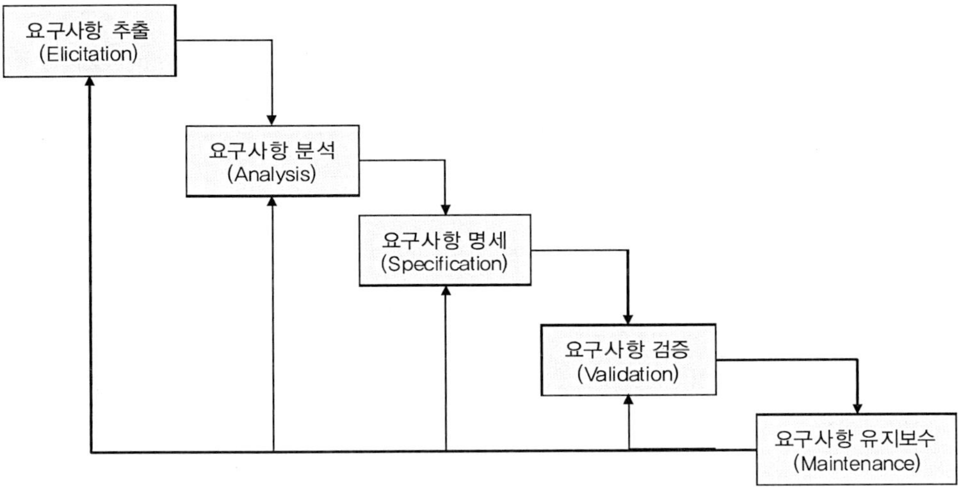

그림 8-5 전통적 개발방법론의 5단계 요구사항 프로세스 구성도

요구사항 추출 단계는 고객이나 사용자 혹은 개발자들이 의견교환을 통해 실제 개발될 시스템의 요구사항을 찾는 단계로서 자기성찰(Introspection), 앙케트(Questionaire), 인터뷰, 대화, 상호작용, 토론 등의 기법을 통해 수행된다. 요구사항 분석 단계는 사용자의 필요를 이해하고 문제 해결의 여러 제약사항들을 정리하는 단계로서 기능과 데이터를 함께 분석하는 객체지향 분석 기법(OOA : Object-Oriented Analysis)과 기능과 데이터를 분리해서 분석하는 기능지향 분석(FOA : Function-Oriented Analysis) 기법 등을 통해 수행된다. 요구사항 명세 단계는 분석된 요구사항을 명확하고 정확하게 기록하여 명세화하는 단계로서 사용자와 개발자가 이해하기 쉬운 자연어에 의한 방법과 명확성 및 검증이 용이한 정형화된 기법 등을 통해 수행된다.

참고로 정형화된 기법에는 ASM(Abstract State Machine), VDM(Vienna Development Mothod), LOTOS(Language of Temporal Ordering Specification) 등의 기법이 있다. 요구사항 검증 단계는 소프트웨어 요구사항이 사용자 요구사항에 맞게 정확하고 완벽하며 연계성 있게 명세화되었는지를 검증하는 단계로서 리뷰, 리허설(Walkthrough), 인스펙션(Inspection) 등의 기법을 통해 수행된다. 마지막으로 요구사항 유지보수 단계는 새로운 요구사항의 출현과 변경이 발생 시 체계적으로 관리하는 단계로서 DOORS(Dynamic Operational Object Registration Service), RTM(Real Time Monitor), SACHER 등의 기법을 통해 수행된다.

8.2.2.2 컴포넌트 기반 개발방법론

8.2.2.2.1 마르미-III(ETRI)

컴포넌트 기반 정보체계 개발방법론 중의 하나인 한국전자통신연구원(ETRI)의 마르미-III은 그림 8-6과 같이 요구사항 이해, 요구사항 정의, 개발전략 수립이라는 3단계의 요구획득 단계를 가지고 있다. 요구사항 이해 단계는 요구사항 수집과 시스템 비전 개발 작업이 요구사항과 관련되어 있으며, 요구사항 정의 단계는 유스케이스 모형 작성과 개념 모형 작성 작업이 요구사항과 관련된다. 마지막으로 개발전략 수립 단계는 시스템 환경 정의와 재사용 컴포넌트 조사 작업이 요구사항과 관련된다. 참고사항으로 요구사항 분석 작업은 아키텍처 단계에 포함되어 있으나 타 방법론의 설계 단계와 유사한 것으로 보이며, 이때 분석할 내용으로는 유스케이스 정제, 객체모형 작성, 그리고 사용자 인터페이스 설계 등이 있다.

다음으로 요구획득 단계와 아키텍처 단계와의 관계가 그림 8-7에 도시되어 있다. 요구획득 단계의 요구사항 정의 작업에서 산출된 유스케이스, 클래스, 사용자 인터페이스가 아키텍처 단계의 요구사항 분석 작업의 입력으로 들어가며, 개발전략 수립 작업의 산출물인 시스템 환경정의서는 아키텍처 단계의 소프트웨어 아키텍처 설계 작업과 시스템 아키텍처 정의 작업의 입력으로 들어간다.

8.2.2.2.2 DESS

임베디드 실시간 시스템을 위한 컴포넌트 기반의 임베디드 소프트웨어 개발방법론인 유럽의 DESS 방법론은 그림 8-8과 같이 사용자 요구공학, 시스템 요구공학,

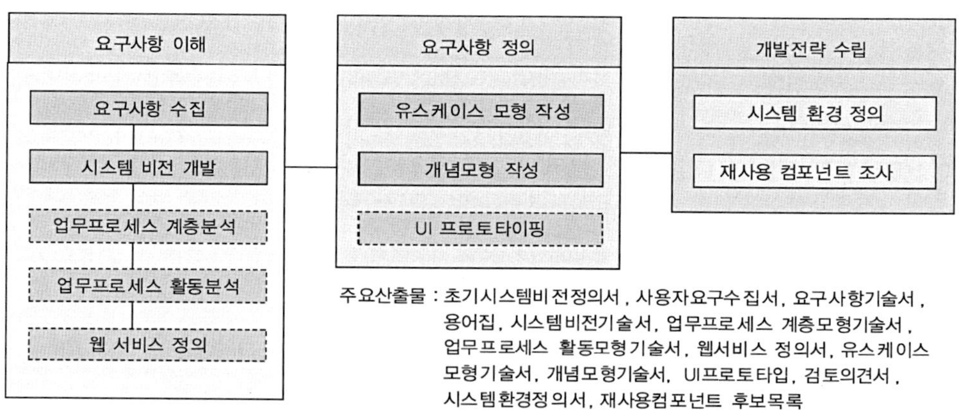

그림 8-6 마르미-III의 3단계 요구획득 단계 구성도(ETRI)

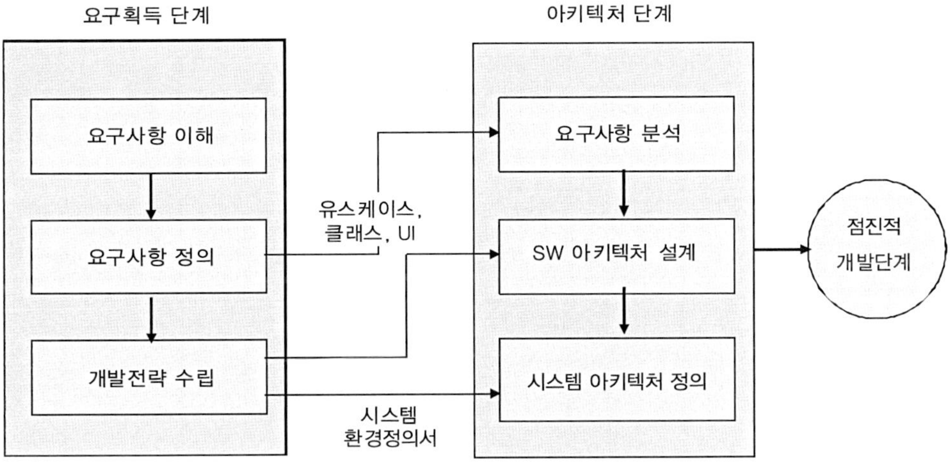

그림 8-7 마르미-III에서의 요구획득 단계와 아키텍처 단계와의 상호관계(ETRI)

소프트웨어 요구공학의 3단계 요구획득 단계를 가지고 있다. 참고로 소프트웨어 아키텍처 단계가 점선으로 표시되어 있는데, 이것은 소프트웨어 아키텍처 단계가 DESS 방법론상에 정확하게 표현되어 있지 않지만 소프트웨어 요구공학 단계 이후 소프트웨어 아키텍처를 수립하는 단계가 있을 것으로 추정되기 때문인데, 그 이유는 분석 단계에서 소프트웨어 아키텍처를 분석하는 작업이 포함되어 있기 때문이다.

사용자 요구공학 단계에서는 프로젝트 동인 정의, 프로젝트 제약사항 정의, 요구사항 자료 식별, 요구사항 도출, 작업 문맥 정의, 그리고 문제점 도메인 모델 작업이

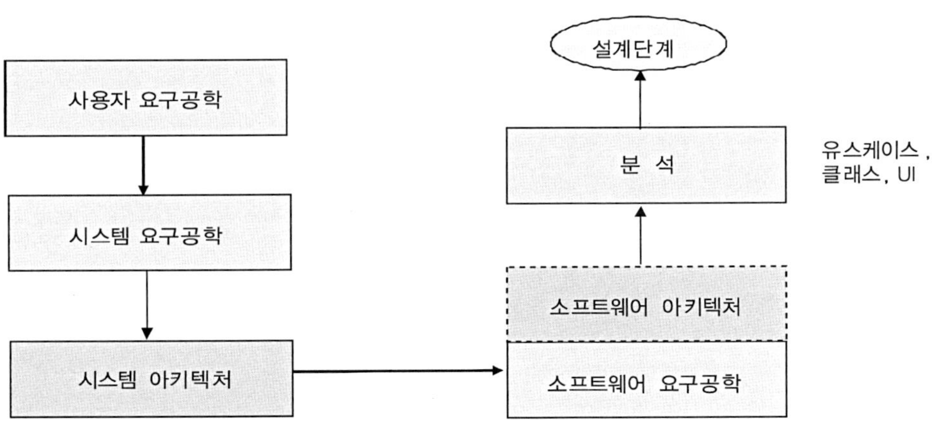

그림 8-8 DESS 방법론의 3단계 요구획득 단계 구성도

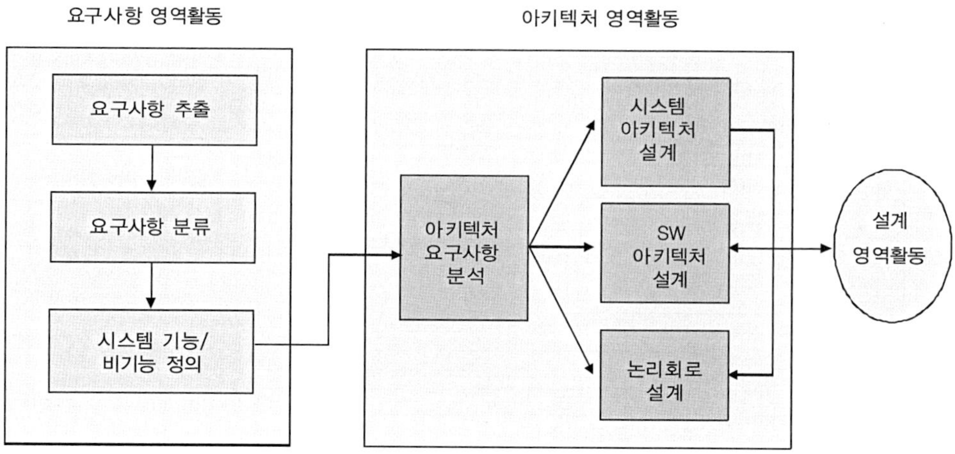

그림 8-9 마르미-EM 방법론의 요구사항 영역활동(ETRI)

요구사항과 관련된 작업이다. 시스템 요구공학 단계에서는 시스템 설계, 시스템 아키텍처 관점의 개념 명세, 그리고 시스템 요구사항 수정 및 추가 작업이 요구사항과 관련되며, 소프트웨어 요구공학에서는 제약사항과 우선순위 인스펙션, 상응하는 외부제품 기술, 그리고 소프트웨어 아키텍처 명세 작업이 요구사항과 관련된다.

8.2.2.3 제품계열 개발방법론(마르미-EM)

제품계열 기반의 개발방법론인 한국전자통신연구원(ETRI)의 마르미-EM 방법론은 그림 8-9와 같이 요구사항 추출, 요구사항 분류, 시스템 기능 정의, 시스템 비기능 정의 작업을 포함하고 있는 요구사항 영역활동이 있다. 참고로 아키텍처 요구사항 분석이 요구사항 영역활동에 없고 아키텍처 영역활동에 포함되어 있는 것이 타 방법론과는 상이한 점이라 할 수 있다.

8.2.2.4 NASA의 요구사항 프로세스

NASA의 요구사항 프로세스는 그림 8-10과 같이 요구사항 파악, 요구사항 정의, 요구사항 분석, 요구사항 검토, 그리고 요구사항 확정이라는 5단계 절차로 구성되어 있다.

요구사항 파악 단계는 고객이나 사용자의 니즈(Needs)를 파악하고 아키텍처상의 선택사항을 검토하며, 이를 통해 소프트웨어 시스템의 솔루션을 개발하는 단계이다. 요구사항 정의 단계는 시스템의 요구사항에 따른 소프트웨어 요구사항을 정의하고 요구사항의 규격을 개발하는 단계이다. 요구사항 분석 단계는 정의된 요구사항에

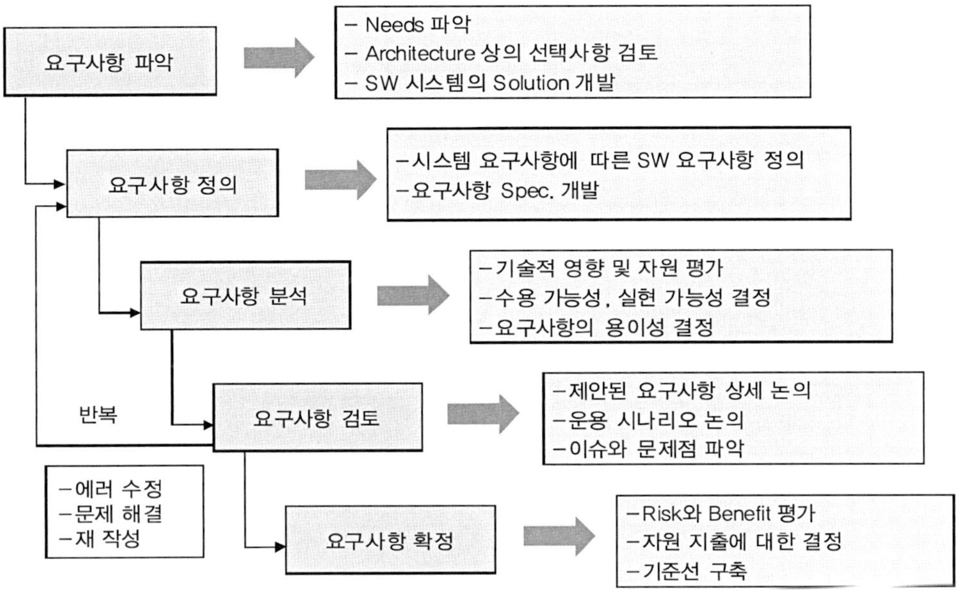

그림 8-10 NASA의 5단계 요구사항 프로세스 구성도

대한 기술적인 영향이나 자원을 평가해서 요구사항에 대한 수용가능성과 실현가능성을 결정하고, 이를 통해 요구사항의 용이성을 결정하는 단계이다. 요구사항 검토 단계는 제안된 요구사항에 대한 상세한 사항과 운영 시나리오를 논의하고, 이를 통해 요구사항과 관련된 이슈와 문제점을 파악하는 단계이다. 만약에 요구사항 검토 단계에서 요구사항과 관련된 문제점이 파악될 경우에는 요구사항 정의 단계부터 요구사항 검토 단계까지 반복해서 문제점이 해결될 때까지 수행한다. 마지막으로 요구사항 확정 단계는 요구사항과 관련된 리스크 및 이점을 평가하고 요구사항 해결을 위한 자원 지출에 대한 결정과 기준선을 구축하는 단계이다.

8.2.2.5 미 해군의 요구사항 프로세스(SEPO)

미 해군 SEPO(System Engineering Process Office)의 요구사항 프로세스는 그림 8-11과 같이 요구사항 계획수립, 요구사항 추출, 요구사항 분석, 요구사항 형식화, 요구사항 검증, 그리고 요구사항 승인이라는 6단계 절차로 구성되어 있다.

요구사항 계획수립 단계는 요구사항 관리자에 대한 식별, 요구사항 관리에 대한 물적 합의 및 문서화, 요구사항 관리계획서 개발 및 유지, 그리고 프로젝트 리스크에 대한 평가 활동을 실시하는 단계이다. 요구사항 추출 단계는 사실 조사를 실시하

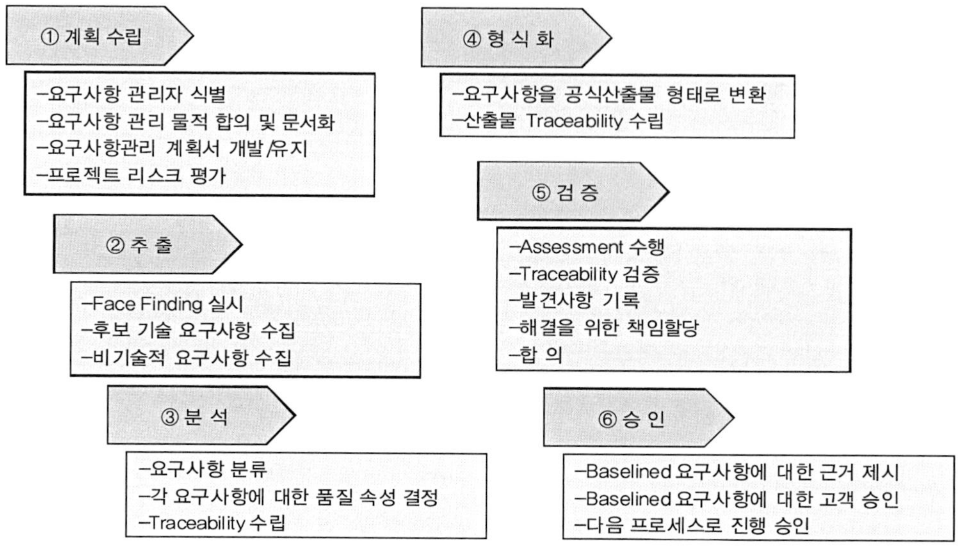

그림 8-11 미 해군 SEPO의 요구사항 프로세스 구성도

여 후보기술에 대한 요구사항과 비기술적 요구사항을 수집하는 단계이다. 요구사항 분석 단계는 요구사항을 분류하고 각 요구사항에 대한 품질 속성을 결정하며 요구사항에 대한 추적성을 수립하는 단계이다. 요구사항 형식화 단계는 제안된 요구사항을 공식산출물의 형태로 변환하고 산출물에 대해 추적성을 수립하는 단계이다. 요구사항 검증 단계는 요구사항에 대한 평가를 수행하고 추적성을 검증하며, 문제점이 파악될 경우에는 문제점 발견사항을 기록하고 이를 해결하기 위한 책임 할당 및 합의 활동을 실시하는 단계이다. 마지막으로 요구사항 승인 단계는 기준 요구사항에 대한 근거를 제시하고 고객을 승인하며 다음 프로세스로 진행하기 위해 승인하는 단계이다.

8.3 요구사항 관리

8.3.1 요구사항 관리 실태

8.3.1.1 기술적 관점의 관리 실태

임베디드 소프트웨어에 대한 요구사항 관리 문제를 기술적 관점에서 분석해보면,

주로 잘못된 요구사항과 관련된 문제이거나 아니면 주먹구구식의 개발 프로세스와 관련된 문제가 많이 있음을 알 수 있다.

먼저 잘못된 요구사항과 관련된 문제를 살펴보면, 개발경험이나 시스템에 대한 정확한 정보가 없이 개발자가 바로 요구사항을 정의하고 개발을 시작하는 것과 요구사항에 대한 분석은 있으나 정확한 분석이 이루어지지 않아 요구사항 계획 및 예측이 잘못 판단된 것이 주요한 원인이라 할 수 있다. 또한, 타당성에 대한 분석이 없이 성능 위주의 제한적인 요구사항만 도출하다 보니 개발과정에서 문제가 발생하는 것도 한 가지 원인이라 할 수 있다.

다음으로 개발 프로세스와 관련된 문제를 살펴보면, 체계적인 개발 프로세스가 없이 주먹구구식(Build and Fix) 개발 프로세스만 있다 보니 초기에 시스템 전체에 대한 가시성이 없이 부분적인 요구사항만 도출한 후 바로 소프트웨어 개발을 시작해서 발생하는 문제점이 있고, 이로 인해 개발 도중에 하드웨어가 변경되면 소프트웨어도 같이 변경할 수밖에 없는 문제점도 있다. 또한, 개발 프로세스가 있다 하더라도 개발 프로세스를 제대로 따르지 않고 요구된 기능 구현에만 집중하다보니 나중에 적절한 문서화나 분석이 잘못됨으로 인해 문제가 발생하는 상황도 있다.

8.3.1.2 관리적 관점의 관리 실태

임베디드 소프트웨어에 대한 요구사항 관리 문제를 관리적 관점에서 분석해보면, 주로 요구사항 관리체계의 미흡과 요구사항 관리에 대한 전문성의 부족 그리고 요구사항 관리에 대한 인식 부족으로 크게 구분할 수 있다.

먼저 요구사항 관리체계의 미흡 측면에서 보면, 프로세스 기반의 체계적인 요구사항 관리가 미흡하여 아키텍처를 설계한 이후에 요구사항이 빈번히 변경되거나 또는 추가 요구사항이 발생한다는 것이다. 두 번째로 획득 및 개발조직의 구성원들이 요구사항 관리에 대한 전문성이 부족하여 사용자의 요구사항을 정확하게 이해하지 못하고 환경 변화에 체계적으로 관리를 못한다는 점과 설계 변경이 초래할 경우 재작업 양이 증가하여 개발비용, 일정, 품질에 악영향을 미친다는 것이다. 세 번째로 요구사항 관리에 대한 인식이 부족하여 생기는 문제이다. 즉, 임베디드 소프트웨어는 고성능, 안전성, 신뢰성 제공이 중요하기 때문에 기본 요구사항을 기반으로 수행하는 것이 중요하지만 대부분의 임베디드 소프트웨어 개발조직이 개발일정이나 요구사항 관리방법론에 대한 인식이 부족하고 적용 방법이나 응용 방법의 문제로 인해 요구사항 관리체계에 잘 적응하지 못하는 것도 문제점이라 할 수 있다.

8.3.2 요구사항 관리 전략

소프트웨어 요구사항은 고객이나 사용자로부터 도출이 어렵고 프로젝트 시간에 따라 변화하는 특성을 가지며 개발자들의 개인적인 능력에 절대적으로 의존하므로 전체 제품의 생명주기 동안 시장과 고객의 요구사항, 제품 개발과 관련한 소프트웨어의 요구사항을 관리할 수 있는 체계, 그리고 이를 지원하기 위한 프로젝트 관리, 품질관리 및 형상관리가 함께 이루어지는 통합적인 요구공학 관점의 접근이 필요하다.

그리고 성공적인 요구사항 관리를 위해서는 요구사항 프로세스에 대한 사전 이해가 필요하며, 특히 실시간과 고도의 정확성, 그리고 높은 신뢰성 및 가용성 등이 요구되는 임베디드 소프트웨어에 대해서는 하나의 체계를 여러 릴리즈로 분할하여 반복적이면서도 점증적인 요구사항 관리가 필요하다.

마지막으로 기존에 존재하는 요구사항 관리 프로세스나 표준은 개괄적 수준으로 실제 소프트웨어 개발에 적용이 곤란하므로 구체적인 소프트웨어 요구사항 관리를 위해 6P, 즉 Purpose(목적), Participants(참가자), Precision(정확성), Priority(우선순위), Product(제품), 그리고 Process(프로세스) 요소를 포함시키는 것이 바람직하다.

- **Purpose (목적)** : 프로젝트의 목적과 요구사항 범위에 대한 명확한 식별
- **Participants (참가자)** : 이해관계자의 역할과 관계에 대한 명확한 정의 및 고객과 의사소통 개선
- **Precision (정확성)** : 고객의 기대를 만족시키는 요구사항 및 공통 용어에 대한 명확한 정의
- **Priority (우선순위)** : 고객의 가치평가 기준 정의 및 사용자의 기대와 요구사항 간 균형 유지
- **Product (제품)** : 완전하고 명확한 요구사항 명세
- **Process (프로세스)** : 체계적이고 내재화된 요구공학 프로세스

제 9 장

임베디드 소프트웨어 아키텍처

본 장에서는 아키텍처의 정의와 특성을 먼저 설명하고, 아키텍처 설계 시 필요한 설계 개념 모델, 아키텍처 구조와 뷰, 스타일, 그리고 아키텍처 설계 기법에 대해 고찰한다. 그런 다음 세 가지의 소프트웨어 아키텍처 평가기법에 대해 기술한다. 본 장은 다음과 같이 구성된다.

9.1 아키텍처 개요
9.2 아키텍처 설계
9.3 아키텍처 평가

9.1 아키텍처 개요

9.1.1 아키텍처 정의

아키텍처(Architecture)의 사전적인 의미는 다양하게 정의되고 있다. 구글 용어사전에서는 아키텍처를 "프로세스와 전체적인 구조나 논리적 요소들 그리고 컴퓨터와 운영체계, 네트워크 및 기타 다른 개념들 간의 논리적 상호관계"라고 정의하고 있다. 다음 백과사전에서는 "명령어의 구성, 데이터 표현형식, 입출력의 구성 등 기계어 레벨에서 본 컴퓨터 하드웨어의 논리설계 또는 논리구조"라고 정의하고 있으며, 네이버 백과사전에서는 "하드웨어와 소프트웨어를 포함한 컴퓨터 시스템 전체의 설계방식"으로 정의하고 있다.

그리고 아키텍처의 정의를 국제표준에서 살펴보면, 1995년 IEEE Std 610.12에서는 "시스템 또는 컴포넌트의 구성상의 구조"로 정의하고 있고, 2000년 IEEE Std 1471-2000에서는 "컴포넌트가 내장된 시스템의 근본 구조, 컴포넌트 간 관계, 그리고 설계 및 진화 방향을 관리하는 원칙"으로 정의하고 있다. 이러한 아키텍처의 정의를 요약해보면, 아키텍처란 컴포넌트의 구조, 컴포넌트 간 관계, 그리고 원칙 및 가이드라인을 총칭하는 것으로서 OSI 참조모델처럼 하나의 참조 모델이 될 수도 있지만 특정 제품의 구조를 위한 모델을 의미하거나 또는 운영체제처럼 특정 제품의 구조가 될 수도 있다.

소프트웨어 아키텍처(Software Architecture)의 의미도 다양하게 정의되고 있다. 먼저 국제 표준인 ANSI/IEEE Std 1471-2000에서는 소프트웨어 아키텍처를 "소프트웨어 시스템에 대한 근본 구조와 그 구성요소인 컴포넌트, 컴포넌트 간 상호관계 및 그들을 구성하는 설계 원칙에 대한 추천사례"라고 정의하고 있다. 2003년 Bass, Clements, Kazman이 공동 저술한 'Software Architecture in Practice'에서는 "프로그램이나 컴퓨터 시스템을 만드는 소프트웨어 구성요소와 이 구성요소들이 외부에 드러내는 속성과 이 구성요소들 사이의 관계로 이루어진 시스템의 구조"라고 정의하고 있다. 카네기멜론 대의 소프트웨어공학연구소(SEI)에서는 "프로그램과 시스템의 컴포넌트, 그들의 상호관계에 대한 구조, 그리고 컴포넌트를 설계하고 개발하기 위한 규칙과 가이드라인"으로 정의하고 있다.

9.1.2 소프트웨어 아키텍처 특성

소프트웨어 아키텍처의 특징은 보는 관점에 따라 여러 가지 의견이 제시될 수 있겠지만 일반적으로 다음의 세 가지 특징으로 요약할 수 있다.

첫째, 소프트웨어 아키텍처는 이해관계자 사이의 의사소통의 수단으로 사용된다. 즉, 소프트웨어 아키텍처는 이해관계자 사이의 서로 다른 관점을 이해하고 서로 간 의사소통하는 데 기반으로서 사용될 수 있는 공통적인 언어로서 시스템의 추상화를 표현하는 것이다. 소프트웨어 시스템의 구축에는 많은 사람들이 관여하게 되는데, 이들을 이해관계자라고 부른다. 여기에는 고객, 사용자, 개발자, 프로젝트 관리자, 조직 관리자, 마케팅 담당자 등이 모두 포함되고, 소프트웨어 시스템에 대하여 서로 다른 관점과 요구사항들을 가진다. 예를 들면, 고객은 낮은 비용으로 적시에 공급되며 자주 변경되지 않은 소프트웨어 시스템을 원할 것이며, 사용자는 소프트웨어 시스템이 사용하기 쉽고, 빠르며, 안전하고, 신뢰성있는 소프트웨어 시스템을 원한다는 것이다.

둘째, 소프트웨어 아키텍처는 시스템의 초기 설계 결정 사항을 표현한다. 즉, 아키텍처는 구현에 대한 제약사항 정의, 개발할 시스템 구조, 개발 조직의 구조, 그리고 시스템의 품질속성 실현 여부 등을 결정한다. 또한, 시스템을 변경해야 할 필요가 있을 때 가장 적은 비용과 위험 부담을 갖는 변경 경로를 결정하는 데 소프트웨어 아키텍처를 사용한다는 것이다. 이 외에도 소프트웨어 아키텍처는 프로젝트 관리자가 비용과 스케줄을 추정하는 데 사용될 수 있다.

셋째, 소프트웨어 아키텍처를 재사용할 수 있다. 당연한 말이지만 프로젝트 초기에 소프트웨어 아키텍처를 재사용한다면 그만큼 더 많은 이점을 얻게 될 것이다. 마찬가지로 코드를 재사용하는 것도 이점이 있지만, 아키텍처 단계에서의 재사용은 유사한 요구사항을 갖는 시스템에 대하여 많은 이점을 제공할 것이다. 이 경우 코드뿐만 아니라 아키텍처를 결정짓게 하는 요구사항과 아키텍처 설계 경험까지 모두 재사용할 수 있게 됨으로써 실질적인 생산성 향상과 품질 수준을 유지할 수 있게 된다. 결론적으로 소프트웨어 아키텍처는 여러 시스템을 위해 재사용할 수 있는 시스템 모델로서 동일한 아키텍처를 사용하는 미래의 시스템을 이해하는 데 도움을 제공할 수 있다.

9.2 아키텍처 설계

9.2.1 소프트웨어 아키텍처 설계 개념 모델

모든 시스템은 소프트웨어 아키텍처를 가지고 있으며, 소프트웨어 아키텍처는 하나 이상의 구조(Structure)를 가지고 있다. 소프트웨어 아키텍처의 정의에는 좋고 나쁨에 대한 기준은 없으나 소프트웨어 아키텍처를 효율적으로 설계하기 위해서는 그림 9-1과 같이 IEEE 1471-2000에서 제시한 소프트웨어 아키텍처 설계 개념 모델을 참조하는 것도 바람직하다.

그림 9-1의 소프트웨어 아키텍처 개념 모델은 크게 세 부분으로 구성된다. 첫 번째는 시스템과 아키텍처 부분이다. 시스템은 완수해야 될 하나 이상의 임무(Mission)를 가지며 개발되고 운영되는 환경(Environment)에 영향을 받는다. 시스템은 또한 한 명 이상의 이해관계자(Stakeholder)들과 관계를 맺고 있으며, 이해관계자들은 시스템에 대해 서로서로 다른 수준의 관심(Concern)을 가지고 있다. 그리고 아키텍처는 시스템이 처한 환경에서 이해관계자들의 관심을 조절해서 시스템의 임무를 달성해야 한다.

두 번째는 아키텍처와 아키텍처 기술서이다. 다양한 이해관계자들의 욕구를 만족시키려면 아키텍처는 개념뿐만 아니라 실체화된 무엇이 있어야 한다. 따라서 아키

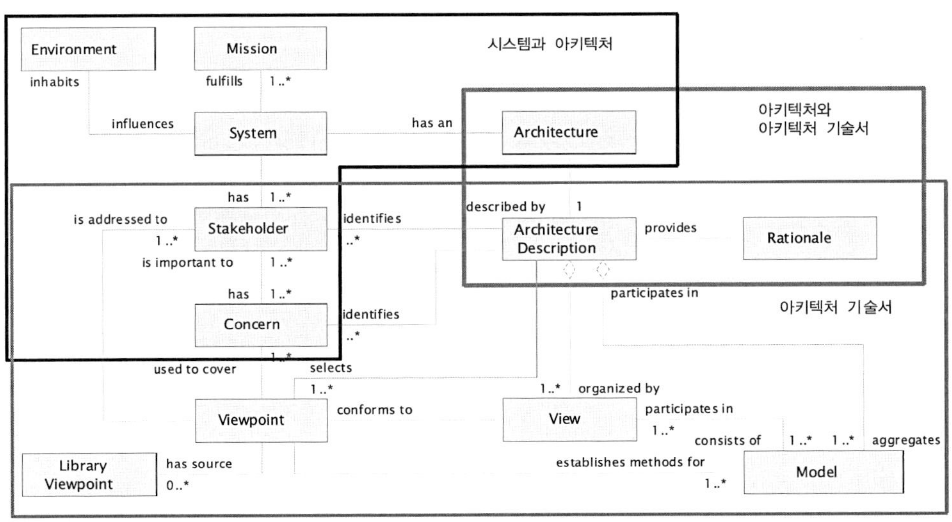

그림 9-1 IEEE 1471-2000의 소프트웨어 아키텍처 설계 개념 모델

텍처를 체계가 잘 잡힌 방법으로 문서화해야 하는데, 이 문서가 바로 아키텍처 기술서(Architecture Description)이고 아키텍처 활동의 제일 중요한 산출물이 된다. 따라서 이해관계자들은 아키텍처 기술서를 통해 시스템을 이해하고 서로 의사소통해야 한다. 또한, 아키텍처 기술서는 아키텍처를 결정한 근거(Rationale)를 제시하여 쓸데없는 논쟁을 막고 후임 아키텍트나 유지보수자가 시간을 낭비하는 일을 막는 데 도움을 준다.

세 번째는 아키텍처 기술서이다. 아키텍처 기술서는 아키텍처를 표현하고 이해관계자와 이해관계자들 간의 관심을 정의한다. 누가 이해관계자이고 이들의 정확한 관심이 무엇인지 정의하는 것은 굉장히 중요한 일이다. 아키텍처 기술서로 이해관계자와 이들의 관심을 반드시 문서화해야 한다. 아키텍처 기술서는 뷰(View)로 이루어지는데, 이 뷰가 바로 앞에서 얘기한 이해관계자가 시스템에 대해 알고 싶어 하는 것을 정리한 것이다. 뷰는 설계 산출물에 해당하는 모델 가운데 중요하고 꼭 필요한 부분을 모아서 만든다. 어떤 모델에서 어떤 부분을 모아 뷰를 만들지는 해당 뷰의 관점(Viewpoint)이 결정한다. 여기서 관점이란 뷰에 대한 양식이라고 생각할 수 있다. 이해관계자마다 관심이 서로 다르기 때문에 다양한 관점으로 아키텍처를 기술해야 한다. 관점은 처음부터 새로 만들 수도 있고 이미 널리 쓰이는 관점을 관점 라이브러리(Library Viewpoint)에서 찾아서 재사용할 수도 있다.

9.2.2 소프트웨어 아키텍처 구조와 뷰

소프트웨어 아키텍처 구조(Structure)는 구성요소의 집합으로서 시스템에 대한 서로 다른 관점과 설계방법을 제공하며 그 자체로서 타당하고 유용한 의미를 가진다. 참고로 모듈 구조란 시스템 모듈의 집합과 이들의 구성조직을 의미한다. 이에 반해 소프트웨어 아키텍처 뷰는 이해관계자가 이용하고 작성한 연관성 있는 구성요소의 집합으로 시스템 구축 시 설계서와 규정의 역할을 가진다. 참고로 모듈 뷰란 모듈 구조의 문서화된 표현을 의미한다.

소프트웨어 아키텍처 구조는 크게 모듈 구조, 컴포넌트-커넥터 구조, 그리고 할당 구조로 구분되고 개략적인 내용은 다음과 같다.

- **모듈 구조** : 모듈이 구현 단위가 된다. 이 구조는 코드 기반의 접근방법에서 사용되며 설계의 공통 시작 시점이 된다. 모듈 구조는 분할, 사용, 계층, 상속의 형태를 가진다.

- **컴포넌트-커넥터 구조** : 컴포넌트가 실행시간의 주요 연산단위가 되며 커넥터는 컴포넌트 간의 통신수단이 된다. 이 구조는 클라이언트-서버, 동시성, 프로세스, 공유 데이터의 형태를 가진다.
- **할당 구조** : 소프트웨어 구성요소와 외부 환경의 구성요소 간의 관계를 나타낸다. 이 구조는 업무 할당, 배치, 구현의 형태를 가진다.

위의 세 가지 구조를 이용하여 어떻게 소프트웨어 아키텍처 구조를 선택할 것인가는 1995년 Kruchen이 발표한 4+1 뷰 모델을 고려할 수 있다. 이 모델은 그림 9-2와 같이 분리된 구조를 통합한 아키텍처의 개념과 네 가지 구조를 제시하고 있다. 또한, 이 모델은 아키텍처 구축 및 분석 시 이해관계자 간의 개념 분리가 가능하고 이해를 향상시킬 수 있는 모델이다. 참고로 4+1 뷰 모델은 향후 RUP 모델을 만들 때 기본모델이 되는데, 이들 간의 관계가 그림 9-2 우측 하단에 나타나 있다. 즉, 시나리오는 유스케이스 뷰, 논리 뷰는 설계 뷰, 개발 뷰는 구현 뷰, 프로세스 뷰는 그대로 프로세스 뷰, 마지막으로 물리 뷰는 배포 뷰에 각각 해당된다.

그림 9-2의 네 가지 뷰를 설명하면, 먼저 사용자의 기능성을 표현하는 논리 뷰는 모듈 뷰에 해당되는데, 논리적 구조의 요소는 객체와 객체 클래스로 표현된다. 프로그래머의 관리 능력을 표현하는 개발 뷰는 할당 뷰에 해당되는데, 소프트웨어 모듈과 라이브러리, 서브시스템, 개발 단위 구조를 설명하는 관점이 된다. 통합자의 성능 및 확장성을 표현하는 프로세스 뷰는 컴포넌트와 커넥터 뷰에 해당되는데, 동시성과 기능 분산에 초점을 두는 관점이 된다. 그리고 시스템 공학자의 토폴로지 및 의

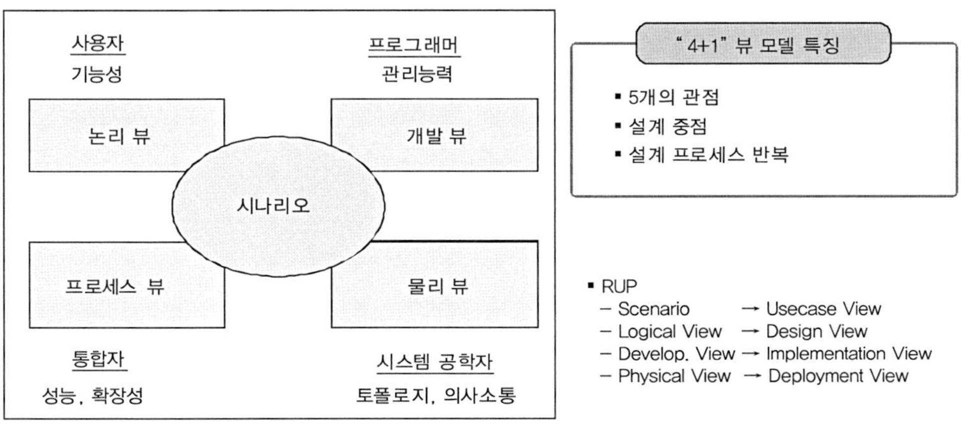

그림 9-2 Kruchen의 4+1 뷰 모델과 RUP 간 관계(1995)

표 9-1 소프트웨어 아키텍처 모델 비교

모델	중점	특징	관점
4+1뷰	설계	설계 반복 프로세스	5 뷰
SEI	의사소통	독립적인 관점	3 관점
RM-ODP	재사용	표준 용어 정의	5 관점
Siemens	설계	관점을 통한 정보 흐름	4 뷰
Rational ADS	설계	관점 간 연결 정의	4 관점(9 뷰)

사소통을 표현하는 물리 뷰는 할당 뷰에 해당되는데, 소프트웨어 요소들이 어느 프로세스와 노드에 대응되는지 보여주는 관점이 된다.

참고로 표 9-1에 4+1 뷰 모델을 포함하여 CMU SEI 모델(2004), ISO의 RM-ODP (Reference Model of Open Distributed Processing) 모델(1994), Siemens 모델(1995), 그리고 IBM의 Rational ADS(Architecture Description Sepcification) 모델(2004)의 5가지 모델에 대한 비교가 중점 분야, 특징, 관점 순으로 제시되어 있다. 이 표를 활용하면 적합한 소프트웨어 아키텍처 모델을 선택할 수 있을 것이다.

9.2.3 소프트웨어 아키텍처 설계 개념

소프트웨어 아키텍처의 특성에서도 언급했지만, 소프트웨어 아키텍처는 시스템 개발의 초기 설계 결정사항을 표현하고 초기 설계 결정사항은 시스템 개발에 많은 영향을 미친다. 이러한 초기 설계 결정사항이 시스템 개발에 미치는 영향은 다음과 같다.

- 소프트웨어 아키텍처는 개발의 제약사항을 결정한다.
- 소프트웨어 아키텍처는 개발 구조를 결정한다. 즉, 작업분할구조(WBS)의 기초로 활용된다.
- 시스템의 품질속성을 장려하거나 억제한다.
- 시스템의 품질을 예측할 수 있다.
- 시스템의 변화 이유를 좀 더 쉽게 파악하거나 관리할 수 있다.
- 점진적인 프로토타입의 개발에 도움이 된다.
- 정확한 비용과 일정을 예측할 수 있다.

따라서 소프트웨어 아키텍처를 설계할 때 설계 개념을 명확히 정립해야 하는데,

이를 위해서는 설계 전술과 설계 전략을 잘 수립해야 한다. 여기서 설계 전술은 설계 결정사항이 되며 설계 전략은 설계 전술의 집합이 된다. 즉, 설계 전술은 품질 속성의 응답을 제어하는 데 영향을 주는 설계 결정사항이 된다. 참고사항으로 아키텍처 패턴은 이러한 설계 전술을 일정한 방식으로 묶어 놓은 패키지라 할 수 있다.

아키텍트가 소프트웨어 아키텍처를 설계할 때 다양한 설계 전술을 선택적으로 사용할 수 있는데, 이러한 설계 전술에는 가용성(Availability), 변경용이성(Modifiability), 성능(Performance), 보안성(Security), 시험용이성(Testability), 그리고 사용편의성(Usability) 등이 있으며 자세한 내용은 다음과 같다.

- **가용성 전술** : 결함이 존재 시 결함의 존재 여부를 파악하고 복구하는 전술로서 세부 전술에는 결함 탐지, 결함 복구, 그리고 결함 방지가 있다.
- **변경용이성 전술** : 구현, 테스트, 배치의 변경으로 인한 시간과 비용을 제어하는 전술로서 세부 전술에는 변경의 지역화, 파급효과 방지, 그리고 바인딩 시점 연기가 있다.
- **성능 전술** : 주어진 시간 안에 시스템에 도달한 이벤트에 대한 응답을 생성하는 전술로서 세부 전술에는 자원 요구, 자원 관리, 그리고 자원 조정이 있다.
- **보안성 전술** : 다양한 경로를 통해 인증되지 않은 접근 발생 시 공격을 저지하고 복구하는 전술로서 세부 전술에는 공격 저지, 공격 탐지, 그리고 공격 복구가 있다.
- **시험용이성 전술** : 소프트웨어의 점진적 개발 시 증분 시마다 쉬운 시험을 수행하는 전술로서 세부 전술에는 입·출력 관리와 내부 감시가 있다.
- **사용편의성 전술** : 사용자가 의도한 작업을 쉽게 달성시키는 전술로서 세부 전술에는 사용자 인터페이스 분리와 사용자/시스템 발의 지원이 있다.

9.2.4 소프트웨어 아키텍처 스타일

아키텍처 스타일은 빈번하게 발생되는 소프트웨어 구조이며 특정 문제나 요구사항에 대한 솔루션으로 재사용되는 설계 단위이다. 즉, 시스템을 구상하는 핵심 개념을 나타내는 표준 소프트웨어의 구조라 할 수 있다. 아키텍처 스타일을 사용함으로써 복잡한 시스템을 단순화시킬 수 있고 이를 개념도로 표현할 수 있다. 또한, 시스템에 대한 이해를 증진시킬 수 있고 아키텍처적인 재사용성을 증가시킬 수 있다.

설계 시 두 개 이상의 표준 아키텍처 스타일을 혼용해서 사용할 수 있으며, 이를 통해 아키텍처 요구사항을 만족시킬 수 있는 최적의 아키텍처를 구성할 수 있다. 아키텍처 스타일을 적용하면 다음과 같은 이점을 가질 수 있다.

- 설계 모델의 재사용성이 증가된다.
- 시스템 구성에 대한 이해도가 증가된다.
- 표준 스타일의 재사용을 통한 상호운용성이 증가된다.
- 표준 아키텍처 스타일 용어를 위한 시각화가 가능하다.

소프트웨어 아키텍처 스타일의 구성요소는 크게 컴포넌트, 커넥터, 그리고 토폴로지의 세 가지 유형으로 구성된다. 컴포넌트 유형은 실행 시에 사전에 정의된 기능을 수행하는 것으로 데이터베이스, 필터, 프로세스, 프로시저, 객체 등이 해당된다. 커넥터 유형은 컴포넌트 사이의 통신과 협력을 조정하는 것으로 서브루틴 호출, RPC (Remote Procedure Call), 데이터 스트림, 소켓(Socket), 이벤트, 파이프 등이 해당된다. 토폴로지 유형에는 성형(Star), 링형(Ring), 계층형(Layered)이 해당된다.

9.2.4.1 데이터 중심 아키텍처 스타일

컴포넌트에 의해 액세스 되는 자료 저장소를 중심으로 하는 아키텍처 스타일이다. 독립적인 컴포넌트들이 중앙의 데이터 저장소를 조작하며 중앙의 데이터 저장소와

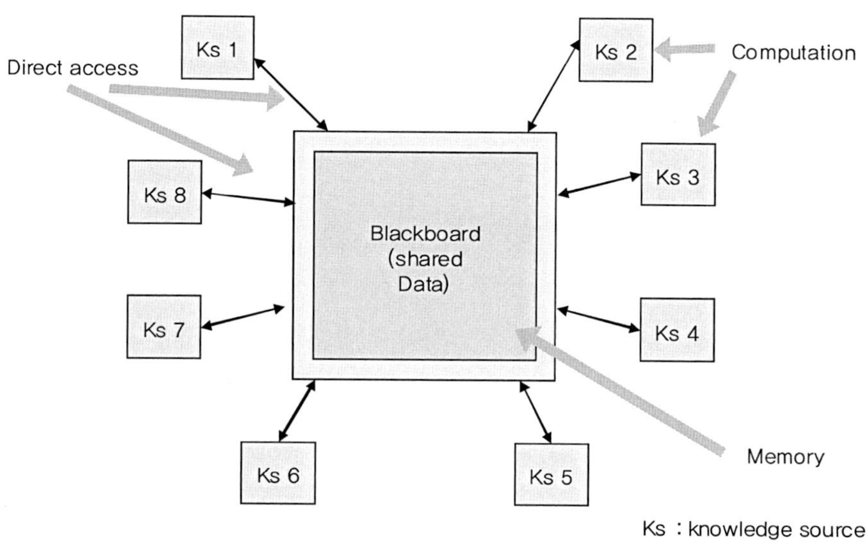

그림 9-3 데이터 중심의 아키텍처 스타일

외부 컴포넌트들 사이의 상호작용을 통해 시스템의 중요한 기능들이 수행된다. 클라이언트가 액세스하는 자료 저장소는 수동적인 파일 형태 혹은 능동적인 블랙보드 형태가 있다. 블랙보드 형태는 데이터가 변경되었을 때 관련된 클라이언트에게 통지하는 형태이다. 그림 9-3에 데이터 중심의 아키텍처 스타일이 나타나 있다.

9.2.4.2 데이터 흐름 아키텍처 스타일

입력 자료가 계산 컴포넌트를 거쳐 출력으로 바뀌는 아키텍처 스타일이다. 이 스타일에는 일괄 연속형(Batch Sequential) 스타일과 파이프-필터(Pipe-Filter) 스타일이 대표적인 사례이다.

일괄 연속형 스타일은 그림 9-4와 같이 각 단계가 다음 단계가 시작되기 전에 완료되고 각 단계 사이에는 데이터가 일괄적으로 전달되는 방식이다.

파이프-필터 스타일은 각 컴포넌트가 일련의 입력을 출력으로 변환하는 과정에서 입력과는 별도로 단계적인 처리를 통해 완성되는 출력 집합이 독자적인 처리를 하도록 할 때 사용되는 스타일이다. 즉, 입력 데이터를 필터 역할을 하는 컴포넌트로 전달하면서 이 컴포넌트가 각각의 작업을 통해 데이터를 변환하여 최종적으로 출력 데이터를 생산하는 아키텍처를 가진다. 파이프-필터 스타일의 각 필터들은 상호 독립적이어야 하며, 특히 각 필터는 다른 필터들과 상태를 공유해서는 안 되고 각 필터들이 이전 필터 컴포넌트와 이후 필터 컴포넌트의 존재와 완전히 독립적이어야 한다. 파이프 필터 아키텍처의 예로는 Unix의 Shell과 컴파일러가 있으며, 특히 컴파일러는 어휘 분석, 구문 해석, 어원 분석 등의 코드를 순차적으로 수행하도록 설계한 파이프-필터 스타일이다. 그림 9-5에 파이프-필터 아키텍처 스타일이 나타나 있다.

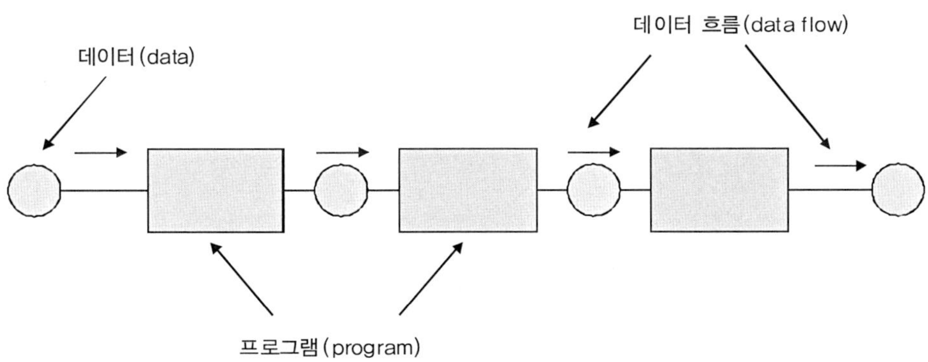

그림 9-4 일괄 연속형(Batch Sequential) 아키텍처 스타일

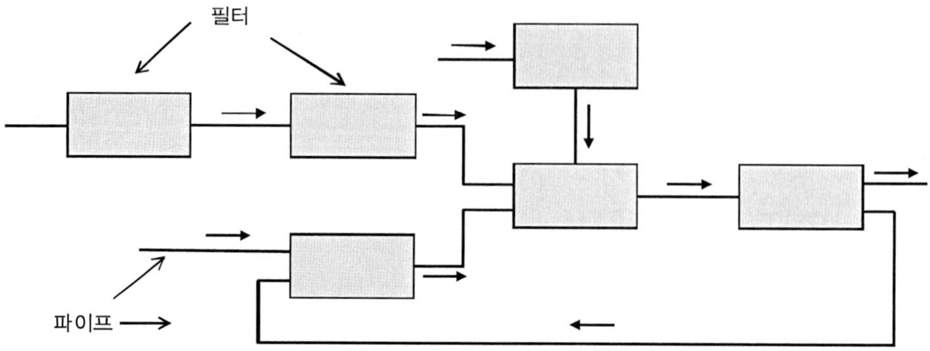

그림 9-5 파이프-필터(Pipe-Filter) 아키텍처 스타일

9.2.4.3 호출 반환(Call and Return) 아키텍처 스타일

호출 반환 아키텍처 스타일은 크게 주/서브프로그램, 원격 프로세서 호출, 객체-지향, 그리고 계층형의 네 가지 아키텍처 스타일이 있다.

먼저 주/서브프로그램 아키텍처 스타일은 하나의 주프로그램이 제어권을 가지고 여러 개의 서브프로그램 컴포넌트를 호출하며 서브프로그램은 계산 값을 반환하는 아키텍처 스타일이다. 원격 프로시저 호출(RPC) 아키텍처 스타일은 네트워크를 통해 연결되는 주/서브프로그램 아키텍처 스타일이다. 객체-지향 아키텍처 스타일은 그림 9-6과 같이 각각의 기능들이 객체로 캡슐화되어 있다. 컴포넌트는 객체로 구성되어 있으며, 필요 시 추상 데이터 타입으로 구성할 수 있다. 객체는 각각 독립적인 수행 메커니즘을 통해 리소스의 무결성을 유지하며 함수와 프로시저의 호출에 따라

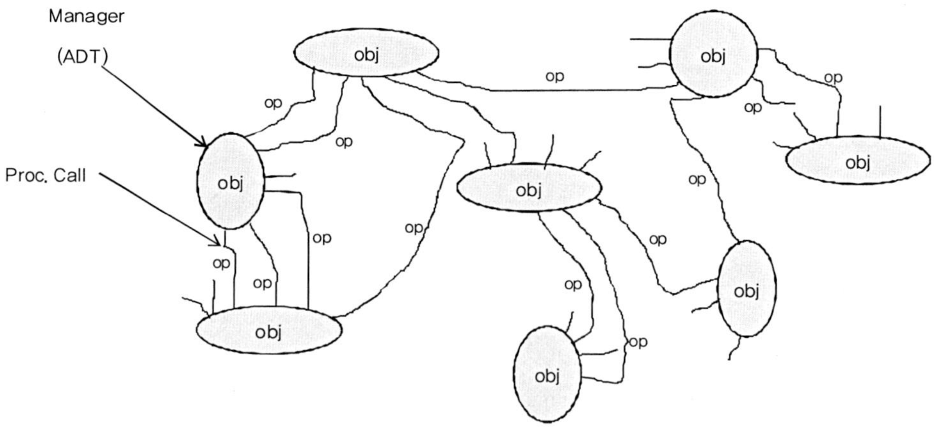

그림 9-6 객체-지향 아키텍처 스타일

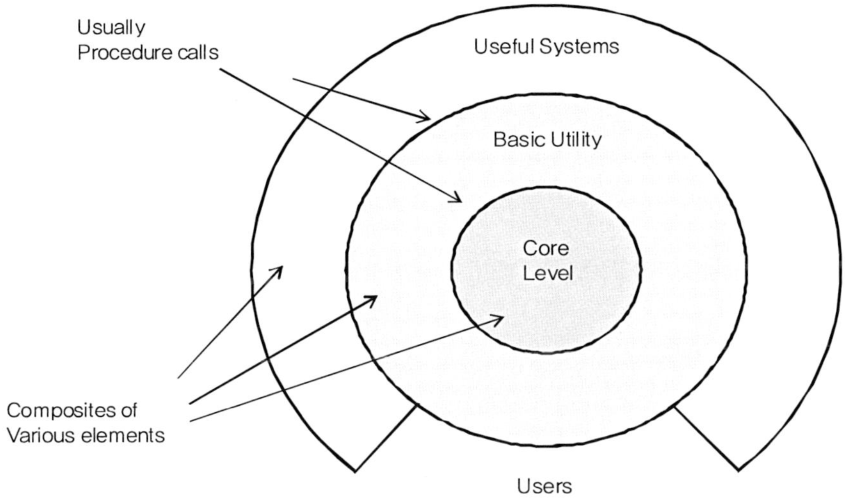

그림 9-7 계층형 아키텍처 스타일

상호작용하는 과정을 통해 시스템의 기능을 수행하는 아키텍처 스타일이다.

마지막으로 계층형(Layered) 아키텍처 스타일은 그림 9-7과 같이 각 계층이 상위 계층에게 서비스를 제공하고 하위 계층에 클라이언트로서 서비스를 받는 구조이다. 어떤 계층화된 시스템에서 내부 계층은 이웃한 외부 계층을 제외하고 다른 계층으로부터 숨겨지며, 또한 특정 계층에서 가상머신을 실행하게 되고 계층 간 커넥터는 어떻게 각 계층이 상호작용 할 것인지를 결정하는 프로토콜에 의해 정의되는 아키텍처 스타일이다.

9.2.4.4 사례 : Mellow의 임베디드 소프트웨어 아키텍처 스타일

2002년 Stephen Mellow가 제안한 세 가지의 임베디드 소프트웨어 아키텍처 스타일은 다음과 같다.

- **감시제어(Monitor and Control) 스타일** : 공장자동화 시스템, 자동차의 임베디드 제어장치, 전투기의 조정장치 등 산업 및 군사용 제어장치에 적합한 스타일이며, 엄격한 실시간 시스템과 같이 외부 이벤트에 대한 응답속도가 빠른 시스템에 적합하다.
- **전송(Transporter) 스타일** : 전화통신 시스템, 원격전송 시스템, 데이터 처리 시스템에 적합한 스타일이며, 어떤 양만큼의 데이터열에 대한 처리 응답시간이

요구되며 데이터의 합성 및 분석업무 수행에 적합하다.

- **처리(Transaction) 스타일** : 현금지급기, 신용카드 단말기, 약물분석 시스템 등과 같은 절차에 의한 처리 시스템에 적합한 스타일이며, 처리 응답시간을 엄격히 요구하지 않는 시스템에 적합하다.

9.2.5 소프트웨어 아키텍처 설계 기법

9.2.5.1 QADA 기법

QADA(Quality Driven Architecture Design and Analysis) 설계기법은 높은 품질의 소프트웨어 아키텍처를 개발하기 위해 분산 네트워크 시스템에 적용할 수 있는 제품계열 아키텍처에 초점을 맞춘 기법이다. 이를 위해 QADA 기법은 구조 뷰, 행위 뷰, 배치 뷰, 개발 뷰라는 네 가지 관점을 모두 고려하여 설계하며 설계 시 스타일과 패턴을 사용한다.

QADA 기법을 이용하여 고품질의 아키텍처를 설계하는 절차가 그림 9-8에 도시되어 있다. 먼저 기능적 요구사항과 품질 요구사항에 대해 이해관계자를 기반으로 아키텍처 관점을 정의한다. 그런 다음 사전에 정의된 관점과 아키텍처 관점을 대표하는 다이어그램들을 이용하여 컴포넌트 또는 서비스에 기능과 품질 요구사항을 매핑한다. 시스템의 크기와 도메인은 다양한 이해관계자에 의해 항상 제약을 받기 때

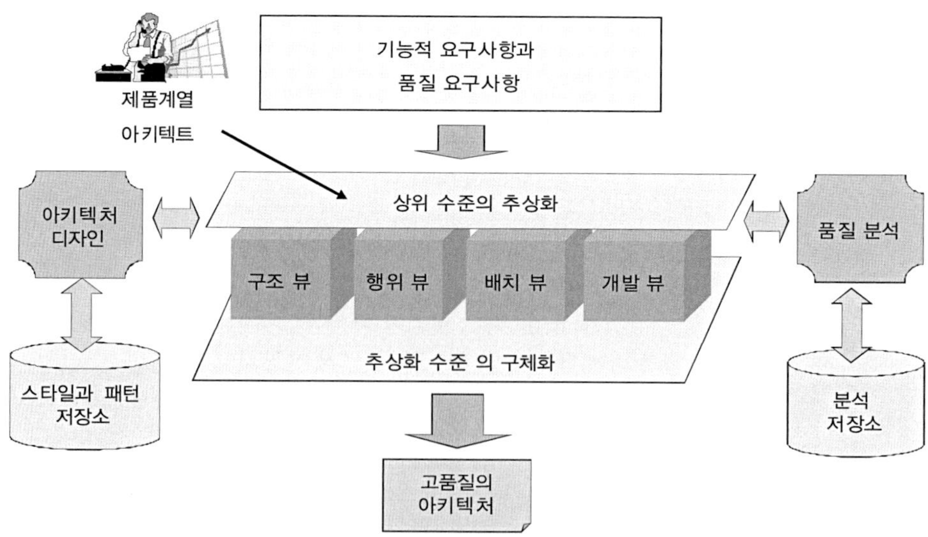

그림 9-8 QADA 아키텍처 설계기법

문에 추상적이고 개념적인 수준에서 접근하는 4개의 관점(구조, 행위, 배치, 개발)에서 서비스 아키텍처의 품질을 구체화한다. 품질은 아키텍처 문서화를 통해 아키텍처 수준에서 가시화되며, 스타일과 패턴을 통해 표현되는 품질 요구사항은 아키텍처 구성요소와 매핑된다. 스타일과 패턴은 상이한 품질을 지원하므로 스타일과 패턴의 선택은 제품계열 아키텍처를 위한 가장 중요한 고려 요소가 된다. 아키텍트는 이러한 정보를 기반으로 의사결정을 한 다음 각각의 스타일과 패턴의 품질 자산에 대해 정보를 얻어 스타일을 기반으로 고품질의 아키텍처를 설계한다.

9.2.5.2 ABD 기법

ABD(Attribute Based Design) 기법은 시스템의 개념적 아키텍처 산출물을 위한 구조를 제공하고 시스템의 분할을 반복하면서 설계하는 기법이다. 이를 위해 ABD 기법은 개발 프로세스의 초기에 기능적 요구사항을 만족시키기 위해 아키텍처 스타일을 선택하고 소프트웨어 템플릿을 적용하고 정제하는 순서를 따른다.

ABD 기법을 이용하여 아키텍처를 설계하는 절차가 그림 9-9에 도시되어 있다. 이 기법은 요구사항 명세서를 통해 기능 요구사항과 품질 요구사항으로 구분하고 시스템의 기능을 분할하면서 시작된다. 분할단계에서 기능적인 요구사항들은 핵심

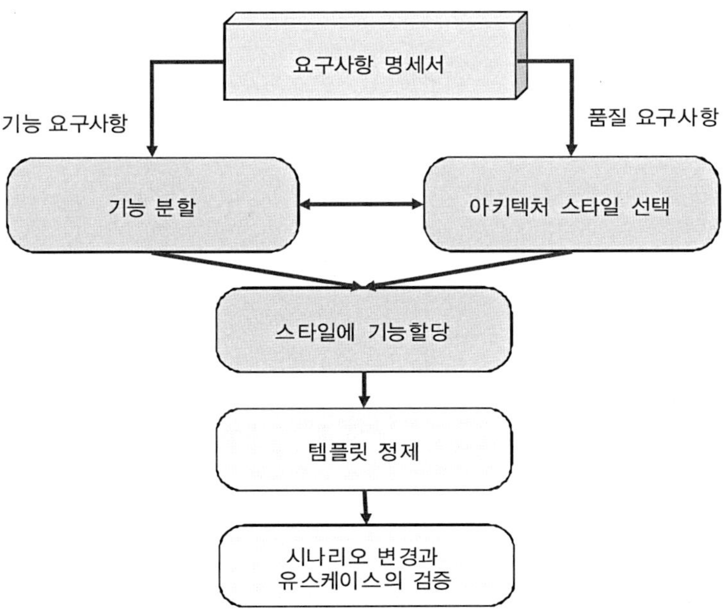

그림 9-9 ABD 아키텍처 설계기법

적인 요소와 매핑되고, 품질 및 비즈니스 요구사항은 아키텍처 스타일에 매핑되며, 최종적으로 아키텍처 스타일에 기능을 할당한다. 이러한 분할은 템플릿 정제를 위해 논리성, 동시성, 배치성의 3가지 관점에 의해 다시 조사된다. 품질과 비즈니스 그리고 기능의 구체화된 요구사항은 분할하는 동안 결심을 위한 확인사항으로 이용되며, 또한 제약사항을 이용하여 분할하는 과정에서 상위결정에 위배되는 점이 있는지 확인한다. 만약 위배되는 사항이 발견되면 시나리오를 변경하고 유스케이스를 검증하는 절차를 반복한다.

9.2.5.3 Jan Bosch 기법

Jan Bosch 기법은 개발 초기 단계부터 품질 요구사항을 고려하여 소프트웨어 아키텍처를 설계하는 기법이다. 이를 위해 품질속성을 고려하지 않은 초기 버전의 아키텍처를 생산하고 두 번째 버전부터는 품질속성의 변경을 통해 아키텍처를 개선하며 모든 품질 요구사항을 만족할 때까지 반복한다.

Jan Bosch 기법을 이용하여 아키텍처를 설계하는 절차가 그림 9-10에 도시되어 있다. 첫 번째 단계에서 품질 요구사항을 고려하지 않은 아키텍처 초기 버전을 생산한다. 그런 다음 아키텍처 초기 버전을 품질 요구사항의 측면에서 평가한다. 각각의 품질 속성은 예상 가치가 주어져 있고, 이 가치들은 품질 요구사항 명세의 가치와 비교된다. 만일 모든 가치가 요구된 조건보다 더 좋거나 그 이상이면 아키텍처 프로

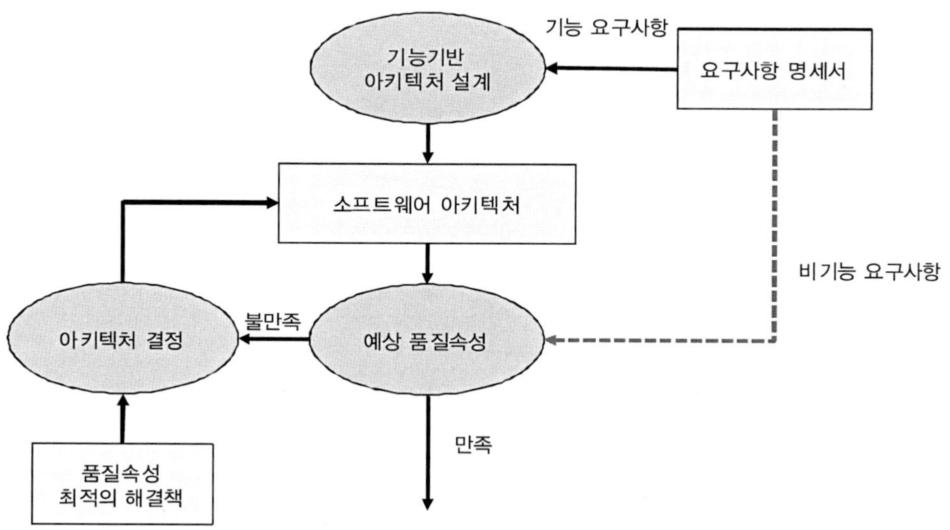

그림 9-10 Jan Bosch 아키텍처 설계기법

세스는 종료된다. 그렇지 않다면 두 번째 단계에서 초기의 아키텍처 버전에서 품질 개선이 필요한 품질 속성을 변경한다. 그리고 모든 품질 요구사항이 만족할 때까지 반복하거나 소프트웨어 엔지니어가 타당한 해결책이 없음을 결심할 때까지 반복해서 평가한다.

9.2.5.4 ADD 기법

ADD(Attribute-Driven Design) 기법은 미국 카네기 멜론 대학의 소프트웨어 공학 연구소(SEI)에서 제안한 기법으로 품질속성 요구사항과 기능적 요구사항 모두를 만족시키며 소프트웨어가 실행해야 하는 품질속성의 분할과정에 기초하여 소프트웨어 아키텍처를 정의하는 기법이다. 이를 위해 설계에 주요한 영향을 미치는 아키텍처 동인을 선택하고, 동인을 만족하는 아키텍처 스타일을 선택한 후 모듈을 정제하고 필요시 반복하는 3단계 방법을 사용한다.

ADD 기법을 이용하여 아키텍처를 설계하는 3단계 절차가 그림 9-11에 도시되어 있다. 1단계에서는 입력된 요구사항을 바탕으로 분할할 모듈을 선택한다. 분할 모듈은 보통 전체시스템을 선택하는 경우가 일반적이다. 2단계에서는 먼저 아키텍처 설계에 주요한 영향을 미치는 아키텍처 동인을 선택하고 동인을 만족하는 아키텍처 스타일을 선택한 후 하위 모듈을 식별한다. 스타일 선택 시 동인을 만족하는 아키텍처 스타일을 전술에 기초해 새로 만들거나 기존의 스타일 중 하나를 선택한다. 그리고 모듈 실체화 및 기능 할당 시 분할 뷰, 병행 뷰, 배치 뷰를 사용해 표현하고 필요

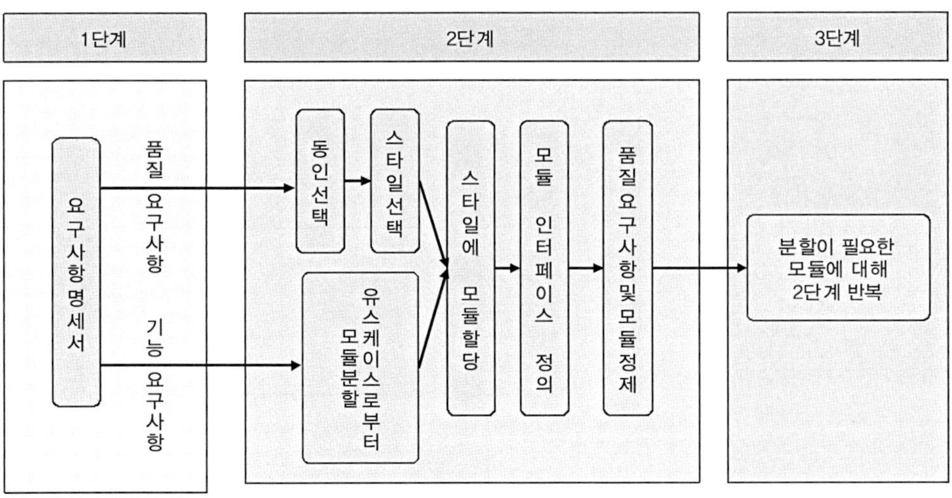

그림 9-11 ADD 아키텍처 설계기법

시 추가적인 뷰를 사용해 아키텍처를 표현할 수도 있다. 다음으로 하위모듈의 생산 정보와 소비정보를 나타내는 인터페이스를 정의하고, 마지막으로 품질 요구사항 및 모듈을 정제한다. 3단계에서는 분할이 필요한 모듈에 대해 2단계를 반복한다.

9.2.5.5 QADD 기법

QADD(Quality Attribute-Driven Design) 기법은 국방대학교 임베디드 소프트웨어 연구실에서 제안한 품질속성 중심의 임베디드 소프트웨어 아키텍처에 대한 설계기법이다. 이 기법은 ADD 기법에 품질속성 측면을 고려한 것으로서 요구사항 정의에서 기능 요구사항과 품질 요구사항을 분류한 다음 품질 요구사항에 대해서는 품질속성 시나리오를 통해 품질속성을 식별한다. 이 기법은 특히 품질 요구사항을 매우 명확하게 확장할 수 있게 해줄 뿐만 아니라 시스템과 관련이 있는 품질속성을 구체적으로 식별해준다.

QADD 기법을 이용하여 아키텍처를 설계하는 3단계 절차가 그림 9-12에 도시되어 있다. 1단계 요구사항 정의로부터 유스케이스를 통해 기능 요구사항들이 모듈단위로 분할되고 품질속성 시나리오를 통해 품질속성들이 식별된다. 2단계에서는 품질속성 중에서 시스템에 가장 영향을 많이 미치는 품질속성을 고려하여 아키텍처 동인을 선택한다. 그런 다음 품질속성 달성 방안을 결정하고 아키텍처 스타일을 선택하며, 유스케이스를 통해 분해된 모듈과 아키텍처 스타일을 결합하여 구성요소들이 구체화되도록 한다. 그 이후는 ADD와 마찬가지로 모듈 인터페이스를 정의하고

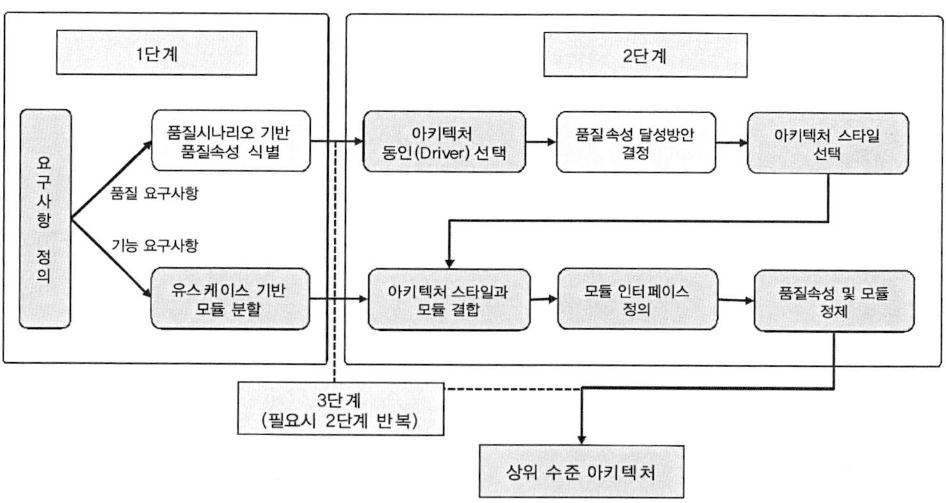

그림 9-12 QADD 아키텍처 설계기법

품질속성 및 모듈을 정제하고 이를 통해 상위 수준의 임베디드 소프트웨어 아키텍처를 설계한다.

9.2.5.5.1 1단계

- **활동 1 : 품질속성 시나리오를 통해 품질속성을 식별한다.**
  품질 요구사항은 품질속성 시나리오를 통해 완성된다. 품질속성 시나리오는 시스템에 독립적이며 모든 시스템에 적용할 수 있는 일반 품질속성 시나리오와 특정 상황에서 특정 시스템에 적용할 수 있는 구체적 품질속성 시나리오로 구분할 수 있다.

- **활동 2 : 유스케이스를 통해 모듈을 분할한다.**
  기능적 요구사항은 유스케이스를 통해 완성된다. 설계 대상이 될 모듈을 선택하고 이 모듈의 기능 요구사항을 정의한다. 그림 9-13에서 보는 것처럼 처음 시작할 때 대상 모듈은 보통 전체 시스템이 된다. 전체 시스템을 적절한 수준의 서브시스템으로 분해하여 QADD를 실시한다. 다음 반복에서는 서브시스템을 다시 적절한 수준의 모듈로 나누어 QADD를 실시하며 같은 작업을 반복해서 실시한다.

9.2.5.5.2 2단계

- **활동 1 : 아키텍처 동인을 선택한다.**
  아키텍처가 다뤄야 할 요구사항 가운데 제일 중요한 요구사항들을 도출하여 아키텍처 동인으로 선택한다. 그림 9-14에 아키텍처 동인을 선택하는 과정이 나타나 있다.

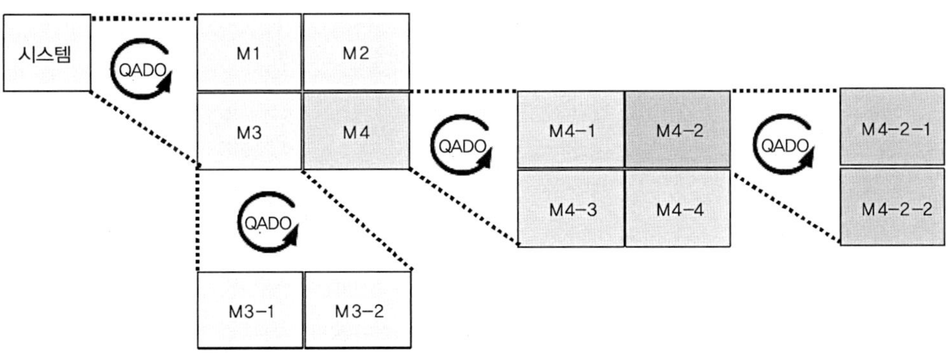

그림 9-13 QADD의 모듈 분해 과정

그림 9-14 QADD의 아키텍처 동인 선택 과정

- **활동 2 : 품질속성 달성방안을 결정한다.**

  아키텍처 동인으로 선택된 품질속성을 기반으로 품질속성 달성 전술을 결정하는 것이 아키텍처 설계의 중요한 요소가 된다. 품질속성 달성 전술은 이미 널리 알려진 것을 적용할 수도 있고 상황에 따라 새로 만들어야 할 때도 있다. QADD에서는 품질속성 중심의 소프트웨어 아키텍처 설계에 공통적으로 적용할 수 있는 대표적인 품질속성인 가용성, 성능, 사용성, 보안성, 시험용이성을 고려한다.

- **활동 3 : 아키텍처 스타일을 선택한다.**

  아키텍처 스타일을 선택하는 과정은 그림 9-15에서 보는 것처럼 품질속성 시

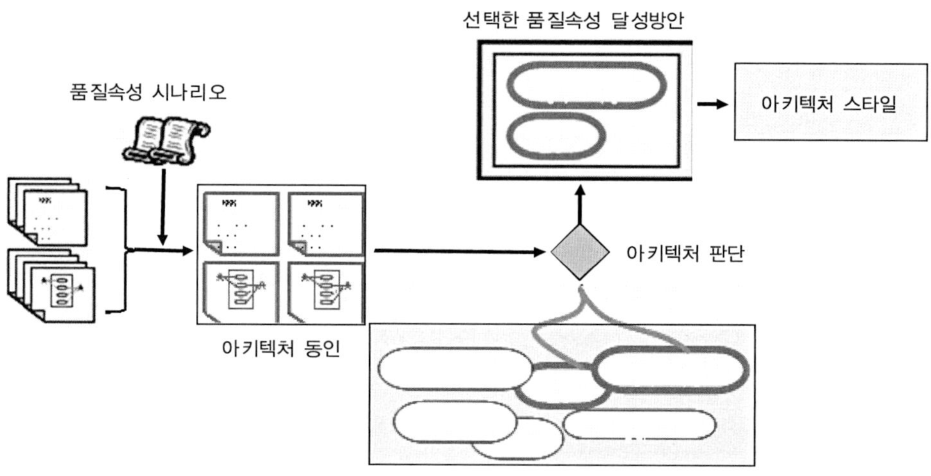

그림 9-15 QADD의 아키텍처 스타일 선택 과정

나리오를 통해 품질속성을 식별하여 아키텍처 동인을 선택한다. 그런 다음 아키텍처 동인으로 선택된 품질속성을 바탕으로 달성할 수 있는 방안을 결정하여 아키텍처 스타일을 선택한다. 아키텍처 스타일 선택 시 품질속성에 대한 균형을 유지하는 것이 중요하다.

- **활동 4 : 아키텍처 스타일과 모듈을 결합한다.**
활동 3에서 선택한 아키텍처 스타일과 목표 시스템에 필요한 모듈을 그림 9-16과 같이 결합한다. 스타일 기반으로 모듈에 기능을 할당하고 모듈 사이에서 정보가 교환되는 방식을 파악해서 정보 생산자와 정보 소비자를 결정한다. 스타일에 기능을 할당하는 과정이 끝나면 목표 시스템이 필요한 기능을 충분히 제공할 수 있다는 확신을 얻을 수 있어야 한다.

- **활동 5 : 다양한 뷰를 통한 모듈의 인터페이스를 정의한다.**
목표 시스템이 원하는 품질속성을 만족하는지 확인하려면 모듈을 분해한 것만으로는 부족하다. 따라서 여러 가지 뷰를 통해 시스템의 여러 모습들을 살펴보아야 한다. 이를 통해 각 모듈이 제공하는 서비스와 제공받아야 하는 서비스를 정의한다.

- **활동 6 : 품질속성 및 모듈을 정제한다.**
모듈을 검증하고 더 작은 모듈로 분해하기 위해 준비한다. 상위 모듈의 기능 요구사항, 품질 요구사항, 제약조건 등은 하위 모듈로 분해되어 하위 모듈의 기능 요구사항, 품질 요구사항, 제약조건이 된다. 기능 요구사항은 상위 모듈의 유스케이스를 분할하고 정제해서 하위 모듈의 기능 요구사항으로 바꾼다.

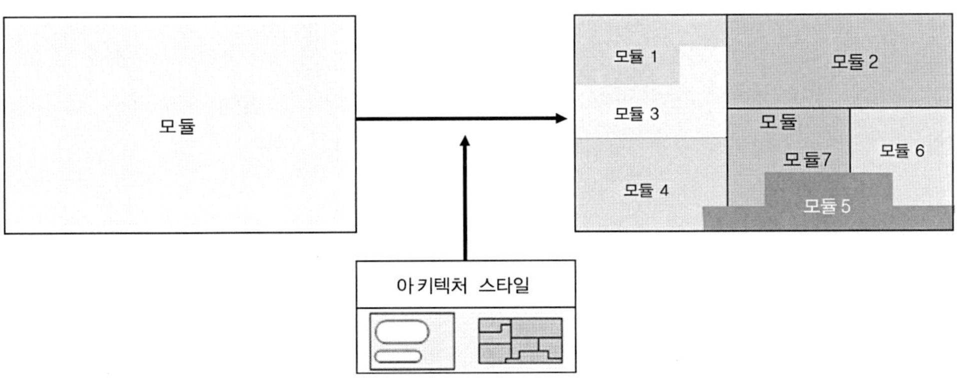

그림 9-16 QADD의 아키텍처 스타일과 모듈의 결합 과정

모듈이 품질 요구사항을 만족시킬 수 없는 경우에는 상위 모듈을 잘못 분해한 것은 아닌지 검토하여 다시 분해할 것을 고려해야 한다. 만약 다시 분해할 수 없다면 문제가 되는 품질요소와 다른 품질요소 사이에서 절충점을 찾아야 한다. 제약사항 분할에서 상위 모듈의 제약사항은 하위 모듈로 분할되더라도 지켜져야 한다.

9.2.5.5.3 3단계

- **활동 1 : 모듈을 분해할 필요가 없을 때까지 반복한다.**

  모듈을 더 분해해야 하는지 판단한다. 만약 더 분해해야 한다면 단계 2에서 정제가 끝난 하위 모듈이 단계 1의 상위 모듈이 되어 QADD 단계를 반복한다. 반복여부를 판단하는 방법은 1차 반복의 결과 시스템을 모듈로 나누고 품질 요구사항, 기능 요구사항을 할당한다.

9.3 아키텍처 평가

소프트웨어 아키텍처를 평가한다는 것은 소프트웨어 아키텍처의 품질 요구사항에 대한 충족 여부를 평가하고 판단해서 아키텍처의 향상과 선택을 돕기 위한 활동이라 할 수 있다. 소프트웨어 아키텍처의 평가 기법 중에서 국제표준으로 인정된 기법은 없으나 미국 카네기멜론 대의 소프트웨어공학연구소(SEI)에서 개발한 시나리오 기반의 소프트웨어 아키텍처 평가기법인 SAAM(Software Architecture Analysis Method), SAAM 기법에서 유래된 품질속성과 시나리오 기반의 소프트웨어 아키텍처 평가 기법인 ATAM(Architecture Trade-off Analysis Method), 그리고 ATAM 기법에서 부족한 경제성 평가를 보강한 기법인 CBAM(Cost Benefit Analysis Method)이 대표적이다. 특히, 임베디드 소프트웨어 아키텍처를 평가할 때 많이 사용되는 ATAM 기법에 대해서는 평가절차를 단계별로 자세히 설명한다.

9.3.1 SAAM 기법

SAAM(Software Architecture Analysis Method) 기법은 시나리오를 기반으로 소프트웨어 아키텍처를 평가하는 최초의 기법으로 널리 알려져 있다. 이 기법은 변경가능성을 평가하기 위해 만들어졌으나 확장성 및 이식성 등을 평가하는 데도 유용한

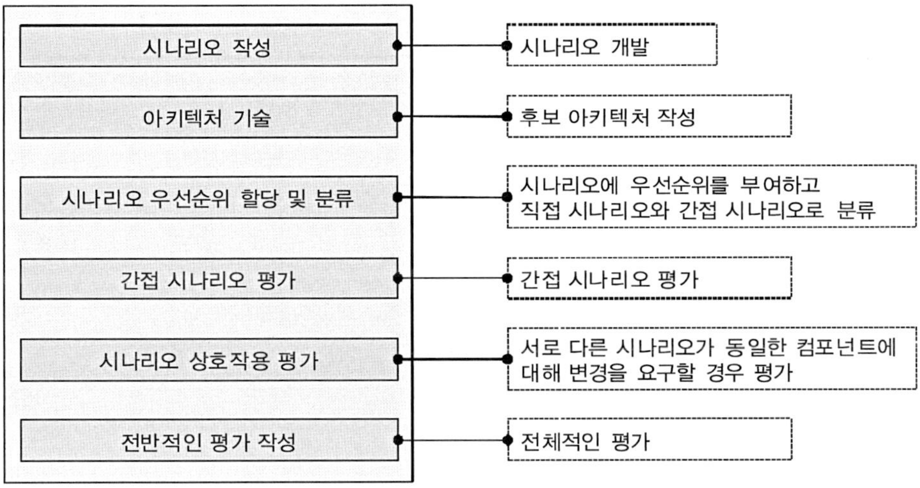

그림 9-17 SAAM 기법의 6단계 평가절차

기법이다.

SAAM 기법을 이용하여 아키텍처를 평가하는 6단계 절차가 그림 9-17에 도시되어 있다. 평가절차를 설명하면 먼저 브레인스토밍을 통해 시나리오를 개발하는 시나리오 작성 단계, 후보 아키텍처를 작성하는 아키텍처 기술 단계, 시나리오에 우선순위를 부여하고 직접 시나리오와 간접 시나리오로 분류하는 시나리오 우선순위 할당 및 분류 단계, 간접 시나리오를 평가하는 간접 시나리오 평가 단계, 두 가지 이상의 시나리오가 동일한 컴포넌트에 대해 변경을 요구할 경우를 평가하는 시나리오 상호작용 평가 단계, 마지막으로 전체적인 평가를 실시하는 전반적인 평가 작성 단계 등 총 6단계로 구성된다.

9.3.2 ATAM 기법

ATAM(Architecture Trade-off Analysis Method) 기법은 SAAM 기법에서 유래된 품질속성과 시나리오 기반의 소프트웨어 아키텍처 평가 기법이다. 이 기법은 품질속성을 발견하고 아키텍처가 특정 품질속성을 만족하는지 분석하며, 위험 요소나 민감점(Sensitivity Point), 그리고 품질속성 간의 충돌을 분석해서 절충점을 도출하는 기법이다.

ATAM 기법을 이용하여 아키텍처를 평가하는 9단계 절차가 표 9-2에 나타나 있다. 평가절차는 ATAM 소개, 비즈니스 동인 소개, 아키텍처 소개, 아키텍처 접근법

표 9-2 ATAM 기법의 9단계 평가 절차

소개	1. ATAM 소개
	2. 비즈니스 동인 소개
	3. 아키텍처 소개
조사와 분석	4. 아키텍처 접근법 식별
	5. 품질속성 유틸리티 트리 작성
	6. 아키텍처 접근법 분석
테스트	7. 브레인스토밍과 시나리오 우선순위 결정
	8. 아키텍처 접근법 분석 반복
보고	9. 결과 발표

식별, 품질속성 유틸리티 트리 생성, 아키텍처 접근법 분석, 브레인스토밍 및 시나리오 우선순위 결정, 아키텍처 접근법 분석 반복, 결과 발표 등 총 9단계로 구성된다.

- **활동 1 : ATAM을 소개한다.**

  리더는 이해관계자에게 ATAM에 대한 설명을 한다. ATAM의 단계 개요, 유틸리티 트리 생성 기법, 아키텍처 기반의 분석 기법, 시나리오 브레인스토밍 기법, 시나리오 우선순위 매기는 기법, 평가 산출물 등을 설명한다. 또한, 이해관계자들의 기대치를 확정하고 궁금해 할 수 있는 질문에 대한 답을 한다.

- **활동 2 : 비즈니스 동인을 소개한다.**

  프로젝트 매니저는 비즈니스적인 관점에서 시스템의 전체 모습을 요약하여 설명한다. 설명하는 내용에는 가장 핵심적인 시스템의 기능, 기술적/관리적/경제적/정치적 제약사항, 프로젝트의 비즈니스 목표와 배경지식, 주요 이해관계자, 아키텍처에 영향을 미치는 주요 품질속성 등이 있다.

- **활동 3 : 아키텍처를 소개한다.**

  현존하는 비즈니스적인 요구사항을 어떻게 다루고 있는지에 초점을 두고 아키텍처를 설명한다. 이 과정에서는 기술적인 제약사항, 시스템이 상호작용해야 하는 외부 시스템, 그리고 품질 속성을 만족하기 위해 적용된 아키텍처적인 접근법들을 설명한다.

- **활동 4 : 아키텍처 접근법을 식별한다.**

  요구사항을 고려하여 아키텍처 접근법을 식별하나 분석하지는 않는다. 최우선 순위의 품질속성을 달성하기 위한 아키텍처 접근법과 아키텍처 스타일을 찾아낸다.

- **활동 5: 품질속성 유틸리티 트리를 작성한다.**
  시스템의 유틸리티 트리를 구성하는 품질속성을 도출하고 품질 내부속성에서 보다 구체적으로 분해한다. 그리고 분해한 품질기준을 바탕으로 시나리오를 작성한다. 품질 시나리오 등급은 해당 시나리오의 중요도와 해당 시나리오를 달성하는 데 대한 난이도를 2차원으로 구성하여 상, 중, 하로 나타낸다.

- **활동 6: 아키텍처 접근법을 분석한다.**
  유틸리티 트리에서 찾아낸 높은 우선순위 시나리오를 바탕으로 아키텍처적인 접근법이 분석된다. 즉, 품질 속성과 시나리오를 바탕으로 아키텍처의 장단점 등을 보다 분석적으로 평가하게 된다. 이 단계에서는 아키텍처 위험, 비위험, 민감점과 절충점이 식별된다.

- **활동 7: 브레인스토밍과 시나리오 우선순위를 결정한다.**
  조사와 분석을 통해 나온 시나리오들을 테스트하는 첫 과정으로서 브레인스토밍 기법을 통해 나온 아이디어를 이용하여 시나리오의 우선순위를 결정한다.

- **활동 8: 아키텍처 접근법 분석을 반복한다.**
  아키텍처 접근법 분석을 반복적으로 수행하는 과정으로 추가적인 아키텍처적인 접근법, 위험, 비위험, 민감점, 절충점을 발견할 수 있다.

- **활동 9: 결과를 발표한다.**
  마지막으로 ATAM 기법으로부터 수집된 정보를 요약하여 이해관계자에게 발표한다. ATAM의 단계와 비즈니스 배경, 요구사항, 제약사항, 그리고 아키텍처를 포함한 ATAM의 단계에서 수집된 모든 정보를 요약한다.

9.3.3 CBAM 기법

CBAM(Cost Benefit Analysis Method) 기법은 ATAM 기법에서 부족한 경제성 평가를 보강한 기법으로 아키텍처와 관련된 결정을 할 때 비용이나 이익 그리고 위험 등을 적용하여 의사결정을 지원하는 기법이다.

평가는 이해관계자들이 가장 관심 있는 시나리오와 그에 관련된 전술의 선택, 품질속성 이익 평가, 다른 아키텍처 전술의 이익 평가, 아키텍처 전술의 비용 평가, 비용 대 효과 분석, 그리고 의사결정 등 총 6단계로 구성된다.

제 10 장

임베디드 소프트웨어 테스트

본 장에서는 테스트의 목적, 일반요소 그리고 V-모델과 다중 V-모델에 대해 먼저 설명하고, 임베디드 소프트웨어에 대한 테스트 방법, 환경, 도구 및 자동화에 대해 살펴본다. 그런 다음 리스크 기반의 테스트 전략 수립과 구조화된 테스트 설계절차를 고찰한다. 마지막으로 테스트 프로세스 개선을 위한 TPI 모델에 대해 설명한다. 본 장은 다음과 같이 구성된다.

10.1 테스트 개요
10.2 임베디드 소프트웨어 테스트(TEmb)
10.3 테스트 전략
10.4 테스트 설계
10.5 TPI 모델

10.1 테스트 개요

10.1.1 테스트 목적

테스트는 시스템 안에 있는 결함을 발견하기 위한 목적에 그 중심을 둔 프로세스이며, 시스템 품질 향상에 도움을 주는 시스템 개발에서 가장 핵심적인 요소이다. 따라서 테스트 자체는 직접적으로 시스템의 품질을 향상시키지는 않지만 시스템에서 관찰된 약점들이나 조직에 연관된 리스크에 대한 통찰력을 제공함으로써 간접적으로 시스템의 품질을 향상시킨다. 요약하자면, 테스트의 궁극적인 목적은 시스템에 대한 일련의 결함 데이터를 개발조직에 제공하여 어떻게 프로젝트를 진행할 것인가에 대한 실증적 조언을 제공하는 것이다.

테스트는 시대가 변하고 정보기술이 발전하면서 결함 발견에서 결함을 예방하는 차원으로 진화하고 있다. 하드웨어가 중심이던 1960년대 이전에는 테스팅(Testing)과 디버깅(Debugging)이 구분되지 않고 개발자가 코딩이 완료되는 시점에 테스트를 수행하였다. 그 이후 1980년대 초까지 테스팅과 디버깅이 구분되기 시작하면서 테스팅이 소프트웨어의 결함을 발견하는 것으로 인식하기 시작되었다. 그러다 1980년대 중반부터 테스트의 수명주기 개념과 베리피케이션(Verification) 및 벨리데이션(Validation) 개념이 등장하면서 비로서 테스트가 결함을 발견하는 차원에서 결함을 예방하는 차원으로 발전하였으며 현재는 테스트 자동화와 테스트 도구를 사용하는 시대로 발전하고 있다.

테스트의 목적을 성취하기 위해서는 체계적인 테스트 프로세스가 필요하다. 테스트 프로세스는 일반적으로 계획 수립, 테스트 명세화(혹은 설계), 그리고 테스트 케이스 실행 활동이라는 절차를 가진다. 또한, 알아야 할 보편적인 규칙이나 사실을 통해 가용 자원들을 효율적으로 사용해야만 테스트의 목적을 성취할 수 있다. 여기서 보편적인 규칙이나 사실에는 모든 결함들을 발견하는 것이 불가능하다는 점과 원하는 어떤 것이든 모두 테스트하기에는 충분한 시간이나 인원 그리고 비용이 충분하지 않다는 사실이다.

10.1.2 테스트 프로세스 일반요소

Bart Broekman이 'Testing Embedded Software'에서 제시한 테스트 프로세스의 일반요소에는 그림 10-1과 같이 테스트 전략, 최종 사용자와 상급관리자를 포함한 이

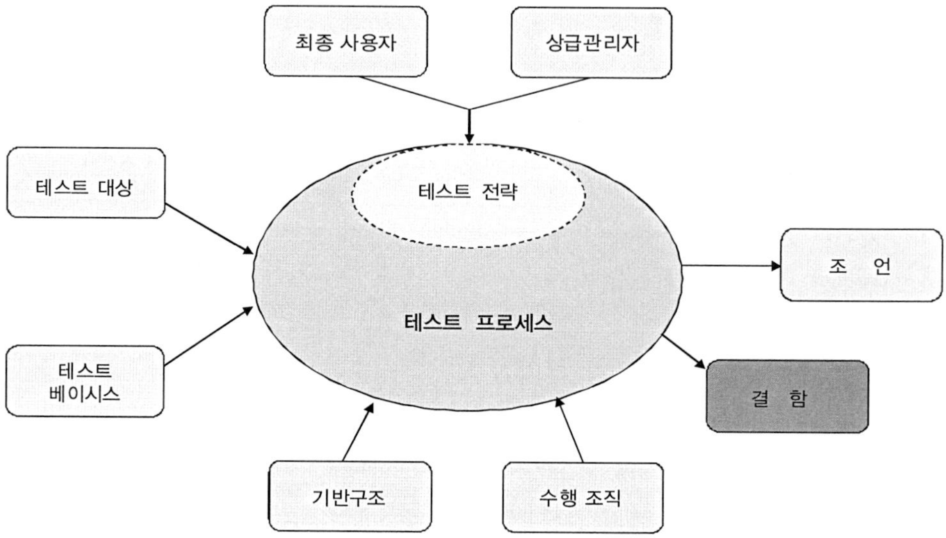

그림 10-1 테스트 프로세스의 일반요소(Bart Broekman, 2003)

해관계자, 테스트 대상, 테스트 베이시스, 기반구조, 그리고 수행 조직이 있으며, 테스트 프로세스 과정을 통해 발견한 결함(Defect)과 시스템의 품질을 향상시키기 위해 실시하는 조언(Advice)의 다양한 요소로 구성된다. 일반요소 중에서 조언과 결함을 제외하고는 모두 화살표 방향이 테스트 프로세스 안쪽을 가리키고 있는데, 이는 테스트 프로세스가 진행되면서 이들 일반요소들을 사용해서 테스팅 한다는 것을 의미한다. 이에 비해 결함과 조언은 화살표의 방향이 반대로 되어 있는데, 이는 테스트 프로세스의 결과가 결함이라는 형태로 나타난다는 것과 발견된 결함을 통해 최종 사용자나 프로젝트 리더에게 조언을 제공함으로써 시스템의 품질을 간접적으로 향상시킨다는 것을 의미한다.

일반요소 중에서 테스트 전략(Test Strategy)은 테스트에서 가장 중요한 것이 무엇인지 그리고 어느 정도 깊이에서 테스트해야 하는지를 결정하는 활동을 말한다. 테스터가 테스트 전략에 따라 테스트를 수행할 때 테스터는 결함을 발견할 것이며 이를 통해 프로젝트 관련자에게 결함에 따른 조언을 할 수 있다. 테스트 베이시스(Test Basis)는 그 정의가 요구사항을 내포하고 있는 모든 문서라는 의미가 있는데, 이는 테스트 케이스를 만들 때 사용되는 결정의 기초가 된다. 즉, 해당 테스트 레벨에서 테스트 케이스를 만들 때 사용되는 문서나 아키텍처 또는 소스코드 등이 테스트 베이시스에 해당된다. 예를 들면, 인수 테스트는 요구사항 명세서, 시스템 테스트는 아키텍처, 단위 테스트는 소스코드가 테스트 베이시스가 된다. 그 외 테스터는 테스트에 필요한 적절한 기반구조(Infrastructure)와 특정 지식이나 기술을 가진 수행조직(Organization)이 있어야 한다.

10.1.3 V-모델과 다중 V-모델

10.1.3.1 V-모델

테스트 활동은 소프트웨어 개발 프로세스와 밀접한 관계가 있다. 즉, 테스트 활동은 프로그램에 포함된 단순한 코딩의 결함만을 찾는 것이 아니라 요구분석에서의 결함, 시스템 설계에서의 결함 등 소프트웨어 개발 단계의 각 활동에 대한 테스트를 포함하므로 소프트웨어 개발 프로세스와 매핑되어야 한다.

V-모델은 요구사항 명세부터 유지보수까지의 소프트웨어 개발 수명주기의 전 활동을 기술한 프레임워크이다. 즉, V-모델은 개발 프로세스와 통합하여 개발의 전 단계에서 결함을 찾고 테스팅하는 체계화된 개념이라 할 수 있다. 이러한 V-모델은 원래 구조적 개발방법론 중의 하나인 폭포수 모델로부터 만들어졌다. 즉, 폭포수 모델의 4개 개발단계인 요구분석, 시스템 설계, 상세 설계, 구현 단계가 테스트 활동인 인수 테스트, 시스템 테스트, 통합 테스트, 단위 테스트와 각각 매핑된다. 또한, V-모델은 각각의 테스트 단계에서 결함을 발견 시 개발 단계인 요구분석, 시스템 설계, 상세 설계, 구현의 어느 부분에서 결함이 발생했는지 확인할 수 있도록 추적성

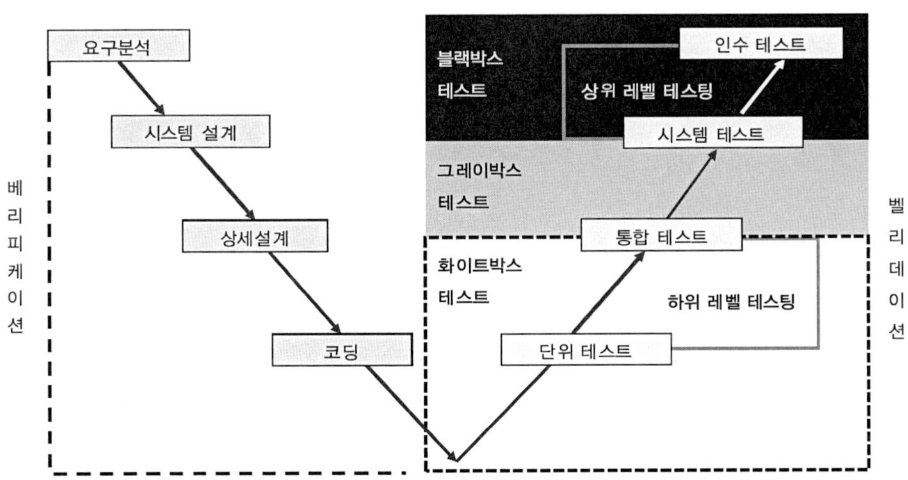

그림 10-2 일반적인 V-모델 테스트 프로세스

(Traceability)을 보장해주는 모델이라 할 수 있다.

그림 10-2의 V-모델에서 좌측은 베리피케이션(Verification)과 관련되며 우측은 벨리데이션(Validation)과 관련된다. 실제 실무에서는 베리피케이션이 좌측뿐만 아니라 V-모델 전체 프로세스와 관련되는데, 이 의미는 벨리데이션을 수행하면서 나온 산출물들을 다시 베리피케이션 할 수 있다는 의미이다.

참고사항으로 소프트웨어 개발과정에서 결함을 발견하기 위해 수행하는 베리피케이션과 벨리데이션의 정의를 국제표준인 ISO 9000에서 찾아보면 다음과 같다.

- **베리피케이션** : 명세된 요구사항이 충족되었는지를 조사에 의해서나 객관적인 증거 제공으로 확인하는 테스트
- **벨리데이션** : 요구사항이 컴포넌트나 시스템을 특정하게 의도적으로 사용 또는 활용하는 것을 충족시키는지 조사에 의해서나 객관적인 증거 제공으로 확인하는 테스트

다음으로 테스트 레벨에 대해 간략히 설명하면, 단위 테스트와 통합 테스트를 하위 레벨 테스팅이라 하고, 시스템 테스트와 인수 테스트를 상위 레벨 테스트라 한다. 그리고 단위 테스트와 통합 테스트는 소스코드의 내부 구조를 보고 테스팅을 수행하기 때문에 화이트박스 테스트(Whitebox Test)라 부르며, 시스템 테스트와 인수 테스트는 소스코드의 내부 구조를 볼 수 없으므로 블랙박스 테스트(Blackbox Test)라 부른다. 다만 임베디드 시스템의 종류가 매우 다양하므로 일부 통합 테스트와 시스템 테스트는 소스코드의 내부 구조를 볼 수도 있고 또는 볼 수가 없으므로 이를 그레이박스 테스트(Graybox Test)라 부른다.

10.1.3.1.1 수명주기 모델에서의 테스트 특징

V-모델과 같은 수명주기 모델에서 성공적으로 테스트를 수행하기 위해서는 다음과 같은 여러 가지 특징을 가져야 하지만 중요한 것은 프로젝트나 시스템 아키텍처의 성격에 따라 테스트 레벨을 조정해야 한다. 예를 들면, 상용 소프트웨어 제품을 시스템에 통합하는 경우에는 시스템 레벨의 통합 테스트와 인수 테스트를 같이 수행해야 한다는 것이다. 성공적인 테스트 수행을 위해 갖추어야 할 주요한 특징은 다음과 같다.

- 모든 소프트웨어 개발 활동은 테스트 활동과 대응되어야 한다.
- 각각의 테스트 레벨은 자기 레벨에 맞는 특정한 목적을 보유하고 있어야 한다.

- 주어진 테스트 레벨에 맞는 테스트 분석 및 설계는 대응되는 개발 활동 기간 내 시작되어야 한다.
- 테스터는 개발 수명주기 동안 테스트 초안을 준비하고 개발 중간 산출물에 대한 리뷰 활동을 실시해야 한다.

10.1.3.1.2 테스트 프로세스 구성요소

V-모델에서 테스트 프로세스는 단위 테스트, 통합 테스트, 시스템 테스트, 인수 테스트로 구분된다.

먼저 단위 테스트는 테스트가 가능한 최소 단위로 분리된 소프트웨어 내에서 결함을 식별하고 기능을 검증하는 테스트로서 컴포넌트 테스트라고도 부른다. 단위 테스트의 구성요소에는 분기 커버리지와 같은 구조적 테스트, 기능성 테스트, 메모리 유출과 같은 비기능성 테스트 등이 있으며, 테스트 케이스는 컴포넌트 명세, 상세 설계, 데이터 모델 명세와 같은 개발 중간 산출물에서 도출된다. 단위 테스트의 내상은 소스코드가 되며 화이트박스 테스트로 결함을 발견한다. 단위 테스트의 주 목적은 기본적 경로 확인, 모든 오류처리 경로 확인, 모듈 인터페이스 확인, 로컬 데이터 확인, 그리고 경계값 확인 등이 있다.

통합 테스트는 컴포넌트 간 인터페이스 및 시스템의 서로 다른 부분과의 상호연동에 대한 동작을 테스트한다. 이 테스트는 하나 이상의 테스트 레벨과 다양한 크기의 테스트 대상에 대해 수행이 가능하다. 예를 들어, 소프트웨어와 컴포넌트 간 상호작용을 테스트하는 컴포넌트 통합 테스트도 있고, 시스템 간 상호작용을 테스트하거나 시스템 테스트 이후 테스트를 수행하는 시스템 통합 테스트도 있다. 통합 테스트는 대부분 리스크 감소를 위해 빅뱅 통합보다는 순차적 통합을 더 선호한다.

시스템 테스트는 개발 프로젝트의 차원에서 정의된 전체 시스템 및 제품의 동작을 테스트한다. 시스템 테스트를 수행할 때 참조하는 문서에는 리스크 분석서, 요구사항 명세서, 비즈니스 프로세스, 유스케이스 등 프로세스 개발이 진행되면서 산출되는 문서 이외에도 비즈니스 레벨의 시스템 동작명세서, 운영체제, 그리고 시스템 자원과의 상호작용 관련 문서 등도 참조한다. 시스템 테스트는 기능 및 비기능 테스트 모두를 포함하고 있으며 개발팀 보다는 독립적인 테스트 팀이 수행하는 경우가 대부분이다. 참고로 실무에서는 시스템 테스트와 인수 테스트 간 출시 여부를 결정하기 위해 일종의 검수 테스트가 존재하는 경우도 있다.

인수 테스트는 시스템이나 시스템의 일부 혹은 특정한 비기능적인 특성에 대해 확신을 얻는 테스트이다. 이 테스트는 시스템을 사용하는 고객이나 사용자 그리고 기타 이해관계자가 실시하는 테스트로서 결함을 찾는 것이 주목적이 아니라 요구사항대로 시스템의 기능이 개발되었는지를 검사하는 테스트이다. 인수 테스트는 다음과 같이 여러 가지 형태가 존재한다.

- **사용자 인수 테스트** : 비즈니스 사용자가 시스템의 사용의 적절성 확인
- **운영상 인수 테스트** : 시스템 관리자가 인수 시 백업 및 복원 테스트, 재난 복구, 사용자 관리, 유지보수 작업, 보안취약성 정기점검 등 수행
- **계약 인수 테스트** : 맞춤식 개발 소프트웨어에 대한 계약상 인수 통과조건 준수 여부 확인
- **규정 인수 테스트** : 정부의 지침, 법률, 안전 규정 등 규정에 맞게 개발되었는지 확인
- **알파 테스트** : 공장 인수 테스트라고도 하며, 개발 조직 내 잠재적 고객에 의해 수행되는 테스트
- **베타 테스트** : 필드 테스트 혹은 사이트 인수 테스트라고도 하며, 실제 업무 현장의 인원(사용자 또는 잠재고객)에 의해 수행되는 테스트

10.1.3.1.3 화이트박스/그레이박스/블랙박스 테스트

소프트웨어 테스트는 크게 화이트박스 테스트, 그레이박스 테스트, 블랙박스 테스트로 구분된다. 화이트박스 테스트는 소스코드 내부의 구조적 정보를 참조하면서 테스트를 수행하는 방법으로 프로그램의 로직과 구동 입력의 관계를 파악하기 때문에 구조적(Structural) 테스트 혹은 코드-기반(Code-based) 테스트라고도 하며 정적 테스트(Static Test)에 속한다. 테스트 케이스 설계는 전자회로 실험과 유사하게 On-Off를 번갈아 가면서 테스트하고 알고리즘 실행 단계를 자세히 관찰하면서 수행한다. 화이트박스 테스트는 소규모의 컴포넌트 테스트에 주로 사용하며 프로그램 작성자가 직접 테스트를 수행한다. 장점으로는 규모가 작은 프로그램의 논리적 경로를 분석하여 모듈 내부의 모든 구성요소를 집중적으로 테스트 할 수 있다. 어떤 부분이 테스트 되었는지 확인할 수 있으며 어떤 문장, 어떤 분기 조건, 어떤 경로가 테스트 되었는지도 확인할 수 있다. 또한, 수행과정을 예측할 수 있으며 테스트 결과를 보고 프로그램 수정을 할 수 있다. 그러나 단점으로는 프로그램의 내부 사정에 대한 이해가 전제되어야 하며 독립된 테스트 팀에서는 사용하기 어렵다. 또한, 규모가 큰 경우에는 테스트 케이스 선정이 블랙박스 테스트에 비해 어렵다. 화이트박스 테스트의 종류는 프로그램의 논리적 복잡도를 측정하여 평가하는 제어구조 테스트,

프로그램의 루프구조에 국한하여 실시하는 루프 테스트 등이 있다.

블랙박스 테스트는 프로그램의 내부 소스코드의 구조나 구체적인 알고리즘은 고려하지 않고 모듈 명세에 주어진 입력과 출력의 매핑관계를 분석하여 테스트 케이스를 선정하는 방법으로 모듈의 외부 동작, 즉 기능위주로 테스트하기 때문에 기능(Functional), 행위(Behavior) 혹은 명세-기반(Specification-based) 테스트라고도 하며 동적 테스트(Dynamic Test)에 속한다. 대규모 컴포넌트 테스트와 시스템 테스트에 특히 유용한 테스트이다. 블랙박스 테스트의 장점으로는 규모가 커서 원시코드 분석이 어려운 경우와 같이 컴포넌트 테스트보다 큰 규모에 강점을 가지고 있으며, 원시코드가 제공되지 않는 컴포넌트일 경우에는 블랙박스 형태의 테스트가 유일한 방법이다. 블랙박스 테스트의 종류는 다양한 입력조건들을 갖춘 테스트 케이스의 유형을 분할하여 테스트하는 동등분할 기법, 경계값을 기준으로 결과의 정확성을 테스트하는 경계값 테스트, 입력 데이터가 출력에 미치는 영향을 그래프로 표시하여 체계적으로 분석하는 원인결과 그래프 기법, 각 테스트 기법들이 놓치기 쉬운 결함들을 각각의 경험으로 찾아내는 결함예측(Error Guessing) 기법 등이 있다.

그레이박스 테스트는 요구사항 명세서에 대한 이해 및 개발자와의 접촉을 통해서 체계의 내부 구조를 이해하는 테스트로서 기능적(Functional)인 블랙박스 테스트와 구조적(Structural)인 화이트박스 테스트가 융합된 테스트라고 할 수 있다. 그레이박스 테스트는 사용자의 입력 또는 외부 인터페이스로부터 소프트웨어로 직접 연결할 수 있는 부분을 조사한다.

지금까지 설명한 블랙박스 테스트, 그레이박스 테스트, 그리고 화이트박스 테스트 간 비교는 표 10-1과 같다. 이를 종합해보면, 효율적인 임베디드 소프트웨어의 결함 발견을 위해서는 블랙박스 테스트와 화이트박스 테스트 기법을 각각의 목적에 맞게 적절히 사용하면 된다. 대부분의 시스템 테스트에서는 컴포넌트 간 연결이 필수적이기 때문에 블랙박스 테스트로 행해지는 경우가 많다. 그러나 컴포넌트 간의 로직을 확인하여 시스템 테스트를 하는 경우도 있기 때문에 이런 경우에는 블랙박스 테스트와 화이트박스 테스트를 동시에 실행할 필요가 있다.

10.1.3.1.4 베리피케이션과 벨리데이션

IEEE/ANSI에서는 베리피케이션을 “개발단계의 산출물이 그 단계의 초기에 설정된 조건을 만족하는지 여부를 결정하기 위해 구성요소나 시스템을 평가하는 프로세스이다.”라고 정의하고 있다. 베리피케이션의 주요한 특징은 개발 프로세스 과정에서 생성된 산출물을 위주로 하여 이해관계사들이 모여 검토하는 인간에 의한 테스

표 10-1 화이트박스/그레이박스/블랙박스 테스트 간 비교

<table>
<tr><th>구분</th><th colspan="2">화이트박스 테스트
(논리 테스트)</th><th colspan="2">그레이박스 테스트
(논리 + 기능)</th><th colspan="2">블랙박스 테스트
(기능 테스트)</th></tr>
<tr><td>정의</td><td colspan="2">모듈사양서 또는 소스 프로그램을 기초로 모듈의 논리 테스트</td><td colspan="2">모듈사양서 또는 소스 프로그램을 기초로 출력, 조건 등의 논리 및 기능테스트</td><td colspan="2">모듈사양서를 기초로 입력조건이나 출력 조건, 예외처리, 오류처리 등 모든 기능면의 테스트</td></tr>
<tr><td>기준</td><td colspan="2">프로그램의 내부명세 근거</td><td colspan="2">프로그램의 내·외부명세 근거</td><td colspan="2">프로그램의 외부명세 근거</td></tr>
<tr><td>V&V</td><td colspan="2">하위 레벨 테스트
(시험 환경)</td><td colspan="2">중간 레벨 테스트</td><td colspan="2">상위 레벨 테스트
(사용자 환경)</td></tr>
<tr><td>레벨</td><td>단위 테스트</td><td colspan="2">통합 테스트</td><td colspan="2">시스템 테스트</td><td>인수 테스트</td></tr>
<tr><td>단위</td><td>메서드, 객체</td><td colspan="2">컴포넌트, 모듈</td><td colspan="2">소프트웨어</td><td>시제품</td></tr>
<tr><td>테스트 기준</td><td colspan="2">• 논리상 오류
(처리 순서상 오류)</td><td colspan="2">• 논리상 오류
• 성능 오류</td><td colspan="2">• 인터페이스 기능
• 성능 오류
• 초기/종료에 관한 오류</td></tr>
</table>

팅이라는 것이다. 베리피케이션은 크게 주기 검증과 형식 검증의 두 가지로 구분된다. 주기 검증은 개발주기의 특정 단계에서 제작된 생산제품이 그 이전 단계에서 설정한 규격들을 어느 정도 충족시키는지를 결정하는 과정이다. 이에 비해 형식 검증은 소스코드가 규격에 맞게 작성되었는지를 수학적으로 엄격하게 증명하는 과정이다. 이러한 베리피케이션의 종류에는 검사, 검토, 리허설, 동료 검토 등이 있다.

마찬가지로 IEEE/ANSI에서는 벨리데이션을 "명시된 요구사항들을 만족하는지 여부를 확인하기 위해 개발단계 말이나 중간에 구성요소나 시스템을 평가하는 프로세스이다."라고 정의하고 있다. 벨리데이션의 주요한 특징은 실제적으로 소프트웨어를 실행시키면서 평가하는 컴퓨터 기반 테스팅이라는 점이다. 벨리데이션은 크게 하위 레벨 테스트와 상위 레벨 테스트로 구분된다. 하위 레벨 테스트에는 단위 테스트와 통합 테스트가 있으며, 상위 레벨 테스트에는 시스템 테스트, 인수 테스트, 인증 테스트, 필드 테스트 등이 있다.

지금까지 설명한 베리피케이션과 벨리데이션의 정의, 특징, 종류를 요약하면 표 10-2와 같다.

10.1.3.2 다중 V-모델

다중 V-모델은 임베디드 시스템을 개발할 때 요구되는 수명주기를 3가지의 연속적인 V-형태, 즉 모델, 프로토타입, 최종 제품으로 구분하여 제시한 것이다. 이들 세

표 10-2 베리피케이션과 벨리데이션 비교

구분	베리피케이션(Verification)	벨리데이션(Validation)
정의	개발단계의 산출물이 그 단계의 초기에 설정된 조건을 만족하는지 여부를 결정하기 위해 구성요소나 시스템을 평가하는 프로세스(IEEE/ANSI)	명시된 요구사항들을 만족하는지 여부를 확인하기 위해 개발단계 말이나 중간에 구성요소나 시스템을 평가하는 프로세스(IEEE/ANSI)
특징	인간에 의한 테스팅 -주로 산출물 위주의 검토형태	컴퓨터 기반 테스팅 - 실제적으로 소프트웨어를 실행
종류	• 종류 : 검사, 검토, 리허설 등 • 방법 - 주기 검증 : 개발 주기의 특정 단계에서 제작된 생산제품이 그 이전 단계에서 설정한 규격들을 어느 정도 충족시키는지를 결정하는 과정 - 형식 검증 : 소스코드가 규격에 맞게 작성되었는지 수학적으로 엄격하게 증명하는 과정	• 하위레벨 테스팅 - 단위 테스팅, 통합 테스팅 • 상위레벨 테스팅 - 시스템 테스팅, 인수 테스팅

가지 개발주기 각각은 설계, 구축, 테스트 활동을 포함하고 있으며 각각이 완전한 V-개발주기를 따르고 있다. 참고로 프로토타입이 개발되는 중간 V는 반복적으로 작업을 수행한다. 이와 같은 다중 V-모델의 3가지 개발주기가 그림 10-3에 도시되어 있다.

다중 V-모델의 개발 수명주기는 그림 10-3의 좌측과 같이 먼저 구축하려는 시스

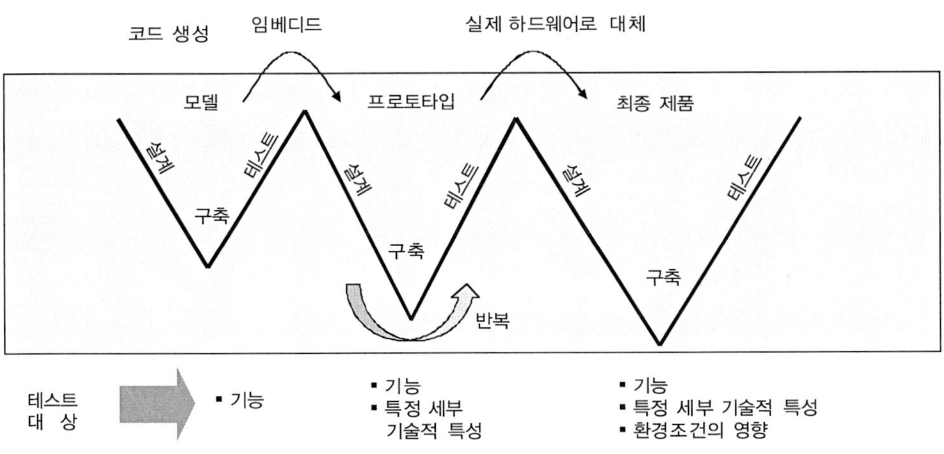

그림 10-3 다중 V-모델의 개발 수명주기 및 테스트 대상

템의 모델이 요구되는 시스템의 동작을 모의실험하기 위해 PC 상에 구축된다. 모델이 올바르다고 판단되면 모델로부터 코드가 생성되고 프로토타입에 임베드된다. 그리고 프로토타입의 하드웨어는 시스템이 사용되고 사용자에게 제시할 수 있는 최종 형태로 구축될 때까지 점차적으로 실제 하드웨어로 대체되며 그림 우측과 같이 최종 제품으로 구축된다. 여기서 모델로부터 바로 최종 제품으로 가지 않고 중간에 프로토타입을 구축하는 것은 모델로부터 바로 최종 제품으로 가는 것보다 더 값싸고 더 빠르게 최종 제품을 구축할 수 있기 때문이다.

다중 V-모델의 테스트 대상을 살펴보면, 모델, 프로토타입, 최종 제품 모두 시스템 기능을 테스트하는 것은 같다. 그러나 특정한 세부 기술적 특성들은 모델 상에서는 잘 테스트되지 않지만 프로토타입 상에서 테스트되어야 한다. 그리고 환경조건들의 영향은 최종 제품 상에서 가장 잘 테스트될 수 있다.

10.2 임베디드 소프트웨어 테스트(TEmb)

10.2.1 TEmb 방법

10.2.1.1 TEmb 방법의 개요

임베디드 소프트웨어에 대한 구조화된 테스트 방법으로 Bart Broekman은 'Testing Embedded Sostware'에서 TEmb(Testing Embedded Software) 방법을 제안하였다. 이 방법은 특정 임베디드 시스템에 적합한 테스트 접근법의 생성을 지원하는데, 그림 10-4와 같이 일반요소, 특정 수단, 메커니즘으로 구성된다. 일반요소는 구조적 테스트 접근법을 형성하는 테스팅의 일반적인 요소로서 테스트 프로젝트 계획, 표준 기법 적용, 테스트 환경 사용, 테스트 팀 조직, 공식보고서 작성 등이 해당된다. 특정 수단은 특정한 임베디드 시스템을 테스팅할 때 고려되는 시스템의 특성들이다. 그리고 메커니즘은 리스크와 시스템 특성을 기반으로 분석되며, 메커니즘의 결과는 구조적 테스팅의 4개 토대인 수명주기(L : Lifecycle), 기반구조(I : Infrastructure), 기법(T : Technique), 조직(O : Organization)과 관련된다.

10.2.1.2 TEmb 방법의 일반요소

TEmb 방법의 일반요소는 구조적 테스팅 프로세스의 기초를 구성하며, 그림 10-5

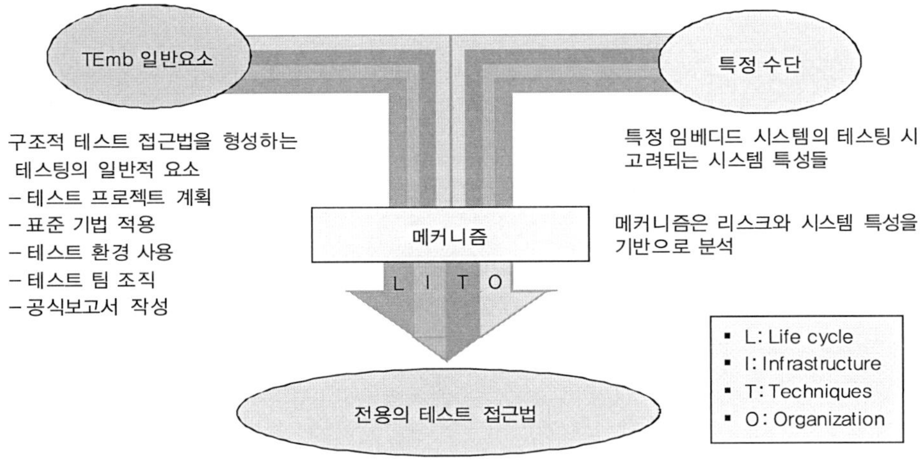

그림 10-4 TEmb 방법의 개념(Bart Broekman, 2003)

와 같이 4개 토대로 구성되어 있다. 이들 4개 토대인 LITO는 각각 '무엇을 언제(L),' '무엇에 의해(I),' '어떻게(T),' '누구에 의해(O)'라는 질문에 대한 솔루션이 된다. 중요한 것은 이들 4개의 토대 모두가 테스트 프로세스에서 똑같이 잘 다루어져야 한다는 것이다. 만약 이들 4개 토대 중 하나라도 무시된다면 테스트 프로세스는 바로 곤란에 빠질 수 있다. 따라서 이들 4개 토대가 모두 고려될 때 프로세스는 구조적이라

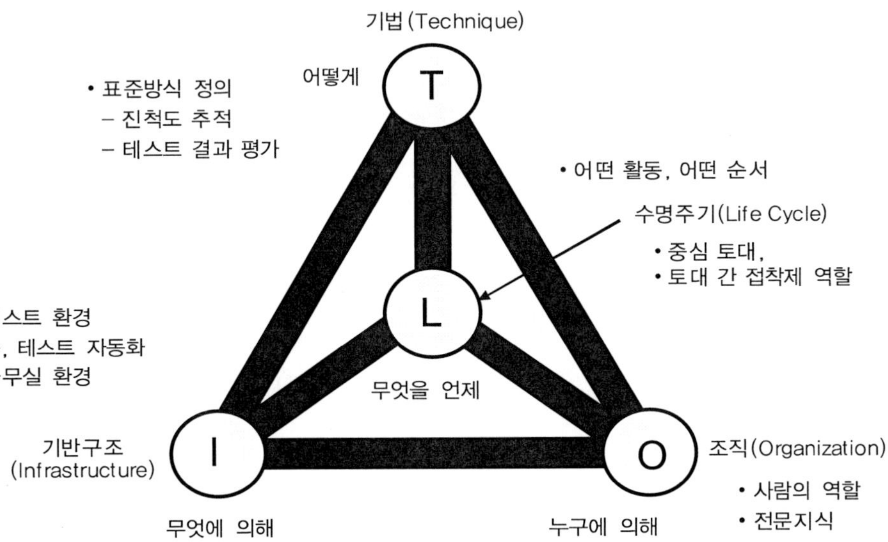

그림 10-5 TEmb 일반요소의 4개 토대

할 수 있다.

그림 중앙에 위치한 수명주기(L)는 4개 토대의 중심이면서 토대 간 접착제 역할을 수행하는 핵심 토대이다. 이는 어떤 활동들이 수행되어야 하고 어떤 순서를 따르는지 정의하며 테스터와 관리자에게 프로세스에 대한 적절한 이해력을 제공한다.

기반구조(I)는 계획된 활동들의 수행을 가능하게 만들기 위해 테스트 환경에 필요한 것을 정의하는데, 테스트 환경, 테스트 도구와 테스트 자동화, 사무실 환경으로 구분된다. 테스트 환경에는 하드웨어, 소프트웨어, 네트워크, 테스트 데이터베이스, 시뮬레이션과 측정 장비 등이 있으며, 테스트 도구에는 계획과 진척도 제어 도구, 결함관리 및 형상관리 도구, 복잡성 분석기, 테스트 케이스 생성기, 커버리지 분석기 등이 있다.

기법(T)은 특정 활동을 수행하는 데 있어 필요한 표준방식과 수행방식을 정의한다. 제공 가능한 기법에는 이해관계자 간 협의 하에 품질, 시간, 돈, 자원들 간의 최적의 균형을 유지하면서 수행하는 전략 개발, 품질 특성, 커버리지, 시스템 명세에 의존하여 기법을 선정하는 테스트 설계기법, 시스템의 안전 양상을 평가하고 선택한 수단들에 대해 이해관계자 간 의견을 수렴하는 안전 분석기법, 캡처와 재생, 고급 테스트 스크립트의 프로그래밍을 지원하는 테스트 자동화 도구, 그리고 간단하지만 매우 효과적인 체크리스트 등이 있다.

조직(O)은 계획된 활동을 수행해야 하는 사람들의 역할과 요구되는 전문지식, 그리고 타 분야와의 상호작용하는 방식 등을 정의한다. 즉, 사람에 관련된 것으로 사람들이 어떻게 의사소통하는 것과 관련되어 있다. 조직과 관련된 사항으로 테스트 조직의 구조, 작업을 잘 수행하기 위해 요구되는 기술 및 전문성에 대해 정의하는 조직의 역할, 필요한 인력을 획득하고 경력을 관리하기 위한 인력과 교육훈련, 그리고 테스트 관리와 제어절차 등이 있다.

10.2.2 TEmb 환경

TEmb 환경은 다중 V-모델의 수명주기와 밀접한 관련이 있다. 즉, 다중 V-모델의 모델 단계는 시뮬레이션 단계, 프로토타입 단계는 프로토타이핑 단계, 최종 제품 단계는 시제품 단계와 일치한다. 이러한 세 가지 단계를 이용하여 시뮬레이션된 시스템에서 실제 시스템으로 점진적인 이동을 반영하는 테스트 프로세스가 그림 10-6에 도시되어 있다.

점진적 이동을 반영하는 테스트 프로세스의 각각의 테스트를 설명하면 다음과 같

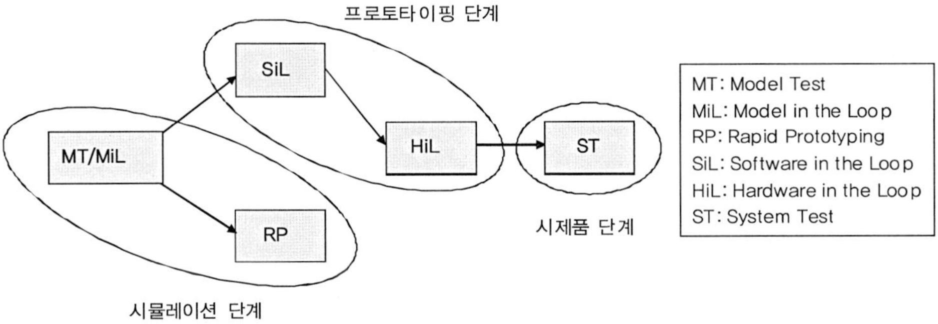

그림 10-6 점진적 이동을 반영하는 테스트 프로세스(Bart Broekman, 2003)

다. 먼저 시스템을 시뮬레이션하기 전에 개발된 모델은 모델 테스트(MT: Model Test)와 루프 내 모델(MiL : Model-in-the-Loop)에서 테스트되는데, 이 두 가지 테스트는 시뮬레이션 단계에 해당된다. 래피드 프로토타이핑(RP : Rapid Prototyping)에서는 시스템이 본래의 목적을 충족시키는지 확인하기 위해 실제 환경에서 시험적인 모델을 테스트하는데, 이것도 시뮬레이션 단계에 해당된다. 루프 내 소프트웨어(SiL : Software-in-the-Loop) 테스트에서는 실제 소프트웨어가 시뮬레이션 환경이나 시험적인 하드웨어에서 테스트되고, 루프 내 하드웨어(HiL : Hardware-in-the-Loop) 테스트에서는 실제 하드웨어가 시뮬레이션 환경에서 테스트된다. 여기서 SiL과 HiL 모두 프로토타이핑 단계에 해당된다. 시스템 테스트(ST : System Test)에서는 실제 시스템이 실제 환경에서 테스트되는데, 이것은 시제품 단계에 해당된다.

10.2.2.1 시뮬레이션 단계

시뮬레이션 단계의 테스트는 모델 테스트와 MiL 테스트로서 기본 설계를 증명하고 설계를 최적화하는 것이 주요한 목적이다. 시뮬레이션 모델을 수행하고 그 동작을 테스트하기 위해서는 특정한 테스트 환경이나 테스트 베드가 필요하다. 따라서 본 절에서는 시뮬레이션 단계에서 모델을 테스트하는 다양한 방법과 이때 필요한 테스트 환경에 대해 설명한다.

먼저 단방향 시뮬레이션은 그림 10-7과 같이 임베디드 시스템 모델은 독립적으로 테스트된다. 한 번에 하나의 입력값이 가상의 임베디드 시스템으로 들어가고 출력된 결과값이 분석된다. 그리고 환경과의 동적인 상호작용은 무시된다.

두 번째로 피드백 시뮬레이션은 그림 10-8과 같이 시뮬레이트된 가상의 임베디드 시스템과 플랜드 간 상호작용이 테스트된다. 이 시뮬레이션의 또 다른 목적은 제어

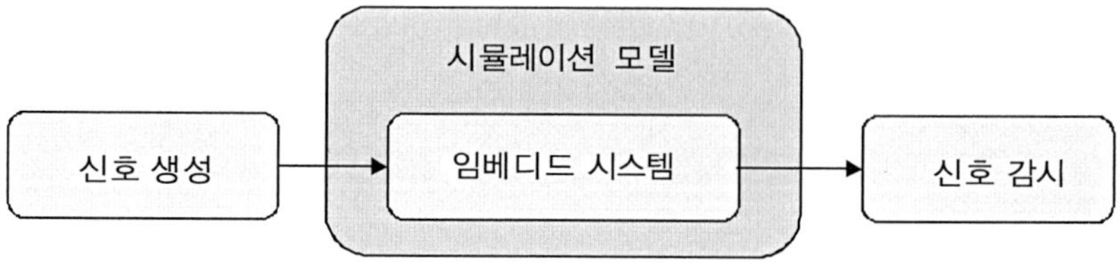

그림 10-7 단방향 시뮬레이션

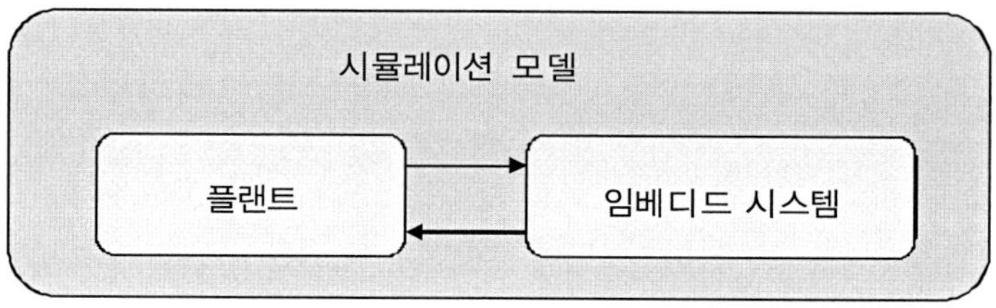

그림 10-8 피드백 시뮬레이션

법칙을 검증하는 것이다. 여기서 플랜트 모델은 임베디드 시스템을 위한 입력값을 생성하고 임베디드 시스템에서 나온 결과값은 플랜트로 피드백되어 들어가며, 그 결과 임베디드 시스템을 위한 새로운 입력값이 나오게 된다.

세 번째로 래피드 프로토타이핑은 그림 10-9와 같이 가상의 임베디드 시스템이 실제 환경과 연결되어 테스트된다. 이 방법은 시뮬레이션 모델의 타당성을 확인하는데 적합한 평가방법이다.

10.2.2.2 프로토타이핑 단계

프로토타이핑 단계는 모델을 사용하지 않고 임베디드 시스템을 개발할 때의 첫 단계가 된다. 이 단계에서의 목표는 시뮬레이션 모델에 대한 정당성 검증, 시스템 요구사항 만족여부 검증, 그리고 시제품 단위의 릴리즈이다.

프로토타이핑 단계에서는 소프트웨어 단위 테스트, 소프트웨어 통합 테스트, 하드

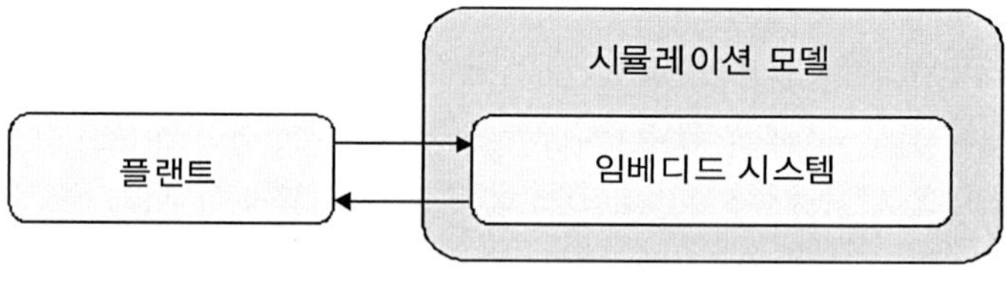

그림 10-9 래피드 프로토타이핑

웨어/소프트웨어 통합 테스트, 시스템 통합 테스트, 그리고 환경 테스트 등이 적용될 수 있다. 각 테스트 레벨은 특정한 테스트 환경을 필요로 한다.

- **소프트웨어 단위/통합 테스트** : 테스트 대상은 소프트웨어 단위이거나 통합된 소프트웨어 단위의 실행 가능한 버전이다. 이 테스트는 2단계로 구성된다. 첫 번째 단계는 시험적인 임베디드 소프트웨어를 호스트 컴퓨터에서 실행되도록 컴파일 하는 것으로 호스트/타깃 테스트라고도 부른다. 두 번째 단계는 실제 소프트웨어를 임베디드 시스템의 타깃 프로세스에서 실행되도록 컴파일하는 것이다. 다만, 이 소프트웨어는 타깃 하드웨어에서 실제도 돌아가기 전에 컴파일된 버전이 타깃 프로세서의 에뮬레이터에서 실행될 수 있다.
- **하드웨어/소프트웨어 통합 테스트** : 테스트 대상은 통합된 소프트웨어가 로드되는 하드웨어 부분이다. 실제 소프트웨어는 (E)EPROM이라는 메모리 부분의 하드웨어에 통합되고, 하드웨어 부분은 시험적인 형상이 될 수 있다. 이 테스트의 목적은 하드웨어와 함께 동작되는 타깃 프로세서에서 임베니드 소프트웨어가 제대로 동작하는지 검증하는 것으로 HiL이라고도 부른다.
- **시스템 통합 테스트** : 테스트 대상은 시스템의 모든 소프트웨어와 PCB 프로토타입 상에 있는 임베디드 시스템의 모든 하드웨어 부분이다. 이 테스트는 전체 임베디드 시스템의 올바른 동작을 검증하는 것이다. 여기서 전체 임베디드 시스템이란 소프트웨어를 포함하는 하나의 하드웨어이기도 하다.
- **환경 테스트** : 환경 테스트의 목표는 가능한 빨리 이 영역에 존재하는 문제점을 발견하고 수정하는 것이다. 이 테스트는 시스템의 전자기 환경 적합성과 같이 임베디드 시스템이 환경에 미치는 정도를 파악하는 측정을 강조한 테스트와 온도 및 습도 테스트, 충격 및 진동 테스트, 그리고 전자기 방해와 같이 임베디드 시스템이 주위 환경에 얼마나 민감한지를 결정하는 생성을 강조한 테스트의 두 종류가 있다.

10.2.2.3 시제품 단계

시제품 단계는 환경적 요구사항 및 정부 요구사항 등을 포함하는 모든 요구사항이 만족되었다는 마지막 검증 단계로서 제품화를 위한 최종 디자인을 릴리즈하게 되는 단계이다. 이 단계에서의 테스트 목표는 다음과 같다.

- 모든 요구사항이 만족되었다는 최종적인 입증
- 환경, 산업, ISO, 군사 및 정부 기준에의 일치성 입증

- 시스템이 정해진 시간 내에 정해진 노력으로 제품개발 환경에서 구축되었다는 것을 입증
- 시스템이 실제 환경에서 유지될 수 있고 평균수리시간(MTTR : Mean Time To Repair) 요구사항이 만족되었다는 것을 입증
- (잠재) 고객에게 제품 시연

10.2.3 TEmb 도구

TEmb 도구는 테스트 수명주기 상에서 테스트 기획 및 제어, 명세화, 초기 테스트 파일 구축, 테스트 실행, 평가와 같은 하나 또는 그 이상의 테스트 활동을 지원하는 자동화된 자원이다. Bart Broekman은 'Testing Embedded Software'에서 그림 10-10과 같이 테스트 수명주기의 각 단계마다 사용할 수 있는 테스트 도구를 제시하였다.

Bart Broekman이 제시한 테스트 수명주기 상에서 사용되는 테스트 도구의 종류를 나열하면 다음과 같다. 먼저 기획 및 제어 단계에는 결함관리 도구, 테스트 관리 도구, 형상관리 도구, 일정 및 진척도 감시 도구 등이 있다. 준비 단계에는 케이스 도구 분석기와 복잡도 분석기가 대표적이며, 명세화 단계에는 테스트 케이스 생성기가 있다. 실행 단계에는 많은 도구가 존재하는데, 그 중 대표적인 도구에는 테스트 데이터 생성기, 기록 및 재생 도구, 부하 및 스트레스 테스트 도구, 시뮬레이터, 스텁 및 드라이버, 디버거, 정적 소스코드 분석기, 에러 감지 도구, 성능 분석기, 코드 커버리지 분석기, 스레드 및 이벤트 분석기, 위협요소 감지 도구 등이 있다. 이들 테

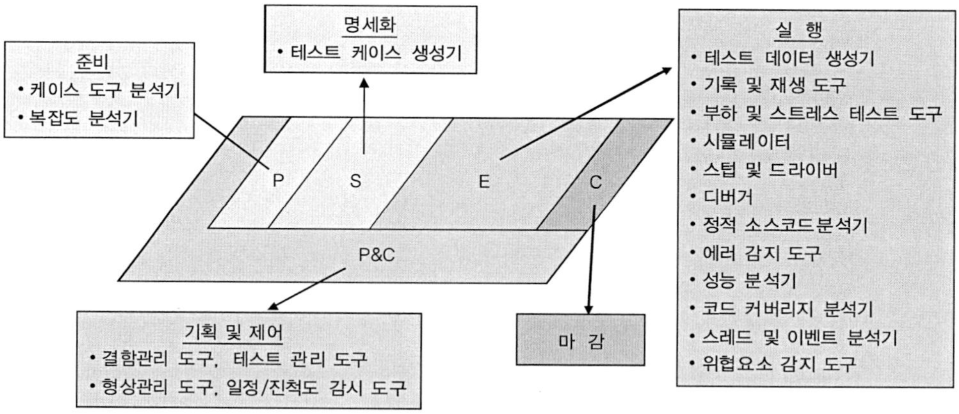

그림 10-10 테스트 수명주기와 관련된 테스트 도구(Bart Broekman, 2003)

스트 도구들 중 주요한 도구에 대해서만 그 기능을 간략히 소개하면 다음과 같다.

- **결함관리 도구** : 데이터베이스 시스템을 기반으로 결함을 저장하고 추적하며, 진행상황과 상태에 대한 보고서 작성에 이용되는 도구이다.
- **테스트 관리 도구** : 테스트 케이스, 테스트 스크립트, 테스트 시나리오를 저장하고 시스템 요구사항 및 테스트 케이스를 연결시키는 도구이다. 이 도구는 시스템 요구사항이 변경되었거나 변경될 가능성이 있을 때 매우 유용하다.
- **형상관리 도구** : 품질 확인 후의 단계에 사용되는 도구로 테스트웨어에 대한 형상항목을 구성하여 도구에 저장하고, 형상항목들의 변동사항을 계속 추적하는 기능성을 제공하는 도구이다.
- **CASE 도구 분석기** : 설계에 누락된 부분이나 모순된 부분이 없는지 확인하는 일관성 검사에 사용되는 도구이다.
- **복잡도 분석기** : 오류가 존재할 수 있는 가능성에 대한 척도인 소프트웨어의 복잡도를 측정하는 도구이다.
- **테스트 케이스 생성기** : 대부분 소스코드의 내부 구조를 기반으로 테스트 케이스를 생성하는 도구이다.
- **테스트 데이터 생성기** : 미리 명시된 입력 도메인 범위 내에서 많은 양의 서로 다른 입력값을 생성하는 도구이다. 생성된 입력값은 시스템이 입력 도메인 범위 내에서 그 데이터를 처리할 수 있는지 없는지를 테스트하는 데 사용된다.
- **기록 및 재생 도구** : 리그레션 테스트 시 사용되며, 주로 새로운 기능이나 변경 가능성에 대해 초점을 두는 도구이다.
- **부하 및 스트레스 테스트 도구** : 시스템 레벨에서 성능을 확인하기 위해 사용되는 도구이다. 이 도구는 다양한 부하조건을 시뮬레이션하며 시스템의 신뢰성 테스트를 가속화할 때 사용된다.
- **시뮬레이터** : 제어된 조건에서 시스템을 테스트하는 데 사용되는 도구이다. 이 도구는 현실에서 테스트하기에 위험 부담이 매우 큰 조건에서 테스트한다.
- **스텁 및 드라이버** : 두 시스템 간의 인터페이스를 위해 사용되는 도구이다. 스텁은 테스트 중에 시스템에 의해 호출되며, 드라이버는 시스템의 필요한 부분을 호출한다.
- **디버거** : 개발자가 컴파일 전에 제어된 조건 하에서 프로그램을 돌려 구문상의 장애를 발견하고 애플리케이션을 순차적으로 실행할 수 있으며 변수를 설정하고 감시하며 조정할 때 사용하는 도구이다.

- **정적 소스코드 분석기** : 오류 발생 가능성이 높거나 난해하고 특이한 소스코드를 분석하는 도구이다. 또한, 높은 복잡도를 피하게 하는 추가 코드 표준을 사용함으로써 코드의 안정성을 사전에 예방하였는지 확인할 수 있다.
- **오류 탐지 도구** : 실행 중 오류를 찾아내는 데 사용되며 장애를 발견하고 진단할 때 사용되는 도구이다. 진단 결과에 기초해 문제에 대한 정확한 설명도 제공한다.
- **성능 분석기** : 알고리즘 레벨에서 자원 사용을 제시할 때 사용되는 도구이다. 이 도구는 알고리즘의 수행시간, 메모리 및 CPU 사용 정보를 제공한다.
- **코드 커버리지 분석기** : 테스트 케이스로 실행되는 소스코드를 분석하여 테스트 케이스의 커버리지를 제시하는 도구이다.
- **스레드/이벤트 분석기** : 자바의 성능과 신뢰성을 저하시킬 수 있는 런타임 멀티스레딩 관련 문제점의 탐지를 지원하고 그 원인을 발견하는 데 사용되는 도구이다.
- **위협요소 탐지 도구** : 오작동을 발생시킬 수 있는 메모리 누수, 널 포인터 번지 접근, 불충분한 반환, 초기화되지 못한 변수, 0으로 나누기 등의 위협요소를 발견하는 데 사용되는 도구이다.

10.2.4 TEmb 자동화

TEmb 자동화는 테스트 시간, 비용, 품질 측면에서 이익을 가져올 수 있으며 반복적으로 수행되는 테스트를 대체할 때 사용된다. 특히, 테스트 자동화는 다음과 같은 상황에서 주로 이루어진다.

- 여러 번 반복되어야만 하는 테스트
- 매우 많은 양의 입력값을 조금씩 변화를 주면서 수행하는 기본 테스트
- 매우 복잡하거나 오류가 쉽게 발생하는 테스트
- 모든 종류의 장비를 사용해야만 가능한 테스트

테스트 자동화 도구를 사용할 때는 장점도 있지만 단점도 있다. 장점으로는 테스트 노력이 절감되고 실수를 감소시킬 수 있다는 점, 비용 효율적인 유지보수가 가능하다는 점, 그리고 품질이 향상되어 고객의 만족도가 향상된다는 점이다. 단점에는 테스트 자동화 도구가 고가이며 유지 비용도가 높다는 점, 초기 환경 및 테스트 설정에 많은 시간과 노력이 소요된다는 점, 그리고 테스트 스크립트의 유지보수가 곤

란하다는 점이 있다.

10.2.4.1 테스트 자동화 도구 구현

Bart Broekman의 'Testing Embedded Software'에 의하면 테스트 자동화 도구를 구현하기 위해서는 적어도 전체 테스트 집합이 3~6번 정도 반복 수행될 수 있을 때에 가능하다. 테스트 자동화 도구를 개발하기 위해서는 그림 10-11과 같이 초기화, 구현, 적용의 3단계 절차를 요구된다.

초기화 단계는 실현가능성을 연구하고 테스트 도구를 선정하며, 비용 및 이익을 분석하는 단계이다. 실현가능성 연구를 위해서는 테스트 자동화 목표, 테스트 대상 시스템, 그리고 테스트 조직이 분석되어야 한다. 특히, 테스트 자동화 목표는 테스트 자동화 프로젝트의 성공을 결정하는 조건이 되므로 품질, 비용, 시간적인 측면을 모두 고려하여 균형있게 세워야 한다. 테스트 도구 선정은 명확한 요구사항과 객관적인 도구 평가기준을 가지고 도구를 평가해서 선정해야 한다. 또한, 선정하려는 도구가 요구되는 기능을 가지고 있는지 또는 본래 목표하는 바를 달성할 수 있는지 등을 함께 고려해서 선정해야 한다. 비용 및 이익 분석은 둘 모두 객관적이고 주관적인 특성을 함께 고려해서 실시해야 한다.

구현 단계는 테스트 자동화 목표를 만족시킬 수 있는 자동화된 테스트 환경을 구축하는 단계로서 계획수립과 설계 및 개발의 2가지 활동이 있다. 계획수립은 필요한

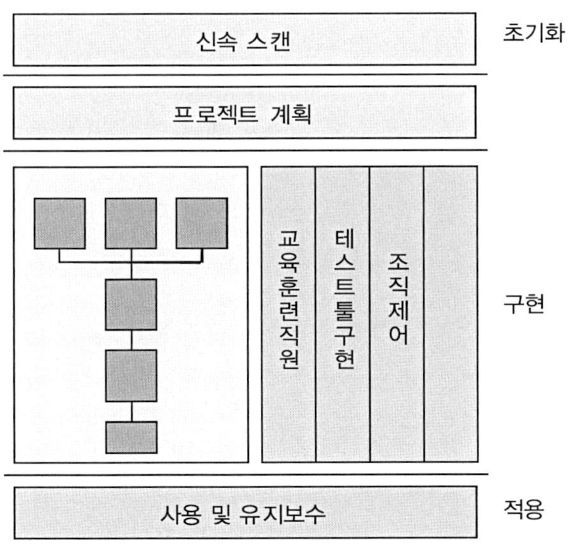

그림 10-11 테스트 자동화 도구 개발 3단계

활동, 관련 인력, 소요시간 예측을 계획하는 활동이고, 설계 및 개발은 실제 테스트 스위트를 생성하고 테스트를 하는 활동이다.

적용 단계는 자동화된 테스트 환경을 사용하고 유지보수하는 단계이다. 자동화된 테스트 환경은 테스트 프로세스의 모든 단계에 영향을 미치므로 자동화된 테스트 환경 사용 시 미치는 파급효과를 명심해야 한다. 파급효과의 예를 들면, 설계 단계에서는 테스트 케이스가 자동화된 테스트 환경에서 읽힐 수 있는 형식이어야 한다는 점과 테스트 환경 또한 테스트 대상의 변화에 따라 적응될 수 있어야 한다는 점이다. 실행 단계에서는 테스트 실행이 자동화된 테스트 환경에 의해 어느 정도 커버되어야 한다는 점이며, 마감 단계에서는 모든 변경사항이 중지되고 저장되어야 한다는 점이다.

10.3 테스트 전략

10.3.1 리스크 정의 및 관리

리스크(Risk)란 이벤트, 위험 요소, 위협 또는 상황의 발생 가능성과 발생했을 경우의 바람직하지 못한 결과, 즉 잠재적인 문제로 정의된다. 이러한 리스크의 수준은 의도하지 않은 이벤트가 발생될 가능성과 그 영향에 의해 결정된다. 따라서 리스크 기반으로 테스트를 수행하기 위해서는 가장 중요한 작업이 리스크를 어떻게 합리적으로 도출하는 것이 된다. 이를 위해서는 테스트 관점에서 리스크를 분석하고 리스크 기반으로 테스트 전략을 수립해야 하는데, 이때 풍부한 경험을 가진 테스트 전문가를 활용하는 것이 효율적이다.

1996년 Reynolds는 리스크를 "장애(Failure)로 인해 주어진 기간에 발생하는 비용"으로 발표하면서 다음과 같은 식으로 정의하였다.

리스크 = 장애가능성(Chance of Failure) × 손실(Damage)
= 사용빈도(Frequency) × 결점(Fault) × 손실(Damage)

위 식에서 장애가능성은 시스템에서 제공하는 사용빈도와 결점 가능성을 포함하는 양상과 관련된다. 장애가능성과 관련하여 1996년 Schaefer는 표 10-3과 같이 결점이 집중적으로 위치하는 양상과 장애가능성이 매우 높은 양상에 대해 제시하였다.

리스크를 평가하기 위해서는 손실의 각 형태를 돈으로 환산하는 노력이 필요하

표 10-3 결점의 집중 위치와 장애가능성(Schaefer, 1996)

결점의 집중 위치	장애가능성
• 복잡한 컴포넌트 • 완전히 새로운 컴포넌트 • 자주 변경되는 컴포넌트 • 툴/기법이 처음 사용된 컴포넌트 • 개발하는 동안 타 개발자로 전환된 컴포넌트 • 극심한 시간 압력 하에 구축된 컴포넌트 • 평균보다 더 최적화되어야 했던 컴포넌트 • 조기에 많은 결함이 발견된 컴포넌트 • 많은 인터페이스를 가진 컴포넌트	• 비경험 개발자 • 사용자 대표 그룹의 불충분한 참여 • 개발하는 동안 불충분한 품질 보증 • 하위 레벨 테스트의 불충분한 품질 • 새로운 개발 툴 및 개발 환경 • 규모가 큰 개발팀 • 효율적 의사소통이 없는 개발팀 • 조직의 미해결 모순 상태에서 정치적 압력에서 개발된 컴포넌트

다. 즉, 손실을 단일 숫자로 쉽게 표현할 수 있다면 연관된 리스크를 평가된 타 리스크와 쉽게 비교할 수 있다. 손실은 여러 가지 형태로 나타날 수 있지만, 대부분 수리비용, 부정적 언론 노출에 기인한 마켓점유 손실, 법적인 손해배상 청구, 그리고 기회수입의 손실 형태로 나타난다.

리스크를 줄여서 손실을 최소화하기 위해서는 리스크에 대한 관리가 중요하다. 1996년 Reynolds는 리스크를 효율적으로 관리하기 위한 방안을 그림 10-12와 같이 제안하였다. 제안한 내용을 설명하면, 먼저 리스크 관리는 크게 손실을 최소화하는

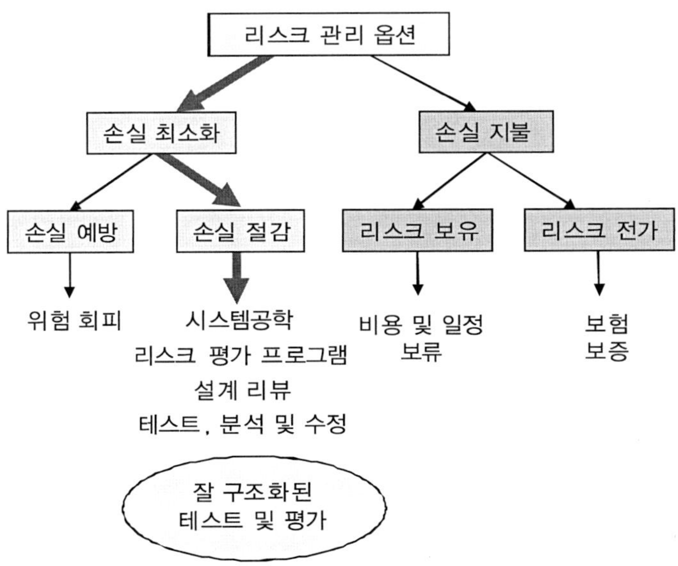

그림 10-12 리스크 관리 옵션(Reynolds, 1996)

방식과 손실을 그대로 지불하는 두 가지 방식으로 구분한다. 손실을 최소화하는 방식에는 위험을 사전에 회피하는 손실 예방 방식과 손실을 절감하는 두 가지 방식이 있다. 그리고 손실을 그대로 지불하는 방식은 비용 및 일정을 보류하여 리스크를 보유하는 방식과 보험이나 보증을 들어 리스크를 다른 곳에 전가하는 두 가지 방식이 있다. Reynolds는 이러한 네 가지 방식 중 리스크를 효과적으로 관리하는 방식으로 그림 상에 표시된 굵은 화살표와 같이 손실 절감 방식을 제안하였다. 이를 위해서 Reynolds는 시스템 공학, 리스크 평가 프로그램, 설계에 대한 리뷰, 테스트, 분석 및 수정을 실시해야 한다고 제안하면서 이렇게 해야 잘 구조화된 테스트 및 평가가 된다고 주장하였다.

10.3.2 리스크 기반 테스트 전략

10.3.2.1 마스터 테스트 기획에서의 테스트 전략

마스터 테스트 기획에서 리스크 기반으로 테스트 전략을 수립한다는 의미는 조직 전체 차원에서 리스크를 인식하고 이를 기반으로 임베디드 소프트웨어를 개발할 때 개발 프로세스 상에서 언제 어디서 얼마만큼의 테스트가 수행되어야 하는지에 대해 조직 차원의 참여를 획득하는 것이다. 마스터 테스트 기획에서의 테스트 전략은 다음과 같은 3단계 절차를 따른다.

- 1단계 : 품질 특성 선정
- 2단계 : 품질 특성의 상대적 중요성 결정
- 3단계 : 테스트 레벨에 품질 특성 할당

테스트 전략 수립의 첫 단계인 품질 특성 선정은 모든 이해관계자와 관련 부서가 비즈니스 리스크, 국제 표준 및 규정 등을 고려하여 어떤 품질 특성이 시스템에 가장 중요한지 선정한다. 그리고 이러한 품질 특성과 결과를 문서화하기 위해서는 품질 특성 명확화, 전형적인 사례 제공, 그리고 품질 요구 측정방식 정의라는 세 가지 사항을 고려해야 한다. 여기서 품질 특성 명확화는 품질 특성이 정의하는 내용에 대해 이해관계자들의 혼란을 사전에 예방하기 위한 조치이고, 전형적인 사례 제공은 국제 표준이 품질 특성에 미치는 영향을 이해하기 쉽도록 하기 위함이며, 품질 요구 측정방식 정의는 특정 품질 요구사항에 대해 측정방식을 정의함으로써 시스템이 품질 특성에 대해 얼마나 잘 동작하는지 쉽게 결정할 수 있는 방식을 제공하기 위함이다. 품질 특성의 예로는 연결성, 기능성, 성능, 회복성, 신뢰성, 적합성 등이 있다.

두 번째 단계인 품질 특성의 상대적 중요성 결정은 선정된 품질 특성을 다른 품질 특성과 비교하여 서로 얼마만큼 중요한 품질 특성인지를 상대적인 개념, 즉 전체 품질 특성을 100%로 놓고 각각의 품질 특성의 중요성을 결정하는 것이다. 이를 위해 각각의 품질 특성의 중요성이 퍼센트로 표시되는 상대적 중요성 매트릭스를 활용한다면 일반적인 상황이나 신속한 개요를 얻을 수 있다. 첫 번째 단계에서 예로 들은 6개의 품질 특성을 대상으로 두 번째 단계를 적용시켜 보면, 전체 품질 특성을 100%로 놓고 연결성 10%, 기능성 40%, 성능 15%, 회복성 5%, 신뢰성 10%, 적합성 20%로 결정할 수 있다.

세 번째 단계인 테스트 레벨에 품질 특성을 할당한다는 것은 어떤 테스트 레벨이 선정된 테스트 특성을 커버해야 하는지 그리고 대략적으로 어떤 방식으로 커버해야 하는지 결정하는 단계이다. 즉, 어떤 품질 특성을 커버하기 위해 어떤 테스트 레벨에서 어떤 종류의 테스트 활동을 수행해야 하는지 결정하는 것이다. 품질 특성 할당을 위해 Bart Broekman이 2003년에 제시한 표 10-4와 같이 행은 테스트 레벨, 열은 품질 특성을 가진 전략 매트릭스를 이용할 수 있다.

10.3.2.2 테스트 레벨을 위한 테스트 전략

특정한 테스트 레벨을 위해 테스트 전략을 수립한다는 의미는 무엇을 테스트하고 어떻게 철저히 테스트해야 하는지 그리고 어떤 테스트 기법을 적용해야 하는지를 선택하는 것이다. 테스트 레벨을 위한 테스트 전략은 다음과 같은 6단계 절차를 따

표 10-4 마스터 테스트 기획의 전략 매트릭스 사례(Bart Broekman, 2003)

구분	기능성	연결성	신뢰성	회복성	성능	적합성
상대적 중요성(%)	40	10	10	5	15	20
단위 테스트	++			+		
SW 통합 테스트	+	++				
HW/SW 통합 테스트	+	++		++		
시스템 테스트	++		+		+	
인수 테스트	+			++		++
필드 테스트			++		++	

※ ++ : 품질 특성에 대해 반드시 테스트 필요
+ : 품질 특성에 대해 필요 시 테스트
공란 : 품질 특성이 해당 테스트 레벨과 관련이 없음

른다.

- 1단계 : 품질 특성 선정
- 2단계 : 품질 특성의 상대적 중요성 결정
- 3단계 : 시스템을 서브시스템으로 분할
- 4단계 : 서브시스템의 상대적 중요성 결정
- 5단계 : 서브시스템/품질 특성 조합당 테스트 중요성 결정
- 6단계 : 사용될 테스트 기법 확정

테스트 레벨을 위한 테스트 전략 수립의 첫 단계인 품질 특성 선정은 마스터 테스트 기획에서의 전략 개발에서 사용된 것과 동일한 품질 특성 선정 지침을 적용해서 품질 특성을 선정한다. 선정된 품질 특성의 예로는 기능성, 성능, 신뢰성, 적합성 등이 있다.

두 번째 단계인 품질 특성의 상대적 중요성 결정도 마스터 테스트 기획과 마찬가지로 1단계에서 선정된 전체 품질 특성을 100%로 놓고 다른 품질 특성과 비교하여 서로 얼마만큼 중요한 품질 특성인지를 상대적인 개념으로 결정한다. 1단계서 선정된 4개 품질 특성을 이용하여 예로 들면, 전체 품질 특성을 100%로 놓고 기능성 40%, 성능 25%, 신뢰성 10%, 적합성 25%로 결정할 수 있다.

세 번째 단계인 시스템의 서브시스템 분할은 시스템의 각 부분, 즉 서브시스템 각각이 같은 품질 특성을 갖지 않고 리스크 관점에서도 서로 다를 수 있다는 아이디어에서 출발한 개념이다. 서브시스템 분할은 아키텍처를 참고하여 실시하되 전체 시스템도 서브시스템 목록에 추가한다. 분할된 서브시스템의 예로는 부분 A, 부분 B, 부분 C, 부분 D, 그리고 전체 시스템 등이 있다.

네 번째 단계인 서브시스템의 상대적 중요성 결정은 두 번째 단계인 품질 특성의 상대적 중요성 결정과 같은 방식으로 결정한다. 예를 들어, 세 번째 단계에서 분할된 서브시스템 4개와 전체 시스템 1개를 합해 100%로 놓고 이들 간의 상대적 중요성을 결정해서 부품 A 30%, 부품 B 10%, 부품 C 30%, 부품 D 5%, 그리고 전체 시스템 25%로 결정할 수 있다.

다섯 번째 단계인 서브시스템/품질 특성 조합당 테스트 중요성 결정은 서브시스템과 품질 특성의 평가를 혼합하고 이를 표 10-5의 매트릭스에 작성해 넣음으로써 완료한다. 예를 들면, 표에 나타나 있는 품질 특성인 성능은 서브시스템 B에 대해서는 매우 현저한 특성이 되겠지만, 서브시스템 D에 대해서는 조금도 그렇지 않은 특

표 10-5 서브시스템 각각의 상대적 중요성 및 품질 특성과의 관계 매트릭스 (Bart Broekman, 2003)

구분	상대적 중요성(%)	기능성	성능	신뢰성	적합성
상대적 중요성(%)	100	40	25	10	25
부분 A	30	++	+		+
부분 B	10	+	++	+	
부분 C	30	+	+		+
부분 D	5	+			+
전체 시스템	25	+	+	++	++

※ ++ : 품질 특성이 해당 서브시스템에 탁월
+ : 품질 특성이 해당 서브시스템에 적합
공란 : 품질 특성이 해당 서브시스템에 중요하지 않음

성이 된다는 것이다. 즉, 이 단계는 각 테스트 레벨마다 어느 품질 특성을 더 집중해서 테스트해야 된다는 것을 알려주는 데 도움을 준다.

여섯 번째 단계인 사용될 테스트 기법 확정은 품질 특성과 관련된 서브시스템을 테스트하는 데 사용되는 테스트 기법을 선정하는 것이다. 어떤 기법이 가장 훌륭한 방책인지는 테스트 될 품질 특성, 애플리케이션 영역, 요구되는 테스트 베이시스, 요구되는 자원, 그리고 요구되는 지식 및 기술 등의 요소를 고려해야 한다.

지금까지 설명한 마스터 테스트 기획에서의 테스트 전략(3단계)과 테스트 레벨 중 시스템 테스트 레벨을 위한 테스트 전략과 관계가 그림 10-13에 도시되어 있다.

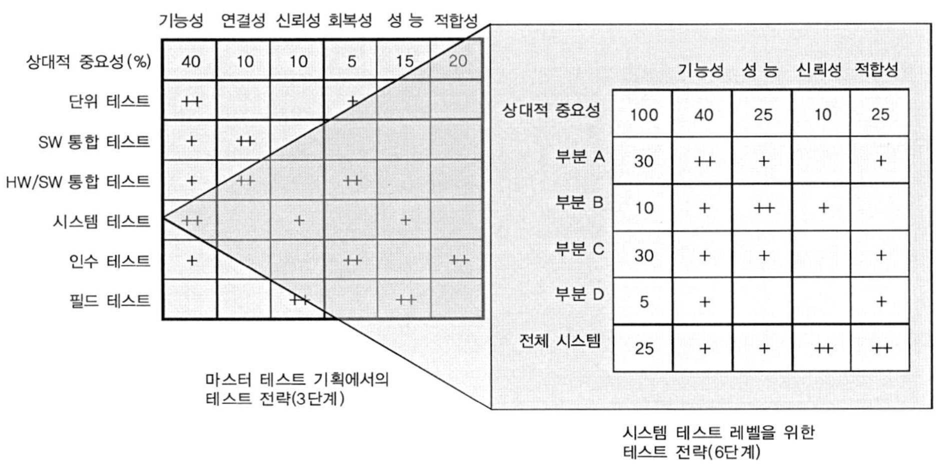

그림 10-13 리스크 기반 시스템 테스트 레벨을 위한 테스트 전략

10.4 테스트 설계

10.4.1 구조화된 테스트 설계 절차

구조적 테스트는 테스트 설계 기법을 적용한다는 것을 의미한다. 이를 위해서는 신중하게 고려된 테스트 케이스를 준비해야 하며 테스트 케이스는 실제 테스트가 수행되기 이전에 준비되어 있어야 한다. 테스트 케이스를 도출하기 위해서는 그림 10-14와 같이 '5단계 + 1옵션'을 가진 구조화된 테스트 설계 절차가 필요하다. 5단계는 테스트 상황 식별, 논리적 테스트 케이스 구체화, 물리적 테스트 케이스 구체화, 초기 상황 설정, 테스트 스크립트 조합이며, 1옵션은 테스트 시나리오 정의이다.

구조화된 테스트 설계 절차의 5단계 + 1옵션의 주요 내용을 설명하면 다음과 같다.

- **테스트 상황 식별** : 테스트 베이시스를 분석하고 테스트되어야 할 각 상황을 식별한다.
- **논리적 테스트 케이스 구체화** : 각각의 테스트 상황을 시작에서 종료까지 테스트 대상을 통해 통과될 수 있는 논리적인 테스트 케이스로 변환한다. 여기서 논리적이라는 말은 변수에 구체적인 값을 주지 않고 상황의 종류만 설명하는 것이다.

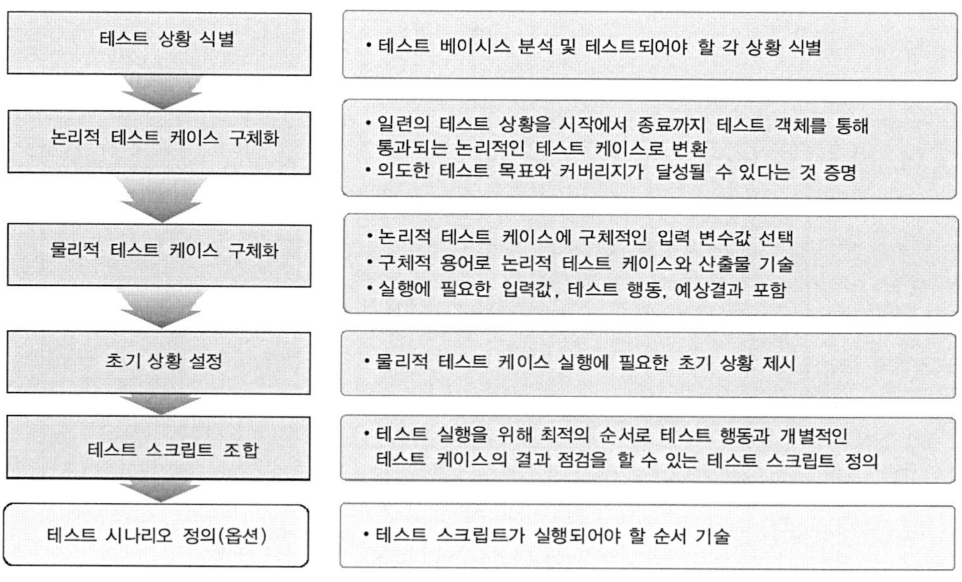

그림 10-14 구조화된 테스트 설계 절차(5단계 + 1옵션)

- **물리적 테스트 케이스 구체화** : 각각의 논리적 테스트 케이스에 구체적인 입력 변수값을 선택한다.
- **초기 상황 설정** : 물리적 테스트 케이스를 실행하기 위해 필요한 초기 상황을 제시한다.
- **테스트 스크립트 조합** : 테스트 실행을 위해 최적의 순서로 테스트 행동과 개별적인 테스트 케이스의 결과 점검을 할 수 있는 테스트 스크립트를 정의한다.
- **테스트 시나리오 정의(옵션)** : 시스템이 대규모인 경우, 테스트 스크립트가 실행되어야 할 순서를 기술한 테스트 시나리오를 정의한다.

10.4.2 테스트 설계 기법

테스트 설계 기법을 적용하는 것은 테스트 프로세스의 품질과 관리를 향상시킨다는 이점이 있다. 예를 들면, 정확한 곳에 정확한 커버리지를 제공하기 때문에 테스트 품질과 커버리지에 통찰력을 제공할 수 있고, 특정 형태의 결함 탐지를 목표로 하기 때문에 결함을 효과적으로 탐지할 수 있다. 또한, 상세한 테스트 실행순서 및 내용을 가지고 있어 테스트 케이스를 쉽게 재생산할 수 있으며, 업무절차가 표준화되어 있어 테스트 프로세스를 수행조직으로부터 독립시킬 수 있을 뿐만 아니라 테스트 설계에 대한 유지보수도 가능하다.

10.4.2.1 테스트 설계 기법의 분류

테스트 설계 기법은 소프트웨어의 내부 구조, 즉 소스코드의 참조여부에 따라 블랙박스 테스트와 화이트박스 테스트로 분류된다. 그리고 테스트 설계의 근원을 기준으로 하여 명세 기반, 구조 기반, 그리고 경험 기반으로 분류된다. 일반적으로 명세 및 경험 기반은 블랙박스 테스트이며, 구조 기반은 화이트박스 테스트이다.

10.4.2.2 테스트 설계 기법의 특징

테스트 설계 기법의 특징을 명세 기반, 구조 기반, 경험 기반으로 구분하여 제시하면 그림 10-15와 같이 나타낼 수 있다. 구조 기반은 화이트박스 테스트로서 컴포넌트나 시스템의 소스코드를 분석해서 테스트 케이스를 생성하거나 기개발 테스트 케이스를 이용하는 기법이다. 명세 기반은 블랙박스 테스트로서 테스트 베이시스의 문서를 분석해서 기능적, 비기능적 테스트 케이스를 도출하는 기법이다. 경험 기반은 블랙박스 테스트로서 테스터의 지식이나 경험을 이용하여 테스트 케이스를 도출

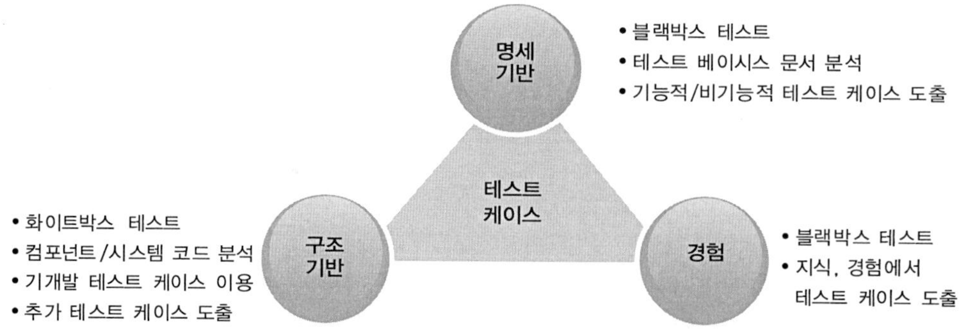

그림 10-15 테스트 설계 기법의 특징

하는 기법이다.

또 다른 테스트 설계 기법의 특징을 공식적 또는 비공식적 측면에서 구분할 수 있다. 공식적 측면에서는 테스트 케이스 도출과 관련하여 엄격한 규칙이 존재한다는 점과 리스크를 최소화할 수 있지만 테스트 케이스가 명세서와 같은 수준이라는 특징이 있다. 비공식적 측면에서는 테스터에게 일반적인 규칙과 자유로움을 제공할 수 있다는 특징이 있으며, 시스템 취약성에 대해 테스터의 창조성과 직감이 강조되지만 테스트 베이시스 관련 커버리지에 통찰력 제공이 불가하다는 특징이 있다.

10.4.3 테스트 케이스 도출원리

10.4.3.1 로직 처리

로직 처리는 테스트되어야 할 프로그램이나 기능 또는 시스템의 처리 로직에 대한 상세한 지식에 근거하여 테스트 케이스를 도출하는 방법이다. 여기서 처리 절차는 하나 또는 더 많은 조건을 가진 결정 포인트와 행동의 조합으로 구성된다.

로직 처리와 관련된 커버리지에는 구문 커버리지, 분기/결정 커버리지, 조건 커버리지, 결정/조건 커버리지, 변형조건 결정 커버리지, 분기조건 조합 커버리지 등이 있다. 로직 처리를 이용하여 테스트 케이스를 도출하는 방식에는 제어흐름 테스트, 경로 테스트, 트랜잭션 흐름 테스트 등이 있다.

그림 10-16에 결정 커버리지를 위해 테스트 케이스를 도출하는 예가 나타나 있다. 그림 좌측에 실제 소스코드 구조에 대한 흐름도가 나타나 있는데, 이 흐름도에서 결정 포인트인 D1, D2, D3를 이용하여 테스트 케이스가 도출된다. 결정 포인트를 이용할 때 테스트 커버리지를 그림 우측 상단과 같이 ①모든 흐름을 최소 한 번씩은

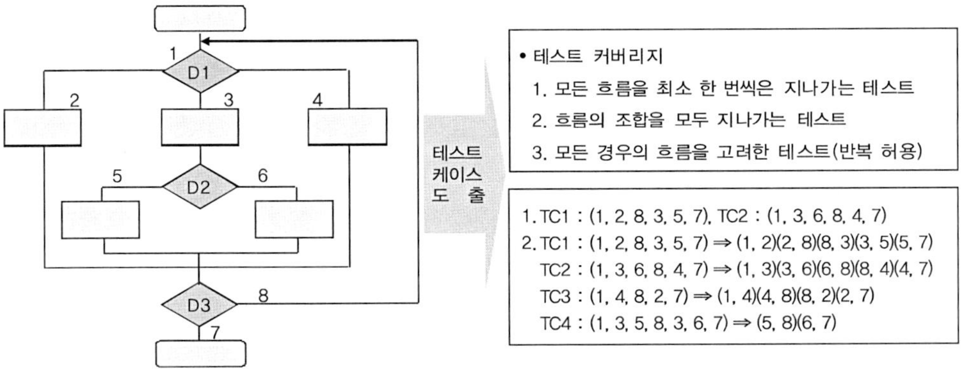

그림 10-16 결정 커버리지를 위한 테스트 케이스 도출 원리

지나가는 테스트, ②흐름의 조합을 모두 지나가는 테스트, ③모든 경우의 흐름을 고려한 테스트로 정할 수 있다. 예를 들어 첫 번째 테스트 커버리지, 즉 모든 흐름을 최소 한 번씩은 지나가는 테스트를 이용할 경우 테스트 케이스는 그림 우측 하단과 같이 (1, 2, 8, 3, 5, 7)과 (1, 3, 6, 8, 4, 7)의 두 가지 테스트 케이스를 도출할 수 있다. 그리고 두 번째 테스트 커버리지를 이용할 경우에는 그림 우측 하단과 같이 총 4개의 테스트 케이스를 도출할 수 있다.

10.4.3.2 등가 분할

등가 분할은 입력 도메인, 즉 모든 가능한 입력값을 등가(Equivalence) 클래스로 분할해서 테스트 케이스를 도출하는 방법이다. 등가 분할은 그림 10-17과 같이 약

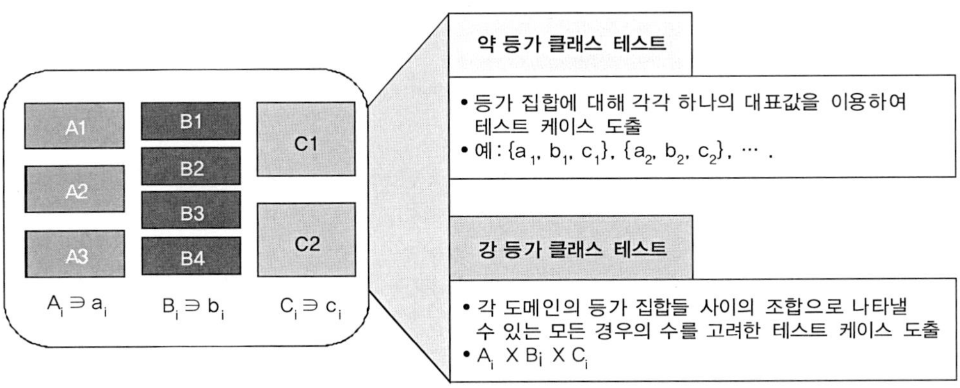

그림 10-17 등가 분할 기반 테스트 케이스 도출 원리

등가 클래스 테스트와 강 등가 클래스 테스트로 구분할 수 있다. 약 등가 클래스 테스트는 등가 집합에 대해 각각 하나의 대표값을 이용하여 테스트 케이스를 구성하는 원리이며, 강 등가 클래스 테스트는 각 도메인의 등가 집합들 사이의 조합으로 나타낼 수 있는 모든 경우의 수를 고려하여 테스트 케이스를 도출하는 원리이다.

그림 10-17 좌측에 제시된 등가 분할의 예를 이용해서 테스트 케이스를 도출하면, 약 등가 클래스 테스트인 경우 테스트 케이스는 (a1, b1, c1), (a2, b2, c2), (a3, b3, c1), (a1, b4, c2)의 4개가 되며, 강 등가 클래스 테스트인 경우 테스트 케이스는 3 × 4 × 2 = 24개가 된다.

10.4.3.3 경계값 분석

경계값 분석은 등가 클래스를 구분할 때 경계값(Boundary Value)을 이용해서 테스트 케이스를 도출하는 방법이다. 이는 결함이 잘못된 경계값의 사용과 같은 단순한 프로그래밍 오류에서 야기된다는 개념에서 나온 원리이다. 이 원리를 이용하면 등가 분할보다 많은 테스트 케이스가 생성되지만 결함을 발견할 기회는 더 증가한다.

경계값 분석을 통한 테스트는 그림 10-18과 같이 단일 결함 기반 테스트, 강건한 테스트, 워스트 케이스 테스트, 그리고 강건한 워스트 케이스 테스트로 구분되며, 그림에서 제시된 테스트 케이스의 수는 총 49개(7^n, n = 2)로써 강건한 워스트 케이스 테스트에 해당된다. 참고로 단일 결함 기반 테스트의 테스트 케이스 수는 4n + 1 = 9이고, 강건한 테스트는 6n + 1 = 13이며, 워스트 케이스 테스트는 5^n = 25이다.

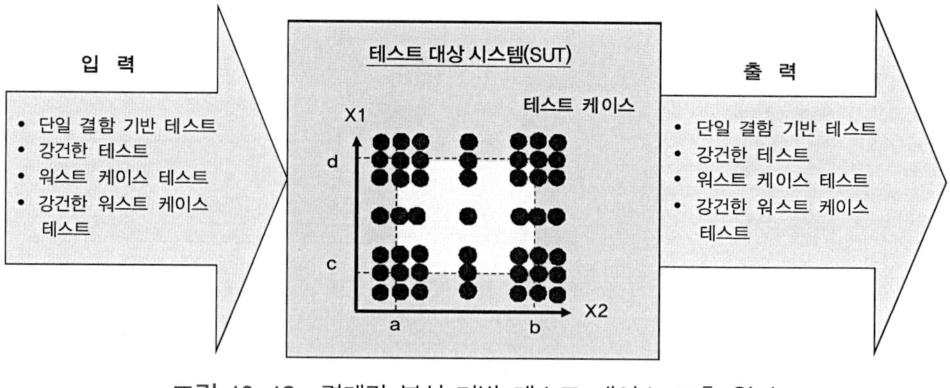

그림 10-18 경계값 분석 기반 테스트 케이스 도출 원리

10.4.3.4 결정 테이블

결정 테이블은 시스템의 복잡한 비즈니스 규칙을 결정 테이블로 만들고 이 테이블의 내용을 기반으로 테스트 케이스를 도출하는 방법이다. 모바일 뱅킹의 사례를 예로 들면, 그림 10-19와 같이 모바일 뱅킹에서 발생할 수 있는 테스트 조건과 각 테스트 조건에 따른 기대결과를 그림과 같이 작성할 수 있다. 이렇게 작성된 결정 테이블을 통해 그림 하단과 같이 테스트 케이스를 도출할 수 있다.

10.4.3.5 상태 전이

상태 전이는 실시간 응답 요구, 이벤트 반응 처리, 그리고 다기능 입출력 등의 특징을 갖고 있는 임베디드 시스템의 동적 상태에 대한 모델링을 통해 테스트 케이스를 도출하는 방법이다.

이는 그림 10-20의 좌측과 같이 이벤트 A, B, C에 의해 상태 1에서 상태 2로 전이되는 경우, 우측의 이벤트-상태 매트릭스를 만들고 이벤트와 상태의 조합에 의해 테스트 케이스를 추출한다. 참고로 이벤트의 종류에는 신호 이벤트, 호출 이벤트, 변경 이벤트, 시간 이벤트 등이 있으며, 상태의 종류에는 초기 상태, 현재 상태, 수신 상태, 결과 상태, 활성 상태, 종료 상태, 완료 상태 등이 있다.

10.4.3.6 유스케이스

유스케이스는 인수 테스트의 테스트 케이스를 설계할 때 유스케이스나 비즈니스

모바일 뱅킹(사례)	테스트 케이스 ID										
	1	2	3	4	5	6	7	8	9	10	11
테스트 조건											
폰에 칩 탑재	F	T	T	T	T	T	T	T	T	T	T
칩이 유효한지 검사		F	T	T	T	T	T	T	T	T	T
기대 결과											
MSG(칩이 필요함)	T										
MSG(칩이 유효하지 않음)		T									

ID	구분	사전조건	수행순서 (테스트 조건)	기대 결과	P/F	추적성	중요도	비고
1		휴대폰에 칩이 탑재 되어 있지 않다.	"폰뱅킹 버튼"을 눌러 폰뱅킹 사용을 시도한다.	"칩이 필요" 하다는 메시지를 출력한다.		요구사항 분석서 (결정테이블)	M	칩의 상태에 따른 동작 확인
2		휴대폰에 칩이 탑재 되어 있다.	"폰뱅킹 버튼"을 눌러 폰뱅킹 사용을 시도한다.	"칩이 유효하지 않다" 라는 메시지를 출력한다.		요구사항 분석서 (결정테이블)	M	칩의 상태에 따른 동작 확인

그림 10-19 결정 테이블 기반 테스트 케이스 도출 원리

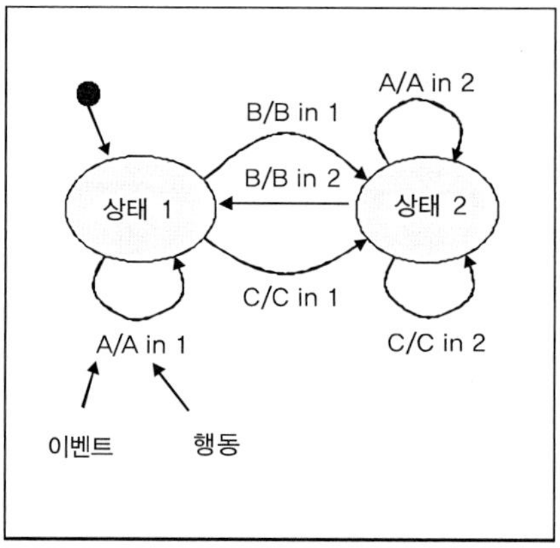

	상태 1	상태 2
이벤트 A	상태 1/A in 1	상태 2/A in 2
이벤트 B	상태 2/B in 1	상태 1/B in 2
이벤트 C	상태 2/C in 1	상태 2/C in 2

이벤트와 상태 조합에 의해 테스트 케이스 추출

테스트 케이스 ID	테스트 입력	테스트 출력
1	이벤트 A X 상태 1	A in 1
2	이벤트 A X 상태 2	A in 2
3	이벤트 B X 상태 1	B in 1
...	...	...

그림 10-20 상태 전이 기반 테스트 케이스 도출 원리

시나리오를 기반으로 테스트 케이스를 도출하는 방법이다. 이는 유스케이스의 흐름을 대체흐름과 기본흐름으로 구분하여 테스트 케이스를 도출한다.

그림 10-21에 유스케이스를 이용하여 테스트 케이스를 도출하는 원리가 도시되어 있다. 그림 상단은 유스케이스를 이용하여 ATM 기기에서 카드를 통해 돈을 인출하는 과정을 대체 흐름과 기본 흐름을 이용해서 나타내고 있다. A는 어떤 행동을 의미하며 S는 행동에 대해 결과로 나타난 상태를 의미한다. 예를 들면, 행동 A1은 유효하지 않은 카드를 이용해서 돈을 인출하려는 행동이며, S1은 카드가 유효하지 않아 판독을 할 수 없다는 상태를 나타낸다. 여기서 S1부터 S4까지를 대체흐름으로 부른다. 이와 비교하여 카드가 유효하면서 암호도 제대로 입력시킨 경우에는 돈이 정상적으로 출금되는 상태인 S0가 되며, 이를 기본흐름으로 부른다. 이러한 유스케이스 기반의 대체흐름과 기본흐름을 이용하면 그림 하단의 표에 나타나 있는 것처럼 테스트 케이스를 도출할 수 있다. 표에서 V는 유효한 경우를 의미한다.

10.4.3.7 분류 트리

분류 트리는 소프트웨어의 일부 또는 전체를 트리 구조로 분석해서 표현하고, 이 트리 구조를 이용하여 테스트 케이스를 도출하는 방법이다. 이는 블랙박스 형태의 테스트로서 명세가 없을 때도 사용할 수 있는 비공식적인 방법이다. 분류 트리를 이용해서 테스트 케이스를 도출하기 위해서는 먼저 테스트 대상에 대한 특징을 식별하고, 두 번째로 특징에 따른 입력범위를 분할해야 하며, 세 번째로 논리적 테스트 케이스를 명세화하고, 마지막으로 테스트 스크립트를 생성하면 된다.

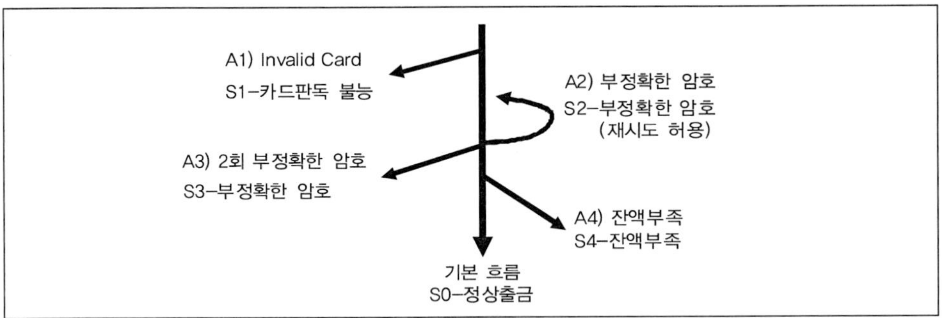

테스트 케이스	시나리오	카드 번호	암호	출금 금액	계좌 잔액	예상결과
TC0	S0	V	V	금액〈=잔액		정상 출금
TC1	S1	I	N/A	N/A	N/A	카드판독 불능 메시지
TC2	S2 (재시도기회〉1)	V	I	N/A	N/A	암호 재시도 메시지
TC2.1	S2 (재시도기회 =1)	V	I	N/A	N/A	암호 재시도 메시지
TC3	S2 (재시도기회 =0)	V	I	N/A	N/A	암호 부정확 메시지
TC4	S4	V	V	금액〉잔액		잔액 부족 메시지

그림 10-21 유스케이스 기반 테스트 케이스 도출 원리

자동차의 운행제어 소프트웨어를 대상으로 분류 트리를 이용해서 테스트 케이스를 도출하는 예가 그림 10-22에 제시되어 있다. 1단계로 테스트 대상 시스템인 자동

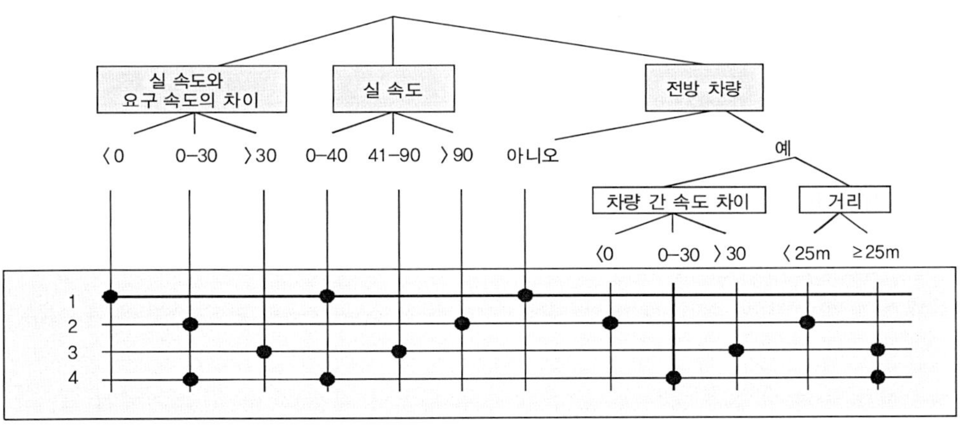

그림 10-22 분류 트리 기반 테스트 케이스 도출 원리(Bart Broekman, 2003)

차의 운행제어 소프트웨어에 대한 특징을 식별해야 하는데, 식별된 특징에는 실 속도와 요구 속도의 차이, 실 속도, 전방 차량의 세 가지이다. 2단계에서는 특징에 따른 입력 범위 분할을 해야 하는데, 분할된 예를 그림에서 살펴보면 실 속도와 요구 속도의 차이의 특징에 대해 0보다 작은 경우, 0부터 30까지의 경우, 30보다 큰 경우로 분할할 수 있다. 3단계인 논리적 테스트 케이스의 명세화는 그림 하단에 나타나 있는데, 그림에서 보듯이 4개의 논리적 테스트 케이스가 명세화되어 있음을 알 수 있다.

10.4.3.8 체크리스트

체크리스트는 테스트 케이스를 체계적으로 도출하기 보다는 테스트의 경험과 노하우를 정리하고 목록화하여 차기 테스트에서 해당 내용을 누락하지 않고 재활용하는 것을 목적으로 작성된다.

체크리스트는 크게 일반 체크리스트, 기능 체크리스트, 그리고 시스템 요소 체크리스트로 분류된다. 일반 체크리스트는 수행해야 할 테스트의 목록과 절차를 나열한 체크리스트이다. 기능 체크리스트는 블랙박스 체크리스트라고도 하며 전체 시스템의 최상위 기능, 개별적인 컴포넌트의 기능, 그리고 서로 다른 레벨의 기능을 나열한 체크리스트이다. 시스템 요소 체크리스트는 상위 레벨의 서브시스템이나 모듈, 개별 구문이나 데이터 항목, 그리고 서로 다른 레벨의 시스템 요소를 나열한 체크리스트이다.

10.5 TPI 모델

10.5.1 TPI 모델 개요

TPI(Test Process Improvement) 모델은 1997년 네덜란드 I-QUIP(Innovators Equipment, Inc.) 컨설팅 회사가 테스팅 업계의 요구사항을 해결하기 위해 만든 테스트 프로세스 개선 평가 모델이다. 이 모델은 소프트웨어의 품질 및 비용 그리고 테스트 프로세스의 소요시간 등 모든 정보서비스를 최적화하고 요구사항 만족을 위한 실무 지식과 기술에 바탕을 두고 설계된 모델이다.

조직의 테스트 프로세스를 개선하고자 하는 목적은 신속한 결함을 발견하고 시스템 품질과 관련된 정보를 이해관계자에게 신속하게 제공하기 위해서이다. 이를 위

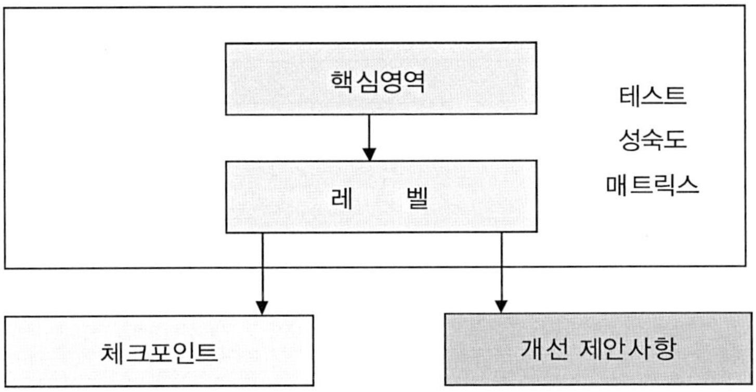

그림 10-23 TPI 모델의 구조

해 TPI 모델에서는 그림 10-23과 같이 핵심영역, 레벨, 체크포인트, 개선 제안사항, 그리고 테스트 성숙도 매트릭스(TMM)로 구성된 구조를 제공하고 있다.

TPI 모델을 이용하면 조직 내 테스트 프로세스의 성숙도를 보는 시각을 제공하여 순차적이면서 통제 가능한 개선방안을 제시할 수 있다. 즉, 각 핵심영역의 수준이 정의되고 상위 수준으로 도달할 수 있는 개선 방안이 제시될 뿐만 아니라 체크포인트를 활용하여 현 상태의 테스트 프로세스를 객관적으로 평가할 수 있기 때문에 개선단계의 제어가 가능하다는 이점이 있다.

10.5.2 TPI 모델 구성요소

10.5.2.1 핵심영역(Key Area)

대부분의 잘 정의된 테스트 프로세스는 핵심영역이라 부르는 특별히 주의가 요구하는 특정 영역이 있는데, 이러한 핵심영역은 테스트 프로세스를 개선하고 구조화하는 데 기본이 되는 역할을 한다. TPI 모델에는 표 10-6과 같이 20개의 핵심영역이 있다.

- **테스트 전략**(Test Strategy) : 가장 중요한 결함들을 가능한 빠른 시기에 적은 비용으로 찾아내는데 초점이 맞추어진다. 또한, 어떤 요구사항과 품질 위험이 어떤 테스트에 의해 지원되는지 정의되어야 한다.
- **생명주기 모델**(Life-cycle Model) : 계획, 준비, 명세, 실행, 종료 등 여러 단계로 구성된다. 각 단계는 활동으로 구성되며, 각 활동은 목표, 입력, 프로세스, 출력,

표 10-6 TPI 모델의 20개 핵심영역

테스트 전략	참여와 동기
생명주기 모델	테스트 기능 및 교육훈련
수행 시점	방법론의 범위
산정과 계획	의사소통
테스트 명세 기법	보고
정적 테스트 기법	결함관리
메트릭스	테스트웨어 관리
테스트 도구	테스트 프로세스 관리
테스트 환경	평가
사무실 환경	하위레벨 테스트

의존 관계, 적용 가능한 기법, 도구, 필요 장비, 문서 등이 정의되어 있다. 생명주기 모델은 상호간 협력 하에 감독되고 계획될 수 있기 때문에 테스트 프로세스의 예측가능성과 제어가능성을 증가시킨다.

- **수행 시점**(Moment of Involvement) : 보통 소프트웨어 개발 이후에 발생하지만, 결함 제거를 신속하고 적은 비용으로 수행하기 위해서는 테스트 프로세스 초기에 시작할수록 유리하다. 초기 시스템 개발 단계에서의 참여는 가능한 쉽고 빠르게 결함을 인지하고 예방할 수 있도록 해야 한다.
- **산정과 계획**(Estimation & Planning) : 어떤 활동이 언제 얼마나 많은 비용과 인력을 요구하는지 나타낸다. 특정 시간 프레임에 자원을 할당하는 것은 테스트의 기본이기 때문에 적당한 산정과 계획은 매우 중요한 영역이라 할 수 있다.
- **테스트 명세 기법**(Test Specification Techniques) : 소스코드로부터 테스트 케이스를 도출해내는 표준화된 방법을 정의한다. 이 기법은 테스트의 품질과 깊이를 제공하고 테스트의 재사용성을 높일 수 있다.
- **정적 테스트 기법**(Static Test Techniques) : 프로그램을 실행시키지 않고 제품을 테스트하는 기법이다. 특정 품질 레벨에 이르기 위한 정적 테스트 기법으로 체크리스트가 매우 유용하게 사용될 수 있다.
- **메트릭스**(Metrics) : 제품과 프로세스 특성의 정량적인 관찰을 의미한다. 프로세스 진행과 시스템 품질을 추적하는 데 중요한 요소이기 때문에 테스트 프로세스 제어 및 서로 다른 시스템이나 프로세스 비교에도 사용된다. 특히, 테스트 프로세스 개선에서 개선 이전 상태와 이후 상태를 비교함으로써 개선활동을 평

가하는 데 중요한 영역이다.

- **테스트 도구**(Test Tool) : 테스트 프로세스 자동화에 도움을 주는 도구이다. 테스트 도구를 사용하면 시간과 유연성에서 많은 이점(테스트 시간 감소, 테스트 깊이 증가, 테스트 유연성 증가 등)을 얻을 수 있다.
- **테스트 환경**(Test Environment) : 절차, 하드웨어, 소프트웨어, 커뮤니케이션 수단, 건물, 사무실, 데이터베이스, 파일 등으로 구성된다. 테스트 환경은 품질, 일정, 비용에 심각한 영향을 미칠 수 있으며, 주요 특징으로는 응답성, 적시성, 유용성, 표현성, 유연성 등이 있다.
- **사무실 환경**(Office Environment) : 좋은 사무실 환경과 적절한 기간에 갖추어지는 사무실 환경은 테스터의 동기 함양과 작업의 효율 향상에 긍정적인 영향을 미친다.
- **참여와 동기**(Commitment & Motivation) : 테스트 프로세스가 유연하게 수행될 수 있는 전제조건이 된다. 이를 위해 테스터뿐만 아니라 프로젝트 관리자 또는 관리 분야에 종사하는 인원과의 약속 및 동기부여도 필요하다. 충분한 자원과 시간 그리고 경제적 지원을 받을 수 있다면 좋은 테스트가 될 수 있다.
- **테스트 기능 및 교육훈련**(Test Functions & Training) : 테스트 팀을 올바르게 구성할 때 사용된다. 테스트 전문가는 문제에 대한 이해, 조직에 대한 지식, 전반적인 IT 지식, 그리고 사회적 기술 등이 요구된다. 또한, 이를 습득하기 위한 교육훈련도 필요하다.
- **방법론의 범위**(Scope of Methodology) : 조직은 모든 경우에 일반적으로 적용될 수 있는 방법론을 사용해야 한다. 그러나 동일한 작업을 다시 반복하지 않도록 충분히 자세한 내용도 포함시켜야 한다.
- **의사소통**(Communication) : 원활한 테스트 프로세스 수행, 테스트 전략 최적화, 진행상황 추적, 품질 제고 등을 위해 중요한 요소이다. 타 기술을 보유한 테스트 팀 내에서는 매우 중요하며 개발자, 사용자, 소비자 간에 원활한 의사소통이 되어야 한다.
- **보고**(Reporting) : 발견된 결함의 내용뿐만 아니라 제품 및 개발 프로세스에 대해 고객에게 중요한 제안을 할 수 있도록 보고의 목표를 맞추어야 한다.
- **결함관리**(Defect Management) : 좋은 결함관리는 결함의 전체 생명주기에 걸쳐 추적할 수 있어야 하고 품질에 미치는 영향을 분석할 수 있어야 한다.
- **테스트웨어 관리**(Testware Management) : 테스트웨어는 언제나 유지보수 및 재사용이 가능하도록 관리되어야 한다. 테스트 계획, 테스트 명세, 테스트 데이터

베이스, 테스트 파일뿐만 아니라 이전 프로세스에서 발생한 테스트 산출물 역시 관리되어야 한다. 이들 산출물에 대한 형상관리가 가능하다면 테스트 가능성(Testability)이 올라간다.

- **테스트 프로세스 관리** (Test Process Management) : 모든 테스트 활동과 프로세스를 효과적으로 제어하기 위해서는 계획, 실행, 유지, 조정의 네 가지 단계가 필수적이다. 이 단계들은 모든 테스트 활동과 프로세스에 대해 파악되어야 한다.
- **평가** (Evaluation) : 요구사항과 설계문서와 같은 중간 산출물을 검사하는 활동으로 제품의 결함이 초기에 발견될 수 있다는 장점이 있다. 결함이 초기에 발견되면 그 만큼 시간과 비용이 절약될 수 있다.
- **하위레벨 테스트** (Low-level Testing) : 주로 개발자에 의해 수행되는 단위 테스트와 통합 테스트가 하위레벨 테스트에 속한다. 일반적으로 개발자가 수행하기 때문에 의사소통에 대한 부담이 없고 결함 발견자가 결함 제공자이면서 동시에 결함 수정자이기 때문에 효율적이다.

10.5.2.2 레벨 (Level)

TPI 모델에서 핵심영역은 프로세스의 성숙도를 결정하기 위해 구성된다. 각각의 테스트 프로세스는 장점과 단점이 있으므로 핵심영역 모두 똑같이 표현되지 않는다. 핵심영역의 상태를 관찰하기 위해 TPI 모델에서는 레벨을 적용하는데 가장 낮은 레벨은 A이고 가장 높은 레벨은 D이며, 상위 레벨은 시간, 비용, 품질 면에서 더욱 성숙하다고 할 수 있다. 각 레벨의 성숙도 상태를 살펴보면, 레벨 A는 결함, 레벨 B는 진행상황, 활동, 우선순위에 의한 결함, 레벨 C는 리스크 및 권고, 구현된 메트릭스, 그리고 레벨 D는 소프트웨어 프로세스 개선 특성 권고이다.

각 레벨에는 핵심영역별로 요구사항(체크포인트)이 제시되어 있다. 특정 레벨을 받기 위해서는 그 등급의 활동이 체크포인트를 만족해야 한다. 또한, 보다 상위 등급을 받기 위해서는 하위 등급의 체크포인트를 모두 만족해야 한다. 즉, 레벨 B가 만족되었다면 레벨 A도 만족되었다는 것이다. 테스트 프로세스가 레벨 A를 만족시키지 못한다면 그 테스트 프로세스는 기초수준이라 한다. TPI 모델에서의 20개 핵심영역과 레벨과의 관계가 표 10-7에 제시되어 있다.

표 10-7 TPI 모델에서의 20개 핵심영역과 레벨과의 관계

핵심영역	레벨 A	레벨 B	레벨 C	레벨 D
테스트 전략	단독의 상위레벨 테스트 전략	상위레벨 테스트 혼합 전략	상위레벨 테스트 혼합 전략 및 하위레벨 테스트와 평가	모든 테스트와 평가 레벨의 혼합 전략
수명주기 모델	계획, 명세, 실행	계획, 준비, 명세. 실행, 완료		
수행 시점	테스트 근거 완성	테스트 근거 시작	요구사항 정의 단계 시작	프로젝트 초기화
산정과 계획	산정과 계획 구체화	통계적 산정과 계획 구체화		
테스트 명세 기법	비정형 기술	정형 기술		
정적 테스트 기법	테스트 근거의 감독	체크리스트		
메트릭스	프로젝트 메트릭스(제품)	프로젝트 메트릭스 (프로세스)	시스템 메트릭스	조직 메트릭스
테스트 도구	계획 및 제어 도구	실행 및 분석 도구	광범위한 테스트 프로세스	
테스트 환경	테스트 환경의 관리 및 제어	가장 적절한 환경의 테스트	즉각적 테스트 환경	
사무실 환경	사무실 환경의 적합성, 적시성			
참여와 동기	예산과 시간 할당	프로젝트조직에 테스트 통합	테스트-공학	
테스트 기능 및 교육훈련	테스트 관리자와 테스터	정형적 방법, 기술, 기능적 지원, 관리	정형적 내부 품질 보증	
방법론의 범위	프로젝트 명세	조직의 일반	조직 최적화	
의사소통	내부 의사소통	프로젝트 의사소통 (결함, 변경관리)	품질과 테스트 프로세스에 대한 조직 내 의사소통	
보 고	결함	진행상황, 활동, 우선순위가 있는 결함	결함 및 권고, 구현된 메트릭스	소프트웨어 프로세스 특성 개선의 권고
결함관리	내부 결함관리	유연한 보고도구를 사용한 광범위한 결함관리	프로젝트 결함 관리	

표 10-7 TPI 모델에서의 20개 핵심영역과 레벨과의 관계(계속)

핵심영역	레벨 A	레벨 B	레벨 C	레벨 D
테스트웨어 관리	내부 테스트웨어 관리	테스트 근거와 테스트 객체에 대한 외부관리	재사용 가능한 테스트웨어	시스템 요구사항의 테스트 케이스에 대한 추적성
테스트 프로세스 관리	계획과 실행	계획, 실행, 감시, 적용	조직 차원의 감시, 적응	
평가	평가 기술	평가 전략		
하위레벨 테스트	하위레벨 테스트 수명주기(계획, 명세, 실행)	화이트박스 기술	하위레벨 테스트 전략	

10.5.2.3 체크포인트 (Checkpoint)

TPI 모델에서는 레벨을 결정하기 위해 객관적인 측정도구인 체크포인트를 제공하고 있다. 각 레벨의 요구사항은 체크포인트, 즉 레벨을 결정하기 위해 긍정적인 답변이 필요한 질문의 형태로 나타난다. 이 체크포인트로 테스트 프로세스를 평가

표 10-8 핵심영역 보고의 체크포인트의 예

15. 보 고 (Reporting)	
Level A 결함 (Defects)	
15.A.1	발견된 오류는 해결 오류/미해결 오류로 나누어 정기적으로 보고된다.
Level B 진행상황, 활동, 우선순위에 의한 결함 (Progress, activities, defects with priorities)	
15.B.1	발견된 오류는 정기적으로 보고되고, 분명하고 객관적인 오류에 따라 심각도 카테고리별로 나누어진다.
15.B.2	테스트 활동의 진행에 관해 정기적으로 보고되고 기록된다. 보고 내용: 제품 인도시간(기획에서 제품화까지 걸린 시간), 명세화 , 테스트 케이스 명세화, 테스트 내용, 무엇이 반드시 테스트 되어야 하는지 등
Level C 리스크 및 권고, 구현된 메트릭스 (Risk and recommendations, substantiated with metrics)	
15.C.1	테스트 객체의 품질 평가가 이루어진다. 평가는 인수조건에 의해 실행되고 테스트 전략과 연관되어 있다.
15.C.2	진행과정과 품질의 관점에서 가능한 방향을 정기적으로 보고되고 기록된다.
15.C.3	보고에는 위험(고객에 대한)과 추천이 포함되어 있다.
15.C.4	품질평가와 오류경향은 메트릭스로 실체화된다. (결함관리와 진행상황 모니터링)

하며, 그 결과 핵심영역에 적합한 레벨을 얻을 수 있다. 체크포인트의 한 가지 사례로 표 10-8에 핵심영역 중 보고에 대한 체크포인트의 예가 나타나있다.

10.5.2.4 테스트 성숙도 매트릭스(Test Maturity Matrix)

TPI 모델에서는 모든 핵심영역이 똑같이 중요하지 않기 때문에 핵심영역의 레벨을 결정한 후에는 어떤 개선사항을 적용할 것인지 결정해야 한다. 따라서 모든 레벨과 핵심영역은 테스트 성숙도 매트릭스(TMM) 내에서 서로 연관되어 있다. 테스트 성숙도 매트릭스의 주목적은 현재 테스트 프로세스의 약점과 강점을 제시하고 개선을 위한 활동을 지원하는 데 있다. 테스트 성숙도 매트릭스는 레벨과 핵심영역 간 내부 우선순위와 의존성을 나타내는 데 유용하게 사용된다.

표 10-9 TPI 모델에서의 테스트 성숙도 매트릭스(Test Maturity Matrix)

핵심영역	0	1	2	3	4	5	6	7	8	9	10	11	12	13
		제어					효율적					최적화		
테스트 전략		A					B				C		D	
수명주기 모델		A			B									
수행 시점			A				B				C		D	
산정 및 계획				A							B			
테스트 명세		A		B										
정적 테스트					A		B							
메트릭스						A			B			C		D
테스트 자동화				A				B			C			
테스트 환경				A				B						C
사무실 환경				A										
참여 및 동기		A				B						C		
테스트 기능 및 교육훈련				A			B			C				
방법론의 범위					A						B			C
의사소통			A		B							C		
보고		A			B		C					D		
결함 관리		A				B		C						
테스트웨어 관리			A			B				C				D
테스트 프로세스 관리		A		B								C		
평가							A			B				
하위레벨 테스트					A		B		C					

테스트 성숙도 매트릭스의 세로축은 20개의 핵심영역을 나타내고 가로축은 총 13 단계의 성숙도 수준을 나타낸다. 각 레벨은 테스트 성숙도의 수준으로 나타낼 수 있다. 수준 1~5를 만족하면 테스트 프로세스가 제어되고 있다는 제어(Controlled) 수준을 달성한 것이고, 이는 CMM의 Level 3에 해당한다. 제어 수준에서는 테스트 단계가 정의되며 각 단계의 테스트 깊이가 정의된 테스트 전략과 조화를 이루는 수준이다. 또한, 제어 수준에서는 테스트 명세가 이루어지고 결함이 보고되며 의사소통이 일어나고 테스트웨어 및 테스트 운영이 관리된다. 수준 6~10을 만족하면 효율적(Efficient) 수준을 달성한 것으로서, 테스트 프로세스가 자동화되고 통합되며 개발조직에 정착된다. 마지막으로 최적화(Optimization) 수준은 수준 11~13을 모두 만족할 때 달성되며, 이는 지속적인 개선이 조직의 일상적인 활동으로 인식되는 수준이다. 이와 같은 TPI 모델에서의 테스트 성숙도 매트릭스가 표 10-9에 나타나 있다.

10.5.2.5 개선 제안사항 (Improvement Suggestions)

개선활동은 더 높은 레벨을 이루기 위한 활동을 의미한다. 이를 위해 TPI 모델에서는 테스트 프로세스를 개선하기 위한 도구로 개선 제안사항(IS)을 제공한다. 개선 제안사항은 체크포인트 사용과는 다르게 강제적인 것은 아니지만 각 레벨에서는 개선을 위한 개선 제안사항을 제공해야 한다. TPI 모델에서 제공하는 개선 제안사항

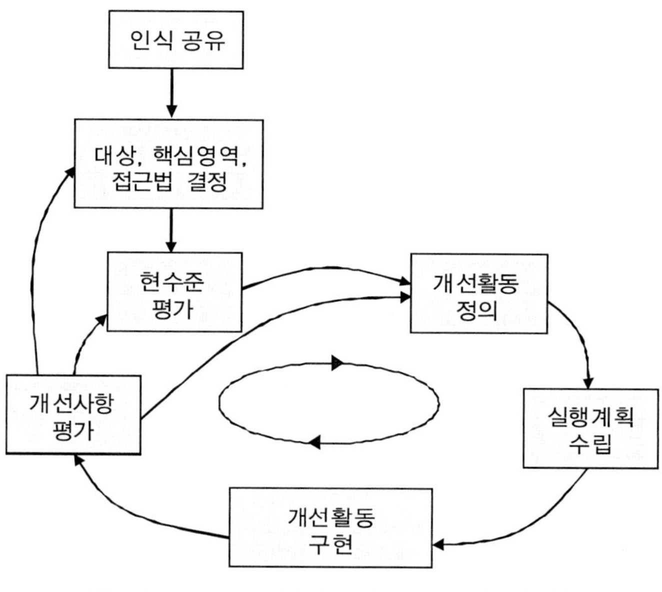

그림 10-24 TPI 모델에서의 개선 제안사항 활동

활동은 그림 10-24와 같이 7단계의 활동으로 구성된다.

- **인식 공유** : 프로세스 개선이 필요하다는 것을 인지하는 과정이다. 전체 테스트 프로세스 내에서 테스팅과 관련된 여러 문제들을 해결하고자 하는 의지와 이를 수행하려는 지속적인 노력이 필요하다.
- **대상, 핵심영역, 접근법 결정** : 개선해야 할 대상과 핵심영역을 결정한다. 또한, 테스트 프로세스, 개선 시간 및 비용 등에 대해서도 결정한다.
- **현 수준 평가** : 평가활동 중에는 현재 상황에 대한 판단이 필요하다. 평가 시 TPI 모델을 이용하면 테스트 프로세스의 강점과 약점을 알 수 있다. 인터뷰와 문서화를 기반으로 체크포인트를 활용하면 TPI 모델의 핵심영역마다 레벨을 결정할 수 있다. 테스트 성숙도 매트릭스는 테스트 프로세스의 전체적인 상태를 파악하는 데 사용된다.
- **개선활동 정의** : 개선활동은 개선 대상과 평가 결과를 기반으로 점진적이고 단계적으로 결정된다. TPI 모델의 핵심영역 레벨과 테스트 성숙도 매트릭스가 점진적인 개선단계를 가능하게 해준다. 개선대상, 범위, 가용 시간, 그리고 평가 결과를 기반으로 하나 혹은 그 이상의 핵심영역에 대해 개선을 수행할 것인지 결정할 수 있다. TPI 모델은 선택된 각 핵심영역이 다음 레벨의 수준을 만족하기 위해서 요구되는 개선 제안사항을 제공한다.
- **실행계획 수립** : 단기 개선활동의 한 부분으로서 세부 구현계획이 수립된다. 실행계획의 목적은 어떤 개선사항이 구현되어야 하는지 알려주고 기록하는 것이다. 실행계획은 테스트 프로세스 개선에 관한 내용을 다룰 뿐만 아니라 올바른 방향으로 프로세스를 변화시키기 위해 필요한 일반적인 활동들도 함께 다룬다.
- **개선활동 구현** : 실행계획이 수행된다. 실행계획과 상황체크를 통해 목표를 만족시키기 위해 제안된 개선방안을 적용한다. 프로세스의 변경은 큰 충격을 주기 때문에 의사소통에 주의해야 한다.
- **개선사항 평가** : 어떤 행동들이 성공적으로 구현되었는지를 평가한다. 이러한 관찰을 기반으로 변경 프로세스의 지속여부를 결정할 수 있다.

제4부

관리

제 11 장

임베디드 소프트웨어 획득

본 장에서는 획득의 개념, 성공 및 실패 요소, 그리고 획득실패 사유를 먼저 설명하고, 획득계획을 수립하기 위한 획득 기획의 개념과 절차를 고찰한다. 그런 다음 획득 프로세스의 국제 표준인 소프트웨어 수명주기 프로세스(ISO/IEC 12207)와 실무 표준인 프로젝트 관리 지식체계(PMBOK)를 살펴본다. 본 장은 다음과 같이 구성된다.

11.1 획득 개요

11.1.1 획득 개념

1995년 국제표준인 ISO/IEC 12207(Software Life Cycle Process)에서는 소프트웨어 획득을 "시스템이나 소프트웨어 제품 또는 소프트웨어 서비스를 획득하기 위한 요구사항 정의부터 시작하여 제안요청서 준비 및 작성, 공급자 선정, 획득 절차를 거쳐 소프트웨어 제품이나 소프트웨어 서비스를 수락할 때까지의 과정"이라고 정의하고 있다.

시스템을 획득하는 방법은 여러 가지 유형이 있지만 크게 연구개발과 구매의 두 가지 유형으로 구분된다. 연구개발은 다시 국내 연구와 국제공동 연구로 구분되며, 구매는 구매 형태에 따라 국내 구매, 국외 구매, 임차 등으로 구분된다. 특히, 국내 연구는 비용 분담에 따른 정부 투자, 업체 투자, 공동 투자 방식이 있고, 주관기관에 따른 연구소 주도 방식과 업체 주도 방식이 있으며, 생산 대상에 따라 시스템 개발, 핵심기술 개발, 그리고 기술협력 생산 등으로 구분된다.

이와 같이 시스템을 획득하는 방식은 다양하지만, 소프트웨어는 시스템을 획득할 때 위험이 가장 큰 시스템의 컴포넌트라고 할 수 있다. 다시 말해, 시스템 획득 프로그램이 실패로 끝났을 때 관리자들은 종종 실패의 원인을 그 시스템의 소프트웨어 획득 실패로 돌린다는 것이다. 그만큼 소프트웨어 문제는 시스템 획득을 지연시키는 주요한 원인이 되고 제대로 동작하지 못하는 시스템을 만들게 되며 경우에 따라서는 프로그램 관리자가 전혀 예측할 수 없는 매우 큰 비용을 사용하게 만드는 등 시스템 획득의 매우 중요한 요소라는 것이다. 따라서 시스템을 획득할 때 소프트웨어 획득 실패에 대한 범주를 알아야 하는데, 대략 다음 범주 중 한 가지 또는 그 이상이면 소프트웨어 획득 실패로 볼 수 있다.

- **사용되지 못하는 소프트웨어** : 원래의 소프트웨어 개발 의도대로 수행되지 못했거나 또는 개발은 되었지만 사용자의 요구사항과 달라 사용할 수 없는 소프트웨어
- **비용이 이득을 초과한 소프트웨어** : 소프트웨어 개발비용이 시스템의 사용 중에 가져오는 어떠한 이득보다 초과되는 소프트웨어
- **완성되지 못한 소프트웨어** : 시스템의 복잡성이나 프로그램의 유지보수 등으로 인해 시스템이 완성되기도 전에 개발이 포기된 소프트웨어

11.1.2 획득 성공 및 실패 요소

소프트웨어 공학 개발방법론 분야의 전문가인 Caper Jones가 제시한 소프트웨어 획득의 성공 요소와 실패 요소가 표 11-1에 나타나 있다.

11.1.3 획득 실패 사유

소프트웨어 획득의 실패 이유를 요약해서 말하면, 사람과 관련된 관리적인 책임의 영역으로서 기술 주도의 해결, 불안정한 요구사항, 소프트웨어 자체의 복잡성, 불충분한 추정, 부적절한 소프트웨어 인력 고용, 그리고 이러한 요소들의 조합에 의한 도미노 효과라고 할 수 있다.

먼저 소프트웨어 획득이 실패한 사유는 고객 주도가 아닌 기술 주도의 관점에서 소프트웨어 획득 문제를 해결하려 한다는 것이다. 이 문제는 과거 영국의 전문 컨설팅 업체인 KPMG가 소프트웨어 획득에 실패한 개발조직을 대상으로 실시한 조사 결과에서도 잘 나타나 있다. 조사 결과에 의하면, 1988년에는 대상 조직의 7%만이 기술이 소프트웨어 획득의 실패 원인이라고 응답한 반면, 1995년에는 무려 45%가 기술을 소프트웨어 획득의 실패 원인이라고 응답하였으며, 그 비율도 점점 더 증가하고 있다는 사실이다.

두 번째는 불안정한 요구사항으로서, 대부분의 연구결과나 보고서에서도 이 부분은 동의하고 있는 사항이다. 불안정한 요구사항이 발생하는 대표적인 요인에는 적

표 11-1 소프트웨어 획득의 성공 및 실패 요소(Caper Jones)

획득 성공 요소	획득 실패 요소
중요한 마켓 공유를 얻은 제품	마켓 공유에 실패한 제품
이익성 있는 제품	쉽게 모방 가능한 제품
어떠한 소송에도 이기는 제품	중요한 소송에서 진 제품
유일 특징들을 보호하는 제품	유일 특징들을 보호하지 못하는 제품
후속 비즈니스를 선도하는 제품	후속 비즈니스를 만들지 못하는 제품
아주 좋은 고객 지원	좋지 않은 고객 지원
아주 좋은 사용자 만족	좋지 않은 사용자 만족
경쟁자보다 뛰어난 특징 집합	경쟁자에 뒤떨어지는 특징 집합
경쟁자보다 뛰어난 마켓 시기	경쟁자에 뒤떨어지는 마켓 시기

합하지 못한 요구사항 도출, 충분하지 못한 사용자 참여, 그리고 개발 기간 동안의 불충분한 의사소통 등이 있다. 불안정한 요구사항은 소프트웨어 개발의 전 수명주기 동안 지속적이면서도 점점 더 큰 영향을 미치기 때문에 나중에는 전체 프로젝트의 일정과 비용에도 심각한 변경을 초래하는 소프트웨어 획득 실패의 가장 주요한 요인이라 할 수 있다.

세 번째는 소프트웨어 자체가 가지고 있는 복잡성이다. 복잡성은 소프트웨어를 획득할 때나 또는 소프트웨어를 실행할 때도 자주 등장하는 문제이다. 복잡성은 소프트웨어 규모에 비례한다. 즉, 소프트웨어 규모가 클수록 복잡성 역시 증가한다는 것이다. 소프트웨어 개발방법론의 선구자인 Edward Yourdon이 1997년 제시한 '소프트웨어 규모에 따른 성공 확률'에 따르면 프로그램의 크기가 작을수록, 소프트웨어 개발인원이 적을수록, 그리고 프로그램 개발기간이 줄어들수록 성공확률이 매우 높아지는 것으로 분석되었다. 이와 같은 프로그램의 크기, 인원수, 프로그램 개발기간과 소프트웨어 성공 확률 간 비교가 표 11-2에 나타나 있다.

네 번째는 불충분한 추정이다. 추정은 소프트웨어 개발에서 가장 복잡한 작업일 수 있으며, 소프트웨어 품질과 성능 저하에 직접적으로 관련되어 있는 중요한 요소이다. 소프트웨어 획득 실패와 관련된 불충분한 추정에는 소프트웨어 규모/복잡성 추정, 비용/스케줄 추정, 그리고 낙관적 추정의 세 가지 추정이 있다.

다섯 번째는 부적절한 소프트웨어 인력 고용이다. 궁극적으로 소프트웨어 획득의 성공과 실패는 소프트웨어를 개발하고 관리하는 사람들의 능력과 기술 그리고 경험에 달려 있다고 할 수 있다. 그러나 소프트웨어 인력 자체가 부족하고 관리자가 요구하는 높은 수준의 전문화된 소프트웨어 인력이 없다보니 부적절한 소프트웨어 인력을 고용함으로써 소프트웨어 획득이 실패한다는 것이다.

마지막으로 지금까지 제시한 기술 주도의 해결, 불안정한 요구사항, 소프트웨어 자체의 복잡성, 불충분한 추정, 그리고 부적절한 소프트웨어 인력 고용이라는 다섯

표 11-2 소프트웨어 규모에 따른 성공 확률(Edward Yourdon)

프로그램 크기	인원수	프로그램 개발기간	성공 확률
소규모	< 10	3~6달	매우 높음
중간 규모	20~30	1~2년	약간 높음
대규모	100~300	3~5년	약간 희박함
아주 큰 규모	1,000~2,000	7~8년	아주 희박함

가지의 소프트웨어 획득 실패 요소들의 조합에 의한 도미노 효과로 소프트웨어 획득이 실패한다는 것이다.

11.2 획득 기획

11.2.1 획득 기획 개념

"세계적 수준의 소프트웨어는 우연히 만들어진 것이 아니라 기획(Planning)된 것이다"라는 얘기가 있다. 다시 말해 기획이 소프트웨어 획득을 성공으로 이끄는 열쇠이며, 프로그램 관리자가 주어진 임무를 완수하는 데 있어 가장 중요한 활동이 기획이라는 것이다. 소프트웨어 획득 측면에서 기획은 전략적 기획과 소프트웨어 기획으로 구분된다. 소프트웨어 기획은 수명주기 내에서 수행되며, 이에 앞서 실행되는 전략적 기획은 획득의 성공을 결정짓는 사실상 가장 중요한 활동이라 할 수 있다.

기획을 할 때 소프트웨어 프로그램의 성공 및 실패를 결정짓는 주요 요소를 고려해야 한다. 주요 요소에는 품질, 비용, 일정, 성능, 그리고 지원가능성의 다섯 가지가 있다. 또한, 소프트웨어 획득을 기획할 때 기억해야 할 세 가지 중요한 사항이 있다. 첫 번째는 소프트웨어가 항상 중대한 경로 상에 있다는 사실이다. 이는 시스템을 획득하고 관리할 때 소프트웨어 비용을 하드웨어 비용과 분리해서 추진해야 된다는 의미이다. 두 번째는 소프트웨어의 일관성과 완전성을 위해 노력해야 한다는 사실이다. 일관성을 위해서는 표준의 전문 용어나 소프트웨어 공학 환경, 그리고 강력한 형상관리 프로그램을 가져야 되며, 완전성을 위해서는 간단하지만 잘 문서화해야 한다는 것을 의미한다. 세 번째는 개발과정에 이해관계자들과 함께 작업해야 한다는 사실이다. 이를 통해 이해관계자들에게 현재 무엇이 개발되고 있는지 또는 어떤 개발단계에 있는지 알 수 있도록 해야 하고 더 나아가 개발되는 소프트웨어가 무엇인지 이해할 수 있도록 노력해야 한다는 것을 의미한다.

11.2.2 획득 기획 절차

본 절에서는 미 공군의 소프트웨어 기술지원센터(STSC)에서 제시한 소프트웨어 획득 기획 절차를 요약해서 소개한다. 소프트웨어 획득 기획 절차는 그림 11-1과 같이 전략적 기획 목적, 소프트웨어 획득 전략, 프로그램 기획 프로세스, 프로그램 분

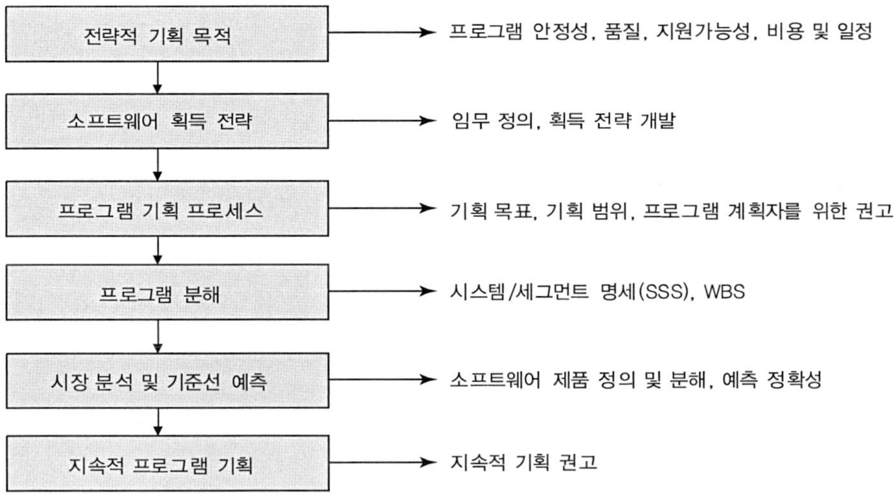

그림 11-1 미 공군의 소프트웨어 획득 기획 절차

해, 시장 분석 및 기준선 예측, 그리고 지속적 프로그램 기획의 6단계로 구성된다.

1단계인 전략적 기획 목적을 위해서는 프로그램의 안정성, 품질, 지원가능성, 그리고 비용 및 일정을 고려해야 하며, 2단계인 소프트웨어 획득 전략에서는 임무를 정의하고 획득 전략을 개발해야 한다. 3단계인 프로그램 기획 프로세스는 기획의 목표와 범위 그리고 프로그램 계획자를 위한 권고사항이 포함되어야 하며, 4단계인 프로그램 분해를 위해서는 시스템/세그먼트 명세(SSS : System/Segment Specification)와 작업분할구조(WBS)를 이용해야 한다. 5단계인 마켓 분석 및 기준선 예측을 위해서는 소프트웨어 제품을 정의하고 분해해야 하며 예측 정확성을 고려해야 한다. 마지막으로 6단계인 지속적 프로그램 기획에서는 지속적으로 기획을 권고해야 한다.

11.2.2.1 전략적 기획 목적

소프트웨어 획득 기획 절차의 첫 번째 단계인 전략적 기획 목적은 소프트웨어 획득의 성공을 결정짓는 사실상 가장 중요한 단계이며 그림 11-2와 같이 성공을 위한 척도, 획득 기능, 그리고 훌륭한 비즈니스 프랙티스(Practice)로 구성된다. 여기서 성공을 위한 척도는 품질, 비용, 일정, 성능, 지원가능성이 있으며, 획득 기능에는 프로젝트/프로그램 관리, 시스템/소프트웨어 공학, 군수 관리, 계약 관리, 생산 관리, 품질 관리, 그리고 재정 관리가 있다.

전략적 기획 목적을 효과적으로 수립하기 위해서는 다음과 같이 프로그램 안정성, 품질(성능 포함), 지원가능성, 그리고 비용 및 일정을 고려해야 한다.

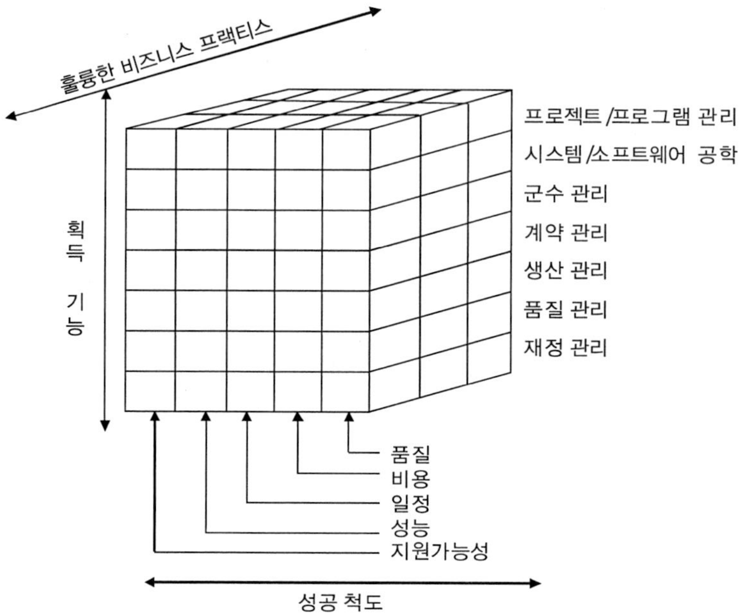

그림 11-2 프로그램 성공을 위한 전략적 기획 목적

- **프로그램 안정성** : 전략적 기획 목적을 위한 꾸준함, 확고한 계획, 지원 가능한 시스템이 프로그램 안정성의 핵심 속성이다. 전략 기획 프로세스는 반드시 프로그램 목표와 자원(시간, 인원, 기금, 기술 등)이 연결되어 있어야 한다.
- **품질(성능 포함)** : 테스트 전 단계까지 품질은 알려지지 않았거나 또는 보이지 않는 특성을 가진 산물이다. 그러나 품질을 프로그램 성공을 위한 핵심 기획 목적으로 둠으로써 원하는 성능과 계획된 일정 및 비용으로 양질의 제품을 생산할 수 있다. 품질 속성인 충분한 성능은 임무 능력, 지원가능성, 수명주기 비용, 그리고 단위 비용의 관점에서 정의된다. 경직되거나 또는 과도한 시스템 성능 요구사항은 불필요하게 높은 비용과 일정 지연을 초래한다.
- **지원가능성** : 빠르게만 만들어져 개발 이후 유지보수를 지원받지 못하는 시스템은 쓸모가 없게 된다. 더욱 나쁜 것은 기 사용되던 시스템이 이미 제거되거나 삭제되어 지원가능성이 없는 경우이다. 따라서 지원가능성은 시스템 개발 초기부터 계획되고 설계되어야 한다. 개발 이후 지원가능성을 추가하려면 매우 큰 비용이 들어가므로, 전략적 목적에 지원가능성을 반드시 포함시켜야 한다.
- **비용 및 일정** : 프로그램 비용은 소프트웨어 요구사항이 정의되기 전에 계획되어 있어야 하며 현실적으로 산출될 수 있어야 한다. 발주자의 제안요청서(RFP)

에 프로그램의 기본 일정이 나타나 있지만, 소프트웨어 요구사항이나 시스템 개발절차가 포함되어 있지 않는 경우가 있을 수 있다. 이러한 경우에는 도출된 요구사항을 기반으로 시스템 개발 일정을 재평가해서 현실에 맞는 일정을 수립할 수 있도록 노력해야 한다.

11.2.2.2 소프트웨어 획득 전략

획득 전략의 정의를 살펴보면, 먼저 카네기멜론 대의 소프트웨어공학연구소(SEI)에서는 획득 전략을 "제품이나 서비스 계약을 통해 특정 목적이나 결과를 얻기 위한 행동 계획"으로 정의하고 있다. 그리고 미 공군의 소프트웨어 기술지원센터(STSC)에서는 획득 전략을 "프로그램의 목표 및 목적을 달성하기 위한 마스터 플랜, 로드맵, 청사진, 그리고 계획을 위한 계획"으로 정의하고 있으며, 또한 "소프트웨어 위험을 최소화하는 계획 준비를 통해 프로그램 성공의 오류를 감소시키는 수단이자 프로그램을 감독하고 통제하는 하나의 지침이며 또한 주요 기능 활동들을 통합하는 기본 틀"로도 정의하고 있다.

소프트웨어 획득 기획 절차의 두 번째 단계인 소프트웨어 획득 전략에서는 임무를 정의하고 획득 전략을 개발해야 한다.

11.2.2.2.1 임무 정의

임무는 시간과 예산 범위 내에서 사용자 요구사항을 충족시키는 소프트웨어 시스템을 전달해주는 역할을 한다. 그러나 많은 경우 사용자는 요구사항이 무엇인지 정확히 이해하지 못하기 때문에 임무에 대한 해석을 요구받게 된다. 따라서 임무에 대한 정의는 요구사항에 영향을 미치는 타이밍(일정)과 비용 제약사항들을 포함해야 한다.

11.2.2.2.2 획득 전략 개발

소프트웨어 획득 전략을 개발할 때는 계약, 일정, 예산 등 많은 사항들을 고려해야 하지만 준비 단계에는 특히 다음 사항을 고려해야 한다.

- 예산
- 소프트웨어의 기술적 양상
- 소프트웨어가 작동할 하드웨어
- 요구사항을 만족하는 현존 소프트웨어 획득력
- 조직/개발사의 가용성 및 과거 성능

- 하드웨어와 소프트웨어의 개발 타이밍
- 요구 규모 및 기능
- 소프트웨어 재사용성
- 시스템 유지보수성

그리고 소프트웨어 획득 전략에는 경쟁사의 디자인 및 생산 문제부터 시작해서 동시성, 설계 비용, 성능 시연, 성능 인센티브, 연구개발 또는 구매, 그리고 기계획 제품 개선 등을 함께 고려해야 한다.

- **경쟁** : 소프트웨어 획득을 기술적으로 개선시키기 위해 필요한 요소가 경쟁이다. 소프트웨어 획득의 위험요소를 사전에 제거하기 위해 경쟁은 크게 디자인 경쟁과 생산 경쟁의 두 가지로 구분된다. 디자인 경쟁은 둘 이상의 경쟁관계에 있는 업체를 정해 개념연구와 설계만을 수행한 후 이를 평가해 한 업체만을 생산 업체로 선정하는 방식이며, 생산 경쟁은 둘 이상의 업체가 생산의 일부 또는 전체를 담당하는 방식이다. 즉, 복수 개 이상의 업체가 초기 생산과정을 담당함으로써 위험을 줄이는 방식이다.
- **동시성** : 동시성은 소프트웨어 획득의 비용은 줄이면서 계획을 신속하게 처리하기 위해 실시하는 활동이다. 동시성은 짧아진 획득주기, 간략화된 계획안, 줄어든 작업문서, 최소의 데이터 보고, 상용 수단의 사용, 최소화된 리뷰 등을 통해 비용과 일정을 감소시키는 데 사용된다.
- **설계 비용** : 정해진 예산과 제한된 일정 내에서 시스템을 설계할 때 사용되는 비용이다. 주어진 예산과 일정 내에서 더 좋은 요구사항을 도출하거나 효율성을 증가시키기 위해서는 사전에 설계 비용을 알아야 한다.
- **성능 시연** : 제품에 대한 성능 시연과 함께 테스트를 수행하면 설계 단계에서 최종 시제품 단계로의 진행을 보장할 수 있을 뿐만 아니라 예측하지 못한 일정 지연을 사전에 예방할 수 있다. 또한, 성능 시연은 작동하지 못하는 시스템을 고치는 경우에도 비용을 감소시킬 수 있는 방법이다.
- **성능 인센티브** : 성능 인센티브는 리스크를 줄여주는 입증된 획득 전략이다. 이에 대한 표준 가이드라인은 없지만, 성능 인센티브는 마일스톤의 완전성과 소프트웨어 품질 및 신뢰성 등을 기반으로 시행한다.
- **연구개발 또는 구매** : 소프트웨어 획득 결정은 시스템 또는 서브시스템의 소프트웨어 컴포넌트를 연구개발해서 획득하는 것과 상용제품(COTS) 또는 주문생산 방식 또는 이 두 가지를 혼용한 방식의 구매를 통해 획득할 수 있다.

- **기계획 제품 개선** : 소프트웨어 개발 중에 기술과 환경의 변화에 의해 개선 소요가 발생되는 경우 다음의 두 가지 방법으로 개선할 수 있다. 첫째는 시스템을 변화에 맞게 재 디자인하는 방법이고, 두 번째는 최초 계획대로 개발을 진행하고 향후 필드에서 시스템을 수정하는 방법이다.

11.2.2.3 프로그램 기획 프로세스

기획 프로세스는 시스템을 기능 요소 또는 서브시스템으로 분해하는 것으로, 이 과정은 가장 작은 기능 요소가 식별될 때까지 지속적으로 반복된다. 특히, 분해된 특정 서브시스템을 만족시키기 위해서는 최적의 솔루션이 결정되어야 하는데, 이때 다양한 시장 분석 및 고객조사가 수반되어야 한다. 이러한 과정은 일반적으로 아키텍처의 계층 구조를 따르기 때문에 요소와 기능이 상호 교환하는 인터페이스로 구성되는 아키텍처는 인터페이스 타이밍과 대역폭을 고려해서 설계되어야 한다. 따라서 전략적 소프트웨어 관리계획을 수립해야 하는데, 이때 구성되는 요소는 다음과 같다.

- **목표 및 범위** : 목표는 프로그램의 전반적인 목적을 식별하는 것이며, 범위는 수행되어야 하는 소프트웨어의 주요 기능을 식별하는 것이다. 이 두 가지는 프로그램의 성공을 결정짓는 기준으로서 언제, 누구를 위해, 무엇을 해야 하는지에 대해 기술되어야 한다.
- **리스크 평가 및 관리** : 미래 문제 발생 가능성 및 발생 가능 확률 예측, 문제 발생에 따른 영향 평가, 그리고 미래 솔루션 준비 활동 등을 사전에 결정하는 활동이다. 리스크 평가는 획득 전략 개발 이전부터 시작되어야 하며 소프트웨어 관리활동 전체에 걸쳐 계속되어야 한다.
- **기능 및 작업에 의한 소프트웨어 컴포넌트 분해** : 전체 프로그램을 하나의 엔티티로서 이해하고 계획하는 것 보다 전체 프로그램을 더 작고 더 관리하기 쉬운 요소로 분해하는 것이 쉽고 효과적이다. 따라서 최상위 레벨의 시스템 분할 명세에서는 소프트웨어와 하드웨어가 수행하는 요구사항과 시스템의 기능을 기술하며, 하위 레벨로 내려갈수록 더 쉽게 정의되고 이해되며 분산 작업으로 추적 및 관리될 수 있는 작은 프로그램으로 분해되어야 한다.
- **시장 분석** : 하드웨어와 COTS 소프트웨어 제품에 대한 대체효과를 분석하는 것이다.
- **자원 평가** : 요구되는 인원수와 전체 소프트웨어 개발 작업을 구성하는 각 개별

요소의 비용, 일정, 규모에 대한 정량적인 평가이다.

- **소프트웨어 비용, 일정 평가** : 프로그램의 규모, 제품의 속성(애플리케이션 복잡성 및 보안 요구사항 등) 및 환경 고려요소(개발팀 생산성, CASE 도구 사용, 가용성 등)를 기반으로 평가한다.
- **진도 측정 및 통제** : 계약 이후 진행과정을 측정하는 것이다. 이는 기준 예산, 일정 및 품질 표준에 대해 계약자의 진행과정을 측정하고 평가하는 형식 프로그램으로 구성된다.

소프트웨어 획득 기획 절차의 세 번째 단계인 프로그램 기획 프로세스는 기획의 목표와 범위 그리고 프로그램 계획자를 위한 권고사항 등이 포함되어야 한다.

- **기획 목표** : 기획 목표는 소프트웨어 기획 프로세스의 첫 번째 원칙이자 기획 노력을 위해 수행되는 첫 번째 활동이다. 기획 목표는 임무를 이해하고 무엇을 실행해야 하는지 알 수 있는 프레임워크를 제공하며 프로그램 변경에 필요한 권고사항들을 평가할 뿐만 아니라 자원, 비용 및 일정을 평가할 수 있는 기준을 제공한다.
- **기획 범위** : 소프트웨어 노력의 범위를 결정하는 기획 프로세스의 첫 번째 활동이다. 이는 기능, 성능, 제약사항, 인터페이스, 그리고 신뢰성 등을 포함한다.
- **프로그램 계획자를 위한 권고사항** : 향후 더 좋아지고 더 현실성 있는 계획을 생산하기 위해서는 과거의 경험에서 나온 권고사항을 참고하는 것이 좋다.

11.2.2.4 프로그램 분해

소프트웨어 개발을 효과적으로 하기 위해서는 프로그램의 규모나 개발시간 그리고 개발인원을 현실적으로 측정할 수 있도록 더 작은 단위로 분해하는 것이 필요하다. 분해는 프로그램의 목적에 따라 다르겠지만 일반적으로 디자인 분해와 기능 분해로 구분된다. 디자인 분해는 프로그램을 소프트웨어 컴포넌트나 모듈로 나누는 것이며, 기능 분해는 사용자의 관점에서 프로그램을 기본 컴포넌트로 나누는 것이다.

소프트웨어 획득 기획 절차의 네 번째 단계인 프로그램 분해를 효과적으로 수행하기 위해서는 시스템/세그먼트 명세(SSS)와 작업분할구조(WBS)를 이용한다. 일반적으로 SSS는 소프트웨어 요구사항을 포함하고 있으며 시스템 레벨에서 분해로 진행해 가는 첫 번째 방법이 된다. 즉, SSS는 더 작은 분해로 가기 위해 WBS로 진행해 나가는 기초가 된다. 따라서 SSS 내 기술된 시스템 요구사항들은 정량적이며 측정 가능해야 하고 또한 테스트 가능한 용어로 정의되어 있어야 한다.

WBS는 프로그램 개발을 위해 필요한 기획, 통제, 그리고 의사소통 등에 사용되는 유용한 도구이다. 그리고 적합하게 기술된 WBS는 프로그램 전체 목표를 정의하고 시스템 전반에 걸쳐 수행되는 많은 작업들을 서로 연관시키는 역할을 담당한다. 이러한 WBS의 기초가 되는 대상은 다음과 같다.

- 프로그램 및 기술적 기획
- 프로그램 조각들의 기술적 기술(Description)
- 비용 평가 및 예산 조직화
- 일정 정의
- 작업 기술 및 계약 항목 명세
- 진행상태 보고 및 문제 분석
- 기술적 변경 추적
- 공학 관리

11.2.2.5 마켓 분석 및 기준선 예측

소프트웨어 획득 기획 절차의 다섯 번째 단계인 마켓 분석 및 기준선 예측을 위해서는 소프트웨어 제품을 정의하고 분해해야 하며 예측 정확성을 고려해야 한다.

마켓 분석은 요구사항 정의 이전에 수행되어야 하며, 분석 자료는 최초 요구사항을 재평가하는 데 사용된다. 마켓 분석은 유지보수 및 지원 데이터, 테스트 결과, 그리고 사용자 만족도 분석 등이 포함되어야 한다.

기준선 예측은 소프트웨어 평가 프로세스와 밀접한 관련이 있으며 평가 대상, 하위 레벨 요소에 대한 노력 투입 정도, 각 요소에 대한 범위 및 규모, 소프트웨어 개발환경 평가, 그리고 대안 및 리스트 요소 평가 등으로 구성된다. 기준선을 예측하기 위해서는 소프트웨어 평가 프로세스의 8단계를 준용하는데, 이는 기준선 디자인, 기준선 규모 결정, 환경 기준선 결정, 소프트웨어 기준선 평가, 프로젝트 기준선 결정, 리스크 분석, 프로젝트 비드(Bid), 그리고 동적 비용 예측이다.

11.2.2.6 지속적 프로그램 기획

소프트웨어 획득 기획 절차의 마지막 단계인 지속적 프로그램 기획에서는 지속적으로 기획을 권고해야 한다. 그러나 이 과정은 프로그램 개발 전 과정에서 가장 어려운 단계인데, 그 이유는 프로그램 개발이 진행되면서 예산의 삭감, 개발기간의 단축, 그리고 계속되는 요구사항의 변경이 이루어지기 때문이다. 따라서 지속적인 권고를 위해서는 소프트웨어 개발에 영향을 미치는 동적인 요소들, 즉 인간적, 기술적,

정책적인 요소들을 동시에 고려해야 한다. 그 외 전략적 계획을 수립하는 과정에서 다음과 같은 사항들을 고려해야 한다.

- 프로그램 진행사항 확인을 위한 이정표와 기준선
- 평가에서 나타나지 않은 소프트웨어 관련 자료 수집비용과 재작업
- 프로그램 예산 및 자금 지원
- 소프트웨어 안전성 및 보안성 관련 선행투자 필요성
- 미래 기술 변화로 인한 개발 영향요소

11.3 획득 프로세스

11.3.1 소프트웨어 수명주기 프로세스(ISO/IEC 12207)

11.3.1.1 ISO/IEC 12207 개요

'소프트웨어 수명주기 프로세스(ISO/IEC 12207)'는 1988년에 제안되어 1995년 8월에 국제 표준으로 제정되었다. ISO/IEC 12207은 그림 11-3과 같이 획득 프로세스

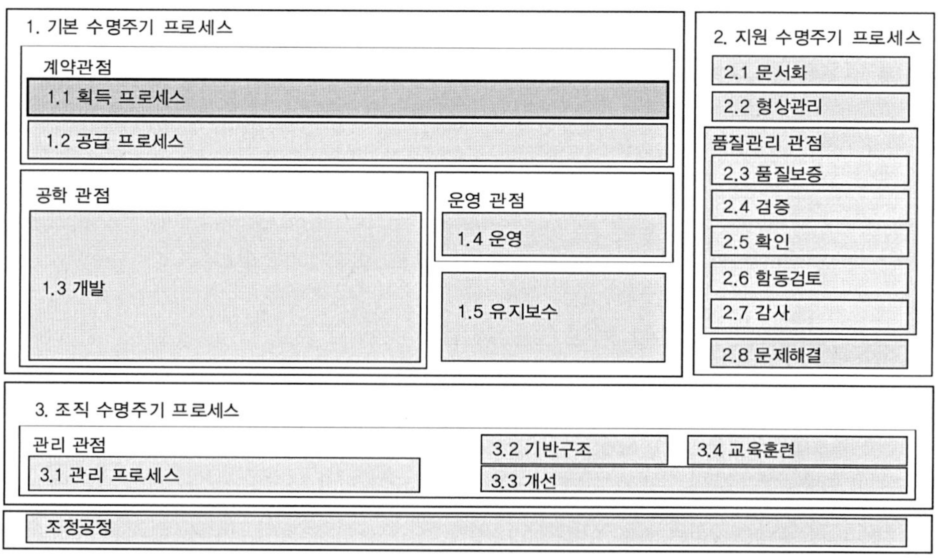

그림 11-3 소프트웨어 수명주기 프로세스(ISO/IEC 12207)

가 포함되어 있는 기본 수명주기 프로세스, 지원 수명주기 프로세스, 그리고 조직 수명주기 프로세스로 구성되어 있다.

ISO/IEC 12207의 기본 수명주기 프로세스는 소프트웨어 수명주기 동안에 소프트웨어 획득자, 공급자, 개발자, 운영자, 그리고 유지보수자를 지원하는 다섯 가지 프로세스로 구성된다. 지원 수명주기 프로세스는 특정 기능을 수행함으로써 다른 프로세스를 지원하는 8가지 프로세스로 구성되며 소프트웨어 산출물의 품질과 성공에 기여하는 프로세스이다. 8가지 지원 수명주기 프로세스에는 문서화, 형상관리, 품질보증, 검증, 확인, 합동검토, 감사, 그리고 문제해결 프로세스가 있다. 조직 수명주기 프로세스는 조직 차원의 프로세스를 관리하고 개선하기 위한 프로세스로서 관리, 기반구조, 개선, 교육훈련 프로세스가 있다.

11.3.1.2 ISO/IEC 12207 획득 프로세스

ISO/IEC 12207의 획득 프로세스는 그림 11-4와 같이 사전 계약 활동과 계약 이후 활동으로 구분된다. 사전 계약에는 착수, 제안요청서(RFP) 준비, 그리고 계약 준비 및 최신화의 세 가지 활동이 있고, 계약 이후에는 공급자 감독과 수락 및 완료라는 두 가지 활동이 있다.

사전 계약의 착수 활동에서는 시스템의 요구조건(Needs)을 기술하고 시스템과 소프트웨어 요구사항(Requirements)을 정의하며 획득 계획을 준비하고 수락 기준을 정의한다. 제안요청서 준비 활동에서는 획득 요구조건을 문서화하고 활동 및 작업을

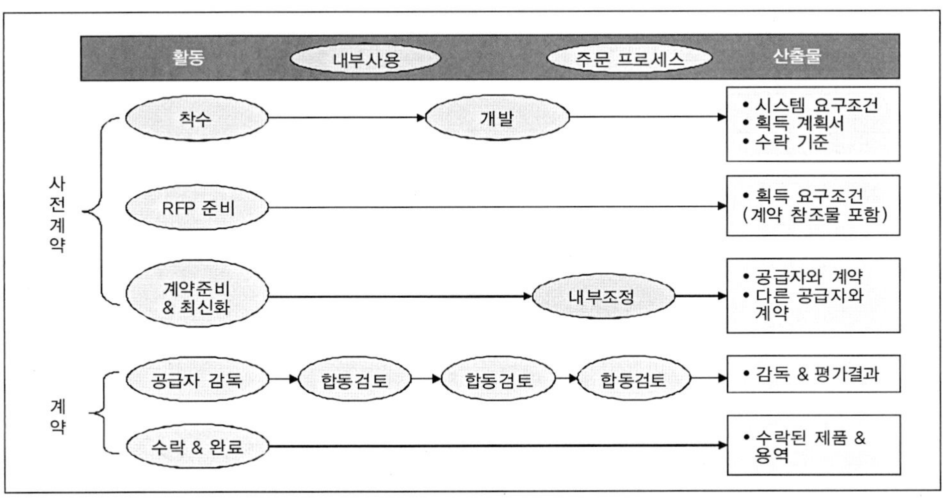

그림 11-4 ISO/IEC 12207의 획득 프로세스

선정하며 계약을 위한 참조사항을 정의하고 검토 일정을 정립한다. 계약 준비 및 최신화 활동에서는 공급자 선정절차를 수립하고 공급자를 선정해서 계약을 체결한다. 계약 이후의 공급자 감독 활동은 합동 검토 및 감사에 따른 모니터를 수행하고 벨리데이션 및 베리피케이션(V&V)을 이용하여 평가를 실시한다. 마지막으로 수락 및 완료 활동에서는 테스트를 포함하여 수락에 대한 준비 및 검토를 실시하고 산출물을 인수하고 형상관리를 실시한다.

11.3.2 프로젝트 관리 지식체계(PMBOK)

11.3.2.1 PMBOK 개요

프로젝트 관리란 프로젝트 요구사항을 충족시키는 데 필요한 지식이나 기량, 도구 및 기법 등을 프로젝트 활동에 적용시키는 것이다. 프로젝트 관리를 위해서는 요구사항을 식별하고 명확하고 달성 가능한 목표를 설정하며 다양한 이해관계자의 관심과 기대에 부응하는 계획 및 접근방식을 선택해야 한다. 따라서 실무 관행으로 인정되는 프로젝트 관리 사항을 구체적으로 설명하고 공통 어휘 제공을 통해 효율적인 프로젝트 관리를 수행하는 데 도움을 주기 위해 만든 것이 프로젝트 관리 지식체계(PMBOK : Project Management Body of Knowledge)이다. 즉, PMBOK은 전문적인 프로젝트 관리 분야의 지식을 집약한 것이라 할 수 있다.

PMBOK은 총 3부로 구성되어 있다. 1부는 프로젝트 관리 프레임워크로서 서문과 프로젝트 수명주기 및 조직으로 구성되어 있으며, 2부는 프로젝트 관리 표준으로 프로젝트 관리 프로세스에 대해 설명되어 있다. 3부는 프로젝트 관리 지식 영역으로 그림 11-5와 같이 통합관리, 범위관리, 시간관리, 원가관리, 품질관리, 인적자원관리, 의사소통관리, 리스크관리, 그리고 조달관리의 9개 지식 영역으로 구성되어 있다.

프로젝트 수명주기는 프로젝트 관리를 통제하기 위해 프로젝트를 몇 개의 단계로 세분화한 것으로 일반적으로 단계는 기술정보나 기술요소를 이전 또는 이관하는 형태로 순차적으로 진행된다. PMBOK에서 프로젝트 수명주기는 타당성 분석, 제품 설계 및 개발, 공정 설계 및 개발, 승인의 4단계로 이루어져 있다. 각각의 프로젝트 단계마다 반드시 한 가지 이상의 인도물을 생성하고 승인받게 되지만, 단계를 정상적으로 완료했다고 후속 단계가 인가되는 것은 아니다.

프로젝트 관리 프로세스는 Shewhart가 정의하고 Deming이 수정한 계획-실행-점검-조치(PDCA : Plan-Do-Check-Act) 주기를 따르는 것이 기본 개념이다. PMBOK의 프로젝트 관리 프로세스는 착수, 기획, 실행, 통제, 종료의 5개 프로세스로 구성되어

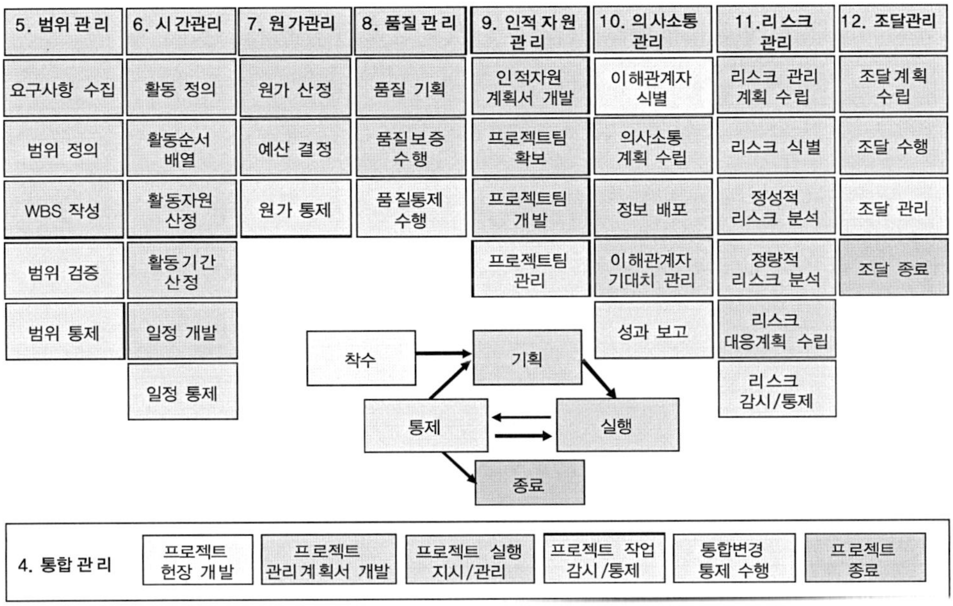

그림 11-5 PMBOK의 9개 지식 영역

있으며 그림 11-5에 도시되어 있다.

- **착수 프로세스** : 프로젝트/프로젝트 단계 정의
- **기획 프로세스** : 프로젝트 목적 정의, 프로젝트 수행 목표 및 범위를 달성하기 위해 필요한 행동방침 계획
- **실행 프로세스** : 인력 및 자원을 활용해서 프로젝트 관리 계획 수행
- **통제 프로세스** : 정기적인 프로젝트 진행상황 감시, 측정 및 시정조치
- **종료 프로세스** : 인수 공식화, 프로젝트/프로젝트 단계를 순서에 따라 종료

그림 11-5에 나타나 있는 프로젝트 관리 5개 프로세스와 9개의 지식 영역 활동들과의 관계를 표현하면 표 11-3과 같다.

11.3.2.2 PMBOK 획득 프로세스

PMBOK의 9개 지식 영역 중 작업수행에 필요한 제품, 서비스 또는 결과물을 프로젝트팀 외부로부터 구매하거나 획득하기 위해 필요한 프로세스인 조달관리가 획득 프로세스와 관련되어 있다. 조달관리는 그림 11-6과 같이 조달계획 수립, 조달 수행, 조달 관리, 조달 종료 활동으로 구성되며, 각 활동의 세부내용은 다음과 같다.

표 11-3 프로젝트 관리 5개 프로세스와 9개 지식 영역 활동들과의 관계

프로세스	관련 지식 영역 활동
착수	프로젝트 헌장 개발, 이해관계자 식별
기획	프로젝트 관리계획서 개발, 요구사항 수집, 범위 정의, WBS 작성, 활동 정의, 활동순서 배열, 활동자원 산정, 활동기간 산정, 일정 개발, 원가 산정, 예산 결정, 품질 기획, 인적자원 계획서 개발, 의사소통 계획 수립, 리스크 관리계획 수립, 리스크 식별, 정성적 리스크 분석, 정량적 리스크 분석, 리스크 대응계획 수립, 조달계획 수립
실행	프로젝트 실행 지시/관리, 품질보증 수행, 프로젝트팀 확보, 프로젝트팀 개발, 정보 배포, 이해관계자 기대치 관리, 조달 수행
통제	프로젝트 작업 감시/통제, 통합변경 통제 수행, 범위 검증, 범위 통제, 일정 통제, 원가 통제, 품질통제 수행, 프로젝트팀 관리, 성과 보고, 리스크 감시/통제, 조달 관리
종료	프로젝트 종료, 조달 종료

- **조달계획 수립** : 프로젝트 구매 결정사항 문서화, 조달방식 규정, 잠재적 판매자 식별
- **조달 수행** : 대상 판매자 모집, 판매자 선정, 계약 체결
- **조달 관리** : 조달관계 관리, 계약의 이행 감시, 필요한 변경 및 수정 수행
- **조달 종료** : 조달 완료

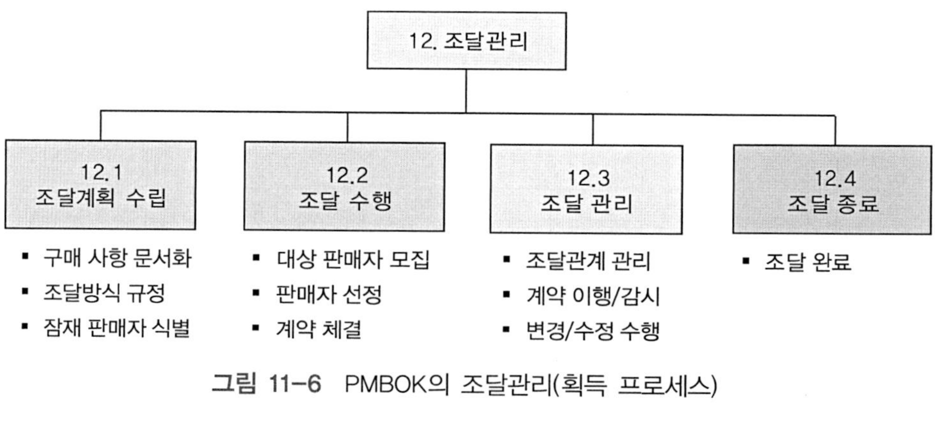

그림 11-6 PMBOK의 조달관리(획득 프로세스)

제 12 장

임베디드 소프트웨어 유지보수

본 장에서는 소프트웨어 유지보수 정의, 필요성, 분류, 그리고 계약방법에 대해 살펴보고, 유지보수 프로세스 모델을 설명한다. 그런 다음 사례연구를 통해 유지보수 이슈를 제기하고, 마지막으로 잠재적인 유지보수 솔루션을 고찰한다. 본 장은 다음과 같이 구성된다.

12.1 유지보수 개요
12.2 유지보수 프로세스 모델
12.3 유지보수 솔루션

12.1 유지보수 개요

12.1.1 소프트웨어 유지보수 정의

소프트웨어 유지보수(Software Maintenance)의 사전적 의미를 살펴보면 다음과 같다. 먼저 네이버 백과사전에서는 소프트웨어 유지보수를 "개발이 완료되어 사용 중에 있는 소프트웨어를 환경 적응, 오류 수정, 성능 향상 등을 위하여 계속하여 수정 및 보완하는 일"로 정의하고 있으며, 두피디어(Doopedia)에서도 네이버 백과사전과 같은 정의를 하고 있다. 위키피디아(Wikipedia)에서는 소프트웨어 유지보수를 "소프트웨어 제품을 배포하고 난 이후 결함 수정, 성능 향상, 환경 적응을 위해 실시하는 소프트웨어 제품의 변경"이라고 정의하고 있다.

소프트웨어 유지보수 정의를 국제 표준에서 살펴보면, 먼저 IEEE 소프트웨어 유지보수 표준인 IEEE 1219-98에서는 소프트웨어 유지보수를 "소프트웨어 제품을 배포하고 난 이후 결함 수정, 성능 향상 또는 환경 적응을 위해 실시하는 소프트웨어 제품의 변경"이라고 정의하고 있다. 소프트웨어 수명주기 프로세스 표준인 IEEE/EIA 12207에서는 "문제 또는 개선의 필요성에 기인한 소스코드 및 연관 문서에 대한 변경"으로 정의하고 있다. 소프트웨어 유지보수 국제 표준인 ISO/IEC 14764에서는 소프트웨어 유지보수를 "통합을 보존하는 동안 이루어지는 현존 소프트웨어 제품에 대한 변경"으로 정의하고 있다.

12.1.2 소프트웨어 유지보수 필요성

일반 소프트웨어 유지보수는 시간이 많이 소모되고 비용도 많이 드는 작업이다. 일반적으로 전체 소프트웨어 수명주기의 40~75%가 유지보수 단계에서 소모되는 것으로 발표되고 있다. 특히, 시스템 유지보수 비용은 소프트웨어 개발 시 유사 기능을 제공하는 것보다 더 많은 비용이 소모된다.

임베디드 소프트웨어 유지보수는 일반 소프트웨어 유지보수보다 훨씬 더 많은 비용이 소모되는 작업이다. 1999년 미 국방부의 연구에 의하면, 일반 소프트웨어의 유지보수 비용은 1 LOC(Line of Code)당 5.6달러인 반면 임베디드 소프트웨어의 유지보수 비용은 1 LOC당 110달러라고 발표하였다. 이렇게 임베디드 소프트웨어 유지보수가 일반 소프트웨어 유지보수보다 20배나 더 많은 비용이 소모된다는 것은 임베디드 소프트웨어 유지보수가 그만큼 더 복잡하다는 것을 의미한다. 이와 관련하여 2000년 Makarainen은 임베디드 소프트웨어 유지보수가 복잡한 이유를 다음과 같이 밝히고 있다.

- 설계 지식 및 원래 요구사항의 손실
- 문제 및 변경 니즈의 축적
- 변경을 위한 설계 부족 및 시간 압력
- 도구 및 정보의 다양성
- 기능 변경의 빈약한 이미지
- 배포된 소프트웨어의 빈약한 유지보수성
- 코드 소실
- 적은 도구 및 메서드
- 여러 제품 버전에 걸친 검토
- 기존 시스템에 대한 조정이 아닌 신규 소프트웨어 개발에 중점을 둔 연구

12.1.3 소프트웨어 유지보수 분류

12.1.3.1 소프트웨어 유지보수 차원

소프트웨어 유지보수는 일반 소프트웨어이든 또는 임베디드 소프트웨어이든 상관없이 협의적 관점에서의 수정(Correction)과 광의적 관점에서의 개선(Enhancement) 및 진화(Evolution)라는 두 가지 차원으로 분류된다.

수정적(Corrective) 소프트웨어 유지보수는 시스템이 명세서를 따르지 않음으로써 발생하는 문제에 대해 실시하는 유지보수이다. 이러한 유지보수는 소규모의 변경 식별에 중점을 둔 단기간에 이루어지는 활동이라는 점과 시스템의 구조가 상대적으로 일정하다는 특징이 있다. 또한, 변경 이후에는 경제적이나 전략적 측면에서 볼 때 이점이 그리 크지 않다는 점과 한 번에 하나의 소프트웨어 요구사항에만 응답하는 경향을 가지는 특징이 있다. 수정적 소프트웨어 유지보수에서 프로그래머가 수행하는 내용은 다음과 같다.

- 문제 보고서 조사
- 시스템 내부의 오류 동작 매핑
- 문제 해결을 위한 변경사항 식별
- 시스템 변경 및 테스트 수행
- 문제 제거

- 새로운 문제발생 방지
- 시스템 기능 보장

수정적 소프트웨어 유지보수에 비해 개선 및 진화는 대규모 고수준으로 소프트웨어 시스템을 유지보수하기 쉽게 만드는 변경의 구조적 형태라는 점과 시스템이 광범위한 신규 요구사항을 준수하고 완전히 새로운 능력을 갖도록 허용한다는 특징이 있다. 또한, 고수준 프로그래밍 언어에서의 명령 레벨만이 아닌 아키텍처 레벨에서의 변경이라는 점과 다른 소프트웨어와의 쉬운 통합을 제시함으로써 전략적, 경제적 측면에서 소프트웨어 가치가 증가한다는 특징이 있다. 이와 같은 개선 및 진화에서 프로그래머가 수행하는 내용은 다음과 같다.

- 새로운 요구사항과 기존 요구사항과의 관련성 이해
- 새로운 사용자 기능을 기존 사용자 기능으로 넣어야 되는 위치 파악
- 테스트 수행
- 신규 요구사항 구현
- 새로운 문제발생 방지
- 시스템 기능 보장

12.1.3.2 소프트웨어 유지보수의 4가지 유형

소프트웨어 유지보수는 크게 수정과 개선으로 분류되며, 수정은 다시 오류 수정(Corrective)과 예방 조치(Preventive), 개선은 환경 적응(Adaptive)과 기능 개선(Perfective)을 포함하고 있어 소프트웨어 유지보수는 크게 4가지 유형으로 구성된다.

오류 수정은 비즈니스 규칙, 코드 버그, 코딩 오류와 같은 단순 소프트웨어 오류를 수정하거나 또는 데이터 흐름 및 예외 처리 그리고 디자인 결함과 같은 설계로 인한 소프트웨어 오류를 수정하는 활동이다. 예방 조치는 장기적 관점에서 소프트웨어 기능을 유지하기 위해 향후 발생 가능한 문제를 사전에 차단하는 수정 활동이다. 환경 적응은 통신 프로토콜, 데이터베이스, 상호운용성이 변경되거나 또는 시스템 구성요소, 기술, 리소스 등 외부에서 도입된 상용제품이 변경되는 등 외부 환경이 변화되었을 때 적응시키기 위해 실시하는 개선 활동이다. 기능 개선은 기능을 구현하는 컴포넌트나 알고리즘의 추가, 비즈니스 룰의 추가 및 변경에 따른 개선 활동이다.

참고로 영국의 소프트웨어 유지보수 협회(UKSMA)에서 제시한 소프트웨어 유지보수 모델이 그림 12-1에 나타나 있다. UKSMA에서는 소프트웨어 유지보수를 기능

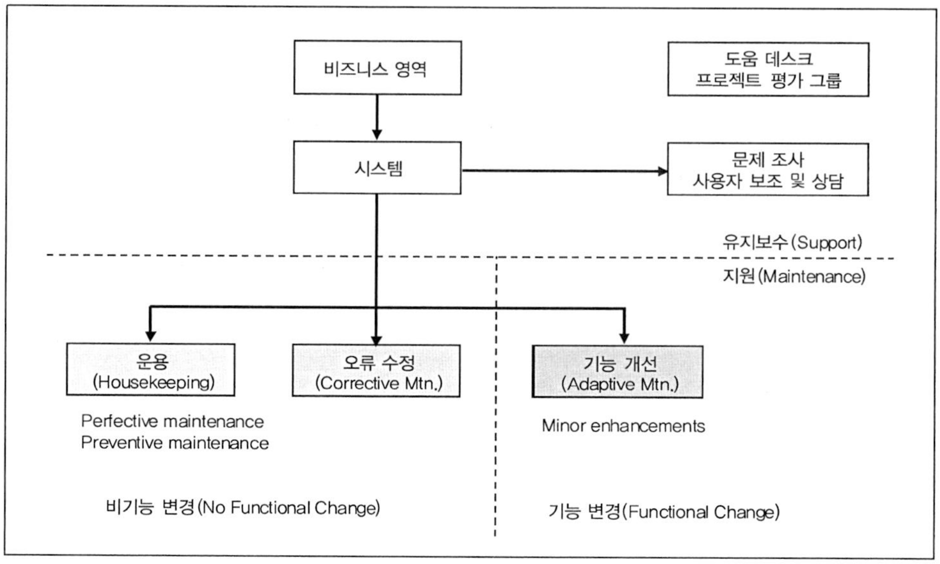

그림 12-1 UKSMA의 소프트웨어 유지보수 모델

변화가 발생하는 기능 개선(adaptive maintenance), 기능 변화가 발생하지 않는 운용(perfective/preventive maintenance)과 오류 수정(corrective maintenance)의 세 가지 유형으로 분류하고 있다.

12.1.4 소프트웨어 유지보수 계약방법

소프트웨어 유지보수 계약방법은 크게 경쟁계약과 수의계약으로 구분되며, 경쟁계약은 다시 일반경쟁, 협상, 2단계 경쟁으로 구분된다. 따라서 효율적인 유지보수 계약을 위해서는 외주 용역별로 업무의 특성이나 상황을 고려하여 적합한 계약방법을 선택해야 한다.

유지보수 계약방법별로 세부내용을 분석하면 다음과 같다. 먼저 일반경쟁은 일정한 자격을 가진 불특정 다수의 입찰희망자를 경쟁에 참가시키는 경쟁계약 방법이며, 협상은 용역사업을 수행함에 있어 계약이행의 전문성이나 기술성 등이 필요한 경우에 실시하는 방법으로 입찰참가자가 제출한 제안서와 입찰가격을 종합하여 평가하는 경쟁계약 방법이다. 2단계 경쟁계약은 미리 적절한 규격을 작성하기 곤란한 경우나 계약의 특성상 필요하다고 인정되는 경우에 실시하는 방법으로 입찰자가 제출한 제안서를 평가하여 적격자로서 최저가격으로 입찰한 자를 낙찰자로 결정하는 경쟁계약 방법이다. 수의계약은 경쟁입찰에 부치지 않고 특정 상대를 선정하여 계약을

표 12-1 계약방법별 분석현황

구분		계약방법 분석
경쟁계약	일반경쟁	• 일정한 자격을 가진 불특정 다수의 입찰희망자를 경쟁에 참가시키는 방법
	협상	• 용역사업을 수행함에 있어서 계약이행의 전문성, 기술성 등이 필요한 경우 • 입찰참가자가 제출한 제안서와 입찰가격을 종합 평가
	2단계	• 미리 적절한 규격을 작성하기 곤란한 경우나 계약특성상 필요하다고 인정되는 경우 • 입찰자가 제출한 제안서를 평가하여 적격자로서 최저가격으로 입찰한 자를 낙찰자로 결정
수의계약		• 경쟁입찰에 부치지 않고 특정 상대를 선정하여 계약 체결

체결하는 방법이다. 이와 같은 계약방법별 분석현황이 표 12-1에 나타나 있다.

12.2 유지보수 프로세스 모델

유지보수는 많은 방향으로부터 접근이 가능하다는 특징이 있다. 따라서 유지보수 프로세스에 영향을 미치는 요소는 그림 12-2와 같이 유지보수 활동유형, 제품, 피플웨어, 프로세스 조직으로 구분하여 살펴볼 수 있다. 유지보수 활동유형에는 수정, 신

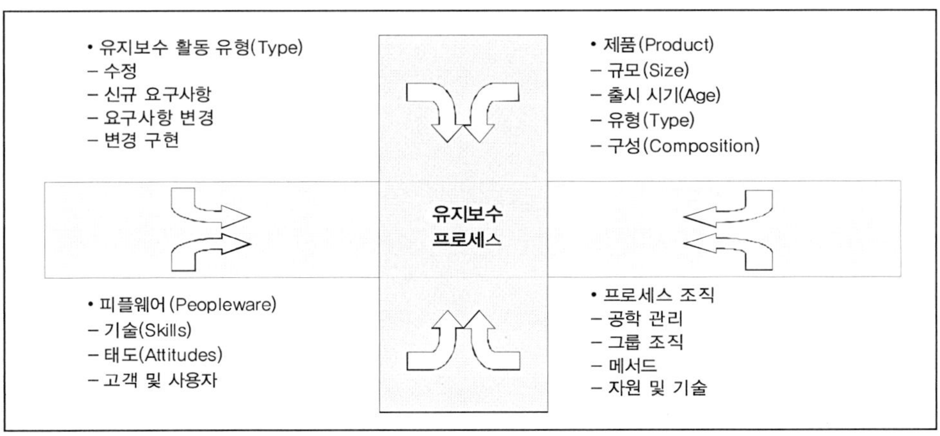

그림 12-2 유지보수 프로세스에 영향을 미치는 요소

규 요구사항, 요구사항 변경, 변경 구현이 있고, 제품에는 제품의 규모, 출시 시기, 유형, 구성이 있다. 그리고 피플웨어에는 기술, 태도, 고객 및 사용자가 있고, 프로세스 조직에는 공학관리, 그룹 조직, 메서드, 그리고 자원 및 기술이 있다.

본 절에서는 유지보수 프로세스에 영향을 미치는 요소를 고려하여 V-like 소프트웨어 유지보수 프로세스 모델(Harjani and Queille), AMES 유지보수 프로세스 모델(Makarainen), SWEBOK 유지보수 프로세스 모델, ISO/IEC 14764 유지보수 프로세스 모델에 대해 간략하게 소개한다.

12.2.1 V-like 소프트웨어 유지보수 프로세스 모델

V-like 소프트웨어 유지보수 프로세스 모델은 1992년 Harjani와 Queille가 제안한 모델로서 주로 수정적 변경에 적용이 가능하며 그림 12-3과 같이 유지보수 활동이 순차적으로 이루어지는 특징이 있다.

먼저 수정적 유지보수 문제가 발생하는 경우 문제에 대한 이해, 문제가 발생한 위치 측정, 문제 해결을 위한 솔루션 분석, 솔루션 명세 및 변경 영향 분석, 그리고 솔루션 제시 등의 활동이 순차적으로 이루어진다. 그런 다음 변경위원회를 개최하여 제시된 솔루션을 검토하고 구현을 실시할 것인지 결정한다. 만약 구현 결정이 내려져 구현이 이루어지게 되면 이후 회귀 테스팅 및 수락 테스팅을 거쳐 변경보고서를 변경위원회에 제출한다. 최종적으로 변경위원회에서는 제출된 변경보고서를 검토하

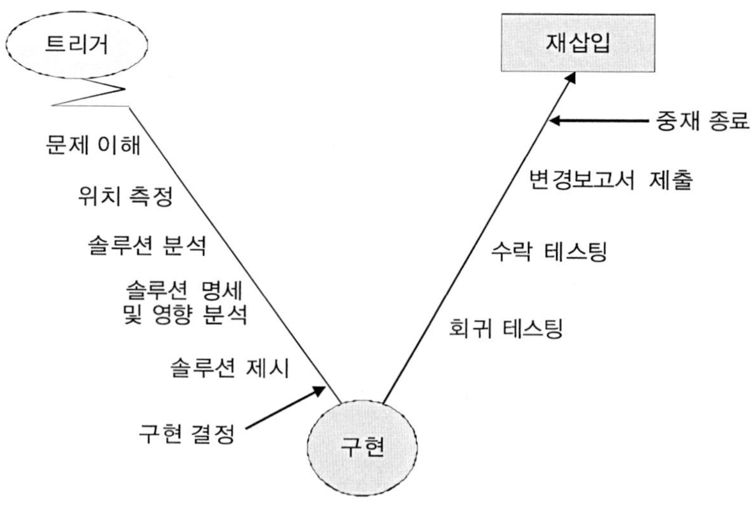

그림 12-3 V-like 소프트웨어 유지보수 프로세스 모델

고 변경 내용을 기존 시스템에 재삽입을 할 것인지 결정하고 중재를 종료한다.

12.2.2 AMES 유지보수 프로세스 모델

AMES 유지보수 프로세스 모델은 2000년 Makarainen이 제안한 모델로서 유지보수 프로세스의 고수준 뷰를 전략적 계층, 관리적 계층, 그리고 기술적 계층으로 구분하여 제시하고 있다. 전략적 계층은 제품의 미래와 관련한 의사결정 및 고객과 사용자 관계를 결정하는 계층으로서 주요 활동에는 마케팅, 예산 할당, 훈련 및 프로세스 개선 등이 있다. 관리적 계층은 활동 계획 및 진도 추적, 구현 결정, 문제 조정, 변경 시작 및 종료와 관련된 계층이며, 기술적 계층은 변경을 구현하는 것과 관련된 계층이다.

각 계층에서 수행되는 주요 활동이 그림 12-4에 나타나 있다. 제일 상위 계층인 전략적 계층에서는 전략을 정의하고 전략적 계획을 수립하는 두 가지 활동으로 구성되며, 두 번째 계층인 관리적 계층은 발생된 문제에 대한 관리, 문제를 해결하기 위해 수행되는 중재 준비 및 중재 종료 활동의 세 가지 활동으로 구성된다. 제일 하위 계층인 기술적 계층은 실제 문제를 구현하는 계층으로 도움 데스크, 문제에 대한 증명, 유지보수 중재, 그리고 형상관리 활동으로 구성된다.

12.2.3 SWEBOK 유지보수 프로세스 모델

SWEBOK에서 제시하는 소프트웨어 유지보수는 크게 소프트웨어 유지보수의 정의, 본질, 필요성, 범주 등이 기술되어 있는 기본 분야, 소프트웨어 유지보수의 기술적/관리적 이슈 및 유지보수 비용 추정과 관련된 핵심 이슈 분야, 유지보수 프로세

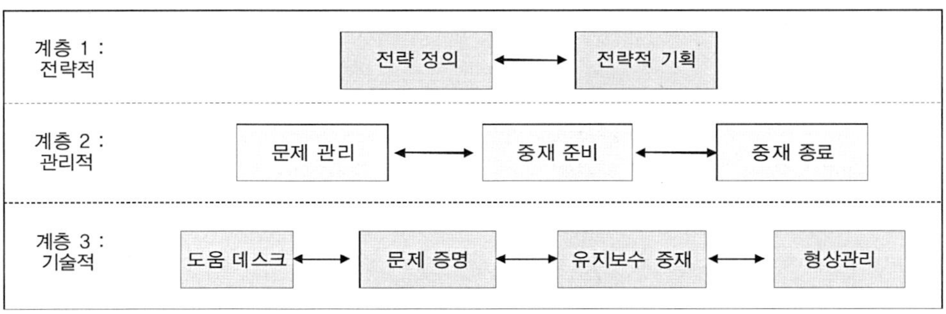

그림 12-4 AMES 유지보수 프로세스 모델

스와 활동 분야, 그리고 재공학 및 역공학 등이 제시되어 있는 유지보수 기법 분야 등 총 4개의 분야로 구성되어 있다.

이 중 유지보수 프로세스는 요구사항을 도출하거나 그러한 활동에 대해 세부 입·출력을 제공하는 분야로서 소프트웨어 유지보수의 국제 표준인 IEEE 1219와 ISO/IEC 14764를 따른다. 참고로 IEEE 1219는 소프트웨어 유지보수 활동을 관리하고 실행하는 데 필요한 반복 프로세스와 관련된 표준이다.

그림 12-5에 IEEE 1219에 기술되어 있는 유지보수 프로세스 활동이 도시되어 있으며, 유지보수 프로세스는 다음과 같이 총 7개의 활동으로 구성된다.

- 문제 분류 및 식별
- 문제 분석
- 솔루션 설계
- 변경 구현
- 시스템 테스트
- 수락 테스트
- 인도

그림 12-6에는 ISO/IEC 14764의 소프트웨어 유지보수 프로세스가 도시되어 있다. 참고로 ISO/IEC 14764는 IEEE/EIA 12207 유지보수 프로세스의 개선판이다. 소프트웨어 유지보수 프로세스는 다음과 같이 총 6개의 작업으로 구성된다.

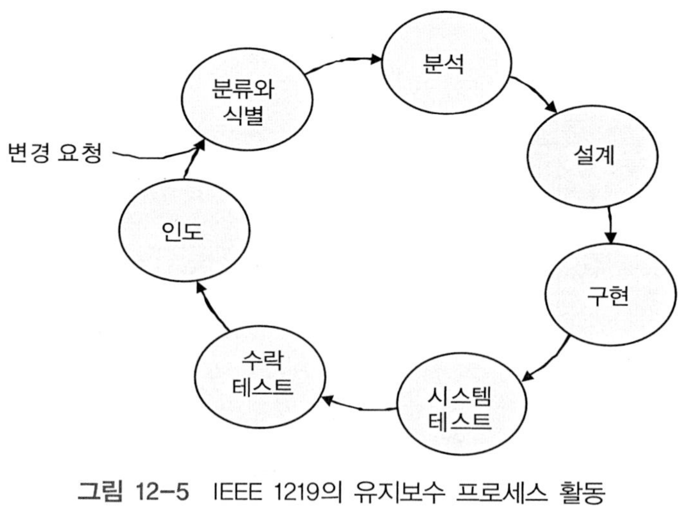

그림 12-5 IEEE 1219의 유지보수 프로세스 활동

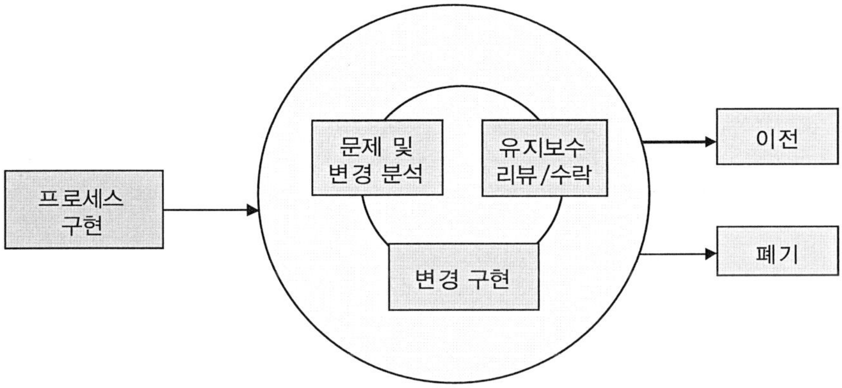

그림 12-6 ISO/IEC 14764의 소프트웨어 유지보수 프로세스

- 프로세스 구현
- 문제 및 변경 분석
- 변경 구현
- 유지보수 리뷰 및 수락
- 이전
- 소프트웨어 폐기

12.3 유지보수 솔루션

12.3.1 유지보수 목표

원칙적으로 임베디드 소프트웨어에 대한 유지보수 프로세스는 일반 소프트웨어의 유지보수 프로세스와는 크게 다르지 않는다. 즉, 핵심 단계는 동일하다는 것이다. 그러나 임베디드 소프트웨어의 자체 특성이 있기 때문에 유지보수 시 추가적인 요소는 반드시 고려해야 한다. 유지보수의 니즈는 임베디드 소프트웨어 유형에 따라 달라진다. 이는 임베디드 소프트웨어가 서로 다르다면 이들 서로 다른 임베디드 소프트웨어 각각은 애플리케이션에 독립적인 소프트웨어 유지보수 니즈를 또한 각각 생성한다는 의미이다.

1996년 Taramaa는 임베디드 소프트웨어에 대한 3개 클래스(제품 소프트웨어, 전용 시스템 소프트웨어, 애플리케이션 소프트웨어)를 발표하였다. 여기서 제품 소프트웨어는 애플리케이션에 유일하지 않고 여러 종류의 제품에 사용되는 소프트웨어이며, 전용 시스템 소프트웨어는 운영체제, 통신, 디바이스 제어와 같은 소프트웨어이고, 애플리케이션 소프트웨어는 애플리케이션에 특유한 소프트웨어를 말한다. 또한, 그는 위에서 제시한 3개 클래스와 비교하여 임베디드 소프트웨어 유지보수에 특별히 관련되어 있는 고려사항을 다음과 같이 발표하였다.

- 유일하지 않은 제품 소프트웨어의 신규 버전이 소프트웨어의 나머지 부분과 호환성이 없게 되는 경우
- 시스템 소프트웨어가 너무 특유해서 운영체제 또는 하드웨어 변경이 광범위한 변경을 요구하거나 또는 다른 코드 전체를 재작성해야 되는 경우
- 제품 소프트웨어가 종종 특정 하드웨어 플랫폼에만 동작되므로 하드웨어 변경이 원래의 소프트웨어를 호환성 없게 만드는 경우
- 애플리케이션 소프트웨어가 새로운 컴퓨팅 플랫폼으로 전환 시 특정시스템 소프트웨어와 하드웨어에 호환성이 없게 되는 경우

1999년 Kuvaja는 소프트웨어 유지보수를 특징지우면서 제한사항을 규정하는 임베디드 시스템의 특수한 특성들을 다음과 같이 발표하였다.

- 소프트웨어는 하드웨어와 밀접하게 연결되어 있다.
- 제품 설계는 구현 기술에 의해 제한을 받는다.
- 동일 임베디드 시스템 내 사용된 서로 다른 기술은 병행적으로 개발된다.
- 서로 다른 하위 레벨과 상위 레벨 소프트웨어 구현 기술이 사용된다.
- 분산시스템 아키텍처를 기반으로 실시간 처리 및 데이터 관리가 사용된다.
- 신뢰성 요구사항이 중요하다.
- 디바이스 자율성이 사용된다.
- 신규 기능, 기술 및 인터페이스를 통한 유지보수성과 확장성이 종종 요구된다.
- 제품 비용은 대중 마켓에서 중요하다.
- 짧은 시장적시성(Time-to-Market)이 요구된다.

12.3.2 사례연구를 통한 유지보수 이슈

사례연구를 통한 유지보수 이슈는 2003년 메릴렌드 대 DACS(Data and Analysis Center for Software)의 Mikael Lindvall 외 3인이 발표한 '임베디드 소프트웨어 유지보수' 보고서의 내용을 요약해서 제시한다. 사례연구는 가전제품, 모뎀, 모바일 폰,

비행기, 위성, 자동차, 산업기계 등을 대상으로 실시하였다.

사례연구 결과에 의하면, 거의 모든 문제들이 모든 임베디드 시스템 개발에 공통으로 발생한 것으로 분석되었다. 그 중 일부 문제들은 일부 임베디드 시스템에만 관련되었으며, 다른 문제들은 일반 소프트웨어 시스템의 유지보수에서도 관찰이 가능한 문제들로 보고되었다. 특히, 다른 유형의 시스템에서 나타나는 공통의 문제들은 임베디드 시스템 환경에서는 더 가속화되는 경향을 보였다. 또한, 일부 문제들은 미래 기술적 진보를 이용하여 쉽게 해결이 가능하였으며, 다른 문제들은 항상 존재하는 문제들로 보고되었다.

사례연구를 통해 관찰된 10가지 주요한 유지보수 이슈는 다음과 같으며 다음 절부터 10가지 각 이슈에 대해 간략하게 소개한다.

- 불안정한 요구사항
- 기술의 변화
- 오류 위치선정
- 변경의 영향
- 훈련받은 전문인력 요구
- 문서화 결여
- 시뮬레이션 환경 대 타깃 환경
- 하드웨어 제약
- 테스트 프로세스
- 기타 시스템 특정 문제들

12.3.2.1 불안정한 요구사항

원격통신시스템, 우주탐사용 계기 분야에서는 불안정한 요구사항이 유지보수 문제의 핵심 요소이다. 이 분야에서는 요구사항이 빈번히 추가되고 변경되어 프로젝트에서 문제가 야기되었으며, 요구사항 변경은 모든 파트너의 의사소통을 방해하여 통합 단계에서 문제를 야기하였고, 소프트웨어 유지보수를 더욱 복잡하게 만들었다.

12.3.2.2 기술의 변화

가전제품, 자동차, 비행기, 우주탐사용 계기 분야에서는 기술의 변화가 유지보수 문제의 핵심 요소이다. 가전제품 및 자동차 분야에서는 기술의 변화가 개발도구의 변화와 관련되어 있으며, 특히 가전제품 분야에서는 새로운 개발도구 버전이 소프트웨어 유지보수 단계 동안 여러 번 인도되었다. 비행기 분야에서는 기술의 변화가 소프트웨어 변경을 야기하는 기술적 형상에 대한 변화와 관련되어 있으며, 우주탐사 계기 분야에서는 코드의 버전 통제 문제가 발생하였고 프로토타이핑 단계 시 자동화 형상관리도구가 사용되지 않았다.

12.3.2.3 오류 위치선정

가전제품, 원격통신시스템, 자동차 분야에서는 오류의 위치선정이 많은 시간을 소비하는 문제였고, 이러한 시간 소비가 전체적인 유지보수 단계를 더 길고 복잡하게 만들었다. 특히, 자동차 분야에서는 장애를 야기하는 하드웨어 또는 소프트웨어 결정이 주요 문제였는데, 그 이유는 장애 보고서에 정보가 충분히 포함되지 못했다는 점과 재생산을 어렵게 만드는 시스템의 장애가 있었다는 점이다.

12.3.2.4 변경의 영향

가전제품, 원격통신시스템, 전화스위치시스템, 그리고 자동차 분야에서는 변경위치 선정 및 리플(Ripple) 영향 식별이 시간 소비적인 작업이었다. 가전제품 분야에서는 소프트웨어의 핵심부분 수정이 동일 핵심기능을 이용하는 또 다른 제품에 영향을 미쳤고 이로 인해 변경 영향 식별을 더 어렵게 만들었다. 전화스위치시스템 분야에서는 스위치 동작상태의 이해가 매우 어렵다는 것이 문제였으며 오직 이 분야에 종사하는 소수만이 전체 시스템을 이해하기 때문에 변경 영향 파악이 매우 어려웠다. 자동차 산업에서는 밀접한 하드웨어 및 소프트웨어의 상호작용으로 인해 리플 영향 결정이 매우 어려웠다.

12.3.2.5 훈련받은 전문인력의 요구

우주탐사 계기, 비행기, 그리고 전화스위치시스템 분야에서는 소프트웨어 프로그램을 이해하는 것이 매우 어려워 유지보수 프로세스가 복잡하였다. 우주탐사 계기 분야에서는 이해가 어려운 하드웨어-지향 코드가 많이 포함되어 있어 프로그램 이해에 많은 시간이 추가로 필요하였다. 비행기 분야에서는 서로 다른 많은 컴퓨터 시스템이 비행기에 포함되어 있어 유지보수가 복잡하였다. 그 이유는 비행기 내 컴퓨터 시스템들이 서로 통신을 하면서 서로 다른 프로세서 속도로 동작한다는 점, 컴퓨터 시스템들이 특정 목적용으로 개발되어 인원편성 상에 문제가 발생하였다는 점, 그리고 컴퓨터 시스템의 특성상 오랜 훈련된 프로세스가 필요하다는 점이다. 전화스위치시스템 분야에서는 개발환경 대부분이 표준화되어 있지 않아 지식이나 경험을 공유하지 못하기 때문에 유지보수 프로세스가 복잡하였다.

12.3.2.6 문서화 결여

가전제품, 자동차 산업, 우주탐사 계기, 그리고 원격통신시스템 분야에서는 문서화의 결여로 인해 유지보수가 곤란하였다. 가전제품 분야에서는 개발단계 시 많은 문서를 생산하지 못해 문서를 최신화하는 데 곤란하였다. 자동차 분야에서는 불충분하고 부적합한 문서화 및 다양한 모델링 스타일로 시스템을 구축함으로써 지식 공유와 유지보수가 곤란하였다. 우주탐사 계기 분야에서는 소프트웨어 명세 및 요구사항이 빈번히 변경되어 유지보수가 곤란하였는데, 특히 대부분의 변경이 소스코드에서 직접 발생하였고 빈번한 변경에 따라 문서 업데이트를 하지 못했다. 원격통신시스템 분야에서는 추적성 및 설계 합리성이 부족하여 유지보수가 곤란하였다.

12.3.2.7 시뮬레이션 환경 대 타깃 환경

모바일 폰 시스템, 비행기 시스템, 그리고 전화스위치시스템 분야에서는 모든 개발자가 타깃 환경의 프로토타입에 접근이 곤란하였고 개발은 타깃 환경과는 다르게 동작하는 시뮬레이션 환경에 의존함으로써 유지보수가 곤란하였다. 모바일 폰 시스템 분야에서는 시뮬레이션 환경과 타깃 환경과의 차이에 따른 실시간 문제로 유지보수가 곤란하였는데, 특히 네트워크는 특정 시간 내 응답해야 하는 콜(call)을 요구하였고, 메모리 할당은 타깃 환경과 비교하여 모의 환경에서 서로 다른 방식으로 수행되었기 때문이다. 비행기 시스템 분야에서는 시뮬레이션 환경에서 보여질 수 없는 실시간 관점의 문제가 유지보수를 곤란하게 만들었으며, 전화스위치시스템 분야에서는 고가의 장비와 개발자가 타깃 환경인 스위치에 접근이 어려웠기 때문에 유지보수가 곤란하였다.

12.3.2.8 하드웨어 제약

모바일 폰 시스템 분야에서는 모바일 폰이 점점 더 작아지고 비용, 무게, 크기의 증가에 매우 민감하였기 때문에 메모리 부족이 문제였다. 모뎀 분야에서는 메모리 추가가 제품 비용을 증가시켰고 하드웨어 추가는 제품의 크기와 무게를 증가시켰기 때문에 모뎀에서는 비용, 크기, 무게 민감도가 매우 심각한 제약사항이었다.

12.3.2.9 테스트 프로세스

가전제품 분야에서는 테스트를 수동으로 하기 때문에 많은 시간이 소모되었고, 또한 테스트 커버리지도 알려지지 않은 문제가 있었다. 특히, 대부분의 심각한 오류가 제품이 이미 마켓에 나가 있을 때 문제가 발견되었다. 원격통신시스템 분야에서는 시스템의 복잡성으로 인해 변경에 따른 리그레션 테스트가 곤란하였으며, 우주탐사 계기 분야에서는 소프트웨어의 고신뢰성 요구로 인해 많은 테스트 시간이 소비되는 것이 문제였다.

12.3.2.10 기타 시스템 특정 문제들

원격통신시스템 분야에서는 소프트웨어의 반복적인 재사용으로 인한 코드 소실 문제가 있었다. 모뎀 분야에서는 업그레이드 절차가 부정확하면 모뎀의 전체 기능에 위협이 되기 때문에 업그레이드 절차의 복잡성이 문제였다. 위성 분야에서는 원격의 비연결 시스템과 관련한 문제와 쉽지 않은 원격 우주시스템의 재부팅 문제가 있었다. 우주탐사 계기 분야에서는 제품 부분들이 각 하청계약자들에 의해 동시 설계되고 구축되기 때문에 각 파트너의 동시 개발 문제가 있었으며, 원격통신 분야에서는 결함 데이터 기반의 학습 부족과 관련한 문제가 있었다.

12.3.3 잠재적 유지보수 솔루션

과거부터 유지보수 문제에 대한 '은 탄환(Silver Bullet)'은 없다는 것이 정설로 받아들여지고 있다. 다만 대부분의 유지보수 문제가 빈약한 소프트웨어 품질 및 소프트웨어 공학 프로세스 관리에 기인하기 때문에, 본 절에서 설명하는 잠재적 솔루션들은 관리자와 개발자에게 더 쉽고 더 효율적인 임베디드 소프트웨어 유지보수에 대한 아이디어를 제공하는 차원이다.

유지보수 문제에 대한 잠재적인 솔루션은 여러 유형이 있겠지만, 그 중 일반적인 솔루션을 예로 들면, 먼저 소프트웨어 조직의 지식 손실과 관련한 일반적 솔루션에는 지식관리가 유용하다는 것, 유지보수 및 테스트 프로세스가 제 위치에 있는지 그리고 효율적 방식으로 수행되고 있는지 검증하는 것, 그리고 자원 중복 및 많은 시스템에서 이미 사용된 동작과정에서 더 특유한 솔루션을 관찰해야 한다는 것이 있다.

임베디드 소프트웨어의 잠재적인 유지보수 솔루션을 위해 메릴렌드 대 DACS의 Mikael Lindvall 외 3인은 유지보수 기획 및 유지보수 중심의 신뢰성(RCM : Reliability Centered Maintenance) 접근법과 조직 개선에 도움을 주는 특정 활동과 같은 소프트웨어 형상관리(SCM: Software Configuration Management) 및 영향 분석 등을 제안하였다.

12.3.3.1 유지보수 기획

유지보수 기획은 소프트웨어 개발의 기획단계 동안 시작하는 것이 이상적이며,

유지보수성(Maintainability)에 중심을 두고 유지보수 계획을 수립해야 한다. 유지보수성에 중심을 둔 유지보수 프로세스는 일반적으로 변경 요청의 이해, 시스템 및 그 구조의 이해, 시스템 변경장소에 대한 위치 선정, 1차 변경 이행, 리플 영향 결정, 2차 변경 이행, 그리고 요구사항 충족여부 테스트의 7단계로 구성된다.

유지보수가 쉬운 시스템은 잘 정의된 설계 규칙 및 지침에 따른 코드, 낮은 복잡성, 낮은 결합 및 높은 응집력, 이해하기 쉬운 시스템, 잘 구조화되고 문서화가 잘된 하부 시스템을 가진 시스템, 더 적은 시스템과 더 적은 특징을 제공하는 시스템 등이다.

12.3.3.2 유지보수 중심의 신뢰성(RCM) 접근법

유지보수 중심의 신뢰성 접근법은 이질적인 시스템의 유지보수를 위해 많은 도메인에 적용되었던 유지보수 기획의 새로운 접근법이다. 이 접근법은 소프트웨어만을 위한 유지보수 접근법이 아니고 하드웨어와 임베디드 소프트웨어의 전체 시스템에 적용할 수 있는 접근법이다.

RCM 접근법은 사용자 중심의 사용자 기대에 맞춘 접근법이라는 것이 가장 큰 특징이며, 다음과 같은 4단계의 프로세스를 가지고 있다.

- 속도, 범위, 리스크, 품질 등과 같은 주요 성능 파라미터로 사용자 기대를 정의한다.
- 어떤 시스템이 이들 기대에 실패하는지 그 방식을 식별한다.
- 각 실패 상태를 야기하는 모든 이벤트 식별을 위해 장애 모드 및 영향 분석(FMEA : Failure Mode and Effect Analysis)을 수행한다.
- 식별된 장애의 각 유형을 조정하기 위한 동작을 정의한다.

RCM 접근법을 적용하여 얻은 주요한 결과에는 큰 안전성 및 환경적 통합, 개선된 운용 성능, 큰 유지보수 비용-효과성, 시스템의 긴 유용한 주기, 유지보수 기획 및 활동의 포괄적 데이터베이스, 큰 동기, 향상된 팀워크 등이다. RCM 접근법을 수행하기 위해서는 하나의 시스템 당 2년 이상의 기간과 4만 달러 정도의 비용이 소요된다.

12.3.3.3 소프트웨어 형상관리(SCM)

소프트웨어 형상관리는 소프트웨어에 대한 형상 식별 수단을 제공함으로써 유지보수 활동을 지원하는 방법이다. 따라서 SCM을 효율적으로 적용하기 위해서는 형상 변경을 체계적으로 통제해야 하고 수명주기를 통해 형상 추적성을 유지해야 하는 것이 중요하다.

12.3.3.4 영향 분석

유지보수에 대한 비용평가는 변경 이행 결정의 기초로 사용되므로 정확해야 하고, 정확한 비용평가는 변경 영향에 대한 분석을 기반으로 수행된다. 여기서 영향 분석이란 소프트웨어 변경에 의해 소프트웨어에 영향을 미치는 엔티티들을 식별하는 프로세스이다.

따라서 영향 분석은 변경이 이행되기 전에 변경 영향에 대한 가시성을 제공해 줄 수 있다. 그러나 영향 분석은 규모가 작은 소프트웨어 시스템에는 충분하나 규모가 큰 시스템은 충분하지 못하고 또한 영향 분석도 어렵기 때문에 심지어 소프트웨어 전문가조차도 불완전한 변경 영향을 제시할 수도 있다. 더군다나 임베디드 시스템에 대한 영향 분석은 일반 시스템의 영향 분석과 유사하지만 임베디드 시스템이 갖고 있는 특성 때문에 영향 분석이 더 어려울 것으로 예측하고 있다.

영향 분석은 소프트웨어 수명주기의 여러 단계에서 각각 서로 다른 목표를 가지고 수행된다. 기획 단계에서는 요구사항-주도 영향 분석, 구현 단계에서는 변경-연관 영향 분석, 그리고 테스트 단계에서는 테스트-연관 영향 분석이 있다.

제13장

임베디드 소프트웨어 재사용

본 장에서는 소프트웨어 재사용의 정의, 유형 및 형태, 그리고 이점 및 문제점을 설명하고, 재사용 계획 수립을 위한 고려요소, 재사용 준비 레벨(RRL) 개발, 그리고 재사용 방법을 고찰한다. 그런 다음 여러 가지 재사용 프로세스에 대해 살펴본다. 본 장은 다음과 같이 구성된다.

13.1 재사용 개요
13.2 재사용 계획 수립
13.3 재사용 프로세스

13.1 재사용 개요

13.1.1 소프트웨어 재사용 정의

소프트웨어 재사용(Reuse)의 사전적 의미를 찾아보면 대부분 위키백과의 정의를 따르고 있는데, "기존의 소프트웨어 또는 소프트웨어 지식을 활용해 새로운 소프트웨어를 구축하는 일"로 정의되어 있다.

Ian Sommerville은 그의 저서인 'Software Engineering'에서 소프트웨어 재사용을 "기 정의된 소프트웨어 컴포넌트로부터 소프트웨어 시스템을 생성하는 프로세스"로 정의하고 있다. Ali Mili는 그의 저서 'Reuse Based Software Engineering'에서 소프트웨어 재사용을 "개발 활동에 사용할 목적으로 소프트웨어 산출물을 명세, 생산, 식별, 검색 및 적응하는 체계적인 운영절차를 가진 프로세스"로 정의하고 있다.

이러한 소프트웨어 재사용의 정의에 따라 소프트웨어 재사용 자산은 일정한 형태로 가공된 재사용 모듈과 이와 연관된 문서 및 관련 자료를 포함한다고 볼 수 있다. 여기서 재사용 모듈에는 소스 코드와 실행 가능한 바이너리 코드 등이 있으며, 문서로는 재사용 자산을 개발하는 과정에서 산출된 각종 문서, 즉 요구사항 정의서, 도메인 명세서, 소프트웨어 아키텍처 정의서, 클래스 명세서 등이 있고, 관련 자료에는 재사용 자산의 개발과 운영에 사용됐던 데이터베이스, 이미지 파일, 그래픽 라이브러리 등이 있다.

13.1.2 소프트웨어 재사용 유형 및 형태

소프트웨어 재사용에 사용되는 소프트웨어 유형(Type)은 수평적 재사용과 수직적 재사용으로 구분된다. 수평적 재사용 유형은 다양한 애플리케이션에 걸쳐 사용되는 소프트웨어 컴포넌트이며, 수직적 재사용 유형은 유사 기능으로 동일 집단의 시스템에 사용되는 소프트웨어 컴포넌트이다.

소프트웨어 재사용은 임시적(Ad hoc 또는 Opportunistic) 재사용과 체계적(Systematic) 재사용의 두 가지 형태(Form)로 실행된다. 임시적 재사용은 일반적으로 필요한 소프트웨어 부분에 대해 잘라내서 붙이는(Cut-and-Paste) 방식을 사용하며, 체계적 재사용은 기획, 실행, 모니터링이라는 프로세스를 가진 일반적으로 산업계에서 많이 사용하는 재사용 방식이다.

참고로 소프트웨어 재사용률이 어느 정도까지 가능한지 미국 항공우주국(NASA)

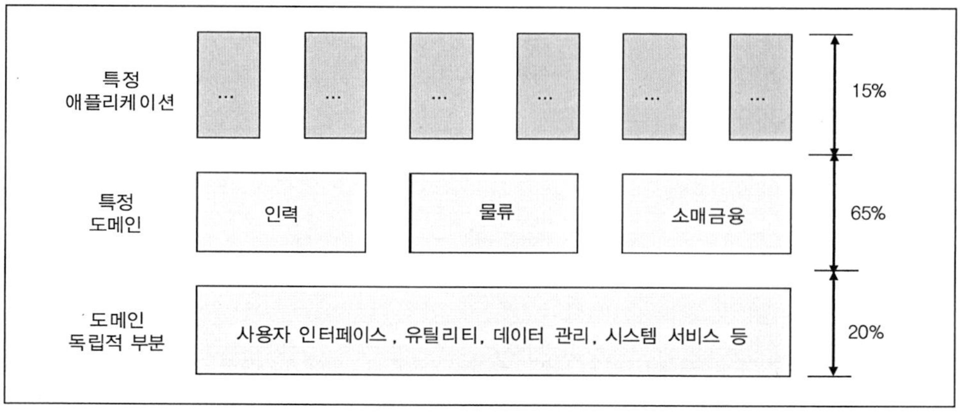

그림 13-1 소프트웨어와 재사용률 관계(NASA)

이 분석한 보고서가 있는데, 그림 13-1과 같이 이론적으로는 신규 애플리케이션의 85%까지를 현재의 소프트웨어를 재사용해서 개발이 가능한 것으로 보았다. 이 중 65%는 인력, 물류, 소매금융 분야와 같은 특정 도메인에 관련된 부분이었으며, 나머지 20%는 사용자 인터페이스, 유틸리티, 데이터 관리, 시스템 서비스 등과 같이 도메인에 독립적인 부분이었다. 그리고 재사용이 안 되는 15%만이 애플리케이션에 특정적인 부분이었다.

13.1.3 소프트웨어 재사용 이점 및 문제점

소프트웨어 재사용으로 인해 얻을 수 있는 이점에 대해서는 많은 연구보고가 있다. NASA의 고다드 우주비행센터(GSFC : Goddard Space Flight Center)가 제시한 이점은 소프트웨어 개발 비용 및 중복 노력 감소, 소프트웨어 유연성, 신뢰성, 책임성의 증가, 그리고 커뮤니티 참여 증가 등이며, 한국전자통신연구원이 제시한 이점에는 소프트웨어 개발 생산성 증가 및 품질 문제의 혁신적 개선 등이 있다. 이렇듯 소프트웨어 재사용과 관련한 많은 연구보고들이 세부적으로는 약간의 차이가 있지만 전반적으로 거의 유사한 내용을 담고 있다. 이들 연구보고에서 공통적으로 제시하고 있는 소프트웨어 재사용의 이점에는 다음과 같은 내용이 있다.

- 낮은 개발 비용 및 높은 생산성
- 더 향상된 자원 이용률
- 감소된 수명주기 및 더 빠른 개발
- 낮은 교육훈련 비용 및 쉬운 유지보수

- 높은 품질 및 낮은 리스크
- 향상된 상호운용성

소프트웨어 공학분야에서 많은 사람들이 참조하고 있는 Ian Sommerville의 'Software Engineering'에서는 소프트웨어 재사용의 이점 및 문제점을 다양한 분야에서 상세히 다루고 있는데, 요약해서 제시하면 표 13-1과 표 13-2와 같다.

표 13-1 소프트웨어 재사용의 이점(Ian Sommerville)

이점	주요내용
확실성 증가	• 재사용 소프트웨어는 설계와 구현상의 결함이 이미 발견되어 수정된 상태이므로 신규 소프트웨어보다 확실성 증가
프로세스 위험 감소	• 기존 소프트웨어 비용은 이미 알려져 있으나 개발비용은 항상 판단을 필요로 하는 문제 • 소프트웨어 비용 산정에 오류 범위 감소 가능
전문가의 효과적 이용	• 전문가의 지식을 요약한 재사용 가능한 소프트웨어 개발 가능
표준의 준수	• 표준화된 재사용 가능 컴포넌트를 이용하여 구현 시 모든 응용 시스템은 사용자에게 동일한 메뉴형식 제공 가능 • 표준화된 사용자 인터페이스 이용은 확실성 향상
신속한 개발속도	• 소프트웨어 재사용은 개발 및 검증시간을 줄일 수 있으므로 신속한 시스템 생산속도 보장

표 13-2 소프트웨어 재사용의 문제점(Ian Sommerville)

이점	주요내용
유지보수 비용 증가	• 재사용된 소프트웨어 시스템 및 컴포넌트의 소스코드 활용이 불가 시 유지보수 비용 증가
도구 지원 결여	• CASE 도구 집합이 재사용 포함 개발을 지원하기 곤란한 경우 발생 ※ 사유 : 도구와 컴포넌트 라이브러리 시스템과의 통합문제
NIH(Not Invented Here) 증후군	• 어떤 소프트웨어 공학자들은 컴포넌트 재사용보다 재작성을 더 선호 ※ 사유 : 자신들이 컴포넌트를 개선할 수 있다고 믿기 때문
컴포넌트 라이브러리 생성과 유지	• 재사용 가능 컴포넌트의 라이브러리 생성 및 유지에 많은 비용 소요 • 소프트웨어 컴포넌트 분류, 목록 생성 및 검색기술 미개발
재사용 가능 컴포넌트의 검색, 이해, 수정	• 소프트웨어 컴포넌트들은 라이브러리에서 발견되고 이행되며 때로는 새로운 환경에서 동작되도록 수정 필요

13.1.4 소프트웨어 재사용 기술 개발 사례

소프트웨어 재사용에 대한 기술 개발은 주로 국가 주도의 연구기관이나 프로그램, 즉 미국의 항공우주국(NASA), 유럽연합의 공동 연구개발 프로그램인 유레카(ITEA), 한국의 한국전자통신연구원(ETRI) 등에서 추진하고 있다.

2006년 전자통신동향분석에 발표된 '임베디드 시스템 개발방법론 및 재사용 체계'에서 제시된 임베디드 소프트웨어의 성공적인 재사용 기술 개발 사례가 표 13-3에 나타나 있다. 이 표는 각 과제명에 대해 수행기관과 과제의 특징이 기술되어 있으며, 비고란에는 재사용 관련 예산 절감이나 기간 단축 현황, 재사용율 등이 나타나 있다.

표 13-3 임베디드 소프트웨어 재사용 기술 개발의 성공 사례

과제명	수행기관	특징	비고
GTE Data Service AMP(Asset Mngt. Program)	NASA GTE (1986-1994)	• 재사용 자산의 조직적 생성 및 조작 • 자산 라이브러리의 유지보수시스템 구축	연 14%의 자산 재사용으로 1500만불 절감
Switching System BB(Building Block)	Kommunikations Industrie, 독일 (1992-1994)	• 스위칭 시스템에 재사용 컴포넌트 사용 • 통신서비스 스위치, 모바일 디지털 스위치 등에 재사용	최소 40% 이상의 재사용율 달성
SPIQ(SW Process Improvement for better Quality)	Norway Universitetet i Oslo(1997-1998)	• 인트라넷을 통해 조직의 SW 개발자가 공유 가능한 정보 관리 및 운영 • 프로세스, 규칙, 개발 경험의 모든 산출물에 대한 관리	TTS(Telenor Telecom SW) 개발에 적용하여 2~3년간 비용 절감
SPHERES(Syn. Position Hold Engage Reorient Experimental Satellites)	MIT, NASA (2002-2004)	• 아주 미세한 위험관리 및 자동제어 기술을 위한 재사용 명세 지원 및 도구 개발 • 인공위성, 미사일 락킹 작업 같은 임베디드 시스템 개발 및 유지보수에 적용	우주선에 필요한 임베디드 SW 개발에서 70% 재사용율 달성
RCM(Reuse Cost Model)	Israel IEEE Members (2000-2003)	• 재사용 자산에 대한 재사용 시나리오의 도출 및 비교를 통해 재사용 비용 평가 • 재사용 시나리오에 따른 재사용 자산의 재사용을 위한 프로세스 및 도구 개발	TES(Tadian Electronic Sys. Ltd.)에서 28~63% 재사용율 달성
Naval Product Line as the Ship System 2000	Celsius Tech Systems (1986-current)	• 다양한 군함 생산에 제품계열 기법 도입 • 지휘/통제/통신시스템을 하나로 통합하는 제품계열 환경 제공	공통 자산의 70~80% 재사용으로 생산기간 감소

13.2 재사용 계획 수립

13.2.1 소프트웨어 재사용 계획 수립 시 고려요소

소프트웨어 재사용 계획을 수립 시 고려해야 할 요소로는 소프트웨어 개발일정, 소프트웨어의 예상 수명, 개발팀의 배경, 기술 및 경험, 소프트웨어와 비기능적 요구사항의 중요성, 응용 도메인, 그리고 시스템이 실행될 플랫폼 등이 있으며, 각각의 내용은 다음과 같다.

- **소프트웨어 개발일정** : 신속한 소프트웨어 개발 시 개별적 컴포넌트보다 기성품 시스템의 재사용이 효과적
- **소프트웨어 예상 수명** : 수명이 긴 시스템 개발 시 유지보수성에 초점을 맞추어 개발하는 것이 효과적
- **개발팀의 배경, 기술 및 경험** : 모든 재사용 기술은 복잡하고 효과적 활용에는 많은 시간을 필요로 하며, 개발팀이 특정 분야의 기술을 보유 시 이 기술에 초점을 맞추어 개발 필요
- **소프트웨어와 비기능적 요구사항의 중요성** : 엄격한 성능 요구사항을 필요로 하는 소프트웨어인 경우에는 생성기를 통한 재사용은 불가능
- **애플리케이션 도메인** : 애플리케이션 도메인의 각 상황에 맞게 설정 필요
- **시스템이 실행될 플랫폼** : COM/ActiveX와 같은 일부 컴포넌트 모델은 MS 플랫폼에 특화

13.2.2 소프트웨어 재사용 준비 레벨(RRL) 개발

소프트웨어 재사용 계획을 수립하기 위해서는 사전에 어느 정도 수준의 재사용을 설정할 것인지 결정해야 하는데, 이때 사용되는 것이 소프트웨어 재사용 준비 레벨(RRL : Reuse Readiness Levels)이다. NASA의 소프트웨어 재사용 워킹 그룹이 2010년 4월에 제시한 RRL 버전 1.0의 내용을 요약하면 다음과 같다.

- **레벨 1(제한된 수준의 재사용성)** : 소프트웨어는 재사용 목적으로 추천되지 않음
- **레벨 2(초기 수준의 재사용성)** : 소프트웨어의 재사용은 실질적이지 못함
- **레벨 3(기초 수준의 재사용성)** : 소프트웨어의 재사용은 상당한 수준의 노력, 비용 및 리스크 상태에서 전문적인 사용자에 의해 가능함
- **레벨 4(가능 수준의 재사용)** : 소프트웨어는 어느 정도의 노력, 비용 및 리스크

상태에서 대부분의 사용자에 의해 가능함

- **레벨 5(실질적 수준의 재사용)** : 소프트웨어는 적절한 비용 및 리스크 상태에서 대부분의 사용자에 의해 재사용될 수 있음
- **레벨 6(재사용 가능 소프트웨어)** : 소프트웨어는 일부 비용 및 리스크 상태에서도 대부분의 사용자에 의해 재사용될 수 있음
- **레벨 7(매우 높은 재사용 가능 소프트웨어)** : 소프트웨어는 최소한의 비용 및 리스크 상태에서 대부분의 사용자에 의해 재사용될 수 있음
- **레벨 8(입증된 지역적 수준의 재사용성)** : 소프트웨어는 다중 사용자들에 의해 재사용된 사례가 있음
- **레벨 9(입증된 광범위한 수준의 재사용성)** : 소프트웨어는 많은 계층의 사용자들에 의해 광범위한 시스템에서 재사용되고 있음

13.2.3 소프트웨어 재사용 방법

소프트웨어를 재사용하는 방법은 매우 다양하다. 설계패턴 기반의 재사용, 소프트웨어 컴포넌트 프레임워크나 프로그램 라이브러리를 이용하는 재사용, 컴포넌트 기반, 제품계열 기반, 관점 지향, 서비스 지향 개발방법론을 이용하는 재사용, 래핑이나 COTS 통합을 통해 기존 애플리케이션을 재사용하는 방법 등이 있다.

설계패턴 기반의 재사용은 1977년 Christopher Alexander가 주창한 아이디어에서 유래한 방법이다. 이 방법은 다른 사람들이 소프트웨어 개발을 통해 획득한 경험의 누적된 표현인 설계패턴을 이용해서 재사용을 가능하게 하는 방법이다. 설계 패턴을 이용하기 위해서는 패턴의 이름, 패턴 적용 시점을 기술하는 문제영역에 대한 설명, 설계 해결책에 대한 설명, 그리고 설계패턴 적용 시의 결과와 이해관계 등이 기술되어 있어야 한다.

생성기 기반의 재사용은 1998년 Biggerstaff가 제시한 방법으로 비즈니스 영역의 공통적인 시스템의 구조를 이용해서 재사용하는 방법이다. 대표적인 생성기로는 언어 처리를 위한 파서 생성기나 CASE 도구의 코드 생성기 등이 있다.

프레임워크를 이용한 재사용은 객체보다는 단위가 큰 프레임워크를 이용하여 재사용하는 것이다. 1997년 Fayad와 Schmidt는 세 가지 종류의 프레임워크를 제안하였는데 다음과 같다.

- **시스템 기반구조 프레임워크** : 통신, 사용자 인터페이스, 컴파일러와 같은 시스템 기반구조를 개발하기 위한 프레임워크

- **미들웨어 통합 프레임워크** : 컴포넌트의 통신 및 정보교환을 지원하기 위한 프레임워크
- **엔터프라이즈 애플리케이션 프레임워크** : 특정 애플리케이션 도메인의 지식을 내장하여 최종 사용자의 애플리케이션 시스템을 개발하기 위한 프레임워크

애플리케이션을 이용한 재사용은 가장 효과적이며 가장 큰 자산을 이용하는 재사용 방법으로 COTS 제품의 재사용과 제품계열 기반의 재사용이 대표적인 방법이다. COTS 제품의 재사용은 서로 상이한 애플리케이션 시스템과 환경에서도 재사용할 수 있는 방법이며, 제품계열 기반 재사용은 애플리케이션에 특화된 공통 아키텍처를 이용하는 방법이다.

13.3 재사용 프로세스

13.3.1 Vithana 프로세스

Vithana가 제시한 재사용 프로세스는 그림 13-2와 같이 재사용 가능 자산 생성(PRA : Produce Reusable Assets), 재사용 가능 자산 중개(BRA : Broker Reusable Assets), 재사용 기반구조 관리(MRI : Manage Reuse Infrastructure), 그리고 재사용 가능 자산 이용(CRA : Consume Reusable Assets)의 네 단계로 구성된다.

첫 번째인 PRA에서는 재사용성의 특정 목적을 가진 재사용 가능 자산을 생성하는 단계이며, 두 번째인 BRA에서는 재사용 가능 자산의 자격 및 인증, 형상관리, 유

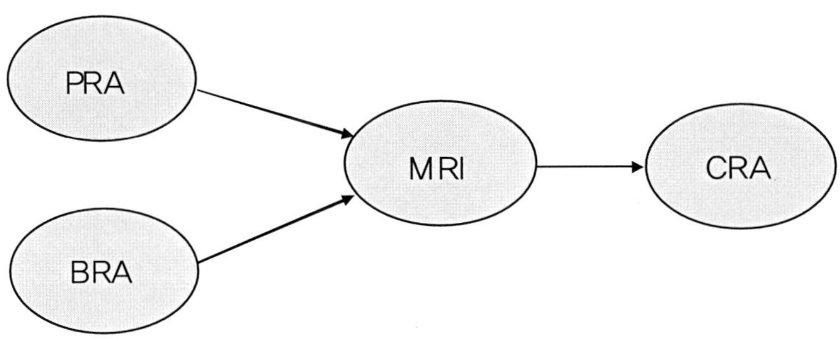

그림 13-2 Vithana의 재사용 프로세스

지보수, 진전 및 중개에 의해 재사용 노력을 지원하는 단계이다. 세 번째인 MRI에서는 재사용 지원을 위해 재사용 규칙, 역할, 그리고 목적을 확립하는 단계이며, 네 번째인 CRA에서는 최종 사용자의 제품 또는 재사용 가능 자산을 생산하기 위해 재사용 가능 자산을 이용하는 단계이다.

13.3.2 Hochmuller와 Mittermeir 프로세스

Hochmuller와 Mittermeir가 제안한 재사용 프로세스는 그림 13-3과 같이 크게 재사용을 위한 개발 단계와 재사용을 이용한 개발 단계가 있으며, 핑퐁식으로 서로 연결된 두 개의 서브프로세스로 구성된다.

재사용을 위한 개발 단계는 향후 소프트웨어 개발을 위해 재사용할 컴포넌트를 개발하는 프로세스로서 재사용 컴포넌트의 정의, 재사용 컴포넌트 구축, 컴포넌트의 재사용 자격 검토, 컴포넌트 사용, 그리고 컴포넌트 서비스 및 유지보수 활동으로 구성된다.

재사용을 이용한 개발 단계는 시스템을 개발하는 프로세스와 시스템 개발 프로세스에 재사용을 추가하는 두 가지 단계로 구성된다. 시스템 개발 프로세스 단계에서는 시스템 개발 요구가 인지되면 컴포넌트 개발 프로세스에서 개발한 컴포넌트나

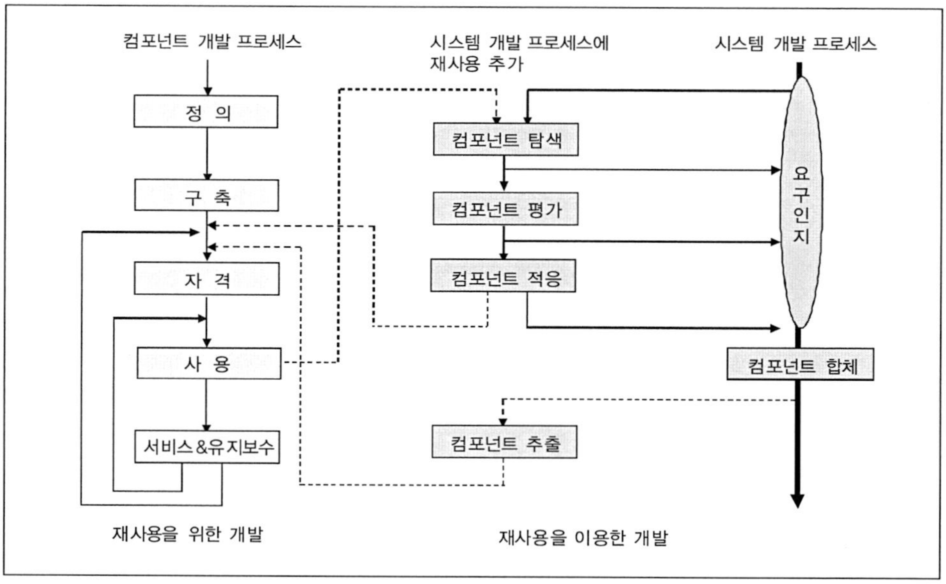

그림 13-3 Hochmuller와 Mittermeir의 재사용 프로세스

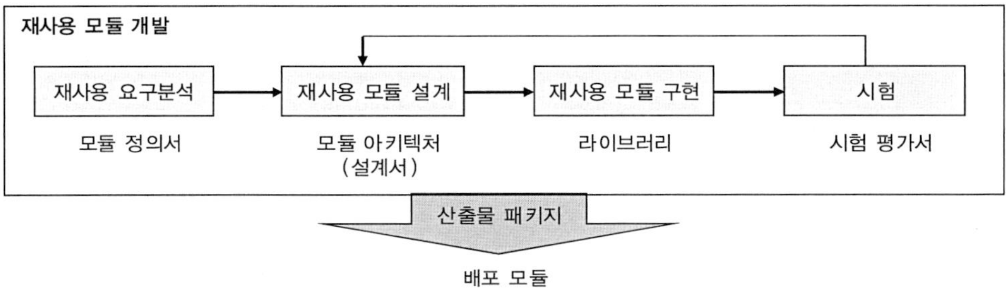

그림 13-4 ETRI의 재사용 모듈 개발 프로세스

또는 추가된 컴포넌트를 합체해서 시스템을 개발한 후 향후 사용할 컴포넌트를 추출하는 단계이다.

13.3.3 ETRI 프로세스

한국전자통신연구원(ETRI)은 임베디드 소프트웨어에 대한 재사용 체계를 구축하면서 6단계의 재사용 자산 개발 프로세스를 제안했다. 즉 현황 분석과 비전 수립 활동이 포함된 개념 정의 단계, 요구사항을 정의하고 재사용 가능 자산(RSA)을 정의하는 요구사항 분석 단계, 아키텍처 뷰를 정의하고 통합 설계 활동이 포함된 아키텍처 정의 단계, RSA에 대한 개략 설계와 기존 자산 검색, 상세 설계 등이 포함된 RSA 설계 단계, 설계 자산을 코드화하고 단위 테스트를 수행하는 RSA 구현 단계, 마지막으로 시스템을 통합하고 통합 테스트를 수행하며 테스트 결과에 대한 평가 활동을 수행하는 통합 및 테스트 단계가 있다.

아울러 ETRI는 재사용 모듈을 개발하기 위해 별도로 그림 13-4와 같이 4단계의 재사용 모듈 개발 프로세스를 제안했다. 즉 재사용 모듈 개발 프로세스는 모듈 정의서를 생산하는 재사용 요구분석 단계, 모듈 아키텍처(설계서)를 생산하는 재사용 모듈 설계 단계, 라이브러리를 구축하는 재사용 모듈 구현 단계, 마지막으로 시험 평가서를 작성하는 최종 시험 단계로 구성된다.

13.3.4 기타 프로세스

메릴랜드 대 연구원인 Maurizio Morisio와 동료들은 일반 기업인 Sodalia, Thomson-CSF, Eliop, Chase에서 사용하는 재사용 프로세스를 조사하여 2000년에 IEEE Software에 발표하였다. 그들은 기업의 재사용 프로세스를 다양한 요소를 고려하여 조사

표 13-3 일반 기업의 재사용 프로세스 비교(Maurizio Morisio 외2, 2000)

프로세스	Sodalia	Thomson-CSF	Eliop	Chase
재사용 동인	생산성, 고객에게 더 많은 기능성 제공	비용 감소, 빠른 시장 적시성	생산성, 신뢰성	공통성, 유지보수 부담 경감
재사용 접근법	제품계열, 공통성 및 다양성 분석	제품계열, 공통성 및 다양성 분석, 응용 기준 개발	수평자산의 체계적 재사용 변환, 수직 자산 재사용 소개	고객을 대표하는 여러 개발팀을 제품 개발팀으로 변환
재사용 기술	프레임워크, 클래스 라이브러리, 컴포넌트	기능 및 모듈	기능 및 모듈	클래스 라이브러리
재사용 역할	재사용 리더, 재사용 지원 공학자, 재사용 가능 자산 개발자 및 레포지토리 관리자	재사용 리더, 재사용 대표자, 형상관리자	재사용 리더, 라이브러리 관리자	라이브러리 관리자
자산 개발자	재사용 그룹	프로젝트 팀	프로젝트 팀	프로젝트 팀
자산 개발시기	사전	필요시	필요시	필요시
레포지토리	특정 도구	형상관리 도구	형상관리 도구, DB 애플리케이션	형상관리 도구

하였는데, 고려요소에는 재사용 동인(Driver), 접근법, 기술, 역할, 개발자, 개발시기, 레포지토리 등이 있다. 조사 결과, 모든 기업들이 재사용을 기업의 전략목표로 정해서 추진하였다는 점과 더 향상된 생산성, 더 빠른 시장적시성, 그리고 향상된 유지보수라는 공통의 이점을 추구하기 위해 재사용 프로세스를 이용하고 있다는 점이다.

표 13-3에 Maurizio Morisio와 동료들이 조사한 4개 업체에 대한 재사용 프로세스의 특성이 자세히 나타나 있다. 조사 결과를 재사용 접근법, 재사용 기술, 재사용 가능 자산 개발자 측면에서 요약하여 설명하면 다음과 같다.

- **재사용 접근법** : 4개 기업 모두 서로 다른 재사용 접근법을 사용하고 있다. Sodalia와 Thomson-CSF는 제품계열 기반을 사용하였다. Eliop은 재사용 가능한 수직자산을 개발하기 위해 도메인 분석 기법을 사용하였으며, 임시적 재사용에서 수평자산의 체계적 재사용으로 변환하려는 시도를 지속적으로 하고 있다. Chase는 개발 프로세스를 프로젝트 지향에서 제품 지향으로 변환하였다.
- **재사용 기술** : 재사용 기술이란 코딩 자산을 구축하고 통합하는 수단을 말한다. Sodalia는 클래스 라이브러리와 프레임워크 형태로 객체지향 기술을 적용하였

다. Thomson-CSF와 Eliop은 기능 및 모듈을 이용하는 절차 기술에 의존하였다. Chase는 객체지향 기술과 클래스 라이브러리를 이용하였다.

- **재사용 가능 자산 개발자** : Sodalia는 제품계열 기반의 기업-레벨 재사용 그룹을 이용하고 있으며, 그 외 3개 기업은 별도의 프로젝트 팀을 이용하고 있다.

국내 학계에서도 재사용 프로세스 모델을 제안한 사례가 있다. 이 재사용 모델은 서강대학교에서 2007년에 제안했던 사례로서, 주요한 특징으로는 소프트웨어의 효율적인 재사용을 위해 컴포넌트의 다면성과 서비스를 기반으로 했다는 점과 다단계 컴포넌트(MPC)를 기반으로 재사용 프로세스 모델을 제안했다는 것이다. 이와 같은 MPC 기반의 재사용 프로세스 모델이 그림 13-5에 나타나 있다.

MPC 기반의 재사용 프로세스 모델(그림 13-5)의 각각을 서강대학교의 발표 자료를 요약해 설명하면 다음과 같다.

- **P1: 소프트웨어 자산 작성** MPC 제공자는 프로젝트에서 정의된 개발 프로세스를 기반으로 각각의 소프트웨어 자산을 작성한다.
- **P2: MPC 구성** MPC 제공자는 신규 소프트웨어 컴포넌트를 개발한 후 단위 테스트를 거쳐 문제가 없을 경우, 유스케이스 명세서에서 하나의 이벤트 흐름으

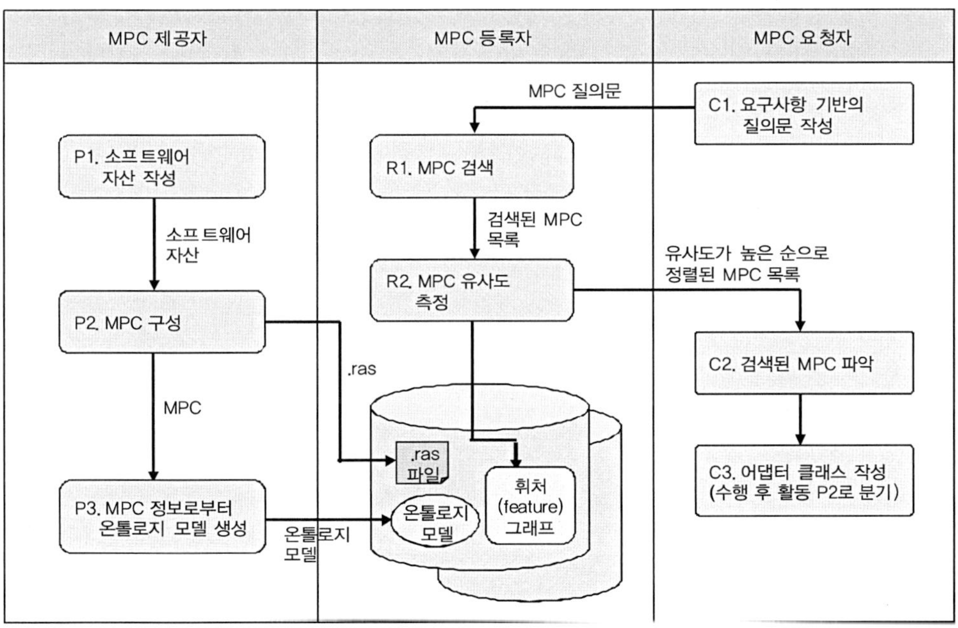

그림 13.5 MPC 기반의 재사용 프로세스 모델(서강대학교, 2007년)

로 식별되는 단일 서비스를 기준으로 해당 컴포넌트와 관련된 모든 산출물에 대한 정보를 하나의 MPC로 구성한다. 이때 MPC는 .ras라는 저장파일 형식으로 압축된다.

- **P3: MPC 정보로부터 온톨로지 모델 생성** MPC 제공자는 MPC에 수록된 컴포넌트 내부의 개별적인 클래스 간의 관계를 이해할 수 있도록 온톨로지 모델을 생성한다.
- **R1: MPC 검색** MPC 등록자는 MPC 질의문을 기반으로 컴포넌트가 포함하고 있는 의미와 관련 소프트웨어 산출물 간 연관관계를 MPC 구조를 이용해 의미론적으로 검색한다.
- **R2: MPC 유사도 측정** MPC 등록자는 검색을 통해 획득한 MPC 목록을 유사도 측정 기법을 통해 MPC 간의 유사도를 측정한다.
- **C1: 요구사항 기반의 질의문 작성** MPC 요청자는 필요 컴포넌트에 대한 요구사항을 파악하여 핵심 키워드를 추출하고, MPC 구조를 이용해 적절한 MPC 질의문을 작성한다.
- **C2: 검색된 MPC 파악** MPC 요청자는 MPC 등록자로부터 넘겨받은 MPC 목록을 이용/해결책/분류 섹션 등의 정보를 이용해 주어진 요구사항에 가장 가까운 MPC를 파악한다.
- **C3: 어댑터 클래스 작성** MPC 요청자는 C2 활동을 통해 선택된 컴포넌트가 별도의 수정작업 없이도 요구사항을 만족시킬 수 있다면 C3 활동을 수행하지 않지만, 그렇지 않고 추가적인 구현이 필요하다면 어댑터 패턴을 이용해 하나 이상의 어댑터 클래스를 작성해 대상 컴포넌트를 새롭게 구성한다. 이때 신규 개발된 어댑터 클래스가 향후 개발에서 재사용할 가능성이 있다고 판단되면 P2 활동으로 분기되어 다시 새로운 MPC를 구성한다.

제5부

사 례

임•베•디•드 소•프•트•웨•어 개•론

제 14 장

스마트폰

본 장에서는 스마트폰의 개요에 대해 설명한 후 임베디드 소프트웨어가 어떻게 스마트폰에 적용되었는지 운영체제, 개발도구, 개발 프로세스, 아키텍처, 그리고 테스트 도구 순으로 살펴본다. 본 장은 다음과 같이 구성된다.

14.1 스마트폰 개요
14.2 임베디드 소프트웨어 적용사례

14.1 스마트폰 개요

스마트폰의 사전적 정의는 다양하게 정의되고 있다. 네이버 백과사전에서는 스마트폰을 "휴대전화에 인터넷 통신과 정보검색을 추가한 지능형 단말기"로 정의하고 있으며, 위키 백과사전에서는 "PC와 같은 기능과 더불어 고급 기능을 제공하는 휴대전화"로 정의하고 있다.

스마트폰은 하드웨어와 소프트웨어의 컨버전스를 통해 기존의 피처폰보다 다양한 기능을 제공하고 있다. 스마트폰의 컨버전스를 가능하게 한 배경에는 소형화, 저렴화 및 고성능화된 하드웨어 부품과 멀티 기능을 지원하는 모바일 운영체제의 개발에 있다. 예를 들어, 최초의 아이폰에는 Wi-Fi, 블루투스, 스피커, 오디오 입·출력, 가속기, 터치스크린, 카메라, 진동 등의 하드웨어가 장착되었으나, 아이폰 4S에는 위의 하드웨어를 포함하여 자기력계(Magnetometer), 자이로스코프, GPS, 비디오 등이 추가되었다. 스마트폰의 다양한 하드웨어 기능을 활용하여 앱 개발자들은 지능화되고 사용자 중심의 소프트웨어 기능을 제공할 수 있게 되었다. 이의 대표적 사례로 사용자의 위치를 기반으로 최적의 서비스를 제공해주는 위치 기반 서비스(LBS), GPS와 카메라 그리고 3D 그래픽을 활용한 증강현실 서비스, 웹 브라우징 및 이메일, 그리고 동영상, 음악 및 TV 수신 등 다양한 멀티미디어 서비스 등이 있다.

스마트폰의 역사를 살펴보면, 먼저 기존의 피처폰에서 PDA, 디지털카메라 등의 기능이 결합된 휴대폰이 만들어졌으며, 아이폰과 갤럭시 S 등이 등장한 이후에는 스마트폰의 디자인이나 사용자 인터페이스 등이 화려해지면서 다양화되는 경향을 보이고 있다.

14.2 임베디드 소프트웨어 적용사례

14.2.1 스마트폰 운영체제

스마트폰의 운영체제는 스마트폰을 구성하는 메모리, LCD, CPU 등의 하드웨어 자원들을 효율적으로 관리하고 구동하기 위한 것으로 사용자와의 편리한 의사소통을 위해 다양한 프로그램이 구동될 수 있는 소프트웨어 플랫폼이다. 스마트폰의 대표적인 운영체제에는 노키아의 심비안(Symbian), 마이크로소프트의 윈도우 모바일,

RIM의 블랙베리(Blackberry), 애플의 iOS, 구글의 안드로이드 등이 있으며, 각각의 운영체제별 특성 및 주요 기능은 다음과 같다.

14.2.1.1 심비안

심비안은 1998년 에릭슨(Ericsson), 노키아, 모토로라, 피사이언(Psion)에 의해 설립된 심비안 사가 PDA와 모바일 폰을 위해 개발한 운영체제이다. 2008년 노키아에서 최대 지분을 보유한 이후 개방형 소스로 플랫폼을 배포하기 위해 심비안 재단을 설립하였으며, 2010년 2월부터 공식적으로 플랫폼을 개방형 소스로 공개하였다.

그러나 최근에는 심비안 운영체제의 점유율이 점차 감소되고 있는 추세이다. 심비안 운영체제의 특징에는 멀티프로세싱과 멀티스레드 지원, 빠른 실시간 응답 제공, 그리고 효과적인 메모리 보호 등이 있다.

14.2.1.2 윈도우 모바일 7

윈도우 모바일 7은 2010년 10월 11일 발표하였으며 같은 해 10월 21일에 프랑스, 영국, 스페인, 독일에서 출시되었다. 이 운영체제는 윈도우 임베디드 콤팩 7을 기반으로 하며 ARM v7, OpenGL ES 2.0, 멀티코어, 블루투스 2.1 등 최신 하드웨어를 지원하고 있고, 확장 가능한 풍부한 UI 프레임워크를 사용하고 있다.

윈도우 모바일 7의 특징에는 콘텐츠의 실시간 업데이트, 하드웨어로 빙(Bing)을 연결하는 버튼 장착, 윈도우 폰 허브를 통한 강력한 통합 경험 등이 있다.

14.2.1.3 블랙베리

블랙베리는 2002년 캐나다의 리서치 인 모션(RIM : Research In Motion Limited)에서 블랙베리 스마트폰을 위해 만든 운영체제이다. 블랙베리는 범용으로 사용되기보다는 기업에게 특화되어 있으며 강력한 보안 기능과 실시간의 이메일 전송 및 확인 기능을 지원하고 있다.

블랙베리 운영체제의 특징에는 푸쉬(Push) 기술을 사용한 실시간 서비스, 다양한 이메일 서비스 업체 지원, 최대 10개까지의 이메일 계정 통합 관리, 무선 데이터 속도 증진 및 다운로드 대기시간 절감을 통한 작업 효율성, 그리고 강력한 보안체계 등이 있다.

14.2.1.4 iOS

iOS는 애플에서 Mac OS X 10.5를 기반으로 개발한 운영체제로 2007년 1월 29일에 공개되었다. iOS는 애플의 아이폰, 아이팟 터치, 아이패드에 내장되어 있는 운영체제이다.

iOS의 특징에는 폐쇄적, 멀티태스킹 지원(iOS 4.0 이후 버전), 기존 단말기와의 호환성, 아이튠즈, 앱스토어와의 연동 등 다양한 멀티미디어 서비스 제공 등이 있다.

14.2.1.5 안드로이드

안드로이드는 2007년 11월 구글, 인텔, 모토로라, 삼성전자, LG전자 등 하드웨어, 소프트웨어, 통신회사 등 34개 업체들이 개방형 모바일 플랫폼을 개발하기 위해 구글이 중심이 되어 결성된 OHA(Open Handset Alliance)에서 개발한 모바일 기기용 운영체제이다. 특히 안드로이드는 스마트폰뿐만 아니라 다양한 정보가전 기기에도 적용할 수 있는 연동성을 갖추고 있고, 모든 소스코드를 개방형 소스 라이선스인 아파치 라이선스로 배포하고 있다.

안드로이드 운영체제의 특징에는 애플리케이션 프레임워크 제공으로 컴포넌트의 재사용 및 치환 가능, 모바일 장치에 적합한 Dalvik 가상 머신 사용, 개방형 소스인 웹킷 응용 프로그램 프레임워크 기반의 브라우저 지원, 자체 제작한 2D 그래픽 라이브러리와 OpenGL ES 1.0 기반의 3D 그래픽 라이브러리 제공, 데이터 저장 목적의 SQLite 데이터베이스 소프트웨어 사용 등이 있다.

14.2.2 스마트폰 개발도구

스마트폰의 앱을 개발하기 위한 도구는 iOS의 Objective-CIPhone SDK를 제외하고는 대부분 윈도우에서 동작한다. 스마트폰의 대표적 운영체제인 심비안, 블랙베리,

표 14-1 운영체제별 개발언어 및 도구

운영체제	지원 프로세서	개발언어 및 도구
심비안	ARM, x86	Symbian C++, JAVASymbian SDK, ActivePerl, Eclipse, Carbide.C++
블랙베리	ARM	JAVABlackBerry SDK, Eclipse, JDE Plug-in for Eclipse
윈도우 모바일	ARM	Visual C++Windows Mobile SDK, Visual Studio, ActiveSync
iOS	ARM	Objective-CIPhone SDK, Xcode
인드로이드	ARM, MIPS, x86 Power Architecture	JAVAAndroid SDK, Eclipse, ADT Plug-in for Eclipse

윈도우 모바일, iOS, 안드로이드에 대한 개발언어 및 도구가 표 14-1에 나타나 있다.

참고로 ARM(Advanced Risc Machine)은 임베디드 시스템에 사용되는 저전력, 저가의 고성능 RISC 프로세서로서 메모리 관리, 높은 성능 등의 요소가 중요한 멀티프로그래머 애플리케이션을 주 타깃으로 한다. MIPS(Microprocessor without Interlocked Pipeline Stages)는 밉스 테크놀로지에서 개발한 RISC 마이크로프로세서로서 임베디드 시스템, 윈도우 CE 장치, 소니 플레이스테이션 1/2/포터블, i-station T43 등에서 사용된다.

14.2.3 스마트폰 개발 프로세스

스마트폰은 일반적으로 임베디드 시스템의 6단계 개발 프로세스를 이용하여 개발되고 있다. 여기서 6단계 개발 프로세스는 시스템 요구분석, 시스템 설계, 하드웨어/소프트웨어 동시 개발, 시스템 통합 및 테스트, 평가 및 인수 검증, 그리고 유지보수 및 기능 첨가이다. 그러나 최근에는 모바일 소프트웨어 개발에 적합한 애자일 개발방법론을 스마트폰 개발에 적용하는 연구가 수행되고 있는데, 대표적으로 Rahimian의 연구와 이를 개선한 Abrahamsson의 연구 등이 있다.

14.2.3.1 Rahimian의 연구

Rahimian은 모바일 소프트웨어 개발방법론이 만족해야 하는 이상적인 특성인 민첩성, 시장적시성, 소프트웨어 제품계열 지원, 아키텍처 기반 개발, 재사용성 지원, 물리적 아키텍처의 초기 명세 등을 만족시키기 위해 애자일 방법론, 제품계열 개발방법론, 적응형 소프트웨어 개발방법론을 접목하여 연구하였다.

Rahimian은 그림 14-1과 같이 아이디어 생성, 개략 분석, 비즈니스 분석, 상세 분석, 아키텍처 설계, 컴포넌트 공학, 품질 검토, 마켓 테스팅, 상품화의 9단계로 구성된 모바일 개발 프로세스를 제안하였다.

14.2.3.2 Abrahamsson의 연구

Abrahamsson은 모바일 개발의 기술적인 제약사항을 보완하기 위해 Mobile-D라는 애자일 개발 프로세스를 제안하였다. 이 프로세스는 익스트림 프로그래밍, 크리스탈 방법론, 그리고 RUP를 기반으로 하며, Set-up, core, core2, stabilize, wrap-up의 다섯 단계로 구성되어 있다.

Mobile-D의 특성에는 항상 고객을 곁에 두고 요구사항을 반영, 민첩한 모델링 수행, 아키텍처 중심의 개발 지향, 리스크 관리 중시, 민첩한 소프트웨어 개발과정 지

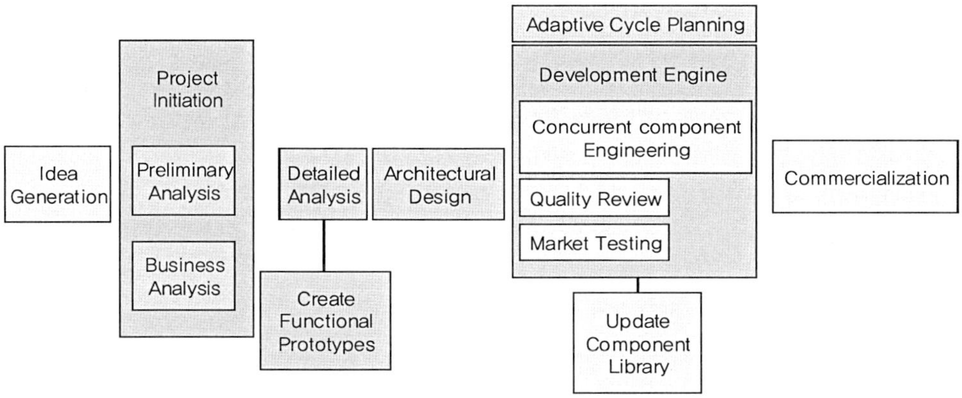

그림 14-1 Rahimian의 9단계 모바일 개발 프로세스

향 등이 있다.

14.2.4 스마트폰 아키텍처

스마트폰의 아키텍처는 대부분 운영체제를 기반으로 하는 계층형 구조로 구성된다. 대표적인 스마트폰 아키텍처에는 심비안, 윈도우 7, iOS, 그리고 안드로이드 등이 있으며, 각각의 아키텍처 구조와 주요 기능은 다음과 같다.

14.2.4.1 심비안 아키텍처

심비안 아키텍처는 커널 서비스 및 하드웨어 인터페이스, 베이스 서비스, OS 서비스, 애플리케이션 서비스, UI 프레임워크의 5 계층으로 구성되며, 구성도는 그림 14-2와 같다.

- **UI 프레임워크 계층** : 사용자 인터페이스와 애플리케이션 생성을 위한 구체적인 프레임워크를 제공하는 계층
- **애플리케이션 서비스 계층** : 애플리케이션 개발을 위한 사용자 인터페이스의 독립적인 지원을 제공하는 계층
- **운영체제 서비스 계층** : 그래픽, 통신, 멀티미디어뿐만 아니라 일반적인 시스템 프레임워크 및 라이브러리(인증서와 키 관리, C 표준 라이브러리)를 제공하며 기타 시스템 차원의 유틸리티(로깅 서비스)를 제공하는 계층
- **베이스 서비스 계층** : 운영체제 서비스의 토대를 제공하는 기본 소프트웨어 플랫폼 계층으로 커널을 확장한 영역이며, 프로그래밍 모델을 지원하는 운영체제

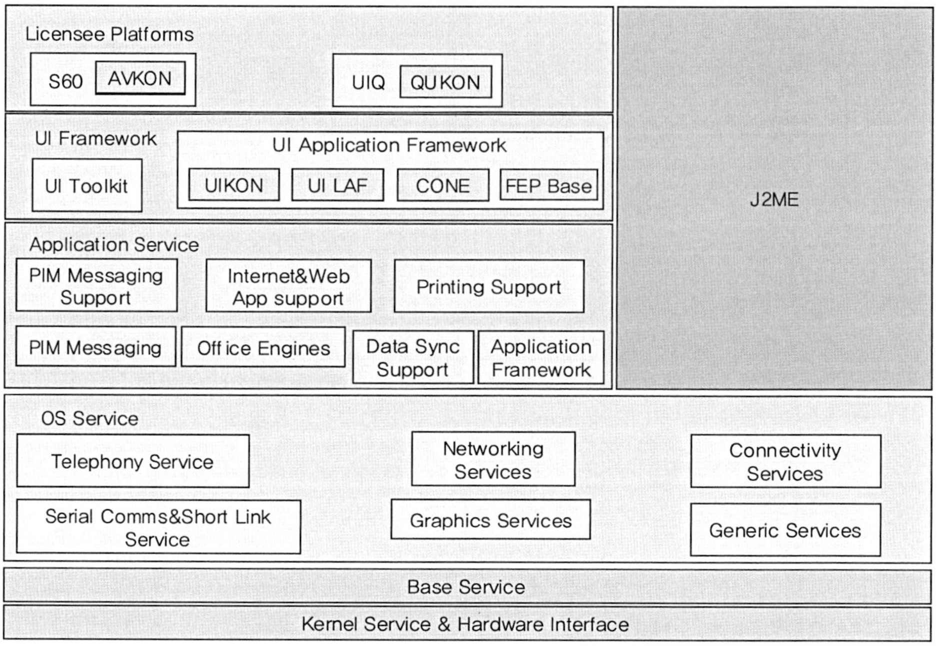

그림 14-2 심비안 아키텍처 구성도

라이브러리를 제공하는 계층

- **커널 서비스 및 하드웨어 인터페이스 계층** : 심비안 운영체제의 기초 계층으로 커널을 부팅하는 데 필요한 인프라와 기본 하드웨어 플랫폼을 커널에서 실행하는 계층

14.2.4.2 윈도우 7 아키텍처

윈도우 7 아키텍처는 사용자 모드와 커널 모드의 2계층으로 구성되며, 구성도는 그림 14-3과 같다.

- **사용자 모드 계층** : 서비스 호스트, 사용자 모드 드라이버 호스트, 윈도우 폰 OS 7.0 쉘, 폰 다이얼러, 애플리케이션 계층으로 구성
- **커널 모드 계층** : 메모리 관리, 프로세스와 스레드 스케줄링과 같은 기본적인 시스템 서비스를 제공하는 계층으로 구성된다. 특히 윈도우 폰 커널과 폰 하드웨어 사이의 통신을 제공하고 런타임 이미지 생성 시 운영체제의 코어 부분이 되는 OAL(OEM Adaptation Layer) 포함

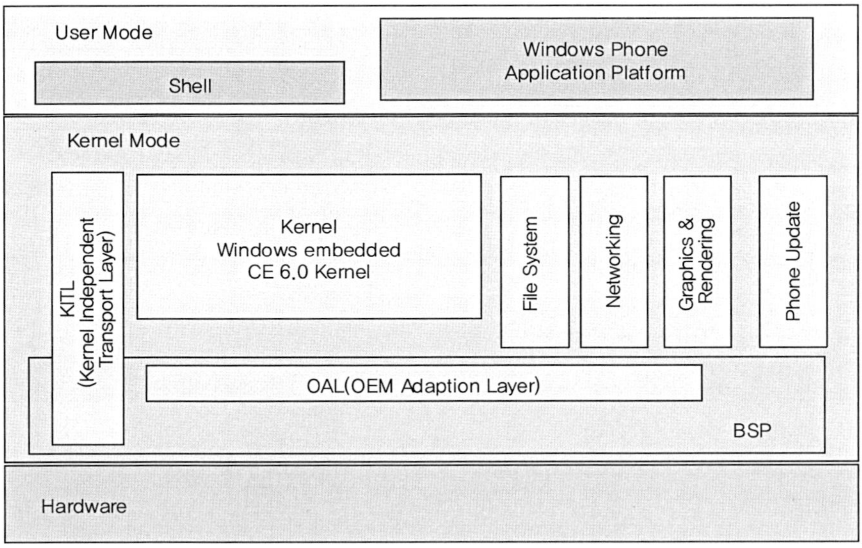

그림 14-3 윈도우 7 아키텍처 구성도

14.2.4.3 iOS 아키텍처

iOS 아키텍처는 Cocoa Touch, Media, Core 서비스 그리고 Core OS의 4계층으로 구성되며, 구성도는 그림 14-4와 같다.

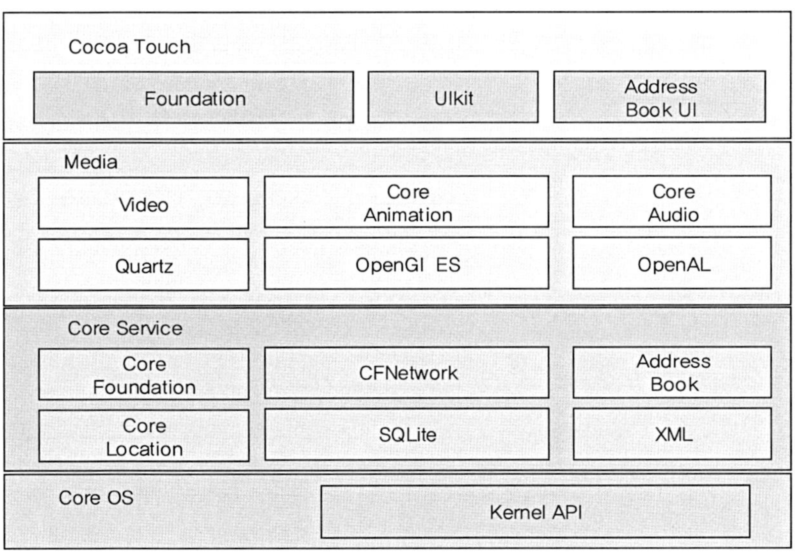

그림 14-4 iOS 아키텍처 구성도

- **Cocoa Touch 계층** : 애플리케이션 개발에 필요한 프레임워크를 제공하는 가장 상위 계층
- **Media 계층** : 다양한 미디어를 활용하는 프레임워크 제공
- **Core 서비스 계층** : iOS의 기본 서비스를 액세스를 할 수 있는 계층
- **Core OS 계층** : iOS는 FreeBSD 기반의 UNIX 운영체제를 기반으로 하며, Core OS에서 제공하는 LibSystem을 이용하여 표준 UNIX의 기능을 사용하는 계층

14.2.4.4 안드로이드 아키텍처

안드로이드 아키텍처는 애플리케이션, 애플리케이션 프레임워크, 라이브러리, 안드로이드 런타임, 리눅스 커널의 5계층으로 구성되며, 구성도는 그림 14-5와 같다.

- **애플리케이션 계층** : 안드로이드가 기본적으로 포함하고 있는 Home, Phone, Browser 등의 애플리케이션이 있는 최상위 계층
- **애플리케이션 프레임워크 계층** : 애플리케이션을 제작하기 위해 API를 제공하는 계층
- **라이브러리 계층** : 프레임워크의 컴포넌트가 이용하는 시스템에 내재된 라이브러리를 포함하는 계층으로 상위의 자바 계층과 하위의 리눅스 커널 계층 간 연

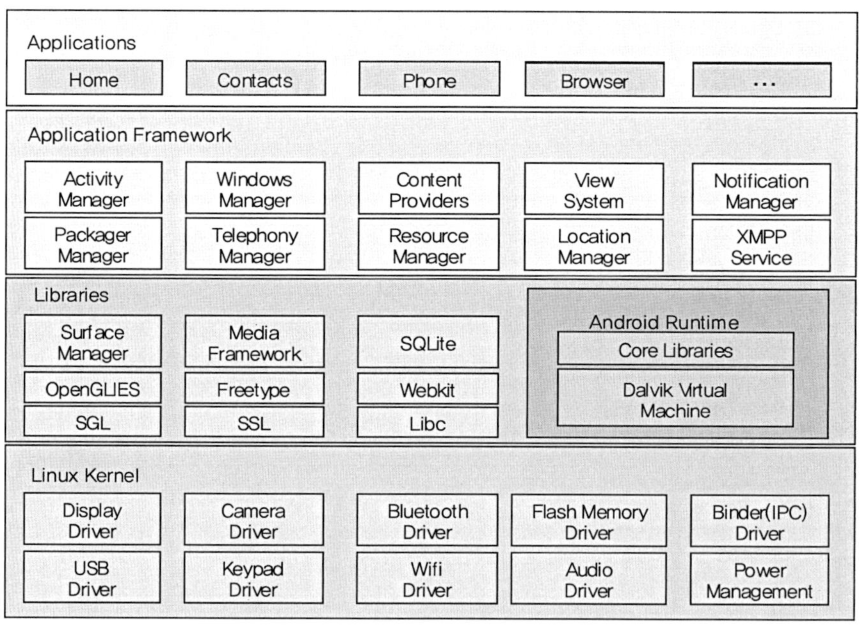

그림 14-5 안드로이드 아키텍처 구성도

결 통로 제공

- **안드로이드 런타임 계층** : 실제적으로 애플리케이션이 동작하는 계층으로 하나의 장치에 여러 개의 가상 머신 프로세스를 지원
- **리눅스 커널 계층** : Linux 2.6 버전의 커널로 자원 및 시스템의 모든 핵심 기능을 제어하는 계층으로 프로세스, 메모리, 파일시스템, 네트워크 그리고 장치 등의 관리 기능 포함

14.2.5 스마트폰 테스트

스마트폰의 테스트는 소프트웨어 테스트 기법과 GUI 테스트 기법으로 구분된다. 소프트웨어 테스트 기법에는 테스트 주도 개발(TDD : Test Driven Development)과 테스트 우선 성능(TFP : Test First Performance) 기법이 있으며, GUI 테스트 기법에는 Record-playback, 명세 기반 그리고 베타 테스트 기법 등이 있다. 이들 각각의 테스트 기법의 특성과 주요 기능은 다음과 같다.

14.2.5.1 테스트 주도 개발(TDD) 기법

테스트 주도 개발은 Kent Beck에 의해 소개된 테스트 기반의 점진적인 소프트웨어 개발 방법으로 테스트 우선 개발 방법이라고도 한다. 테스트 개발주기는 그림

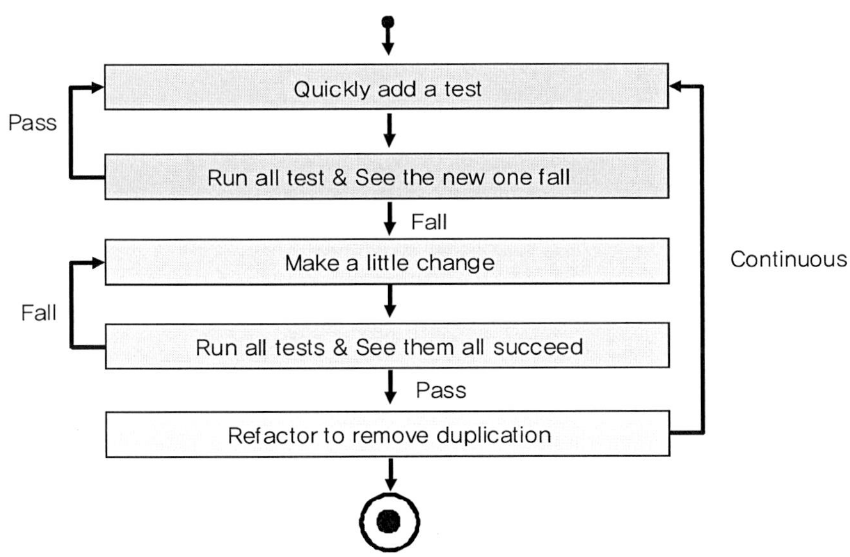

그림 14-6 테스트 주도 개발(TDD)의 5단계 개발주기

14-6과 같이 5단계로 구성된다. TDD는 개발과정을 통해 점진적인 디자인과 함께 점진적인 코드의 완성을 이끌어내면서 최적화된 단위 테스트를 시행하는 것이 특징이다.

14.2.5.2 테스트 우선 성능(TFP) 기법

테스트 우선 성능 기법은 테스트 주도 개발 기법에 성능 테스트를 병합한 기법으로 단위 테스트와 성능 테스트를 위한 JUnit 테스트 프레임워크를 사용한다. TFP는 TDD와 달리 테스트 대상이 제대로 동작하는지 판단하도록 돕는 JUnit assert methods 대신 성능 시나리오를 사용하며, 개발자들과 성능 설계사는 성능 문제 및 영역을 식별하기 위해 로그 파일을 이용한다.

TFP는 테스트 디자인, 핵심 테스트 슈트 실행, 마스터 테스트 슈트 실행의 3단계 테스트 단계로 구성되며 주요 내용을 다음과 같다.

- **테스트 디자인 단계** : 성능 영역 식별, 성능 목표 수립, 테스트 케이스 설계
- **핵심 테스트 슈트 실행 단계** : 성능 로그 파일 생성 및 결함 발견
- **마스터 테스트 슈트 실행 단계** : 테스트 케이스 수행 및 성능 결함 발견

14.2.5.3 GUI 테스트 기법

GUI 테스트 기법은 안드로이드 운영체제 기반의 스마트폰을 테스트하는 기법으로 Record-playback, 명세 기반 그리고 베타 테스트 기법이 있다.

- **Record-playback 기법** : 사용자가 소프트웨어 작동을 위해 발생시키는 마우스 이벤트나 키보드 이벤트를 스크립트 언어로 기록하고, 기록된 스크립트 언어를 재생하여 소프트웨어의 GUI 테스트에 사용하는 기법으로 현재의 대부분의 GUI 테스트 도구에서 사용되는 기법
- **명세 기반 기법** : GUI 명세를 기반으로 시스템을 테스트하며 높은 수준의 GUI 명세를 필요로 하는 기법
- **베타 테스트 기법** : GUI 테스트 기법 중 가장 대중적인 기법으로 베타 버전의 소프트웨어를 출시하여 일반 사용자가 GUI 테스트를 수행하게 하는 기법

14.2.6 스마트폰 테스트 도구

스마트폰의 테스트 도구는 상용 테스트 도구와 GUI 테스트 도구로 구분된다.

표 14-2 상용 테스트 도구 비교

구분	테스트 익스프레스	윈드리버 FAST
개발 기업	MDS 테크놀로지	윈드리버
사용 목적	스마트폰 단말 및 앱에 대한 자동화된 테스트	안드로이드 스마트폰의 소프트웨어 품질, 성능, 호환성 검증
사용 기업	삼성전자	후지쯔
지원 OS	안드로이드, iOS	안드로이드
특징	테스트 스크립트 자동 생성	비용 절감, 제품 출시 기간 단축

- **상용 테스트 도구** : MDS 테크놀로지의 테스트 익스프레스와 윈드리버의 윈드리버 FAST 등이 있으며, 주요 내용은 표 14-2와 같다.
- **GUI 테스트 도구** : Record-playback 기법을 사용하고 윈도우 기반의 애플리케이션에 적용할 수 있는 RoutineBot 도구, 자바 언어로 작성된 AWT와 Swing을 지원하고 JUnit 기반으로 작동하며 애플리케이션의 동작 시나리오를 작성하여 테스트하는 Abbot 도구, 그리고 안드로이드 플랫폼에서 테스트가 가능하고 JUnit 기반으로 작동하며 애플리케이션의 동작 시나리오를 작성하여 테스트하는 Robotium 도구 등이 있다.

제 15 장

스마트카

본 장에서는 스마트카의 개념과 구글 카에 대해 설명한 후 임베디드 소프트웨어가 어떻게 스마트카에 적용되었는지 운영체제, 소프트웨어 플랫폼, 개발도구, 그리고 아키텍처 순으로 살펴본다. 본 장은 다음과 같이 구성된다.

15.1 스마트카 개요

15.1.1 스마트카 개념

스마트카는 자동차 자체 내부에 물리적 제어가 아닌 첨단 전기전자 제어 기술이 접목되어 안정성과 주행 효율성을 높인 디지털 자동차를 말하거나 또는 이동통신, 무선인터넷, GPS 등 외부의 통신 인프라와 연결되어 정보검색 내비게이션 엔터테인먼트 등 소위 텔레매틱스라고 불리는 다양한 서비스를 이용할 수 있게 해주는 정보 커뮤니케이션 자동차를 지칭한다.

스마트카의 진화단계는 일반적으로 기술난이도에 따라 구분된다. 1990년대는 제동 및 구동 제어 정도의 수준으로 ABS(Anti-lock Brake System)와 TCS(Traction Control System) 정도의 장치만 가지고 있던 시기였다. 2000년대 들어 EPS(Electronic Control Power Steering)와 ESP(Electronic Stability Program) 장치를 갖춘 개별운동 제어 단계로 진화하였으며, 2007년부터 2010년까지는 UCC(Unified Chassis Control) 장치를 갖춘 2단계로 보고 있다. 그리고 2010년 이후는 ASV(Advanced Safety Vehicle)와 AHS(Advanced High-way System) 장치를 갖춘 자율주행 제어 수준의 3단계 진화로 보고 있다. 이와 같은 스마트카의 진화단계가 그림 15-1에 나타나 있다.

스마트카 기술은 정보 제공 분야, 운전자 경고 분야, 사고 회피 분야, 그리고 통합 제어 분야로 구분된다. 주요 기술로는 졸음운전 감지 장치, 후방시각 안내, 움직이는

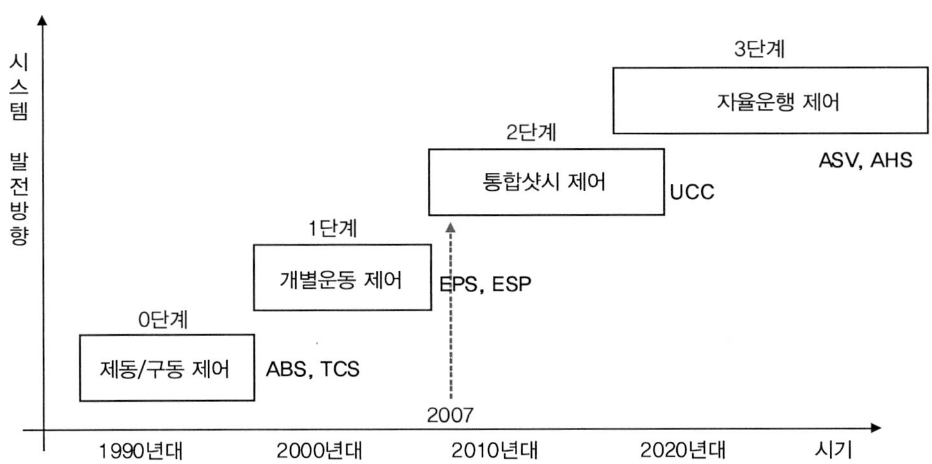

그림 15-1 기술 난이도에 따른 스마트카 진화단계

전조등, 탈선경보 시스템, 추월예방 레이더, 외장 에어백, 야간투시 기능, 전자 안전 통제 기능, 완전 자동 주차 기능 등이 있다.

15.1.2 스마트카 사례 : 구글 카(Google Car)

구글 카(Google Car)는 스마트카의 대표적 사례로서 구글이 자동차와 정보기술을 융합하여 만든 스마트카이다. 구글은 도요타 프리우스를 개조해 구글 카를 만들었으며, 2010년부터 미국 캘리포니아 주에서 25만 6,000 km를 무사고로 주행하는 등 구글 카의 주행실험에 성공하였다.

구글 카의 구성요소는 안전성 측면과 편의성 측면으로 구분된다. 안전성 측면에서는 라이더(RIDER : Light Detection and Ranging), 레이더, 내비게이션 등이 있으며, 편의성 측면에서는 안드로이드 폰을 통한 차량의 무선 인터넷(텔레매틱스) 지원 장치 등이 있다. 안전성 관련 구성요소의 세부내용은 다음과 같다.

- **라이더** : 초당 10회 회전 주변 60 m 이내 스캔
- **레이더** : 전방 3개, 후방 1개로 다른 물체와의 거리 측정
- **내비게이션** : 위성항법장치 GPS(오차범위 cm 이내)

구글 카는 라이더, 레이더, 그리고 내비게이션에서 수집한 정보를 내장 컴퓨터가 분석해서 조향장치와 가속·제동 페달 등을 조작하여 주행한다.

15.2 임베디드 소프트웨어 적용사례

15.2.1 스마트카 임베디드 소프트웨어

스마트카의 임베디드 소프트웨어는 차량 내 마이크로프로세서 및 비휘발성 메모리에 내장되어 동작하는 운영체제, 미들웨어 및 응용 프로그램을 총칭한 개념이다. 스마트카의 임베디드 시스템 구성도가 그림 15-2에 나타나 있다.

스마트카의 임베디드 소프트웨어는 진화단계에 따라 그 특성이 다르지만, 일반적으로 다음과 같은 세 가지 특성을 가진다. 첫 번째는 스마트카의 전장 제어장치 크기, 가격, 발열 등의 이유로 프로세서의 성능, 메모리 용량, 전원공급장치 등 스마트카에 제공되는 하드웨어 자원이 제한적이므로 경량화, 저전력 소비, 그리고 효율적

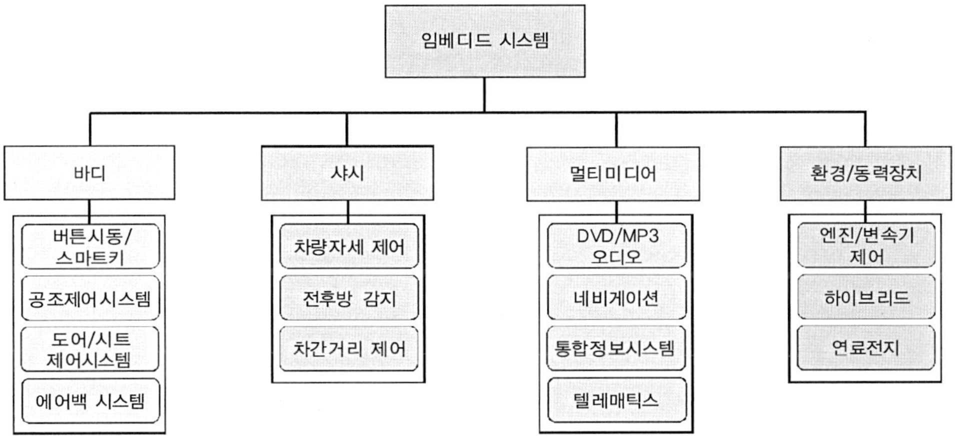

그림 15-2 스마트카의 임베디드 시스템 구성도

인 자원 관리 등 하드웨어에 대한 최적화가 필요하다. 두 번째로 스마트 에어백은 다양한 센서로부터 충돌 상황뿐 아니라 승객의 착석 상황도를 감지해야 하고, 또한 에어백은 적절한 양의 가스를 적절한 시간에 발생시켜야 하므로 일반적으로 경성 실시간성을 충족시켜야 한다. 세 번째로 스마트카는 오작동 및 작동 중지가 허용되지 않는 고도의 신뢰성을 요구한다.

15.2.2 스마트카 운영체제

스마트카의 운영체제는 전장 제어장치를 지원하는 운영체제와 센서 네트워크를 위한 초소형 운영체제로 구분된다. 각각의 운영체제별 특성 및 주요 기능은 다음과 같다.

- **안드로이드** : 이미 스마트폰 시장에서 검증을 마친 오픈소스 기반의 운영체제로서 구글 카에 적용되었다. 음성 검색 등 구글의 각종 서비스를 자동차에 그대로 활용할 수 있으나, 부팅 속도의 증가 및 기존 차량용 인터페이스와의 호환이 요구된다.
- **제니비(GENIVI)** : 2009년 BMW와 윈드리버, 인텔, GM, 푸조 등이 모여 제니비 연합체를 결성하였다. 현재 80% 이상이 인텔-노키아의 리눅스 기반 미고(MeeGo) 플랫폼을 이용하여 운영체제를 구축하고 있다.
- **OSEK** : 자동차용 임베디드 시스템의 표준화 문제를 해결하기 위해 유럽 자동차

업계와 모토로라가 참여한 표준화 단체에서 만든 운영체제이다. OSEK은 현재 멀티태스킹 기능, 이벤트 및 자원관리 기능, 인터럽트 기능 등을 제공하고 있다.

- **QNX** : 최근 RIM에 인수된 이후 블랙베리 태블릿 운영체제로 탈바꿈하였다. 그러나 여전히 아우디, 도요타 등 자동차 업체와 협력 중에 있다.
- **마이크로소프트 Auto** : 2010년 윈도우 임베디드 제품군의 명칭을 통합하여 '윈도우 임베디드 오토모티브 7'로 변경하였다. 포드, 기아자동차 등과 함께 인포시스템 개발에 협력하였으며, 최근에는 전기자동차 개발에도 협력하였다.
- **Qplus-Auto** : 2009년 ETRI에서 국제 표준의 OSEK/AUTOSAR 규격을 준용하여 개발한 선점형 실시간 멀티태스킹을 지원하는 차량 전장용 실시간 운영체제이다. 이 운영체제는 현재 다양한 차량전장용 ECU 및 ECU 내·외부 통신을 지원하고 있다.

15.2.3 스마트카 임베디드 소프트웨어 플랫폼

스마트카의 임베디드 소프트웨어 플랫폼은 국제 표준인 AUTOSAR 플랫폼부터 개별 기업이 자체 개발한 플랫폼까지 매우 다양하다. 그러나 대부분 스마크 카의 임베디드 소프트웨어 플랫폼들은 개방형 모바일 플랫폼을 기반으로 개발되는 추세이다. 각각의 임베디드 소프트웨어 플랫폼별 특성 및 주요 기능은 다음과 같다.

- **AUTOSAR 플랫폼** : 국제 표준의 자동차 전장장치용 개방형 모바일 플랫폼이다. 이 플랫폼은 자동차용 소프트웨어를 설계 단계부터 모듈화시켜 VFB(Virtual

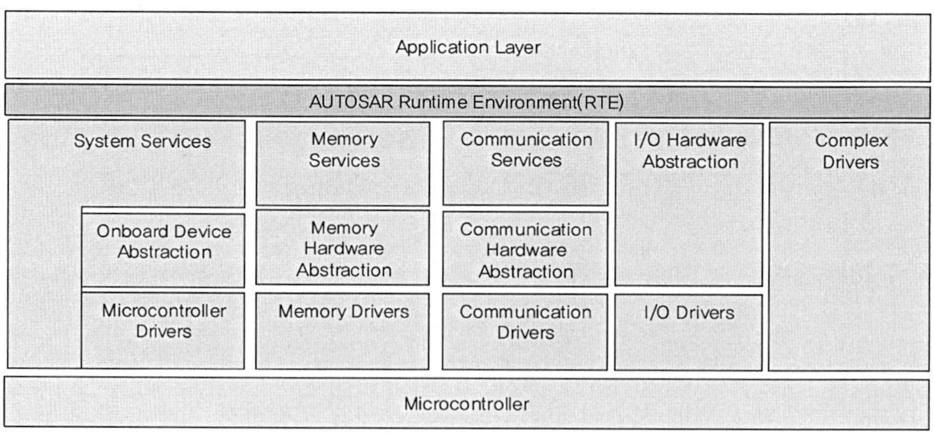

그림 15-3 AUTOSAR 플랫폼 R3.0(2008.4)

Functional Bus)라는 가상 네트워크를 통해 서로 통신하도록 구성되어 있다. 특히, 매핑 단계에서 각 컴포넌트들이 어떤 전장 제어장치 위에서 수행될지 결정된다. 그림 15-3에 2008년 4월에 발표한 AUTOSAR 플랫폼 R3.0이 도시되어 있다.

- **임베디드 리눅스 플랫폼** : 개방형 소스인 리눅스를 임베디드 시스템에 사용할 수 있도록 수정된 플랫폼으로 국제 표준인 POSIX를 지원하고 있다.
- **QNX 플랫폼** : QNX Software Systems 사에서 개발한 플랫폼으로 QNX Newtrino라는 커널을 코어로 내장하고 있다. 이 플랫폼은 프로세스 기반의 실시간 운영체제와 Photon 마이크로 GUI를 지원하고 있다.
- **Window CE 플랫폼** : 마이크로소프트 사에서 개발한 플랫폼으로 Win32 API, Semaphore 등을 지원하고 있으며, 다양한 통신 및 잘 정의된 DDI 등도 지원하고 있다.
- **안드로이드 플랫폼** : 구글이 개발한 개방형 모바일 플랫폼으로 운영체제, 미들웨어, 사용자 인터페이스, 브라우저 및 애플리케이션으로 구성되어 있다.

15.2.4 스마트카 개발도구

스마트카의 임베디드 소프트웨어 개발도구의 사례로는 국내 ETRI에서 스마트카 개발에 사용했던 Esto-Auto가 있다.

Esto-Auto는 Qplus-Auto 운영체제 기반에서 차량 전장용 소프트웨어를 개발할 때 사용하는 통합개발도구(IDE)이며, 다음과 같은 특징이 있다.

- 국제 표준인 OSEK/VDX와 AUTOSAR 운영체제 표준 지원
- 애플리케이션 프로젝트 및 파일 관리, 빌드, 디버깅, 퓨징 기능 제공
- 시스템 설정도구 및 자동 C 코드 생성 기능 제공
- FlexRay 네트워크 자동 설정도구 제공
- 런타임 모니터링 기능 제공
- 타깃-프리(Target-free) 시뮬레이션 기능 제공 예정

15.2.5 스마트카 아키텍처

스마트카의 임베디드 소프트웨어 아키텍처의 사례로는 국제 표준인 AUTOSAR의 소프트웨어 아키텍처가 있으며, 아키텍처 구조는 AUTOSAR SW-C(Software-Component), RTE(Runtime Environment), BSW(Basic Software)의 3계층으로 구성된다.

- **AUTOSAR SW-C** : 애플리케이션 소프트웨어의 기능을 구현할 때 사용되는 소프트웨어 컴포넌트이다. 특히, 포트와 인터페이스를 통해 상호 송·수신할 신호와 데이터를 정의하고 있으며, 정의된 규격에 따라 태스크 동작으로 메시지를 교환한다.
- **RTE** : SW-C 간 또는 SW-C와 BSW 간 정보교환 역할 및 소프트웨어와 하드웨어를 분리시키는 핵심 역할을 수행한다. 하부 서비스 계층의 컴포넌트들을 추상화하여 API를 제공함으로써 향후 ECU(Electronic Control Unit) 보드가 바뀌더라도 상위 계층에서 제작된 소프트웨어 컴포넌트를 수정하지 않고 사용할 수 있도록 가상 버스 개념을 접목하고 있다.
- **BSW** : 서비스 계층의 기본 소프트웨어는 운영체제, 네트워크, 메모리, ECU 상태관리 등의 기능을 수행한다. ECU 추상화 계층(EAL : ECU Abstraction Layer)의 기본 소프트웨어는 ECU 내부 장치들과의 인터페이스를 제공하고 ECU에 독립적인 상위 계층 설계를 제공한다. 마이크로컨트롤러 추상화 계층(MCAL : Microcontroller Abstraction Layer)의 기본 소프트웨어는 상위 계층에서 마이크로컨트롤러의 레지스터를 직접 조작하는 것을 피하게 해주며 디지털 입출력, 아날로그 디지털 변환, 파형 변환, 그리고 직·병렬 변환 등의 기능을 수행한다.

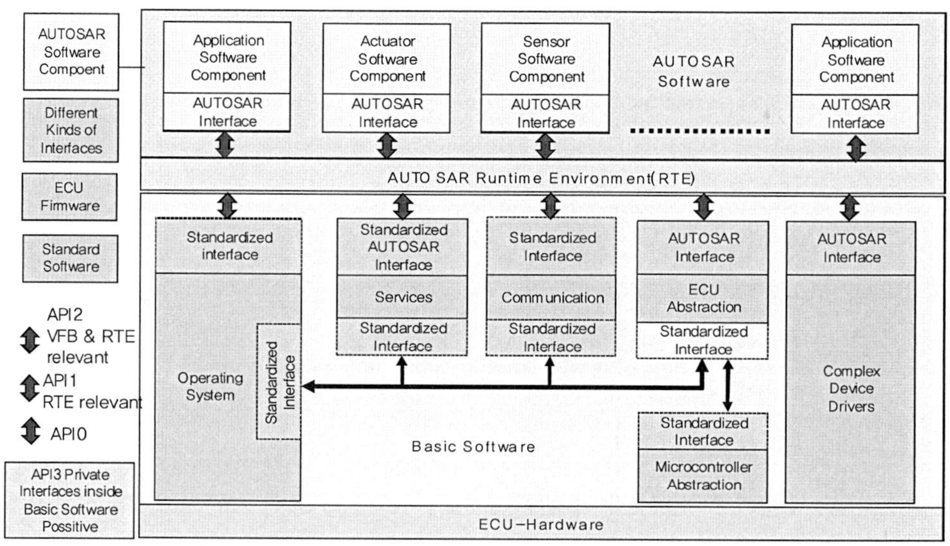

그림 15-4 AUTOSAR의 소프트웨어 아키텍처 구성도

복합 디바이스 드라이버(CDD : Complex Device Driver)는 기존 동작 중인 안정화된 장치들을 AUTOSAR 플랫폼과 호환성을 가지고 동작시키는 역할을 수행한다.

AUTOSAR의 소프트웨어 아키텍처는 RTE 개념을 도입하여 SW-C와 하드웨어 관련 소프트웨어인 BSW를 분리함으로써 하드웨어에 독립적인 애플리케이션 서비스를 개발할 수 있다. 이와 같은 AUTOSAR의 소프트웨어 아키텍처가 그림 15-4에 나타나 있다.

제 16 장

스마트 TV

본 장에서는 스마트 TV의 정의, 동향, 그리고 구성에 대해 설명한 후 임베디드 소프트웨어가 어떻게 스마트 TV에 적용되었는지 운영체제, 플랫폼, 개발/테스트 도구 순으로 살펴본다. 본 장은 다음과 같이 구성된다.

16.1 스마트 TV 개요
16.2 임베디드 소프트웨어 적용사례

16.1 스마트 TV 개요

16.1.1 스마트 TV 정의

스마트 TV는 디지털 TV에 운영체제 및 인터넷 접속 기능을 탑재하여 실시간 방송뿐만 아니라 VOD, 게임, 검색, 융합 또는 지능형 서비스 등 다양한 콘텐츠를 편리한 이용자 환경(UI/UX)에서 사용할 수 있는 TV이다. 스마트 TV는 스마트폰과 같이 사용자가 참여하는 개방된 애플리케이션 환경(앱스토어)을 구성하고 있다는 것이 가장 큰 특징이다.

방송통신위원회에서는 스마트 TV를 "운영체제 및 인터넷 접속 기능을 탑재하여 다양한 콘텐츠를 편리한 이용자 환경에서 사용할 수 있는 TV"로 정의하고 있다. 한편, 협의의 서비스 개념에 따르면 스마트 TV 서비스는 "다양한 스마트 기기, 동영상 콘텐츠와 서비스, 플랫폼, 네트워크 등을 유기적으로 연계하여 제공하는 온라인 콘텐츠 서비스(예를 들면, 동영상 중심의 N-Screen 서비스)"를 의미한다. 광의의 서비스 개념에 따르면 스마트 미디어는 신문, 잡지, 출판, 방송 등 콘텐츠의 경계가 불분명해지고 멀티미디어화되는 추세로 보고 있다.

스마트 TV와 기존 TV와의 차이점은 다음과 같이 크게 세 가지 측면에서 찾아볼 수 있다.

- 기존 TV의 발전된 형태가 인터넷 TV이고 인터넷 TV의 발전된 형태가 스마트 TV라고 할 수 있다. 인터넷 TV는 기존 TV에 인터넷 기능을 추가하여 간단한 웹서비스 등을 TV를 통해 제공할 수 있는 단순한 형태였다면, 스마트 TV는 스마트 TV 플랫폼용 소프트웨어 개발 키트(SDK)가 공개되어 누구나 애플리케이션 개발이 가능하다는 것과 앱 마켓 제공으로 TV의 열린 에코시스템 형성이 가능하다는 것이 큰 차이점이다.
- IPTV는 각 서비스 제공사에서 대역폭과 지연시간 등의 통제가 가능한 고품질 망을 통해 방송을 제공하는 서비스이다. 초기 IPTV는 인터넷 망을 통한 TV 서비스를 지칭하였으나, 최근에는 IPTV도 SDK, 앱 마켓 등을 제공하여 스마트 TV와 유사하게 스마트화된 기능을 제공하고 있다. 하지만 IPTV의 스마트화는 IPTV 방송사업자 주도로 이루어지고 있다는 점에서 차이가 있다. 최근 들어 IPTV 사업자들도 개방형 모델을 추진하고 있어 향후 스마트 TV와의 전략적인 협력 및 경쟁이 예상되고 있다.

- 스마트 TV는 하드웨어 중심의 산업구조에서 콘텐츠와 플랫폼의 비중이 확대됨으로 인해 Content-Platform-Terminal-Network(CPTN)의 전 분야에서 유기적 연결구조가 필수적이다.

16.1.2 스마트 TV 동향

대표적인 스마트 TV로는 미국 구글 사의 구글 TV, 애플 사의 애플 TV, 그리고 마이크로소프트 사의 미디어룸이 있다. 국내의 경우에는 삼성, LG 중심의 커넥티드 TV, 브로드밴드 TV 등이 있으며 스마트 TV와 유사한 개념으로 보고 있다. 기타 유럽 필립스의 NetTV, 일본 파나소닉의 비에라 등이 있으나 스마트 TV 형태라고 보기가 어렵다.

소니와 로지텍 등을 통해 제품화를 시도하고 있는 구글 TV는 2010년 말에 상용화 되었지만, 여러 가지 내부 사정으로 인해 생산이 다소 주춤한 상태이고 현재까지 SDK, 앱 마켓 등의 오픈도 계획대로 진행시키지 못하고 계속 지연되고 있는 상태이다. 이에 비해 삼성과 LG는 SDK와 앱 마켓 모두를 제공하는 등 스마트 TV의 상용화를 위해 지속적인 노력을 기울이고 있는 상태이다.

16.1.2.1 구글 TV

구글은 2010년 5월에 안드로이드 플랫폼과 웹 기술을 접목한 구글 TV의 프로토타입을 공개하였다. 소니는 인텔, 로지텍, 베스트바이, 디시 네트워크, 어도비 등과 함께 구글 TV 진영을 구축하였고, 2010년 10월에 풀브라우징 웹 검색이 가능한 안드로이드 플랫폼 기반의 구글 TV를 출시하였다. 구글 TV는 크롬 브라우저를 내장하여 하나의 스크린에서 다양한 방송 및 유료 채널, DVR, 인터넷 서핑 등 다양한 콘텐츠를 활용할 수 있도록 통합 검색 기능을 제공하고 있다.

16.1.2.2 애플 TV

애플은 2007년에 1세대 애플 TV를 출시하였고 2010년 9월에 iOS 기반의 2세대 애플 TV를 공개하였다. 2세대 애플 TV는 1세대 애플 TV(229달러)에 비해 가격은 절반 이하(99달러)로 줄어들었고 크기도 4분의 1로 줄어들었다. 또한, 애플 A4칩을 탑재하고 HDMI/이더넷/WiFi를 지원하고 있으며, 1세대와는 달리 HDD 없이 스트리밍 형태로 모든 콘텐츠를 제공하는 특징이 있다. 그러나 인터넷 브라우징 기능이 없어 웹 서핑은 불가능하며, 아이튠즈의 콘텐츠는 사용할 수 있지만 앱 스토어의 애플리케이션을 구매하거나 구동할 수 없는 단점이 있다.

16.1.2.3 삼성전자 TV

삼성전자는 하드웨어에 비해 취약한 소프트웨어의 경쟁력 강화를 위해 세계 유수의 콘텐츠업체들과 제휴를 확대하는 한편 2007년에 TV 포털 서비스(Internet@TV)를 제공하였다. 2009년에는 유투브, 플리커, 이베이 등 다양한 인터넷 서비스를 이용할 수 있는 접속 애플리케이션을 제공하였으며, 2010년 7월에는 TV 전용 앱 스토어를 오픈하여 100여개 국가에서 120여개 애플리케이션을 유·무료로 제공하였다. 2010년 8월에 리눅스 기반의 스마트 TV 플랫폼을 탑재한 65인치 LED 3DTV를 발표하였고 앱 스토어를 통한 유료 애플리케이션 서비스를 개시하였다.

16.1.2.4 LG전자 TV

LG전자는 2010년에 스마트 TV 사업팀을 구성하여 TV에 다양한 소프트웨어 기술 접목을 시도하였고 스마트 TV용 자체 플랫폼인 NetCast 2.0을 개발하였다. 2010년 하반기에는 3DTV 기능을 갖는 프리미엄 스마트 TV를 출시하였으며, 향후 모바일 앱 스토어와 연동한 TV 앱 스토어 서비스를 제공할 예정이다. 2011년 IFA에서 LG전자, 필립스, 샤프 등 3사 간 스마트 TV 공용 플랫폼 계획을 발표하였다.

16.1.3 스마트 TV 구성

본 절에서는 삼성전자의 스마트 TV를 대상으로 구성현황을 살펴본다. 삼성전자의 스마트 TV는 다양한 인터페이스를 통해 기기 및 네트워크 연결을 제공하고 있다. USB, HDMI 등 다양한 기기 인터페이스를 통해서 PC, 홈시어터, 외장 HDD 등을 연결할 수 있으며, 유·무선 및 광케이블을 통해 인터넷 및 방송 네트워크를 연결할 수 있다. 이와 같은 삼성전자 스마트 TV의 시스템 구성도가 그림 16-1에 나타나 있다.

삼성전자의 스마트 TV가 제공하는 서비스에는 인터넷 서비스와 미디어 서비스가 있다. 인터넷 서비스는 인터넷에 연결되어 다양한 서비스를 제공하는 서비스이며, 미디어 서비스는 방송 및 주변 기기들을 통해 제공되는 멀티미디어 서비스이다.

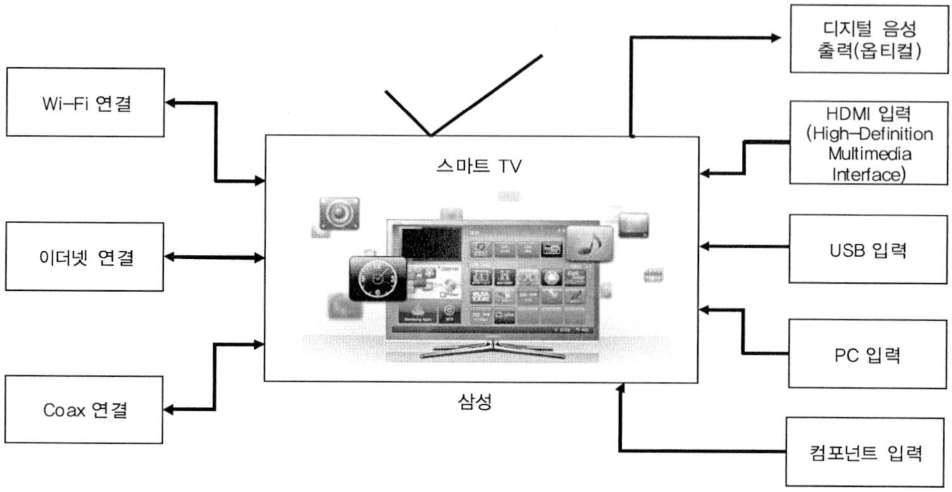

그림 16-1 삼성전자 스마트 TV의 시스템 구성도

16.2 임베디드 소프트웨어 적용사례

본 절에서는 삼성전자의 스마트 TV를 대상으로 임베디드 소프트웨어에 대한 적용사례를 운영체제, 플랫폼, 개발/테스트 도구 순으로 살펴본다.

16.2.1 스마트 TV 운영체제

삼성전자 스마트 TV의 운영체제는 바다(Bada)이다. 바다는 사용자 인터페이스와 서비스-지향 플랫폼으로 C++, 플래시, 웹 프로그래밍을 통해 다양한 애플리케이션을 구축할 수 있다. 바다 운영체제는 그림 16-2와 같이 커널, 디바이스, 서비스 그리고 프레임워크로 구성된다.

- **커널** : 하드웨어 형상에 따라 실시간 운영체제 또는 리눅스 커널로 구성
- **디바이스** : 시스템, 보안, 그래픽, 멀티미디어, 그리고 통신 컴포넌트에 의해 제공되는 디바이스 플랫폼의 핵심 기능
- **서비스** : 애플리케이션 엔진과 서버-지원 컴포넌트에 의해 제공되는 서비스-지향 기능으로 구성
- **프레임워크** : 애플리케이션 프레임워크와 기능으로 구성되는 C++ 프레임워크와 웹 프레임워크로 구성

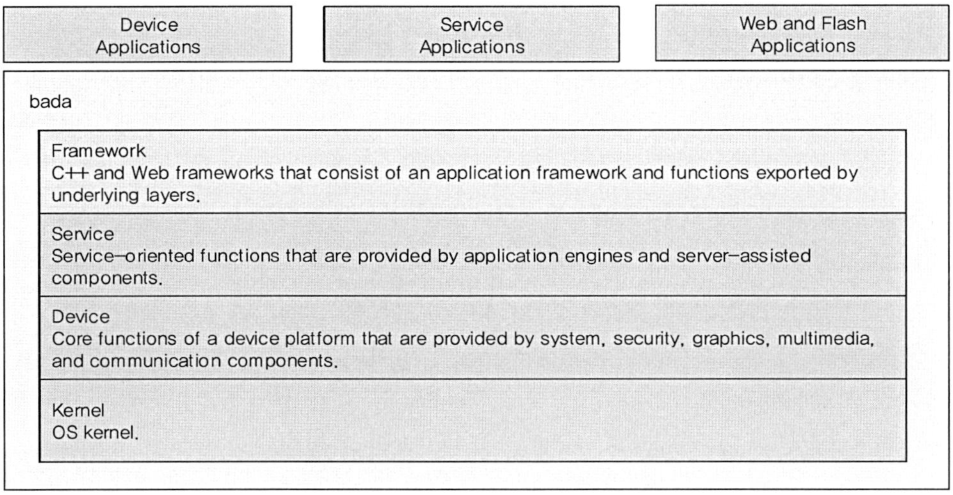

그림 16-2 바다(Bada) 운영체제 구성도

16.2.2 스마트 TV 플랫폼

삼성전자 스마트 TV의 플랫폼은 HTML 기반으로 PC 기반의 웹 페이지와 유사하다. 그러나 스마트 TV 애플리케이션은 해상도, 시스템 하드웨어, 그리고 리모컨을 이용하는 사용자 인터페이스(UI)에서 웹 페이지와 차이가 있다. 삼성전자 스마트 TV 플랫폼은 그림 16-3과 같이 가장 상위 계층부터 앱, 애플리케이션 관리자, 메이플 브라우저, 디바이스 API, 그리고 공통 모듈로 구성되며, 각각의 기능과 특성은 다음과 같다.

- **앱(App)** : 삼성전자 스마트 TV는 커넥티드 TV에서 발전된 형태이므로 홈페이지를 표시할 수 있는 앱 엔진이 있다. 이 앱 엔진을 이용하면 HTML 기반의 스

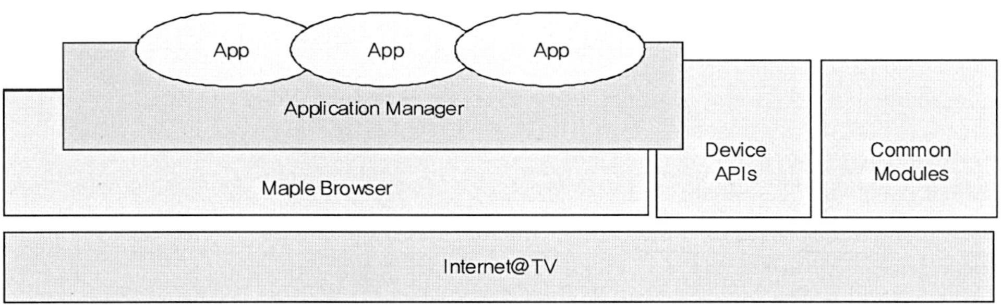

그림 16-3 삼성전자 스마트 TV 구성도

마트 TV 애플리케이션을 그대로 실행할 수 있다.

- **메이플 브라우저**(Maple Browser) : 애플리케이션이 화면에 표시하는 이미지, 텍스트 등을 제어하고 관리하는 역할을 수행한다. 지원 이미지 포맷에는 BMP, JPEG, PNG, GIF 등이며 지원 웹 표준에는 HTML5, HTML4.01, XHTML1.0, XML1.0, HTTP1.0/1.1, CSS1, CSS2, CSS TV Profile 1.0, DOM1, DOM2, JavaScript 1.8 등이 있다. 현재 삼성전자 스마트 TV의 앱 엔진 버전은 6.0이며, 앱 해상도는 HD(1280×720)와 960×540 둘 모두를 지원한다.
- **애플리케이션 관리자**(Application Manager) : 앱의 설치, 제거, 업데이트, 실행, 종료 등을 관리한다.
- **공통 모듈**(Common Module) : 애플리케이션 개발의 편의성을 도모하기 위해 애플리케이션 관리자가 제공하는 자바스크립트 모듈이다. 다시 말해, 모든 앱이 사용할 수 있는 공유 라이브러리와 같은 객체 모듈이다. 공통 모듈은 리모컨 버튼 이벤트 인식이나 플러그인 사용 그리고 애플리케이션 매니저와 통신 방법 등을 제공한다.
- **디바이스** API : 자바 스크립트에서 지원하지 않는 TV 기능을 사용할 때 필요한 API이다. 디바이스 API는 제품별로 다를 수 있으며 해당 기기에 의존적인 특성을 가지고 있다.

16.2.3 스마트 TV 개발/테스트 도구

삼성전자 스마트 TV를 개발하는 데 사용되는 개발도구는 바다 SDK이며, 플랫폼 바이너리와 라이브러리, 헤더 파일, Eclipse CDT(C/C++ 개발도구), JSDT(JavaScript 개발도구), 에뮬레이터, 이벤트 주입기, 툴-체인(컴파일러와 디버거), 성능 분석기, C++, 플래시, 웹 용 샘플 애플리케이션 등으로 구성된다.

테스트 도구는 바다 IDE이며, C++ 에디터, 컴파일러, 디버거, 애플리케이션 위저드, UI 빌더, Potential 버그 체커, API와 Privileged 체커, 메모리 이용 체커, 프로파일러, JavaScript 디버거, 테스팅 도구, UI 시퀀서 등으로 구성된다.

제 17 장

홈 오토메이션 시스템

본 장에서는 홈 오토메이션 시스템의 정의, 변천사, 구성, 그리고 기술동향에 대해 설명한 후 임베디드 소프트웨어가 어떻게 홈 오토메이션 시스템에 적용되었는지 요구사항, 아키텍처, 플랫폼 및 개발도구, 그리고 미들웨어 순으로 살펴본다. 본 장은 다음과 같이 구성된다.

17.1 홈 오토메이션 시스템 개요
17.2 임베디드 소프트웨어 적용사례

17.1 홈 오토메이션 시스템 개요

17.1.1 홈 오토메이션 시스템 정의

홈 오토메이션 시스템의 사전적 정의는 다양하게 정의되고 있다. 브리태니커 백과사전에서는 홈 오토메이션을 "첨단과학기술을 채택한 각종 자동화 장비들과 컴퓨터 시스템을 활용해 가정의 각종 시설과 가전제품들을 조정하고 생활환경을 자동으로 관리하도록 함으로써 주택 소유주의 주택 통제력을 한층 강화시켜 주는 시스템"으로 정의하고 있다. 네이버 백과사전에서는 "전자기기, 자동기기 등이 주가 되는 가사의 관리를 자동화하는 시스템으로 가정·가사 생활의 자동화를 말하며, 종류에는 홈쇼핑, 홈뱅킹, 홈시큐리티, 하우스컨트롤, 에너지 시스템 등이 있다."라고 정의하고 있다.

이러한 사전적 정의에 따르면 홈 오토메이션 시스템은 "홈 네트워크를 활용하여 사용자의 입력에 따라 TV 제어나 조명 제어 등 특정 기능을 수행하거나 별도의 입력 없이 일정한 규제와 사용자의 패턴을 주어 자동화시킨 종합적인 시스템"을 의미한다.

17.1.2 홈 오토메이션 시스템 변천사

홈 오토메이션 시스템은 1990년대 후반부터 2000년대 중반까지를 1세대, 2000년대 중반부터 현재까지를 2세대, 그리고 미래를 3세대로 구분한다.

- **1세대(1990년대 후반~2000년대 중반)** : 1세대의 홈 오토메이션 시스템은 인터폰으로 대변된다. 인터폰의 기능은 단순히 방문자를 확인하고 관리실과 통화하며 자동 문 열림 등의 제한적인 기능과 정보만을 제공하는 수준이다.
- **2세대(2000년대 중반~현재)** : 2세대는 초고속 정보통신 인프라의 발전과 새로운 홈 네트워크 시스템의 구축, 그리고 첨단 정보가전기기가 등장하는 시대이다. 2세대의 홈 오토메이션 시스템은 언제 어디서나 제어 단말기(PC, 스마트 홈 패드, 스마트폰)를 가지고 원격으로 대부분의 정보가전기기를 제어하며, 홈 시큐리티, 가스밸브 자동제어, 에너지 관리 등 상당한 수준의 기능과 정보를 제공하는 수준이다.
- **3세대(~미래)** : 미래의 홈 오토메이션 시스템은 음성인식 기술의 발달로 모든 기기들을 음성으로 제어할 수 있으며, 더 나아가 첨단 센서네트워크 기술과 사

용자의 행동패턴 분석 기술 등을 통해 집안의 모든 기기들이 능동적으로 사용자 취향에 맞게 반응하여 동작할 수 있을 것이다. 이를 통해 사용자에게 최대한의 편의와 편안함을 제공하는 기능 및 정보가 제공될 전망이다.

17.1.3 홈 오토메이션 시스템 구성

홈 오토메이션 시스템은 그림 17-1과 같이 홈 게이트웨이 및 홈 서버, 유·무선 통신 네트워크, 정보 단말기, 정보가전기기, 센서기기, 그리고 홈 컨트롤러 등으로 구성된다.

- **홈 게이트웨이** : 인터넷과 홈 네트워크 사이를 연결하는 일종의 브리지(Bridge)이며, 또한 가정 내 모든 디지털 가전기기들을 하나의 네트워크로 연결하는 중심 허브이다. 다시 말해, 홈 게이트웨이란 가정 내 어떠한 정보가전기기 간에도 네트워킹이 가능하고 원격지로부터 네트워크를 통해 제어 및 관리가 가능한 통신서비스 환경을 만드는 중심적인 장치를 말한다.
- **홈 서버** : 방송, 전화, 인터넷 등을 통하여 가정으로 들어오는 외부 콘텐츠를 저장, 처리, 재분배하는 등 가정에서의 정보제어 센터로서 역할을 수행하는 장치이다.
- **유·무선 통신 네트워크** : 가정 내 다양한 정보기기 상호간 네트워크를 구축하

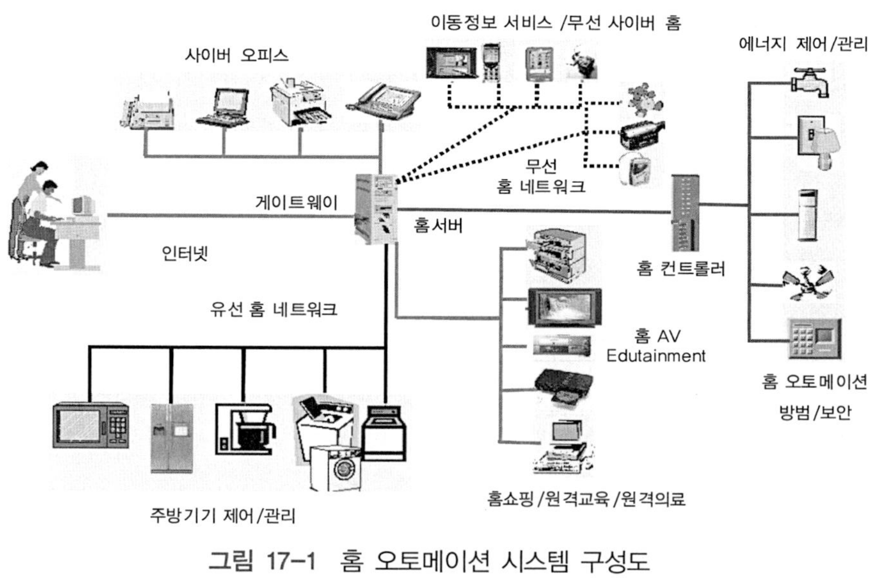

그림 17-1 홈 오토메이션 시스템 구성도

고, 더 나아가 외부의 인터넷까지 상호접속이 가능한 환경을 구축할 때 사용되는 네트워크이다. 유선 기반의 홈 네트워크 기술에는 이더넷, 홈 PNA, 전력선 통신(PLC), IEEE 1394 등이 있으며, 무선 기반의 홈 네트워크 기술에는 Wi-Fi, 홈 RF, 블루투스, IrDA, UWB(IEEE 802.15.3a), ZigBee(IEEE 802.15.4), RFID, 무선 1394 기술 등이 있다.

- **정보 단말기** : 홈 오토메이션 시스템이 제공하는 각종 편리한 기능 및 정보를 실시간으로 제공받고, 필요 시 원격으로 제어할 수 있는 환경을 제공하는 디스플레이 형태의 단말기(예를 들어, 스마트 패드, 스마트 TV, 스마트폰 등)이다.
- **정보가전기기** : 인터넷 등 네트워크에 접속할 수 있는 통신 기능을 갖춘 TV나 냉장고, 에어컨과 같은 가전제품으로 정보가전기기 자체가 정보 단말기 역할을 수행하거나 다른 정보 단말기를 통해 제어되기도 한다.
- **센서기기** : 각종 물리, 화학, 생물 반응에서 나타나는 수치를 전기신호(전압, 전류, 주파수 등)로 변환시켜 필요한 정보를 제공하는 장치이다.
- **홈 컨트롤러** : 센서로부터 받은 정보를 분석하여 사용자의 조작 또는 미리 정해진 규제에 의해 하부 제어장치의 동작을 제어(예를 들어, 가스 차단, 조명 제어, 난방 제어, 소화장비 제어 등)하기 위해 부착된 장치이다.

17.1.4 홈 오토메이션 기술동향

17.1.4.1 국외 기술동향

홈 오토메이션의 국외 기술동향으로 MIT 미디어랩의 things that think 프로젝트, 조지아 공대의 Aware Home 프로젝트, MIT의 Changing Places/House_n 프로젝트, MS의 EasyLiving 프로젝트 등이 있으며, 각 프로젝트의 주요내용은 다음과 같다.

- **MIT 미디어랩의 things that think 프로젝트** : 상황인지 컴퓨팅, 반응 환경, 나노 센싱 등 30여 개의 프로젝트로 구성되어 있다.
- **조지아 공대의 Aware Home 프로젝트** : 홈 내 사용자의 상황정보, 즉 신분 및 위치, 행동 등을 인지하기 위해 카메라, 마이크, 각종 센서들을 이용한다. 이 기술을 개발하기 위해 실제 주거용 실험 건축물을 이용하여 개발을 진행하고 있으며, 이기종의 센싱 디바이스를 이용하여 정보를 취득하고 처리하는 방법에 대해 많은 연구를 수행하고 있다.
- **MIT의 Changing Places/House_n 프로젝트** : 사람의 위치를 추적할 수 있는 컴퓨

팅 센서 기술, 상호작용을 추적하는 레이저 포인터, IBM이 개발한 Everywhere 디스플레이 프로젝터, 전자 디지털 책상, 무선으로 연결된 많은 스마트 기기들로 구성되어 있다.

- **MS의 EasyLiving 프로젝트** : 사용자가 처해 있는 상황에 적합한 서비스를 제공할 수 있는 사용자-기계 상호작용 시스템의 구현을 목적으로 하고 있다. 인지된 특정 상황을 하나의 정해진 사건으로 분류하고 그에 대한 대안을 생성해 내는 기능 등을 보강하고 있다.

17.1.4.2 국내 기술동향

홈 오토메이션의 국내 기술동향으로 삼성전자의 홈비타(Homevita), LG전자의 홈넷, 중앙대의 HNRC(Home Network Reserch Center) 등이 있으며, 각각에 대한 주요 내용은 다음과 같다.

- **삼성전자의 홈비타(Homevita)** : 2002년 서울 도곡동 타워팰리스의 2,500여 세대에 홈비타 기반의 홈 오토메이션 시스템을 구축하였다. 그 이후 전국의 아파트에 홈비타 관련 솔루션을 보급하였고 현재는 해외시장 개척에 노력하고 있다.
- **LG전자의 홈넷** : 2003년 7월 장안동 현대 홈타운의 2,200여 세대를 시작으로 하여 국내·외에 홈 오토메이션 시스템을 출시하였으며 현재 관련 기술력과 서비스를 인정받고 있다.
- **중앙대의 HNRC** : 2004년 8월에 설립되었으며 차세대 홈 네트워크 미들웨어 구조 및 보안 핵심기술 등을 연구하고 있다. 주요 연구내용으로 홈 네트워크 구조 통합 기술, 차세대 서비스 모델링 및 홈 네트워크 구조 기술, 차세대 홈 네트워크 미들웨어 기술, 보안 기술, 실감형 3D 멀티미디어 처리 기술 등이 있다.

17.2 임베디드 소프트웨어 적용사례

17.2.1 홈 오토메이션 요구사항

홈 오토메이션 시스템에서 요구되는 핵심 특성은 실시간성 및 연속성, 보안성, 안전성, 편의성, 상호운용성 그리고 통합 서비스 등이다. 이러한 핵심 특성을 만족시키기 위해 필요한 홈 오토메이션의 요구사항을 구조적, 서비스, 신뢰성의 세 가지 측면에서 찾아볼 수 있다.

- **구조적 측면의 요구사항**
  - 홈 게이트웨이는 댁내망 또는 댁외부망을 분리하는 기능을 갖추어야 한다.
  - 홈 게이트웨이 설치 및 사용이 용이해야 한다.
  - 홈 게이트웨이 구현에 사용되는 기술은 신뢰성이 검증되고 가용한 기술을 이용하여야 한다.
- **서비스 측면의 요구사항**
  - 다양한 댁내망을 접속하고 수용할 수 있어야 하며 상호운용성이 보장되어야 한다.
  - 데이터 및 음성 통신서비스, 이기종 댁내망 간의 원활한 통신을 지원하여야 한다.
  - 사생활 보호 및 보안 기능이 제공되어야 한다. 이 경우 네트워크 계층 이상에서의 보안은 필히 지켜져야 하고 다수의 사용자에게 다수의 서비스를 동시에 제공할 수 있어야 한다.
- **신뢰성 측면의 요구사항**
  - 홈 게이트웨이는 네트워크 기술 진화에 적극적으로 대응할 수 있어야 하며 전원 차단 등의 상황에서도 일정 시간 동작이 가능해야 한다.
  - 기존 아날로그 음성전화 서비스를 수용하는 경우, 홈 게이트웨이는 정상이 아닌 상태에서도 영향을 주어서는 안 된다.
  - 기존 아날로그 전화선을 사용하는 홈 네트워킹이나 서비스는 아날로그 음성 전화 품질에 영향을 주어서는 안 된다.

17.2.2 홈 오토메이션 아키텍처

홈 오토메이션의 아키텍처는 그림 17-2 및 그림 17-3과 같이 네트워크 관점과 계층 관점으로 구분할 수 있다.

17.2.3 홈 오토메이션 플랫폼 및 개발도구

17.2.3.1 OSGi

OSGi 플랫폼은 가전정보기기 및 보안시스템과 같은 인터넷 장비의 표준 연결방

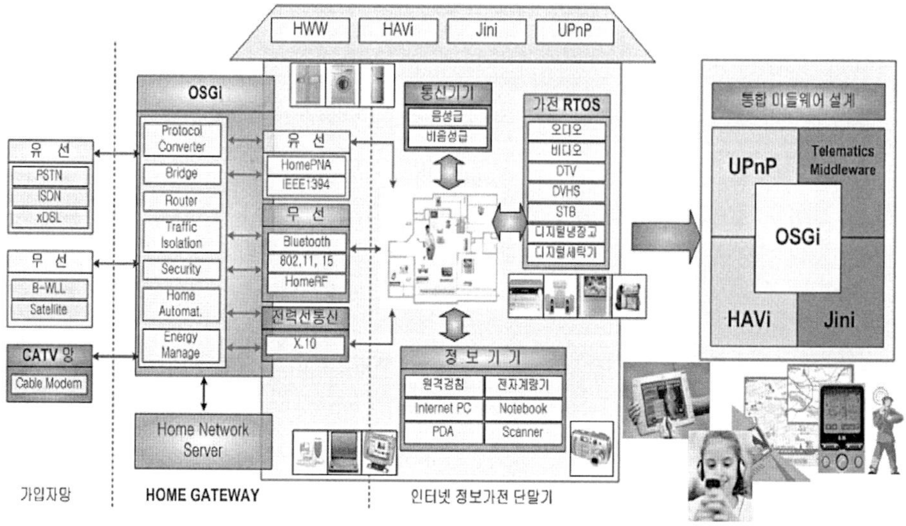

그림 17-2 네트워크 관점의 홈 오토메이션 아키텍처

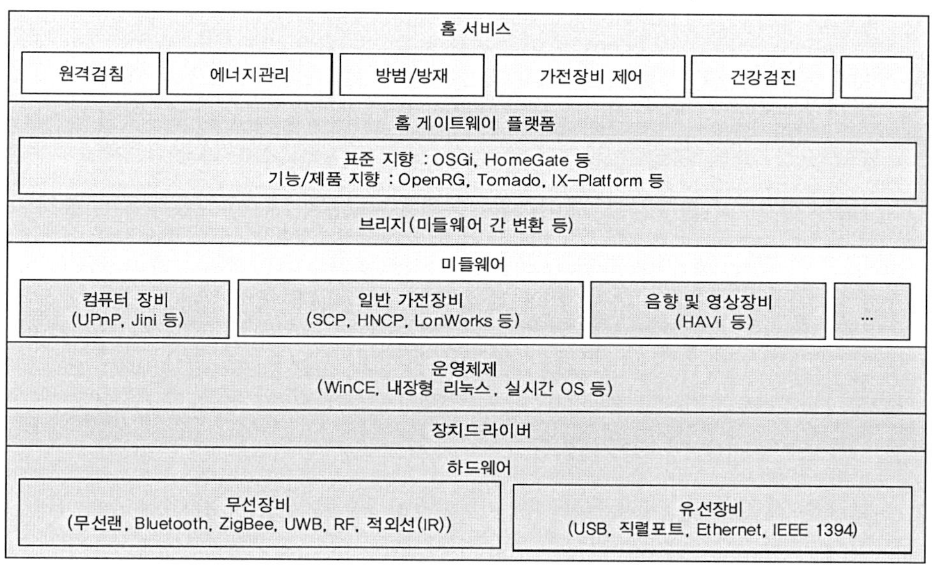

그림 17-3 계층 관점의 홈 오토메이션 아키텍처

법을 위해 OSGi 단체가 제안한 산업체 표준안이면서 블루투스, HAVi, 홈 PNA, 홈 RF, USB, VESA 등 다양한 유·무선 네트워크 기술을 수용하는 개방형 네트워크 기술이다. 또한, 셋톱박스, 케이블 모뎀, 라우터, 경보시스템, 전력관리시스템, 가전제품, PC 등 모든 제품에 대한 관리 및 연결 기능을 제공하며, 게이트웨이는 자바 환경, 서비스 프레임워크, 장비접근관리 기능, 로그 서비스 등의 요소들로 이루어져 있어 각종 장비접근이나 신규 서비스가 발생할 경우 여기에 접속할 수 있는 기술 등을 포함하고 있다.

OSGi 개발도구인 STS 2.0은 그림 17-4와 같이 이클립스 기반이며 태스크 실행기, 형상 관리자, 애플리케이션 관리자, OSGi 확장자 등으로 구성된 dm-Kernel, 로깅 서브시스템, 추적 서브시스템, 예외 탐지 및 보고 등으로 구성되어 있다.

17.2.3.2 윈드리버 토네이도(Tornado)

윈드리버의 토네이도(Tornado) 플랫폼은 리눅스 2.6.34 커널과 gcc 4.4.1, eglibc 2.11, gdb 7 툴 체인 등을 기반으로 최고의 안정성을 보유한 최신 기술을 제공한다. 윈드리버 플랫폼은 다양한 하드웨어 아키텍처를 지원하며 커널 기반 가상머신에서부터 멀티 OS 윈드리버 하이퍼바이저에 이르기까지 업계에서 가장 방대한 가상화 기술과 멀티코어 오프로드 기능을 제공한다.

개발도구인 윈드리버 워크벤치(Workbench)는 개방형 표준 기반의 소프트웨어 설계, 개발, 디버깅, 테스트, 관리에 적합한 기술을 제공하는 개발도구의 집합이다. 워크벤치는 그림 17-5와 같이 이클립스 프레임워크를 기반으로 편집기, 소스 분석기, 디버거, 동적 코드 삽입 도구 등으로 구성되어 있다.

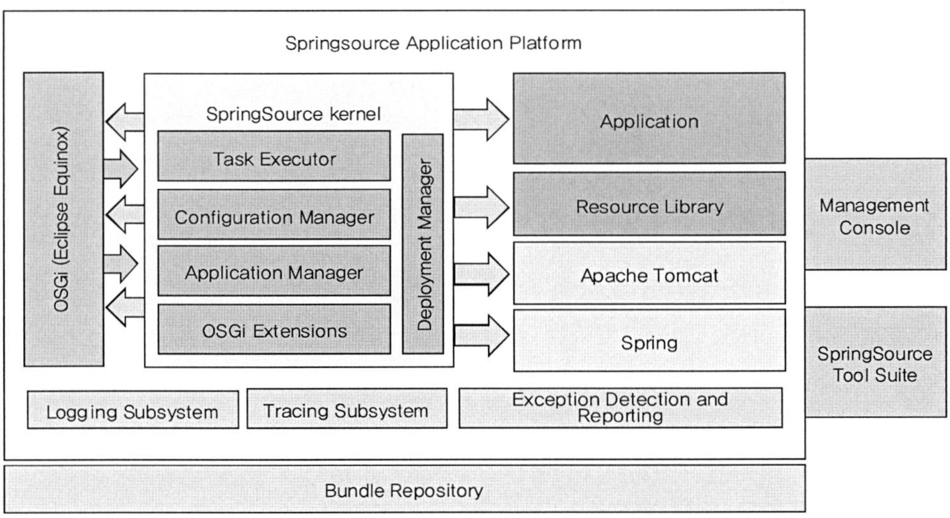

그림 17-4 OSGi의 개발도구인 STS 2.0 구성도

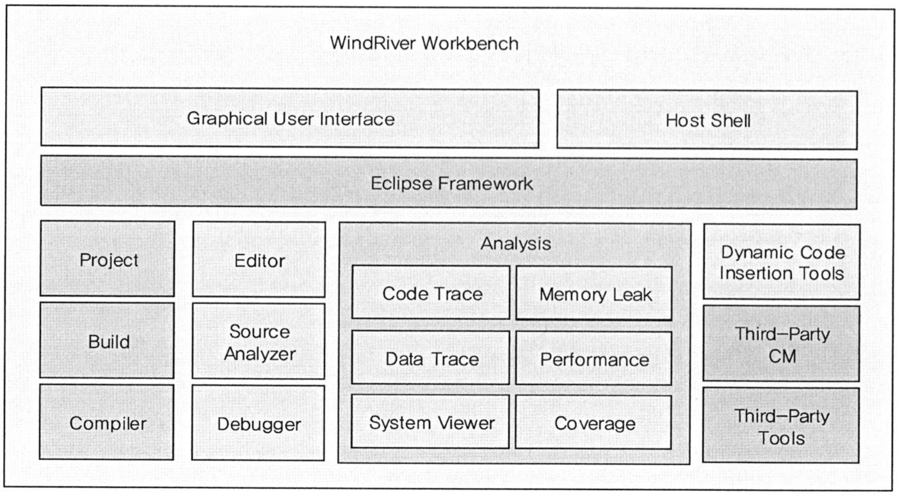

그림 17-5 윈드리버 워크벤치 구성도

17.2.3.3 JunGO OpenRG

JunGO의 OpenRG 플랫폼은 가정의 모든 초고속 인터넷 서비스를 활성화하기 위해 드라이버, 운영체제, 프로토콜, 네트워킹 및 보안 애플리케이션을 포함하고 있다. 또한, OpenRG는 이미 배포된 게이트웨이를 통해 원격으로 업그레이드할 수 있으며, 이를 통해 새로운 서비스와 기능을 하드웨어의 교체 없이도 도입할 수 있는 특징이 있다.

OpenRG의 소프트웨어 개발 키트(SDK)는 특정 소프트웨어 패키지, 소프트웨어 프레임워크, 하드웨어 플랫폼, 컴퓨터 시스템, 비디오 게임 콘솔, 운영체제 또는 이와 유사한 애플리케이션의 생성을 위해 사용되는 소프트웨어 개발도구의 집합이다.

17.2.4 홈 오토메이션 운영체제

홈 오토메이션 시스템은 표 17-1과 같이 시스템을 구성하는 홈 게이트웨이, 정보가전기기, 스마트 패드, 센서기기마다 서로 다른 운영체제로 구동된다.

17.2.5 홈 오토메이션 미들웨어

17.2.5.1 네트워크 미들웨어

네트워크 미들웨어는 UPnP(Universal Plug and Play), Jini, HAVi(Home Audio/

Video Interoperability), LonWorks(Local Operating Network), HnCP(Home network Control Protocol) 등이 있으며, 각 미들웨어의 특성 및 주요내용은 다음과 같다.

- **UPnP** : 1999년 마이크로소프트가 제안한 Jini와 유사한 개념으로 기존의 IP 네트워크와 HTTP 프로토콜을 사용하여 홈 네트워크 기기 간 상호운용을 목표로 하고 있다. 기존의 PC와 주변기기를 연결하던 Plug-and-Play의 확장된 개념으로, PC 주변기기뿐 아니라 댁내의 모든 장치들을 설치와 동시에 별도의 설정없이 하나의 네트워크로 구성할 수 있는 소프트웨어 기술이다.
- **Jini** : 선 마이크로시스템에서 개발한 Java 기반의 미들웨어이다. Jini는 자바 가상머신(JVM)상에서 동작하기 때문에 운영체제나 기타 하드웨어 플랫폼에 무관하게 동작할 수 있다. Jini도 UPnP처럼 네트워크 미디어에 관계없이 JVM만 있으면 동작이 가능하며 Plug and Play를 지원한다.
- **HAVi** : UPnP나 Jini와는 달리 HAVi는 가전회사에서 시작된 홈 네트워크용 미들웨어이나.
- **LonWorks** : 1989년 Echelon 사가 창안하고 제안한 전력선을 활용한 저속 통신 기반의 미들웨어이다. LonWorks는 센서, 액추에이터 같은 장치와 통신, 모니터, 제어 기능을 담당하는 장치를 하나의 동일 프로토콜로 묶어 네트워크를 구축하

표 17-1 홈 오토메이션 시스템의 운영체제

구 분	내용
홈 게이트웨이	윈드리버 홈 게이트웨이 : Vxworks
	가온미디어 홈 게이트웨이 : 임베디드 리눅스
정보가전기기	삼성 스마트 냉장고(RF4289) : 임베디드 리눅스
	삼성 스마트 TV 시리즈5(UN32DRF) : BADA(삼성)
	삼성 청소로봇 NaviBot : Window CE
스마트 패드	삼성 갤럭시탭8.9 : 안드로이드 2.3(구글)
	U1 Hybrid : 안드로이드 2.2(레노버)
센서기기	옥타컴 Nano-24 : Nano-Qplus(ETRI)
	Maxfor TIP : TinyOS(버클리 대학)
	한백전자 ZigbeX Mote : TinyOS 또는 μC/OS(디오이즈)
	휴인스 UStar-2400 : TinyOS

는 개념이다.

- HnCP : 2000년 12월 산자부 산하로 설립된 PLC 포럼코리아에서는 가전을 포함한 국내 전력선기기 간 상호운용성 제공을 위한 표준화 작업을 진행하였으며, 2003년 6월에 HnCP라는 전력선기기 간 상호운용 프로토콜 및 미들웨어를 발표하였다. HnCP는 LG전자의 LnCP를 모태로 개발된 전력선 홈 네트워크 표준 프로토콜로서 다중 마스터-슬레이브 구조를 가지며 전력선기기들의 명령 셋을 함께 정의하고 있다.

17.2.5.2 상황인식 미들웨어

상황인식 미들웨어는 Amigo, Gaia, Aura 등이 있으며, 각 미들웨어의 특성 및 주요내용은 다음과 같다.

- Amigo : 네트워크로 연결된 홈 오토메이션 시스템을 자율적으로 구성하기 위해 Philips, Microsoft, France Telecom, Fraunhfer 등 15개 산학연 컨소시엄이 개발한 개방적이고 표준화된 미들웨어이다.
- Gaia : 미국 일리노이 대에서 개발한 상황인식 미들웨어로 다양한 응용분야에서 상황정보를 얻고 추론할 수 있도록 지원한다. Gaia 시스템은 사용자 중심적이고 자원인식이 가능하며 여러 장치들을 사용할 수 있어 상황정보를 효과적으로 사용할 수 있는 모바일 응용 개발을 위한 프레임워크도 제공하고 있다.
- Aura : 사용자의 주의를 최소화하는 컴퓨팅 환경을 제공하기 위해 미국 카네기 멜론 대가 수행하고 있는 프로젝트이다. 예를 들어, 공항에서 한 사람이 비행기를 기다리면서 작업을 수행하고 용량이 매우 큰 작업결과를 메일로 회사 동료에게 전달하고 싶을 때, Aura는 현재 사용자가 사용하는 무선인터넷 환경을 이용하여 직접 메일을 보낼 것인지, 아니면 데이터를 먼저 압축한 후에 보낼 것인지, 또는 좀 더 대역폭이 좋은 주변환경을 이용하여 보낼 것인지 등을 결정하고 필요에 따라 사용자에게 부가적인 행동을 요청하고 작업을 수행하도록 권고한다.

제 18 장

지능형 로봇

본 장에서는 지능형 로봇의 정의, 분류, 그리고 발달과정에 대해 설명한 후 임베디드 소프트웨어가 어떻게 지능형 로봇에 적용되었는지 아시모 로봇을 대상으로 살펴본다. 본 장은 다음과 같이 구성된다.

18.1 지능형 로봇 개요

18.1.1 지능형 로봇 정의

로봇은 "광범위한 물리적인 일을 처리할 수 있는 능력을 가진 기계 장치, 기계 장치를 움직이는 작동 장치, 로봇의 상태와 주위 환경을 감지하는 감지 장치, 그리고 복잡한 논리 구현이 가능한 로봇을 위해 프로그램 개작이 가능한 통제 능력들을 종합한 것"으로 정의할 수 있다.

지능형 로봇이란 외부환경의 변화를 스스로 인식하고 상황을 판단하여 자율적으로 동작하고, 인간과 상호작용을 통해 인간에게 도움을 주는 일을 하는 로봇을 말한다. 이것은 단순히 주어진 환경에서 인간이 할 수 있는 일을 대신할 뿐만 아니라 별도 조작이 없어도 스스로 주변 상황을 인지하여 행동하는 능력을 가진 로봇을 의미한다. 특히 지능형 로봇은 기존 산업용 로봇의 단순한 운영환경과는 비교할 수 없을 정도로 복잡하고 가변적인 외부환경 하에서 운용된다. 따라서 이러한 문제를 해결하기 위해 이미지, 위치 인식, 물체 인식, 접촉 인식 등 다양한 하드웨어 센서를 활용한 외부환경 센싱 기술, 센싱 정보를 통합하여 처리하기 위한 융합 기술, 그리고 복잡하고 가변적인 상황을 해결하기 위한 인공지능 기술 등을 적극 활용하고 있다.

18.1.2 지능형 로봇 분류

지능형 로봇은 다양한 분야에서 폭넓게 활용되고 있으며, 적용분야는 크게 개인서비스용, 전문서비스용, 제조업용, 그리고 네트워크 기반 로봇으로 분류된다.

- **개인서비스용 로봇** : 홈 서비스, 실버라이프, 여가 지원, 그리고 교육 서비스 등 인간의 생활 범주에서 제반 서비스를 제공하는 인간 공생형 대인 지원 로봇
- **전문서비스용 로봇** : 공공, 의료, 사회 안전, 국방, 농수산업, 광업, 건설, 우주, 해양, 원자력 서비스 등 불특정 다수를 위한 서비스 제공 및 전문화된 작업을 수행하는 로봇
- **제조업용 로봇** : 자동차, 전자제품, 디스플레이, 반도체 제조, 바이오 신약, 초소형·초정밀 제조 등 각 산업의 제조현장에서 제품 생산에서 출하까지 공정 내 작업을 수행하는 로봇
- **네트워크 기반 로봇** : 로봇과 네트워크가 융합되어 언제 어디서나 서비스 제공이 가능한 유비쿼터스형 로봇

18.1.3 지능형 로봇 발달과정

지능형 로봇은 1980년대의 산업용 로봇을 1세대, 1990년대의 응용 전환기를 2세대, 그리고 2000년대 이후 서비스 로봇을 3세대로 구분한다.

- **1세대(1980년대)** : 1세대인 1980년대의 로봇은 자동차나 전자산업 등 노동집약적 산업의 발달에 따라 성장하였다. 이 시기의 로봇은 생산현장에 투입되었지만 단순한 작업에만 투입되었으며, 프로그램에 의해 작동되기 때문에 인간과의 상호작용은 불가능하던 시대였다.
- **2세대(1990년대)** : 2세대인 1990년대부터는 응용 전환기 시점으로 산업용 로봇 시장이 성숙되던 시기였다.
- **3세대(2000년대)** : 3세대인 2000년대 이후부터는 서비스 로봇의 발전을 통해 지능형 로봇 시장을 형성하던 시기였다.

18.2 임베디드 소프트웨어 적용사례

본 절에서는 지능형 로봇 중의 하나인 혼다의 아시모(ASIMO) 로봇을 대상으로 임베디드 소프트웨어에 대한 적용사례를 운영체제, 플랫폼, 개발도구 순으로 살펴본다.

18.2.1 아시모 로봇 개요

18.2.1.1 아시모 로봇 탄생

아시모(ASIMO)란 Advanced Step in Innovative MObility의 약어로서 새로운 시대를 위한 혁신적인 이동으로의 전진을 의미하는 용어이다. 혼다는 1986년 두 다리로 걸을 수 있는 E0라는 로봇을 시작으로 계속 연구를 진행하였고 1993년에 E6을 발표하였다. 1993년부터 혼다는 E 시리즈 로봇을 휴머노이드 로봇인 P 시리즈로 발전시켰으며, 2000년 11월 20일에 아시모 로봇의 첫 선을 보였다. 이와 같은 혼다 로봇의 역사가 그림 18-1에 나타나 있다.

18.2.1.2 아시모 로봇 구조

2000년에 발표된 혼다 아시모 로봇의 구조는 그림 18-2와 같다. 2011년에 발표된

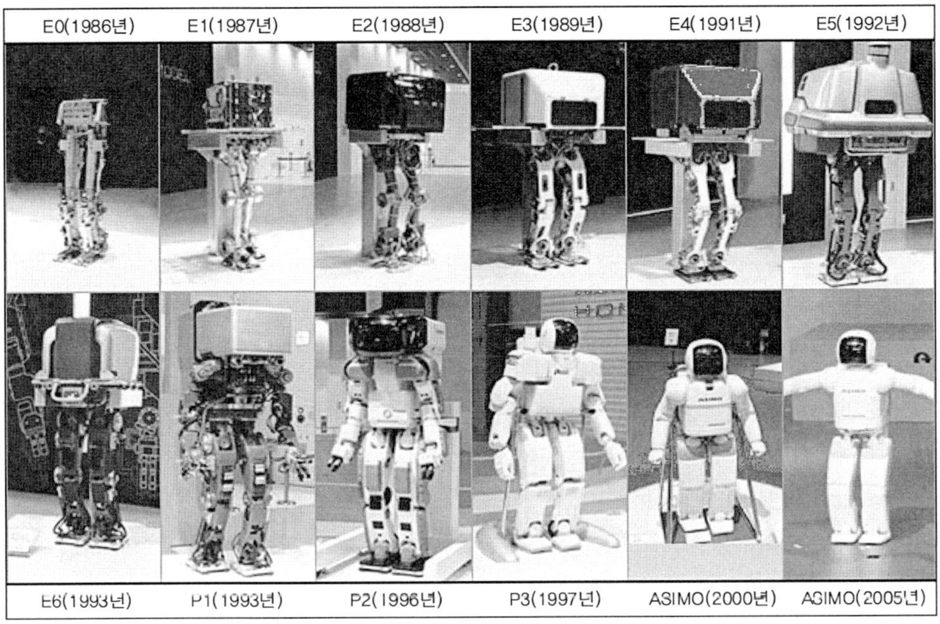

그림 18-1 혼다 로봇의 역사

신형 아시모는 신장 130 cm에 체중 48 kg으로 2005년에 발표된 기존 모델보다 약 6 kg 정도 가벼워졌으며, 리튬이온 배터리를 장착해 가동시간이 약 40분으로 기존

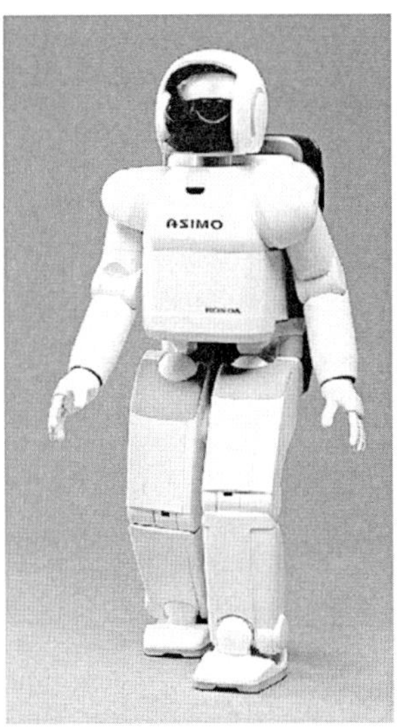

Height	1200mm
Depth	440mm
Width	450mm
Weight	43Kg
Walking Speed	0 – 1.6Km h–1
Walking Cycle	Cycle Adjustable, Stride Adjustable
Grasping Force	0.5Kg/hand (5–Finger Hand)

Actuator	Servomotor + Harmonic Speed Reducer + Drive Unit
Control Unit	Walking/Operating Control Unit Wireless Transmission Unit
Sensors	Foot: 6–axis Force Sensor Torso: Gyroscope, Acceleration and Sensor
Power System	38V/10AH (Ni–MH)
Operating System	Workstation and Portable Controller

그림 18-2 혼다 아시모 로봇의 구조(2000년형)

모델보다 증가되었다. 또한, 하드웨어 측면에서도 향상되어 울퉁불퉁한 지면을 시속 9 km로 이동할 수 있으며 한발 또는 양발로 점프할 수 있게 되었다. 그리고 주변에 있는 사람의 움직임을 예측해서 동작하는 등 기존에 없던 다양한 기능들이 추가되었다.

신형 아시모 로봇(2011년형)의 움직일 수 있는 관절의 숫자는 총 57군데(머리 3, 팔 14, 손 26, 허리 2, 다리 12)로 손의 관절이 대폭 추가되면서 기존 모델보다 23개 더 늘어났다. 이로 인해 관절의 자유로운 움직임, 특히 손 부분의 관절이 늘어나면서 더 정교한 움직임이 가능해졌다. 예를 들면, 보온병의 뚜껑을 열고 차를 따르는 등 마치 사람같은 동작을 할 수 있게 되었다.

아시모의 동작과 컨트롤을 위해 20개의 주요 프로세서와 많은 센서들이 운용되고 있다. 이 중 일부는 로봇의 서브시스템, 즉 시청각 센싱, 인지, 대화 능력, 다리와 팔의 동작, 전력 운용 등으로 운용된다. 이러한 아시모의 제어 구조는 그림 18-3과 같다.

18.2.1.3 아시모 로봇 기능

두 발로 걷는 휴머노이드인 아시모는 지능형 로봇의 측면에서도 많은 발전을 이룬 것으로 평가받고 있다. 이전 로봇과 비교해 볼 때, 움직이는 동작 인식, 손짓 인

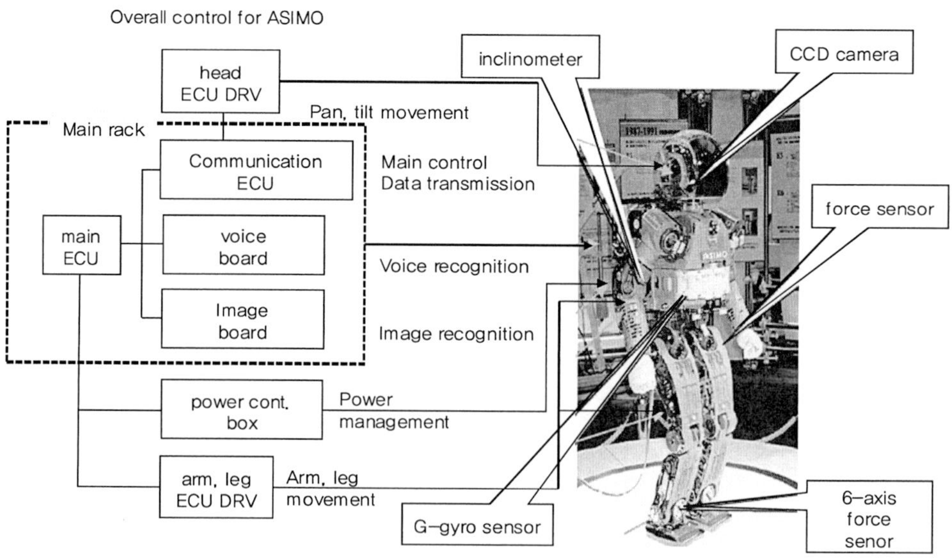

그림 18-3 아시모 로봇의 제어 구조

식, 주변 환경 인식, 소리 구분, 그리고 얼굴 인식 등 많은 분야에서 인지 능력이 향상되었다.

2011년형 아시모를 발표하면서 추가된 주요 기술에는 스스로 판단해서 움직일 수 있는 자율 행동제어 기술이 있다. 이 기술은 아시모를 자동기계에서 자율기계로 진화시킨 전환점을 제공하였으며, 로봇에게 필요한 다음 세 가지 기술 요소를 포함하고 있다.

- 재빠르게 발을 이용해 자세를 유지하는 고차원 자세 밸런스 기술
- 센서를 통해 주위 사람의 움직임 등을 감지하고 들어온 정보를 종합하여 추정하는 외부환경 인식 기술
- 수집된 정보를 통해 예측함으로써 사람의 조종이 아닌 스스로 다음 행동을 판단하는 자율행동 생성 기술

그 외 아시모 로봇은 하드웨어적인 측면에서도 많은 발전을 이루었다. 예를 들면, 관절의 움직임이 자유로워 물병을 열고 그 물을 따르는 동작뿐만 아니라 수화와 같은 정교한 동작도 가능하게 되었다.

18.2.2 임베디드 소프트웨어 적용사례

아시모는 윈드리버 사의 VxWorks 운영체제를 이용하고 있다. 개발도구는 이클립스 기반의 개방형 통합개발도구(IDE)인 워크벤치(Workbench)를 이용하고 있으며, 하드웨어 개발부터 소프트웨어 개발, 제품 시험 및 검증까지 워크벤치 환경으로 모든 작업이 가능하다. 워크벤치는 하드웨어 개발부터 양산까지의 전 과정에서 개발자들이 사용할 수 있어 새로운 개발도구를 익히는 시간을 줄일 수 있다. 또한, Eclipse 기반으로 되어 있어 필요 시 원하는 기능을 플러그인 개념으로 추가하여 사용할 수 있다.

제 19 장

무인항공기(UAV)

본 장에서는 무인항공기(UAV)의 정의 및 분류 그리고 항공 임베디드 시스템을 설명한 후 임베디드 소프트웨어가 어떻게 무인항공기에 적용되었는지 운영체제, 아키텍처, 그리고 개발 프로세스 순으로 살펴본다. 본 장은 다음과 같이 구성된다.

19.1 무인항공기(UAV) 개요
19.2 임베디드 소프트웨어 적용사례

19.1 무인항공기(UAV) 개요

19.1.1 무인항공기 정의

무인항공기(UAV : Unmanned Aerial Vehicle)는 카메라, 센서, 통신장비 등을 탑재하고 있으며 원격 조종되거나 또는 스스로 조종되는 비행체를 말한다. 조종사가 비행체에 직접 탑승하고 있지는 않지만 운용자가 이러한 시스템의 비행에 직·간접적으로 관련되어 있기 때문에 무인(Unmanned)이라는 말은 정확하지 않은 표현일 수도 있다.

무인항공기 시스템은 무인비행체, 이를 운용하기 위한 제반 요소, 임무계획 및 지원시스템 등을 모두 포함하며, 구체적으로 하드웨어와 소프트웨어적인 구성요소, 무인비행체가 운용되는 환경 및 임무수행 운용개념, 그리고 데이터 링크로 구성된다.

참고로 미 국방부의 UAV 분류 기준 중 레벨 2에 해당하는 UAV의 탑재 시스템을 살펴보면, 비행조종컴퓨터(FCC : Flight Control Computer)를 중심으로 GPS/INS 항법장비, 대기측정장비, 조종면 구동기, 탑재통신제어기, 전자광학 및 적외선 감지기, 전방영상카메라, 영상처리장비, 엔진모니터링장비, 전원제어장비 등으로 구성된다. 또한, UAV의 FCC는 고신뢰성을 확보하기 위해 프로세서 보드, 입출력 보드, 전원 보드를 이중화하고 이중화 고장진단 소프트웨어, 조종면 고장허용 소프트웨어, 비행영역보호 소프트웨어, 전방카메라와 영상처리장비를 이용한 영상기반 자동회수 소프트웨어 등을 탑재하고 있다.

19.1.2 무인항공기 분류

무인항공기는 운용환경에 따라 전략 무인기, 전술 무인기 그리고 특수임무 무인기로 구분된다. 전략 무인기는 고고도 무인기와 성층권 무인기로 구분되며, 전술 무인기는 크기에 따라 마이크로 무인기와 미니 무인기, 순항거리에 따라 근거리 무인기, 단거리 무인기, 중거리 무인기, 그리고 고도에 따라 저고도 침투형 무인기, 저고도 무인기, 중고도 무인기로 구분된다. 특수임무 무인기는 무인 전투기, 공격용 무인기 그리고 교란용 무인기로 구분할 수 있으며, 유인 항공기와 마찬가지로 날개의 형태에 따라 회전익 무인기와 고정익 무인기로 구분된다. 이와 같은 무인기의 분류는 2004년 한국항공우주연구원(KARI)이 발표한 세계 무인기 산업동향 자료에 나타나 있는데 표 19-1과 같다.

표 19-1 무인기 분류(KARI, 2004)

구분	분류	순항거리	비행고도	비행시간
전략 무인기	고고도 장기체공	< 10 km	250 m	1 Hour
	성층권	< 10	150/250/300	< 2
전술 무인기	마이크로(250 g 이하)	10~30	3,000	2~4
	미니 (25 kg 이하)	30~70	3,000	3~6
	근거리	70~200	3/5,000	6~10
	단거리	> 500	5/8,000	10~18
	중거리	> 250	50~9,000	0.5~1
	중거리 체공	> 500	3,000	> 24
	저공침투	> 500	5/8,000	24~48
	저고도 체공	> 2,000	15/5,000	24~48
	중고도, 장기체공	> 2,000	> 20,000	> 48
특수 임무기	무인전투기	1,500	10,000	2
	파괴살상	300	3/4,000	3~4
	기만·교란용 무인기	0~500	50~5,000	최대 4

19.1.3 항공 임베디드 시스템

19.1.3.1 항공 시스템과 임베디드 시스템

항공분야 산업은 기계, 전자, 소재, 정보통신 등 첨단과학 기술이 유기적으로 융합되어 운영되는 대표적인 IT 기반 기술이 융합되어 적용되는 산업이다. 항공 임베디드 시스템은 조종사의 성공적인 임무수행을 위해 항공기에 탑재된 응용 소프트웨어와 항공전자(Avionics) 장비들로 구성된 시스템이다. 이 시스템은 그림 19-1과 같이 항공기의 성능과 직결되고 신규 개발 및 성능 개량 시 필수적으로 개발해야 하는 시스템 종속적인 1차 시스템과 시스템 독립적이며 국내·외 부품시장에서 구매 가능한 2차 시스템으로 구분된다.

19.1.3.2 항공 임베디드 응용 소프트웨어

항공전자용 컴퓨터에 탑재되는 비행운용 프로그램(OFP : Operational Flight Program)은 항공기의 디지털 장비에 탑재되는 항공기 임무와 관련된 소프트웨어로서,

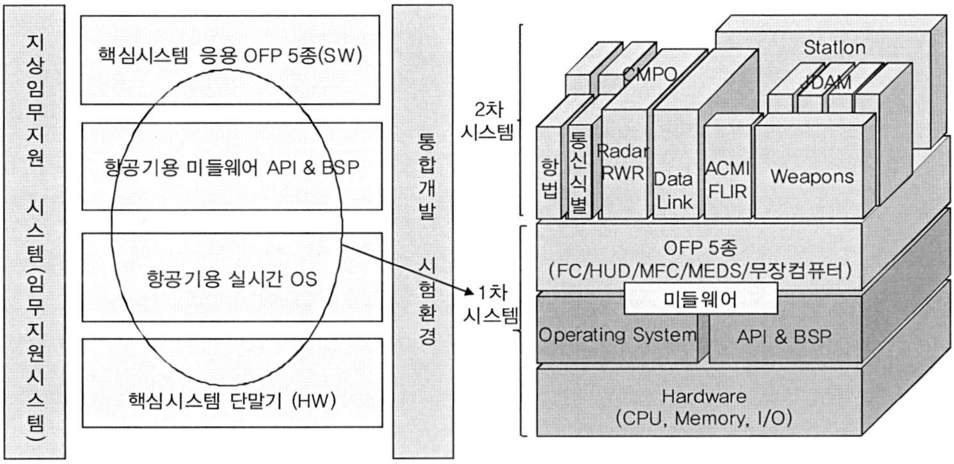

그림 19-1 항공 임베디드 시스템의 구성도

조종사의 명령을 해석하고 통신·항법·무장투하 등을 제어하며 관련 정보를 전시기를 통해 조종사에게 제공하는 기능을 수행한다. OFP 소프트웨어의 구성도가 그림 19-2에 나타나 있다.

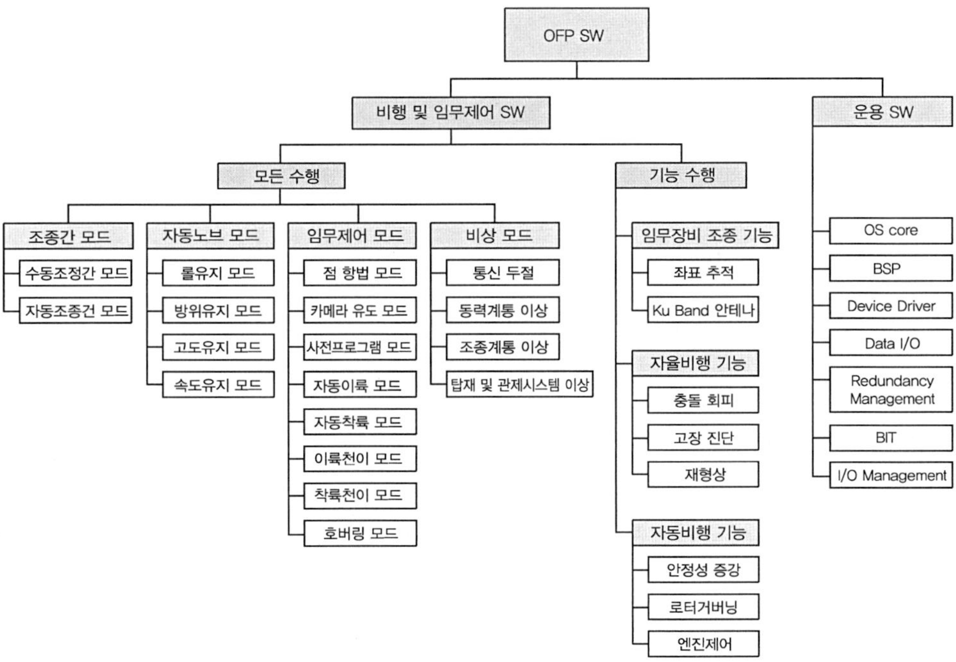

그림 19-2 항공기 OFP 소프트웨어 구성도

19.2 임베디드 소프트웨어 적용사례

19.2.1 무인항공기 운영체제

2011년 2월 15일 윈드리버 사는 Northop Grumman 사가 미 해군용으로 개발한 X-47B 무인항공기의 첫 비행을 지난 2월 4일 오후 2:09에 캘리포니아 에드워드 공군기지에서 29분간 성공적으로 완수했다고 발표하였다. 윈드리버 사의 VxWorks 653 실시간 운영체제가 이번 무인전투 항공시스템 캐리어 데모(UCAS-D) 프로그램에서 X-47B 작동을 위한 주요 기술로 사용되었으며, 또한 UCAS-D 프로그램을 위한 소프트웨어 플랫폼으로 채택되었다.

참고로 X-47B UCAS-D의 항공전자시스템의 제원 및 개념도가 그림 19-3에 도시되어 있다.

19.2.2 무인항공기 아키텍처

무인자율헬기의 임베디드 실시간 소프트웨어 아키텍처가 그림 19-4에 나타나 있다. 제안된 소프트웨어 아키텍처는 하드웨어 계층, 실행 계층, 서비스 에이전트 계층

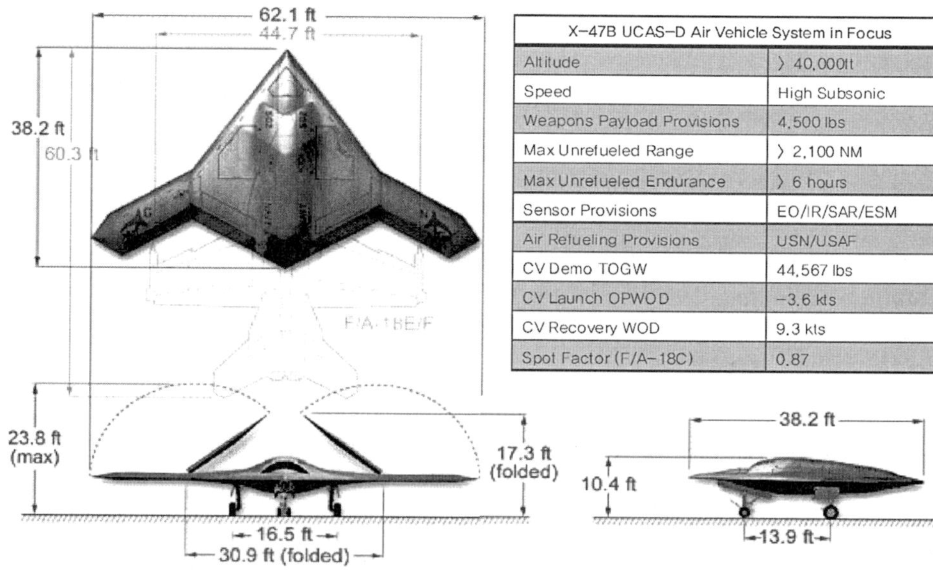

X-47B UCAS-D Air Vehicle System in Focus	
Altitude	> 40,000ft
Speed	High Subsonic
Weapons Payload Provisions	4,500 lbs
Max Unrefueled Range	> 2,100 NM
Max Unrefueled Endurance	> 6 hours
Sensor Provisions	EO/IR/SAR/ESM
Air Refueling Provisions	USN/USAF
CV Demo TOGW	44,567 lbs
CV Launch OPWOD	-3.6 kts
CV Recovery WOD	9.3 kts
Spot Factor (F/A-18C)	0.87

그림 19-3 X-47B UCAS-D의 항공전자시스템의 제원 및 개념도

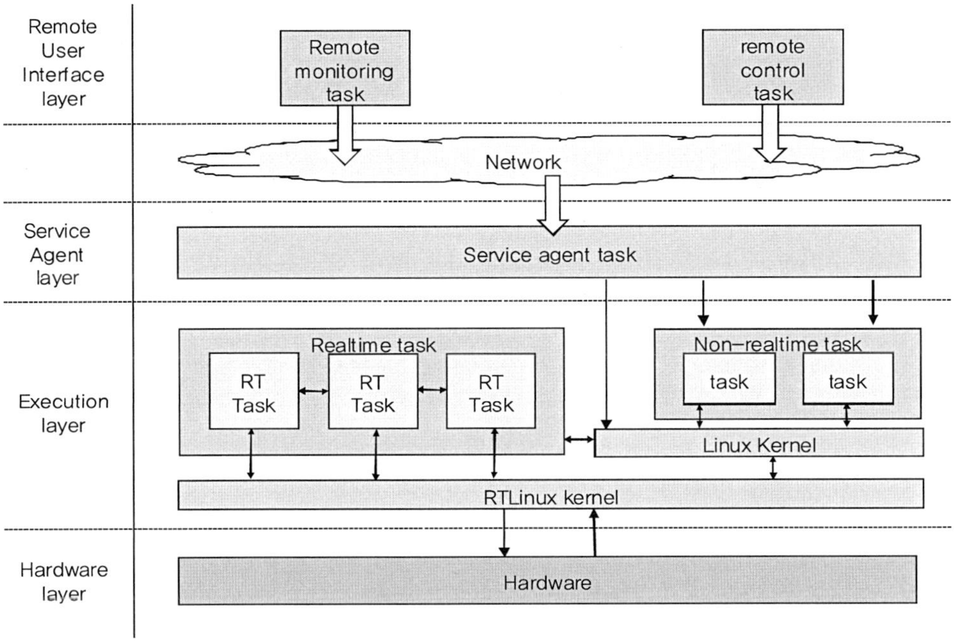

그림 19-4 무인자율헬기의 임베디드 실시간 소프트웨어 아키텍처

그리고 원격 사용자 인터페이스(RUI) 계층으로 구성되어 있다.

- **하드웨어 계층** : 센서, 구동기, 통신모듈, 그리고 무인기의 실제 물리적 모듈을 포함하고 있다.
- **실행 계층** : 무인비행을 위해 실시간 임무를 수행하는 계층으로 실시간 리눅스 커널을 포함하고 있다. 또한, 이 계층에서는 가장 높은 우선순위를 갖는 무인비행과 비행조종 임무를 수행한다.
- **서비스 에이전트 계층** : 원격 모니터링으로부터 요구된 정보를 수신하는 역할을 수행한다.
- **RUI 계층** : 원격 모니터링과 원격 조종의 두 가지 기능을 수행하는 서비스 에이전트 계층과 네트워킹을 통해 상호 통신한다.

19.2.3 무인항공기 개발 프로세스

UAV 소프트웨어 개발은 요구사항 분석, 설계, 구현, 시험평가라는 일반적인 V-모델 개발방법을 따르면서 하나의 빌드 내에서 개발이 수행되지만, 개발 대상 소프트드웨어에 따라 모델 기반 또는 실시간 객체 모델 개발방식을 이용하여 개발된다.

모델 기반 개발방식은 UAV의 응용 소프트웨어에 해당되는 UAV 운용 로직과 비행제어 소프트웨어 개발에 사용되었다. 모델 기반 개발방식이 기존 개발방식과 다른 점은 소프트웨어 규격 작성, 설계, 구현 과정을 도구를 이용하여 자동화한다는 것이다. 즉, 모델 기반 개발도구는 하드웨어 규격으로부터 직접 특정 모델을 기반으로 설계를 수행하고, 이 모델로부터 코드를 자동 생성한다는 점이다. 전통적인 방식에서 소프트웨어 단위테스트는 작성된 코드에 대해서 수행하는 데 비해, 모델 기반 개발방식에서는 소프트웨어 단위테스트를 수행하지 않는다. 대신 테스트는 모델 자체에서 수행하며, 테스트 결과는 즉시 반영됨으로써 개발기간이 단축되는 이점이 있다. 또한, 자동코드 생성기를 사용함으로써 코딩 단계에서 발생할 수 있는 개발자 실수에 의한 오류를 방지할 수 있다. 그림 19-5에 모델 기반 개발방식의 흐름도가 나타나 있다.

실시간 객체 모델 개발방식은 UAV의 제어시스템을 설계할 때 사용된 개발방식으로, Kane Kim 등에 의해 개발된 TMO(Time-triggered Message-triggered Object)가 대표적이다. TMO는 기존의 객체 모델을 경성 실시간 시스템에서 높은 효율성을 보일 수 있는 객체 모델로 확장하기 위한 연구에서 나온 결과이다. 따라서 TMO는 실시간 시스템이 가지는 시간적인 특성과 행동을 쉽게 추상화 할 수 있는 구조를 가

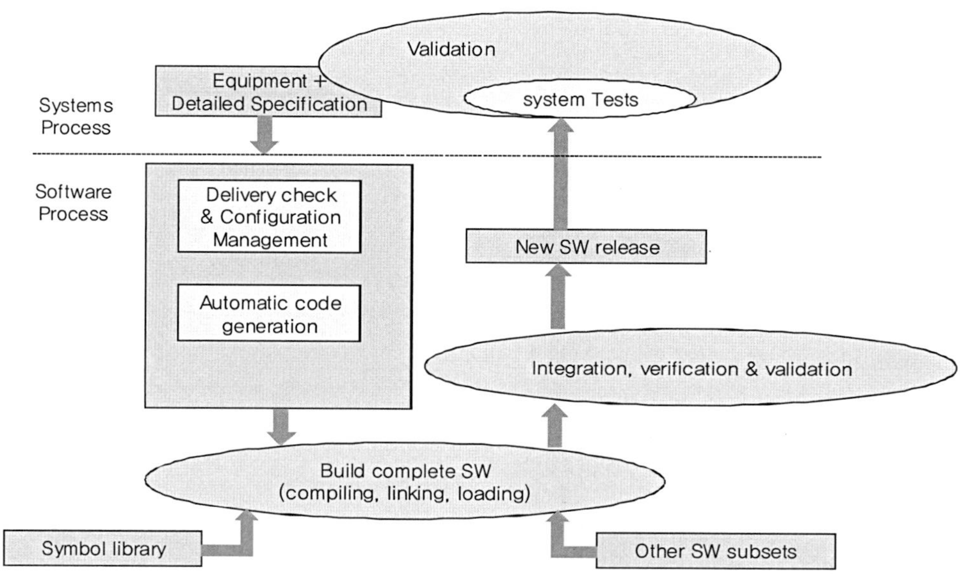

그림 19-5 모델 기반 소프트웨어 개발방식

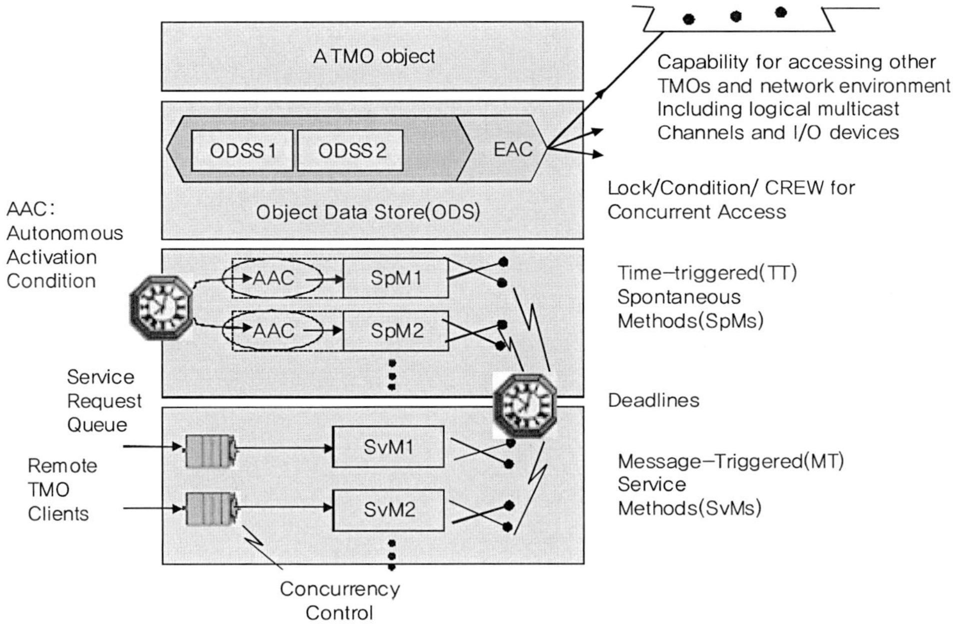

그림 19-6 TMO 객체 모델의 기본구조

지고 있을 뿐만 아니라, 적시 서비스 능력을 시스템 설계 단계에서부터 보장할 수 있는 개발방식이다. TMO 객체모델은 그림 19-6과 같이 4개 구조로 구성된다.

- **객체 데이터 저장(ODS : Object Data Store)** : 실시간 데이터를 저장하기 위한 부분으로 객체 데이터 저장 세그먼트(ODSS) 단위로 관리된다. ODSS는 TMO 메서드인 SpM과 SvM에 의해 상호배타적으로 접근할 수 있다.
- **환경 접속 능력(EAC : Environment Access Capability)** : 외부와의 논리적인 통신 채널 및 입·출력 디바이스 인터페이스 등에 대한 연결 창구이다.
- **자발적 메서드(SpM : Spontaneous Method)** : 주기성을 띠거나 시간성을 갖는 메서드이다.
- **서비스 메서드(SvM : Service Method)** : 기존의 객체 모델이 가지는 메서드 그룹과 같은 형태로서 클라이언트로부터 온 메시지에 의해 분산 TMO 객체의 서비스 호출을 위해 제공되는 메서드이다.

약어

ABD Attribute Based Design
ABS Anti-lock Brake System
ADD Attribute-Driven Design
ADs Architecture Description Specification
AHS Advanced High-way System
ARM Advanced Risc Machine
ARTEMIS Advanced Research & Technology for Embedded Intelligence and System
ASD Adaptive Software Development
ASIMO Advanced Step in Innovative MObility
ASM Abstract State Machine
ASN.1 Abstract Syntax Notation Number One
ASP Application Service Provision
ASV Advanced Safety Vehicle
ATAM Architecture Trade-off Analysis Method
AUTOSAR Automotive Open System Architecture
BRA Broker Reusable Assets
BSW Basic Software
BTRON Business TRON
CASE Computer Aided Software Engineering
CBAM Cost Benefit Analysis Method
CBSD Component Based Software Development
CD Component Development
CDD Complex Device Driver
CELF Consumer Electronics Linux Forum
CODARTS Concurrent DARTS
COMET Concurrent Object Modeling and Design meTHod
CORBA Common ORB Architecture
CPTN Content-Platform-Terminal-Network
CRA Consume Reusable Assets
CPS Cyber Physical System
CWM Common Warehouse Metamodel
DACS Data and Analysis Center for Software
DARTS Design Approach for Real-Time Systems
DESS Software Development Process for Real-Time Embedded Software System

DOORS	Dynamic Operational Object Registration Service
DPM	Dynamic Power Management
DSDM	Dynamic Systems Development Method
DTD	Document Type Definition
DTV	Digital Television
EAC	Environment Access Capability
ECU	Electronic Control Unit
EKP	Enterprise Knowledge Portal
EO	Engineering Outsourcing
EPS	Electronic Control Power Steering
ESP	Electronic Stability Program
ESUML	Embedded Software with UML
ETP	European Technology Platform
EUREKA	European Research Agency
FAST	Family-oriented Abstraction Specification and Translation process
FCC	Flight Control Computer
FDD	Feature Driven Development
FMEA	Failure Mode and Effect Analysis
FOA	Function-Oriented Analysis
FODA	Feature-Oriented Domain Analysis
FORM	Feature-Oriented Reuse Method
GSFC	Goddard Space Flight Center
HAVi	Home Audio/Video Interoperability
HHP	Hand Held Phone
HiL	Hardware-in-the-Loop
HnCP	Home network Control Protocol
HNRC	Home Network Reserch Center
IBS	Intelligent Building System
IDE	Integrated Development Environment
IESE	Institute for Experimental Software Engineering
IHM	Information Hiding Module
ITRON	Industrial TRON
JCP	Java Community Process
JTRON	Java TRON
KESIC	KoreaEmbeddedSoftwareIndustryCouncil
KGDB	Kernel Level GNU Project Debugger
KobrA	Component-based Application Development

KRG	Knowledge Research Group
LBS	Location Based Service
LDS	Linux Development Suite
LHD	Linux Hardware-Assisted Debugging
LonWorks	Local Operating Network
LOTOS	Language of Temporal Ordering Specification
LVS	Linux Verification Suite
MaRMI-III	Magic and Robust Methodology Integrated-III
MCAL	Microcontroller Abstraction Layer
MDA	Model Driven Architecture
MiL	Model-in-the-Loop
MIPS	Microprocessor without Interlocked Pipeline Stages
MoBIES	Model Based Integration of Embedded Systems
MOF	Meta Object Facility
MRI	Manage Reuse Infrastructure
MT	Model Test
MTTR	Mean Time To Repair
NPT	National Platform Technology
NSF	National Science Foundation
OAL	OEM Adaptation Layer
ODS	Object Data Store
OFP	Operational Flight Program
OHA	Open Handset Alliance)
OLAP	On-Line Analytical Processing
OMA	Open Mobile Alliance
OMA	Object Management Architecture
OMG	Object Management Group
OMT	Object Modeling Technique
OMTP	Open Mobile Terminal Platform
OOA	Object-Oriented Analysis
OOADA	Object-Oriented Analysis and Design with Applications
OOSE	Object-Oriented Software Engineering
OPRoS	Open Platform for Robot Service
ORB	Object Request Broker
OSEK	Open Systems and their Interface for the Electronics in Motor Vehicles
OSSD	Open Source Software Development
PDCA	Plan-Do-Check-Act

PhAB	Photon Application Builder
PIM	Platform Independent Model
PIMS	Personal Information Management System
PLE	Product Line Engineering
PMBOK	Project Management Body of Knowledge
PRA	Produce Reusable Assets
PRM	Partner Relationship Management
PSM	Platform Specific Model
QADA	Quality Driven Architecture Design and Analysis
QADD	Quality Attribute-Driven Design
RAP	Rapid Application Prototyping Process
RCM	Reliability Centered Maintenance
RIDER	Light Detection and Ranging
RIM	Research In Motion Limited
RM-ODP	Reference Model of Open Distributed Processing
RP	Rapid Prototyping
RPC	Remote Procedure Call
RRL	Reuse Readiness Levels
RTE	Runtime Environment
RTM	Real Time Monitor
RUP	Rational Unified Process
RUPI	Robot Unified Platform Initiative
SAAM	Software Architecture Analysis Method
SCM	Software Configuration Management
SDI	Strategic Defense Initiative
SEI	Software Engineering Institute
SiL	Software-in-the-Loop
SPIRE	SW Platform Initiative for Robotics Engineering
SPL	Software Product Line
SpM	Spontaneous Method
SRS	Software Requirement Specification
SSS	System/Segment Specification
ST	System Test
SvM	Service Method
SW-C	Software-Component
SWT	Standard Widget Toolkit
TCS	Traction Control System

TDD	Test Driven Development
TEmb	Testing Embedded Software
TFP	Test First Performance
TMO	Time-triggered Message-triggered Object
TPI	Test Process Improvement
TPS	Triple Play Service
TRON	The Real-Time Operating System Nucleus
TTA	Telecommunications Technology Association
TTCN	Testing and Test Control Notation
UAV	Unmanned Aerial Vehicle
UCC	Unified Chassis Control
UML	Unified Modeling Language
UP	Unified Process
UPnP	Universal Plug and Play
UX	User Experience
VDC	Venture Development Corporation
VDM	Vienna Development Method
VFB	Virtual Functional Bus
VM	Virtual Machine
VMC	Vehicle Multihop Communication
V&V	Verification and Validation
WBS	World Best Software
XMI	XML Metadata Interchange
XP	eXtreme Programming

참고문헌

(국문)

- 권원일 외3, 『개발자도 알아야 할 소프트웨어 테스팅 실무』, 제2판, STA, 2005.7.
- 김귀훈 외2, "스마트 TV 기술 및 표준화 동향", 전자통신동향분석, 제26권, 제3호, pp.37-49, 2011.6.
- 김덕규 외2, 『소프트웨어 프로젝트 생존전략(번역본)』, 인사이트, 2006.1.
- 김정태 외2, "홈네트워크 서버(HS/HG) 기술 동향", 전자통신동향분석, 제20권, 제6호, pp.178-187, 2005.12.
- 김창수 외4, "유비쿼터스 컴퓨팅 환경을 위한 서비스 인프라 구축 관리 기술", 전자통신동향분석, 제19권, 제5호, pp.9-20, 2004.10.
- 김흥남 외4, 『생활 속의 임베디드 소프트웨어』, U-북, 2004.6.
- 소프트웨어공학연구팀, 『제품계열 기반 시스템 개발방법론, 마르미-IV』, EMMA Ver. 1.0, 한국전자통신연구원, 2006.
- 손정호, "자동차산업에의 IT융합기술: 표준 플랫폼 개발", 2010 동남권 IT 컨퍼런스, 2010.10.14.
- 스마트무인기기술개발사업단, 『세계의 무인기 기술 동향』, 한국항공우주연구원, 2004.2.
- 스마트무인기기술개발사업단, "무인항공기 임무장비 기술개발 동향", 한국항공우주산업기술동향, 제2권, 제1호, pp.152-158, 2004.
- 스마트무인기기술개발사업단, "무인항공기의 제어기술개발 동향", 한국항공우주산업기술동향, 제4권, 제2호, pp.55-67, 2006.
- 양영종 외3, "임베디드 시스템 개발방법론 및 재사용 체계", 전자통신동향분석, 제21권, 제1호, pp.82-93, 2006.2.
- 윤성준, 조홍진, 『우리가 미처 알지 못한 소프트웨어 공학의 사실과 오해(번역본)』, 인사이트, 2004.10.
- 윤희병 외4, 『임베디드 소프트웨어 테스팅(번역본)』, 홍릉과학출판사, 2007.8.
- 윤희병 외3, 『컴포넌트 기반 무기체계 내장형 SW 개발방법론』, Ver. 1.0, 국방대학교, 2009.5.
- 아이크로스테크놀로지, 『Ubiquitous Computing을 위한 홈게이트웨이용 Framework 및 미들웨어 개발』, 정보통신산업경쟁력강화사업 보고서, 정보통신부, 2004.5.
- 임베디드 소프트웨어 산업협의회(KESIC), 『임베디드 SW 발전전략 연구』, 정보산업연합회, 2009.12
- 임주환, "스마트 TV의 현황과 전망", 한국디지털케이블연구원, 2011.1.20.
- 정보통신산업진흥원, 『소프트웨어 산업백서 2010』, 2007.8.
- 정보통신산업진흥원, 『자동차 소프트웨어 융합 下, 미래의 자동차』, 2009.8.
- 조경섭 외2, "스마트 TV 서비스 동향분석 및 전망", 전자통신동향분석, 제26권, 제4호, pp.1-13, 2011.8.

(영문)

- A.D. White, "The human-machine partnership in UCAV operations", *The Aeronautical Journal*, pp.111-116, February 2003.
- Alain Abran et al., *Guide to the Software Engineering Body of Knowledge(SWEBOK)*, IEEE Computer Society, 2008.
- Alberto Sangiovanni-Vincentelli and Grant Martin, "Platform-Based Design and Software Design Methodology for Embedded Systems", *IEEE Design & Test of Computers*, pp.23-33, November-December 2001.
- Barry Boehm, "Requirements that Handle IKIWISI, COTS, and Rapid Change", *IEEE Computer*, pp.99-102, July 2000.
- Benjamin Horowitz et al., "Platform-Based Embedded Software Design and Integration for Autonomous Vehicles", *Proceedings of the IEEE*, Vol. 91, No. 1, pp.198-211, January 2003.
- C. Atkinson et al., *Component-based Product Line Engineering with UML*, Addison Wesley, 2000.
- Christof Ebert and Jurgen Salecker, "Embedded Software - Technologies and Trends", *IEEE Software*, pp.14-18, May/June 2009.
- Department of the Air force, *Guideline for Successful Acquisition and Management of Software-Intensive Systems*, Ver 3.0, 2000.
- D.M. Weiss and C.T.R. Lai, *Software Product-Line Engineering: A Family-based Software Development Process*, Addison Wesley, 1999.
- E. Niemela, M. Matinlassi, Taulavuori, "A Practical Evaluation of Software Product Family Architectures", *The 3rd International Conference on Software Product Lines*, SPLC3, August-September 2004.
- Fulvio Corno et al., "Automatic Test Program Generation: A Case Study", *IEEE Design & Test of Computers*, pp.102-109, March-April 2004.
- Gabor Karsai, Janos Sztipanovits, Akos Ledeczi and Ted bapty, "Model-Integrated Development of Embedded Software", *Proceedings of the IEEE*, Vol. 91, No. 1, pp.145-164, January 2003.
- Hansol Park, Doo-Hyun Kim, Jung-Guk Kim, and Chun-Hyon Chang, "Experimental Evaluation of Unmanned Aerial Vehicle System Software Based on the TMO Model", *Journal of Computing Science and Engineering*, Vol. 2, No. 4, pp.357-374, December 2008.
- Hassan Gomaa, *Designing Software Product Line with UML*, Addison Wesley, 2005.
- IEEE, *Recommended Practice for Architectural Description of Software-Intensive Systems*(IEEE Std 1471-2000), IEEE Architecture Working Group(AWG), 2000.
- ISO/IEC 12207, "Standard for Information Technology-Software Life Cycle Processes", IEEE/EIA, 1996.
- Jan Bosch, *Design and Use of Software Architecture*, Addison Wesley, 2000.
- Jiang Zheng et al., "On the Value of Static Analysis for Fault Detection in Software",

IEEE Transactions on Software Engineering, Vol. 32, No. 4, pp.240-253, April 2006.
- Juho Jaalinoja, *Requirements Implementation in Embedded Software Development*, VTT Publicatons 526, March 2004.
- Kyo C. Kang, "FORM: A Feature-oriented Reuse Method with Domain specific Reference Architectures", *Annals of Software Engineering*, Vol. 5, pp.143-168, 1998.
- Len Bass, Paul Clements, and Rick Kazman, *Software Architecture in Practice*, Addison Wesley, 2003.
- L. Bass, M. Klein, F. Bachmann, *Quality Attribute Design Primitives and the Attribute Driven Design Method*, Pittsburgh, PA: Software Engineering Institute, Carnegie Mellon University, 2002.
- M. Ali-Babar et al., "A Framework for Classifying and Comparing Software Architecture Evaluation Methods", *Australian Software Engineering Conference*, 2004.
- Manfred Broy et al., "Seamless Model-Based Development: From Isolated Tools to Integrated Model Engineering Environments", *Proceedings of the IEEE*, Vol. 98, No. 4, pp.526-545, April 2010.
- Maurizio Morisio, Colin Tully and Michel Ezran, "Diversity in Reuse Processes", *IEEE Software*, pp.56-63, July/August 2000.
- Mihajlo Katona et al., "Automatic Black Box Testing of Television Systems on the Final Production Line", *IEEE Transactions on Consumer Electronics*, Vol. 57, No. 1, pp.224-231, February 2011.
- Mikael Lindvall, Seija Komi-Sirvio, Patricia Costa and Carolyn Seaman, *Embedded Software Maintenance*, Data & Analysis Center for Software, University of Maryland, 31 January 2003.
- Office of the Secretary of Defense, "Unmanned Aircraft Systems Roadmap 2005-2030", DoD, 4 August 2005.
- Paul Clements and Linda Northrop, *Software Product Line*, Addison Wesley, 2002.
- Paul Clements and Linda Northrop, *Software Product Lines Practices and Patterns*, Addison Wesley, 2004.
- Peter Liggesmeyel and Mario Trapp, "Trends in Embedded Software Engineering", *IEEE Software*, May/June 2009.
- Simon Poulding and John A. Clark, "Efficient Software Verification: Statistical Testing Using Automated Search", *IEEE Transactions on Software Engineering*, Vol. 36, No. 6, pp.763-777, November/December 2010.
- S.M.K Quadri and Sheikh Umar Farooq, "Software Testing-. Goals, Principles, and Limitations", *International Journal of Computer Applications*, Vol. 6, No. 9, pp.7-10, September 2010
- Stefan Van Baelen, Joris Gorinsek and Andrew Wills, *The DESS Methodology*, Ver. 1, ITEA, December 2001.
- William B. Frakes and Kyo Kang, "Software Reuse Research: Status and Future", *IEEE Transactions on Software Engineering*, Vol. 31, No. 7, pp.529-536, July 2005.

- Won Eui Hong, Jae-Shin Lee, Laxmisha Rai, and Soon Ju Kang, "Embedded Real-Time Software Architecture for Unmanned Autonomous Helicopters", *Journal of Semiconductor Technology and Science*, Vol. 5, No. 4, pp.243-248, December 2005.
- Yoshiaki Sakagami et al., "The intelligent ASIMO: System overview and integration", *International Conference on Intelligent Robots and Systems*, pp.2478-2483, October 2002.

찾아보기

ㅈ

ㅊ

ㅋ

ㅌ

정가 20,000원

임베디드 소프트웨어 개론

2012년 2월 15일 초 판 인쇄
2012년 2월 20일 초 판 발행
2014년 2월 25일 개정판 발행

저자와의
협의하에
인지생략

저 자 : 윤 희 병
발행자 : 우 명 찬 · 송 준
발행처 : 홍릉과학출판사
주 소 : ㈜ 142-885 서울시 강북구 인수봉로 50길 10
등 록 : 1976년 10월 21일 제5-66호
전 화 : 999-2274~5, 903-7037
팩 스 : 905-6729
ISBN : 978-89-7283-796-1

hongpub@hongpub.co.kr
www.hongpub.co.kr